Übungsbuch Analysis I

Niklas Hebestreit

Übungsbuch Analysis I

Klausurrelevante Aufgaben mit
ausführlichen Lösungen

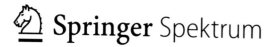 Springer Spektrum

Niklas Hebestreit
Halle (Saale), Deutschland

ISBN 978-3-662-64568-0   ISBN 978-3-662-64569-7   (eBook)
https://doi.org/10.1007/978-3-662-64569-7

Die Deutsche Nationalbibliothek verzeichnet diese Publikation in der DeutschenNationalbibliografie;
detaillierte bibliografische Daten sind im Internet über http://dnb.d-nb.de abrufbar.

Planung/Lektorat: Andreas Ruedinger
Springer Spektrum ist ein Imprint der eingetragenen Gesellschaft Springer-Verlag GmbH, DE und ist
ein Teil von Springer Nature.
Die Anschrift der Gesellschaft ist: Heidelberger Platz 3, 14197 Berlin, Germany

Für Hella, Margitta und Traudel.

Vorwort

Die Mathematik ist mehr ein Tun als eine Lehre.
L. E. J. Brouwer

Übung macht den Meister – so ist das auch in der Mathematik. Mathematik kann man nämlich nur erfolgreich betreiben beziehungsweise vollständig verstehen, wenn man sie selbst aktiv betreibt und mit Hilfe von verschiedenen Übungsaufgaben die meist theoretischen Resultate praktisch anwendet und übt.

Die vorliegende Aufgabensammlung mit nahezu 500 Aufgaben, detaillierten Lösungshinweisen sowie vollständig und verständlich ausgearbeiteten Musterlösungen soll jeder Studentin und jedem Studenten bei der Bearbeitung von Übungsaufgaben aus der Analysis, der häuslichen Nacharbeit des Vorlesungsstoffes beziehungsweise bei der Vorbereitung auf eine Prüfung helfen. Des Weiteren enthält dieses Buch 5 Übungsklausuren mit ausführlichen Musterlösungen, die insbesondere eine sehr gute Vorbereitung auf schriftliche Prüfungen ermöglichen.

Das vorliegende Buch besteht aus insgesamt vier Teilen: Übungsaufgaben, Lösungshinweisen, Musterlösungen sowie Übungsklausuren. Falls eine Studentin oder ein Student bei der Bearbeitung einer Aufgabe auf Probleme stößt oder gar nicht weiß, was zu tun ist, kann diese/dieser zunächst Hilfestellungen in dem entsprechenden Lösungshinweis im zweiten Teil des Buches nachlesen. Mit dem zusätzlichen Tipp kann sie/er dann erneut versuchen die Aufgabe erfolgreich zu lösen.

Insgesamt orientiert sich das Buch an einer typischen Analysis I Vorlesung beziehungsweise an den Standardlehrbüchern für Analysis I. Das erste Kapitel dieses Buches enthält verschiedene Aufgaben zu Beweistechniken, Mengen, Abbildungen, Relationen, komplexen Zahlen sowie 15 Aufgaben zum Prinzip der vollständigen Induktion. Im zweiten Kapitel werden Übungsaufgaben zu Folgen und Eigenschaften dieser vorgestellt. Dazu gehören insbesondere auch Cauchy-Folgen, rekursive Folgen und der Limes Inferior beziehungsweise Limes Superior. Im dritten Kapitel können Studentinnen und Studenten Reihen auf Konvergenz/Divergenz untersuchen. Des Weiteren gibt es noch Aufgaben zur Cauchy-Produktformel, Doppelreihen und Potenzreihen. Das vierte Kapitel behandelt stetige, gleichmäßig stetige und Lipschitz-stetige Funktionen sowie Eigenschaften dieser. Dabei ist dem Zwischenwertsatz ein eigener Abschnitt mit 10 interessanten Aufgaben gewidmet. Das darauf folgende Kapitel umfasst differenzierbare Funktionen. Studentinnen und Studenten können sich in der Berechnung von Ableitungen üben, Eigenschaften differenzierbarer Funktionen beweisen oder lokale Extrema bestimmen. Des Weiteren gibt es mehrere Aufgaben zum Mittelwertsatz der Differentialrechnung, zum Satz von l'Hospital, zum Satz über die Differenzierbarkeit der Umkehrfunktion sowie zum Satz von Taylor. Im sechsten Kapitel werden Aufgaben zu konvexen und konkaven Funktionen sowie Eigenschaften dieser vorgestellt. Das siebte und vorletzte Kapitel im ersten Teil enthält verschiedene Aufgaben zu integrierbaren Funktionen. Insbesondere gibt es mehrere Aufgaben zu Treppenfunktionen, Regelfunktionen, Riemann-integrierbaren Funktionen, Integrationstechniken (partielle Integration, Substitution, Partialbruchzerlegung und vieles mehr), Minorantenkriterium, Majorantenkriterium, Integralvergleichskriterium sowie zum Hauptsatz und Mittelwertsatz der Integralrechnung. Im letzten Kapitel können Studentinnen und Studenten die Bestimmung des punktweisen und gleichmäßigen Grenzwerts verschiedener Funktionenfolgen üben.

Selbstverständlich ist die Verwendung dieses Buches jeder Leserin und jedem Leser selbst überlassen. Wichtig ist hierbei, dass probiert wird die Aufgaben im ersten Teil zunächst eigenständig zu lösen. Bei Problemen oder Fragen kann der entsprechende Lösungshinweis genutzt werden. Im Anschluss kann dann die Musterlösung verwendet werden um die eigens entwickelte Lösung zu analysieren oder gegebenenfalls anzupassen. Es sollte beachtet werden, dass die hier aufgeführten Lösungen nicht als alleingültige Musterlösungen zu verstehen sind, da es in der Regel mehrere komplett verschiedene Lösungswege zu einer Aufgabe gibt.

Dieses Buch wurde mehrfach sorgfältig Korrektur gelesen. Sollten Sie dennoch Fehler oder Unstimmigkeiten irgendeiner Art finden, würde ich mich freuen, wenn Sie mir diese mitteilen würden, um die Qualität einer nächsten Auflage weiter zu steigern (math.niklas.hebestreit@gmail.com).

Ich wünsche Ihnen viel Erfolg und Vergnügen bei der Verwendung dieses Buches. Ich hoffe, Sie können viele eigene Lösungen entwickeln und Ihren mathematischen Horizont erweitern.

Halle (Saale)   Dr. Niklas Hebestreit
2022

Inhaltsverzeichnis

Symbolverzeichnis

$\mathbb{N}$	Menge der natürlichen Zahlen, $\mathbb{N} = \{1, 2, 3, \ldots\}$
$\mathbb{N}_0$	$\mathbb{N}_0 = \mathbb{N} \cup \{0\} = \{0, 1, 2, 3, \ldots\}$
$\mathbb{Z}$	Menge der ganzen Zahlen, $\mathbb{Z} = \{\ldots, -2, -1, 0, 1, 2, \ldots\}$
$\mathbb{Q}$	Menge der rationalen Zahlen
$\mathbb{R}$	Menge der reellen Zahlen
$\mathbb{R} \cup \{-\infty\} \cup \{+\infty\}$	Menge der erweiterten reellen Zahlen
$\mathbb{C}$	Menge der komplexen Zahlen
$n!$	Fakultät, $0! = 1$ und $n! = n \cdot (n-1) \cdot \ldots \cdot 2 \cdot 1$ für $n \in \mathbb{N}$
$\binom{n}{j}$	Binomialkoeffizient, $\binom{n}{n} = 1$, $\binom{n}{0} = 1$ und $\binom{n}{j} = \frac{n!}{j! \cdot (n-j)!}$ für $j, n \in \mathbb{N}$ mit $j \leq n$
$\sum\limits_{j=1}^{n} x_j$	endliche Summe, $\sum_{j=1}^{n} x_j = x_1 + \ldots + x_n$ für $n \in \mathbb{N}$
$\prod\limits_{j=1}^{n} x_j$	endliches Produkt, $\prod_{j=1}^{n} x_j = x_1 \cdot \ldots \cdot x_n$ für $n \in \mathbb{N}$
$[x]$	Abrundungsfunktion (Gaußklammer), $[x] = \max\{k \in \mathbb{Z} \mid k \leq z\}$ für $x \in \mathbb{R}$
$\mathrm{Re}(z)$	Realteil von $z \in \mathbb{C}$
$\mathrm{Im}(z)$	Imaginärteil von $z \in \mathbb{C}$
i	komplexe Einheit, $\mathrm{i} \in \mathbb{C}$ mit $\mathrm{i}^2 = -1$
$\bar{z}$	komplex konjugierte Zahl von $z \in \mathbb{C}$
$|z|$	Betrag von $z \in \mathbb{C}$
$\neg A$	Negation der Aussage A
$A \vee B$	Disjunktion zweier Aussagen A und B
$A \wedge B$	Konjunktion der Aussagen A und B
$A \Rightarrow B$	Implikation, A impliziert die Aussage B
$A \Longleftrightarrow B$	Äquivalenz, Aussage A ist äquivalent zu B
$\emptyset$	leere Menge
$A = B$	Gleichheit der Mengen A und B
$A \subseteq B$	Teilmenge, A ist eine Teilmenge der Menge B
$A \cup B$	Vereinigung, $A \cup B = \{x \mid x \in A \vee x \in B\}$
$A \cap B$	Durchschnitt, $A \cap B = \{x \mid x \in A \wedge x \in B\}$

$A \setminus B$	Differenz, $A \setminus B = \{x \in A \mid x \notin B\}$
$\bar{A}$	Komplement von A bezüglich einer Obermenge
$\mathcal{P}(A)$	Potenzmenge der Menge A
$\{1, \ldots, n\}$	endliche (Index)menge, $\{1, \ldots, n\} = \{j \in \mathbb{N} \mid 1 \leq j \leq n\}$
(a, b)	offenes Intervall, $(a, b) = \{x \in \mathbb{R} \mid a < x < b\}$
$(a, b]$	linksoffenes Intervall, $(a, b] = \{x \in \mathbb{R} \mid a < x \leq b\}$
$[a, b)$	rechtsoffenes Intervall, $[a, b) = \{x \in \mathbb{R} \mid a \leq x < b\}$
$[a, b]$	abgeschlossenes Intervall, $[a, b] = \{x \in \mathbb{R} \mid a \leq x \leq b\}$
$\inf(A)$	Infimum der Menge A
$\sup(A)$	Supremum der Menge A
$\min(A)$	Minimum der Menge A
$\max(A)$	Maximum der Menge A
$(a_n)_n$	reelle beziehungsweise komplexe (Zahlen)folge
$(a_{n_j})_j$	Teilfolge der Folge $(a_n)_n$
$\lim\limits_{n \to +\infty} a_n, \lim_n a_n$	Grenzwert der Folge $(a_n)_n$
$\liminf\limits_{n \to +\infty} a_n, \liminf_n a_n$	Limes Inferior der Folge $(a_n)_n$
$\limsup\limits_{n \to +\infty} a_n, \limsup_n a_n$	Limes Superior der Folge $(a_n)_n$
$\sum\limits_{n=0}^{+\infty} x_n$	reelle beziehungsweise komplexe Reihe
$f : A \to B$	Funktion (Abbildung) mit nichtleerem Definitionsbereich A und Zielbereich B
$f(x)$	Funktionswert der Funktion $f : A \to B$ an der Stelle $x \in A$
$g \circ f$	Hintereinaderausführung (Komposition) der Abbildungen $f : A \to B$ und $g : B \to C$, $g \circ f : A \to C$ mit $(g \circ f)(x) = g(f(x))$ für $x \in A$
f^{-1}	Urbildfunktion der Abbildung $f : A \to B$, $f^{-1} : \mathcal{P}(B) \to A$ mit $f^{-1}(M) = \{x \in A \mid f(x) \in M\}$ für $M \in \mathcal{P}(B)$
$f(M)$	Bildmenge der Abbildung $f : A \to B$, $f(M) = \{f(x) \mid x \in M\}$ für $M \subseteq A$ mit $M \neq \emptyset, f(\emptyset) = \emptyset$
f^{-1}	Umkehrabbildung $f^{-1} : B \to A$ der bijektiven Abbildung $f : A \to B$
f^-	Negativteil der Funktion $f : D \to \mathbb{R}, f^- : D \to \mathbb{R}$ mit $f^-(x) = -f(x)$ für $x \in D$ und $f(x) \leq 0$ sowie $f^-(x) = 0$ sonst
f^+	Positivteil der Funktion $f : D \to \mathbb{R}$, $f^+ : D \to \mathbb{R}$ mit $f^+(x) = f(x)$ für $x \in D$ und $f(x) \geq 0$ sowie $f^+(x) = 0$ sonst
$\inf\limits_{x \in A} f(x)$	Infimum der Funktion $f : D \to \mathbb{R}$ über der Menge A, $\inf_{x \in A} f(x) = \inf \{f(A)\}$ für $A \subseteq D$
$\sup\limits_{x \in A} f(x)$	Supremum der Funktion $f : D \to \mathbb{R}$ über der Menge A, $\sup_{x \in A} f(x) = \sup \{f(A)\}$ für $A \subseteq D$
$\lim\limits_{x \to a} f(x)$	Grenzwert von f für x gegen $a \in \mathbb{R} \cup \{-\infty\} \cup \{+\infty\}$

$\displaystyle\lim_{x \to a^-} f(x)$	linksseitiger Grenzwert von f für x gegen $a \in \mathbb{R}$
$\displaystyle\lim_{x \to a^+} f(x)$	rechtsseitiger Grenzwert von f für x gegen $a \in \mathbb{R}$
$f', \frac{\mathrm{d}}{\mathrm{d}x}f$	erste Ableitung der Funktion $f : D \to \mathbb{R}$
f'_-	linksseitige Ableitung von f
f'_+	rechtsseitige Ableitung von f
$f^{(n)}$	n-te Ableitung von f, $f^{(0)} = f$, $f^{(1)} = f'$, $f^{(2)} = f''$ und $f^{(3)} = f'''$
$\|f\|_\infty$	Supremumsnorm der Funktion $f : D \to \mathbb{R}$, $\|f\|_\infty = \sup_{x \in D} |f(x)|$
$\int_a^b f(x)\mathrm{d}x$	Integral über die Funktion f mit den beiden Grenzen $a, b \in \mathbb{R} \cup \{-\infty\} \cup \{-\infty\}$
T_n	n-tes Taylorpolynom
R_n	n-tes Restglied
T	Taylorreihe

Teil I
Aufgaben

Grundlagen

Dieses Kapitel enthält über 30 Aufgaben zu den wichtigsten Grundlagen der Analysis I. Dazu gehören Aufgabenstellungen zu verschiedenen mathematischen Beweistechniken wie dem direkten Beweis, dem indirekten Beweis, dem Beweis durch Ringschluss und dem Prinzip der vollständigen Induktion. Des Weiteren gibt es mehrere Aufgaben zu Mengen, Funktionen und Abbildungen, Relationen, komplexen Zahlen sowie zu elementaren Gleichungen und Ungleichungen.

1.1   Aussagenlogik und Beweistechniken

Aufgabe 1 (De-morganschen Regeln). Seien A und B Aussagen. Zeigen Sie die Tautologien

$$\neg(A \wedge B) \iff (\neg A) \vee (\neg B),$$
$$\neg(A \vee B) \iff (\neg A) \wedge (\neg B).$$

Aufgabe 2 (Direkter Beweis). Seien A, B und C Aussagen. Beweisen Sie

$$((A \implies B) \wedge (B \implies C)) \implies (A \implies C).$$

Aufgabe 3 Geben Sie die folgenden Aussagen in Worten an und entscheiden Sie, ob sie wahr oder falsch sind:

(a) $\forall n \in \mathbb{N} \, \forall m \in \mathbb{N} : n = 2m$,
(b) $\forall n \in \mathbb{N} \, \exists m \in \mathbb{N} : n = m + 2$,
(c) $\exists n \in \mathbb{N}_0 \, \forall m \in \mathbb{N} : n = nm$,
(d) $\exists! m \in \mathbb{N} \, \forall n \in \mathbb{N} : n = 2m$,
(e) $\forall n \in \mathbb{N} \, \exists! m \in \mathbb{N} : n = m^2$,
(f) $\exists m \in \mathbb{N} \, \exists n \in \mathbb{N} : n = m^2$.

Aufgabe 4 Seien $f : \mathbb{R} \to \mathbb{R}$ und $g : \mathbb{N} \to \mathbb{R}$ beliebige Abbildungen sowie $x_0 \in \mathbb{R}$ und $g^* \in \mathbb{R}$. Negieren Sie die folgenden Aussagen:

© Der/die Autor(en), exklusiv lizenziert durch Springer-Verlag GmbH, DE, ein Teil von Springer Nature 2022
N. Hebestreit, *Übungsbuch Analysis I,*
https://doi.org/10.1007/978-3-662-64569-7_1

(a) $\forall \varepsilon > 0 \; \exists \delta > 0 \; \forall x \in \mathbb{R} : |x - x_0| < \delta \implies |f(x) - f(x_0)| < \varepsilon$,

(b) $\forall \varepsilon > 0 \; \exists N \in \mathbb{N} \; \forall n \in \mathbb{N} : n \geq N \implies |g(n) - g^*| < \varepsilon$.

Aufgabe 5 Zeigen Sie mit einem direkten Beweis, dass die Summe und das Produkt von zwei geraden Zahlen wieder eine gerade Zahl ist.

Aufgabe 6 Zeigen Sie mit einem indirekten Beweis (Widerspruchsbeweis), dass die Zahl $\sqrt{2}$ nicht rational ist, das heißt, es gilt $\sqrt{2} \in \mathbb{R} \setminus \mathbb{Q}$.

1.2   Mengen und Relationen

Aufgabe 7 Gegeben seien die Mengen $A = \{1, 2, 3, 4\}$, $B = \{-1, 0, 4, 5\}$ und $C = \{-4, 2\}$. Bestimmen Sie die folgenden Mengen:

(a) $A \cup B \cup C$,

(b) $(A \cap B) \cup C \cup \{\{\emptyset\}\}$,

(c) $A \cap (B \setminus C)$,

(d) $B \setminus (A \setminus C)$,

(e) $\mathcal{P}(C) \cup A$,

(f) $(A \cup B \cup \emptyset) \setminus (A \cap B \cap \emptyset)$.

Aufgabe 8 Seien A, B und C Teilmengen der nichtleeren Menge X. Beweisen Sie die folgenden Beziehungen:

(a) $A \cap B \cap C \subseteq A$,

(b) $(A \cap B) \cup C = (A \cup C) \cap (B \cup C)$,

(c) $X \setminus (X \setminus A) = A$,

(d) $\overline{A \cup B} = \overline{A} \cap \overline{B}$ (De-morgansche Regel).

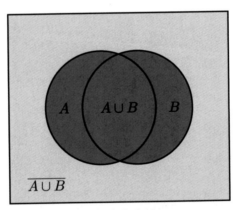

Illustration der De-morganschen Regel aus Aufgabe 8 (d)

Aufgabe 9 Seien A und B nichtleere Mengen. Beweisen Sie die Äquivalenz der Aussagen

(a) $A \subseteq B$,   (b) $A \setminus B = \emptyset$,   (c) $A \cap B = A$,   (d) $A \cup B = B$,

mit einem Ringschluss.

Aufgabe 10 Gegeben seien die Relationen $P \subseteq \mathbb{R} \times \mathbb{R}$, $Q \subseteq \mathbb{Z} \times \mathbb{Z}$ und $R \subseteq \{1, 2, 3\} \times \{1, 2, 3\}$ mit

$$P = \{(x, y) \mid x, y \in \mathbb{R} \text{ und } x + y = 1\},$$
$$Q = \{(m, n) \mid m, n \in \mathbb{Z} \text{ und } m - n \text{ ist gerade}\},$$
$$R = \{(1, 2), (1, 3), (2, 3)\}.$$

Untersuchen Sie die Relationen P, Q und R auf Reflexivität, Symmetrie, Antisymmetrie und Transitivität.

Aufgabe 11 Gegeben seien die nichtleeren Mengen X und Y sowie eine Abbildung $f : X \to Y$. Auf X sei für $x, y \in X$ die Relation $x \sim_f y$ durch $f(x) = f(y)$ definiert.

(a) Zeigen Sie, dass $\sim_f$ eine Äquivalenzrelation ist.
(b) Seien nun $X = \mathbb{Z}$, $Y = \mathbb{Z}$ sowie $g, h : X \to Y$ Abbildungen mit $g(z) = 2z$ und $h(z) = 1$. Bestimmen Sie die Äquivalenzklassen $[10]_{\sim_g}$ und $[10]_{\sim_h}$.

1.3 Abbildungen

Aufgabe 12 Seien A und B nichtleere Mengen sowie $f : X \to Y$ eine Abbildung. Beweisen Sie die folgenden Implikationen:

(a) $A \subseteq B \subseteq X \Longrightarrow f(A) \subseteq f(B)$,
(b) $A, B \subseteq X \Longrightarrow f(A \cup B) = f(A) \cup f(B)$,
(c) $A \subseteq X \Longrightarrow A \subseteq f^{-1}(f(A))$.

Aufgabe 13 Zeigen Sie, dass die Abbildung $f : (-1, 1) \to \mathbb{R}$ mit $f(x) = x/(1 - x^2)$ bijektiv ist.

Aufgabe 14 Finden Sie eine Abbildung $f : \mathbb{N} \to \mathbb{N}$, die injektiv, aber nicht surjektiv ist.

Aufgabe 15 Finden Sie eine Abbildung $f : \mathbb{N} \to \mathbb{N}$, die surjektiv, jedoch nicht injektiv ist.

Aufgabe 16 Gegeben sei die Abbildung $f_\xi : \mathbb{R}^2 \to \mathbb{R}^2$ mit $f_\xi(x, y) = (x - y, \xi x + y)$, wobei $\xi \in \mathbb{R}$ ein reeller Parameter ist.

(a) Bestimmen Sie für jedes $\xi \in \mathbb{R}$ das Bild $f_\xi(\mathbb{R}^2)$ von f_ξ sowie das Urbild $f_\xi^{-1}(0, 0)$ des Punktes $(0, 0)$.

(b) Untersuchen Sie, für welchen Parameter $\xi \in \mathbb{R}$ die Abbildung f_ξ eine Bijektion von $\mathbb{R}^2$ nach $\mathbb{R}^2$ ist. Bestimmen Sie in diesem Fall die Umkehrabbildung $f_\xi^{-1} : \mathbb{R}^2 \to \mathbb{R}^2$.

(c) Berechnen Sie die Kompositionen $(f_1 \circ f_2)(1, 1)$ und $(f_2 \circ f_1)(1, 1)$.

1.4　Endliche, abzählbare und überabzählbare Mengen

Aufgabe 17 Beweisen Sie, dass die Menge $\{a, b, c\}$ endlich ist.

Aufgabe 18 Zeigen Sie, dass die Mengen $\mathbb{N}$ und $2\mathbb{N} = \{2n \mid n \in \mathbb{N}\}$ gleichmächtig sind.

Aufgabe 19 Weisen Sie nach, dass die Mengen $\{1, 2\}$ und $\{a, b, c\}$ nicht gleichmächtig sind.

Aufgabe 20 Man kann zeigen, dass $[0, 1]$ überabzählbar ist. Folgern Sie, dass jedes Intervall $[a, b]$ mit $a, b \in \mathbb{R}$ und $a < b$ ebenfalls überabzählbar ist.

Aufgabe 21 (Satz von Cantor). Sei A eine beliebige Menge. Beweisen Sie, dass es keine Surjektion von A auf die Potenzmenge $\mathcal{P}(A)$ gibt. Folgern Sie damit, dass die Potenzmenge der natürlichen Zahlen $\mathcal{P}(\mathbb{N})$ überabzählbar ist.

1.5　Komplexe Zahlen

Aufgabe 22 Stellen Sie die folgenden komplexen Zahlen in arithmetischer Form und Polarform dar:

(a) $z_1 = 2 + 2i$,

(b) $z_2 = e^{\pi i}$,

(c) $z_3 = \dfrac{\cos(1)}{i - 1}$,

(d) $z_4 = \dfrac{\sqrt{3} + i}{(1 + i)^2}$.

Bestimmen Sie weiter den Realteil, den Imaginärteil, den Betrag und die komplex konjugierte Zahl von z_1 und z_4.

Aufgabe 23 Beschreiben Sie die folgenden Punktmengen in der komplexen Zahlenebene:

(a) $C_1 = \{z \in \mathbb{C} \mid -2 < \text{Re}(z) \leq 3, -3 \leq \text{Im}(z) < 4\}$,
(b) $C_2 = \{z \in \mathbb{C} \mid 1 \leq |z + 1 + i| \leq 3\}$,
(c) $C_3 = \{z \in \mathbb{C} \mid |z + 1| \leq |z - 1|\}$,
(d) $C_4 = \{z \in \mathbb{C} \mid z^5 = 1\}$,
(e) $C_5 = \{z \in \mathbb{C} \mid (\text{Re}(z))^2 + (\text{Im}(z))^2 = 1\}$.

Aufgabe 24 Zeigen Sie, dass für beliebige komplexe Zahlen $z, w \in \mathbb{C}$ die folgenden Aussagen gelten:

(a) $\text{Re}(z) = \frac{1}{2}(z + \overline{z})$, $\text{Im}(z) = \frac{1}{2}(z - \overline{z})$,
(b) $\overline{z + w} = \overline{z} + \overline{w}$, $\overline{zw} = \overline{z}\,\overline{w}$,
(c) $z \in \mathbb{R} \iff z = \overline{z}$.

Aufgabe 25 Zeigen Sie

$$\left| \frac{z - w}{1 - \overline{z}w} \right| = 1$$

für alle komplexen Zahlen $z, w \in \mathbb{C}$ mit $\overline{z}w \neq 1$, wobei entweder $|z| = 1$ oder $|w| = 1$ gilt.

1.6 Elementare Gleichungen und Ungleichungen

Aufgabe 26 Beweisen Sie die Ungleichung

$$x + \frac{1}{x} \geq 2$$

für alle $x \in \mathbb{R}$ mit $x > 0$. Begründen Sie, dass das Gleichheitszeichen genau dann gilt, wenn $x = 1$ ist.

Aufgabe 27 (Ungleichung vom arithmetischen und geometrischen Mittel). Zeigen Sie für alle $x, y \in \mathbb{R}$ mit $x, y \geq 0$ die Ungleichung

$$\frac{x + y}{2} \geq \sqrt{xy}.$$

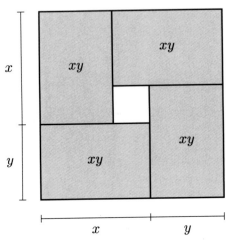

Visueller Beweis der Ungleichung $(x + y)^2 \geq 4xy$ für $x, y \geq 0$

Aufgabe 28 (Satz von Archimedes). Zeigen Sie, dass es zu jedem $x \in \mathbb{R}$ mit $x > 0$ eine natürliche Zahl $n \in \mathbb{N}$ mit $nx > 0$ gibt.

Aufgabe 29 (Dreiecksungleichung). Beweisen Sie für zwei komplexe Zahlen $z, w \in \mathbb{C}$ die sogenannte Dreiecksungleichung

$$|z + w| \leq |z| + |w|.$$

Aufgabe 30 Bestimmen Sie alle komplexen Lösungen der Gleichung

$$z \in \mathbb{C}: \quad \frac{1}{1 - z + i} = i - 1.$$

1.7   Vollständige Induktion

Aufgabe 31 Beweisen Sie die folgenden Aussagen mit Hilfe von vollständiger Induktion:

(a) (Gaußsche Summenformel). Für alle $n \in \mathbb{N}$ gilt $\sum_{j=1}^{n} 2j = n(n + 1)$.

(b) Die Zahl $k^2 - k$ ist für jedes $k \in \mathbb{N}$ mit $k \geq 2$ durch 2 teilbar.

(c) Für alle $m \in \mathbb{N}$ gilt $\sum_{j=1}^{m} j \cdot j! = (m + 1)! - 1$.

(d) Die Zahl $6^m - 5m + 4$ ist für alle $m \in \mathbb{N}$ durch 5 teilbar.

(e) (Verallgemeinerte Ungleichung von Bernoulli). Es gilt

$$\prod_{j=1}^{n} (1 + x_j) \geq 1 + \sum_{j=1}^{n} x_j$$

für alle $n \in \mathbb{N}$ und für alle $x_j \in \mathbb{R}$, wobei entweder $x_j \in (-1, 0)$ oder $x_j > 0$ gilt.

Aufgabe 32 Beweisen Sie mit dem Prinzip der vollständigen Induktion die folgenden Aussagen:

(a) Für alle $k \in \mathbb{N}$ mit $k \geq 2$ gilt $\sum_{j=1}^{k-1} j/(j+1)! = (k! - 1)/k!$.

(b) Für alle $k \in \mathbb{N}$ gilt

$$\begin{pmatrix} 1 & 1 & 0 \\ 0 & 1 & 1 \\ 0 & 0 & 1 \end{pmatrix}^k = \begin{pmatrix} 1 & k & \frac{k(k-1)}{2} \\ 0 & 1 & k \\ 0 & 0 & 1 \end{pmatrix}.$$

(c) Es gilt $(\sum_{j=1}^{n} j)^2 = \sum_{j=1}^{n} j^3$ für alle $n \in \mathbb{N}$.

(d) Es gilt $\sum_{j=0}^{n} \binom{n}{j} = 2^n$ für alle $n \in \mathbb{N}$.

(e) Sind $n \in \mathbb{N}$ eine natürliche Zahl sowie A und B Mengen mit jeweils n Elementen, dann gibt es genau $n!$ verschiedene Bijektionen von A nach B.

(f) (Geometrische Summenformel). Für alle $n \in \mathbb{N}$ und $z \in \mathbb{C} \setminus \{1\}$ gilt

$$\sum_{j=0}^{n} z^j = \frac{1 - z^{n+1}}{1 - z}.$$

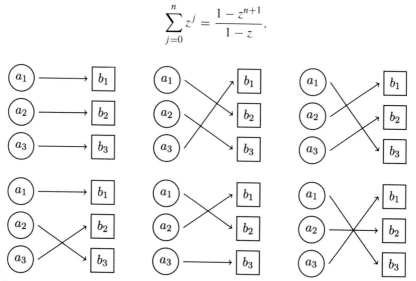

Schematische Darstellung von insgesamt $6 = 3!$ verschiedenen Bijektionen zwischen zwei dreielementigen Mengen $A = \{a_1, a_2, a_3\}$ und $B = \{b_1, b_2, b_3\}$

Aufgabe 33 (Fibonacchi-Zahlen). Für $n \in \mathbb{N}$ bezeichne f_n die n-te Fibonacchi-Zahl, das heißt, es gilt $f_n = f_{n-1} + f_{n-2}$ für $n \in \mathbb{N}$, $n \geq 3$, mit den Anfangswerten $f_0 = 0$ und $f_1 = f_2 = 1$. Beweisen Sie mit dem Prinzip der vollständigen Induktion die folgenden Aussagen:

(a) (Identität von Cassini). Für alle $n \in \mathbb{N}$ gilt $f_{n+1}f_{n-1} - f_n^2 = (-1)^n$.

(b) Für alle $n \in \mathbb{N}$ gilt $\sum_{j=1}^{n} f_j = f_{n+2} - 1$.

(c) Für jede natürliche Zahl $n \in \mathbb{N}$ gilt

$$\begin{pmatrix} 1 & 1 \\ 1 & 0 \end{pmatrix}^n = \begin{pmatrix} f_{n+1} & f_n \\ f_n & f_{n-1} \end{pmatrix}.$$

Folgen

2

In diesem Kapitel werden über 20 Aufgaben zu reellen und komplexen Folgen gestellt. Dabei kann sich die Leserin beziehungsweise der Leser in der Berechnung von Grenzwerten verschiedener Zahlenfolgen üben oder Eigenschaften konvergenter Folgen beweisen. Des Weiteren gibt es interessante Aufgaben zu Cauchy-Folgen, rekursiven und beschränkten Folgen sowie zum Limes Inferior und Limes Superior.

2.1 Konvergente Folgen

Aufgabe 34 Gegeben sei die reelle Folge $(a_n)_n$ mit $a_n = (n + 3)/(n + 2)$. Weisen Sie mit dem Grenzwertbegriff für Folgen nach, dass

$$\lim_{n \to +\infty} a_n = 1$$

gilt.

Aufgabe 35 Gegeben sei die komplexe Folge $(a_n)_n$ mit

$$a_n = 2 + \frac{1 + in}{n + 1}.$$

Zeigen Sie mit dem Grenzwertbegriff für Folgen, dass $\lim_n a_n = 2 + i$ gilt.

Aufgabe 36 Beweisen Sie, dass die Folge $(a_n)_n$ mit $a_n = 1/n$ eine Nullfolge ist.

© Der/die Autor(en), exklusiv lizenziert durch Springer-Verlag GmbH, DE, ein Teil von Springer Nature 2022
N. Hebestreit, *Übungsbuch Analysis I*,
https://doi.org/10.1007/978-3-662-64569-7_2

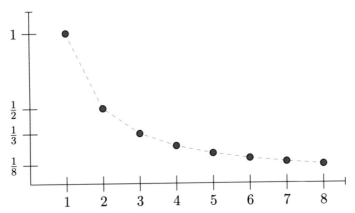

Darstellung der Folge $(a_n)_n$ mit $a_n = 1/n$

Aufgabe 37 Zeigen Sie, dass die Folge $(a_n)_n$ mit $a_n = (-1)^n$ nicht konvergiert.

Aufgabe 38 Untersuchen Sie, ob die folgenden Folgen $(a_n)_n$ konvergent sind und bestimmen Sie gegebenenfalls den Grenzwert:

(a) $a_n = \dfrac{6n^3 + 1}{n^2 + 6}$,

(b) $a_n = \left(1 - \dfrac{1}{n}\right)^{\frac{2}{n}}$,

(c) $a_n = \sqrt{n}\left(\sqrt{n+1} - \sqrt{n}\right)$,

(d) $a_n = \sqrt[n]{n + 7^n}$,

(e) $a_n = \dfrac{2n + \sin(n)}{4n + 2}$,

(f) $a_n = \dfrac{1 + 2^n}{1 + 2^n + (-2)^n}$.

Aufgabe 39 Beweisen Sie die folgenden Grenzwerte:

(a) $\displaystyle\lim_{n \to +\infty}\left(\frac{1}{n^4}\sum_{j=0}^{n} j^3\right) = \frac{1}{4}$,

(b) $\displaystyle\lim_{n \to +\infty}\left(\sum_{j=1}^{n}\frac{1}{j(j+1)}\right) = 1$.

2.2   Eigenschaften konvergenter Folgen

Aufgabe 40 Zeigen Sie, dass jede konvergente Folge beschränkt ist.

Aufgabe 41 (Summenregel für konvergente Folgen). Zeigen Sie die folgende Summenregel: Sind $(a_n)_n$ und $(b_n)_n$ konvergente Folgen mit $\lim_n a_n = a$ und $\lim_n b_n = b$, dann folgt

$$\lim_{n \to +\infty} (a_n + b_n) = a + b.$$

Aufgabe 42 Seien $(a_n)_n$ und $(b_n)_n$ komplexe Folgen. Zeigen Sie: Ist $(a_n)_n$ eine Nullfolge und $(b_n)_n$ eine beschränkte Folge, so ist $(a_n b_n)_n$ ebenfalls eine Nullfolge.

Aufgabe 43 (Cesaro-Mittel). Sei $(a_n)_n$ eine komplexe Folge. Dann ist das sogenannte Cesaro-Mittel $(b_n)_n$ für $n \in \mathbb{N}$ durch

$$b_n = \frac{1}{n} \sum_{j=1}^{n} a_j$$

definiert.

(a) (Cauchyscher Grenzwertsatz). Zeigen Sie, dass die Folge $(b_n)_n$ gegen a konvergiert, falls $(a_n)_n$ gegen a konvergiert.
(b) Berechnen Sie den Grenzwert

$$\lim_{n \to +\infty} \frac{1}{n} \sum_{j=1}^{n} \frac{1}{j}.$$

Aufgabe 44 Seien $(a_n)_n$ und $(b_n)_n$ zwei reelle Folgen. Zeigen Sie

$$\lim_{n \to +\infty} \min\{a_n, b_n\} = \min\{a, b\} \quad \text{und} \quad \lim_{n \to +\infty} \max\{a_n, b_n\} = \max\{a, b\},$$

falls $\lim_n a_n = a$ und $\lim_n b_n = b$ gelten.

Aufgabe 45 (Approximation des Kreises durch regelmäßige n-Ecke).

(a) Beweisen Sie für beliebige Zahlen $s, t \in \mathbb{R}$ die Identität

$$\left| e^{is} - e^{it} \right| = 2 \left| \sin\left(\frac{s-t}{2} \right) \right|.$$

(b) Folgern Sie, dass die Punkte $\xi_j = e^{2\pi ij/n}$ für $0 \leq j < n$ und $n \in \mathbb{N}$ ein (regelmäßiges) n-Eck mit Umfang $U_n = 2n |\sin(\pi/n)|$ bilden.
(c) Zeigen Sie

$$\lim_{n \to +\infty} U_n = 2\pi$$

und interpretieren Sie das Ergebnis.

Regelmäßiges 5-Eck, 7-Eck und 13-Eck

2.3   Cauchy-Folgen

Aufgabe 46 Zeigen Sie, dass jede konvergente Folge $(a_n)_n \subseteq \mathbb{C}$ eine Cauchy-Folge ist.

Aufgabe 47 Sei $(a_n)_n$ eine Folge und $q \in [0, 1)$ so, dass $|a_{n+1} - a_n| < q^n$ für alle $n \in \mathbb{N}$ gilt. Zeigen Sie, dass $(a_n)_n$ eine Cauchy-Folge ist.

Aufgabe 48 Weisen Sie nach, dass die durch

$$a_1 = 1 \quad \text{und} \quad a_{n+1} = a_n^2 + a_n$$

für $n \in \mathbb{N}$ definierte Folge $(a_n)_n$ streng monoton wachsend, aber keine Cauchy-Folge ist. Was können Sie über die Beschränktheit und Konvergenz der Folge sagen?

2.4   Rekursive Folgen

Aufgabe 49 Gegeben sei die rekursive Folge $(a_n)_n$ mit

$$a_1 = 0, \quad a_2 = 1 \quad \text{und} \quad a_n = \frac{1}{2}(a_{n-1} + a_{n-2})$$

für $n \in \mathbb{N}, n \geq 3$. Zeigen Sie, dass $(a_n)_n$ gegen 2/3 konvergiert.

Aufgabe 50 Finden Sie eine implizite und explizite Darstellung der Folge $(a_n)_n$, deren ersten 5 Folgeglieder

$$a_1 = 1, \quad a_2 = \frac{1}{2}, \quad a_3 = \frac{1}{6}, \quad a_4 = \frac{1}{24} \quad \text{und} \quad a_5 = \frac{1}{120}$$

sind. Untersuchen Sie, ob die Folge $(a_n)_n$ konvergiert.

Aufgabe 51 Gegeben seien Folgen $(a_n)_n$ und $(b_n)_n$ mit $0 < b_n < 1$ sowie $a_n = b_1 \cdot \ldots \cdot b_n$ für $n \in \mathbb{N}$. Untersuchen Sie $(a_n)_n$ auf Monotonie, Beschränktheit und Konvergenz.

Aufgabe 52 (Babylonisches Wurzelziehen). Gegeben sei die rekursive Folge $(a_n)_n$ mit

$$a_1 = 2 \quad \text{und} \quad a_{n+1} = \frac{1}{2}\left(a_n + \frac{2}{a_n}\right)$$

für $n \in \mathbb{N}$. Zeigen Sie

$$\lim_{n \to +\infty} a_n = \sqrt{2}.$$

2.5 Limes Inferior und Limes Superior

Aufgabe 53 Bestimmen Sie den Limes Inferior und Limes Superior der Folge $(a_n)_n$ mit

(a) $a_n = 1 + (-1)^n$,

(b) $a_n = \dfrac{1}{2n} + \dfrac{1}{2n+1}$.

Aufgabe 54 Zeigen Sie: Ist $(a_n)_n$ eine reelle und beschränkte Folge, dann gilt

$$\liminf_{n \to +\infty} (-a_n) = -\limsup_{n \to +\infty} a_n.$$

Aufgabe 55 Gegeben sei die Folge $(a_n)_n$ mit $a_n = 2^n(1 + (-1)^n) + 1$. Zeigen Sie die Ungleichungen

$$\liminf_{n \to +\infty} \frac{a_{n+1}}{a_n} \le \liminf_{n \to +\infty} \sqrt[n]{a_n} \le \limsup_{n \to +\infty} \sqrt[n]{a_n} \le \limsup_{n \to +\infty} \frac{a_{n+1}}{a_n}.$$

Reihen

3

Dieses Kapitel enthält verschiedene Aufgaben zu reellen und komplexen Reihen. Dazu gehören beispielsweise Aufgabenstellungen, in denen sich die Leserin beziehungsweise der Leser in der Untersuchung auf Konvergenz und Divergenz von Reihen üben kann. Des Weiteren gibt es mehrere Aufgaben zu Eigenschaften und Konvergenzkriterien von Reihen, zur Cauchy-Produktformel, zu Doppelreihen sowie zu Potenzreihen.

3.1 Konvergente Reihen

Aufgabe 56 Gegeben sei ein Halbkreis mit Durchmesser $d > 0$. Durch das Hintereinandersetzen von Halbkreisen, deren Durchmesser sich in jedem Schritt halbiert, entstehen eine geschlängelte Linie (schwarz) sowie unendlich viele Flächen von Halbkreisen (grau).

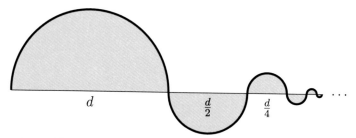

Darstellung der geschlängelten Linie (schwarz) und Halbkreise (grau)

(a) Bestimmen Sie die Länge der geschlängelten Linie.
(b) Berechnen Sie die Gesamtfläche aller Halbkreise.

© Der/die Autor(en), exklusiv lizenziert durch Springer-Verlag GmbH, DE, ein Teil von Springer Nature 2022
N. Hebestreit, *Übungsbuch Analysis I*,
https://doi.org/10.1007/978-3-662-64569-7_3

Aufgabe 57 Untersuchen Sie die folgenden Reihen auf Konvergenz:

(a) $\displaystyle\sum_{n=0}^{+\infty}\left(\frac{1}{7}\right)^n$,

(b) $\displaystyle\sum_{n=1}^{+\infty}\frac{1}{n(n+1)}$,

(c) $\displaystyle\sum_{n=1}^{+\infty}\left(1-\frac{1}{n}\right)^n$,

(d) $\displaystyle\sum_{n=1}^{+\infty}\frac{1}{n^3}$,

(e) $\displaystyle\sum_{n=0}^{+\infty}\frac{2^n}{n!}$,

(f) $\displaystyle\sum_{n=1}^{+\infty}\frac{n+3}{n(n+1)(n+2)}$.

Aufgabe 58 Untersuchen Sie die folgenden Reihen auf Konvergenz beziehungsweise Divergenz

(a) $\displaystyle\sum_{n=1}^{+\infty}\left(\frac{1+2^n}{2^{n+1}}\right)^n$,

(b) $\displaystyle\sum_{n=1}^{+\infty}\frac{\cos(n\pi)}{2^n}$,

(c) $\displaystyle\sum_{n=1}^{+\infty}\frac{(n!)^2}{(2n)!}$,

(d) $\displaystyle\sum_{n=1}^{+\infty}\frac{e^n}{n}$.

Aufgabe 59 Entscheiden Sie, welche der folgenden Reihen konvergiert:

(a) $\displaystyle\sum_{n=0}^{+\infty}\frac{n!}{n^n}$,

(b) $\displaystyle\sum_{n=1}^{+\infty}\frac{2n-6}{3^n(3n+4)}$,

(c) $\displaystyle\sum_{n=1}^{+\infty}(-1)^n\left(1-\frac{1}{n^2}\right)$,

(d) $\displaystyle\sum_{n=2}^{+\infty}\frac{1}{\ln(n)}$.

Aufgabe 60 Weisen Sie mit dem Cauchy-Kriterium für Reihen nach, dass die Reihe

$$\sum_{n=0}^{+\infty}\frac{1}{n!}$$

konvergent ist.

Aufgabe 61 Beweisen Sie, dass die folgenden Reihen die angegebenen Reihenwerte besitzen:

(a) $\displaystyle\sum_{n=0}^{+\infty}\left(\frac{1}{2^n}+\frac{(-1)^n}{3^n}\right)=\frac{11}{4}$,

(b) $\displaystyle\sum_{n=1}^{+\infty}\frac{n+3}{n(n+1)(n+2)}=\frac{5}{4}$,

(c) $\displaystyle\sum_{n=0}^{+\infty}\frac{(-1)^n2^{n+2}}{n!}=\frac{4}{e^2}$,

(d) $\displaystyle\sum_{n=0}^{+\infty}\frac{n}{2^n}=2$.

3.2   Eigenschaften konvergenter Reihen

Aufgabe 62 (Notwendiges Konvergenzkriterium). Beweisen Sie das notwendige Konvergenzkriterium für Reihen: Ist die komplexe Reihe $\sum_{n=1}^{+\infty} x_n$ konvergent, so ist die Folge der Glieder $(x_n)_n$ eine Nullfolge.

Aufgabe 63 (Cauchy-Kriterium). Beweisen Sie das Cauchy-Kriterium für Reihen. Zeigen Sie dazu, dass die folgenden zwei Aussagen äquivalent sind:

(a) Die komplexe Reihe $\sum_{n=1}^{+\infty} x_n$ konvergiert.
(b) Zu jedem $\varepsilon > 0$ gibt es eine natürliche Zahl $N \in \mathbb{N}$ mit

$$\left| \sum_{j=n+1}^{m} x_j \right| < \varepsilon \quad \text{für alle} \quad m > n \geq N.$$

Aufgabe 64 (Summenregel für konvergente Reihen). Seien $\sum_{n=1}^{+\infty} x_n$ und $\sum_{n=1}^{+\infty} y_n$ komplexe konvergente Reihen sowie $\lambda \in \mathbb{C}$. Zeigen Sie:

(a) Die Reihe $\sum_{n=1}^{+\infty}(x_n + y_n)$ konvergiert ebenfalls und es gilt

$$\sum_{n=1}^{+\infty}(x_n + y_n) = \sum_{n=1}^{+\infty} x_n + \sum_{n=1}^{+\infty} y_n.$$

(b) Die Reihe $\sum_{n=1}^{+\infty} \lambda x_n$ konvergiert und es gilt

$$\sum_{n=1}^{+\infty} \lambda x_n = \lambda \sum_{n=1}^{+\infty} x_n.$$

Aufgabe 65 Zeigen Sie, dass jede absolut konvergente Reihe konvergent ist. Finden Sie umgekehrt eine Reihe, die konvergent, jedoch nicht absolut konvergent ist.

3.3   Cauchy-Produktformel

Aufgabe 66 Beweisen Sie, dass die Reihe

$$\sum_{n=1}^{+\infty} \frac{(-1)^n}{\sqrt{n+1}}$$

bedingt konvergent ist. Berechnen Sie weiter das Cauchy-Produkt

$$\left(\sum_{n=1}^{+\infty} \frac{(-1)^n}{\sqrt{n+1}}\right)\left(\sum_{n=1}^{+\infty} \frac{(-1)^n}{\sqrt{n+1}}\right)$$

und untersuchen Sie die resultierende Reihe auf absolute Konvergenz.

Aufgabe 67 Begründen Sie kurz, dass die Reihen

$$\sin(x) = \sum_{n=0}^{+\infty} (-1)^n \frac{x^{2n+1}}{(2n+1)!} \quad \text{und} \quad \cos(x) = \sum_{n=0}^{+\infty} (-1)^n \frac{x^{2n}}{(2n)!}$$

für jedes $x \in \mathbb{R}$ absolut konvergent sind. Beweisen Sie dann mit Hilfe der Cauchy-Produktformel die trigonometrischen Identitäten

$$\sin^2(x) + \cos^2(x) = 1 \quad \text{und} \quad \sin(x+y) = \sin(x)\cos(y) + \cos(x)\sin(y)$$

für $x, y \in \mathbb{R}$.

3.4   Doppelreihen

Aufgabe 68 Untersuchen Sie die Doppelreihe

$$\sum_{n=2}^{+\infty} \sum_{m=1}^{+\infty} \frac{(-1)^n}{n^m}$$

auf Konvergenz.

Aufgabe 69 Zeigen Sie, dass die Doppelreihe

$$\sum_{n=1}^{+\infty} \sum_{m=1}^{+\infty} \frac{1}{n^3 + m^3}$$

summierbar ist.

3.5   Potenzreihen

Aufgabe 70 Bestimmen Sie den Konvergenzradius der folgenden Potenzreihen:

(a) $\displaystyle\sum_{n=1}^{+\infty} \frac{1}{n2^n}(x-1)^n,$

(b) $\displaystyle\sum_{n=0}^{+\infty} \left(x - \frac{1}{2}\right)^n,$

(c) $\displaystyle\sum_{n=1}^{+\infty} \frac{2^n}{n}(4x-8)^n,$

(d) $\displaystyle\sum_{n=2}^{+\infty} \frac{1}{n+(-1)^n}\left(\frac{x}{2}\right)^n,$

(e) $\displaystyle\sum_{n=1}^{+\infty} n!x^n,$

(f) $\displaystyle\sum_{n=1}^{+\infty} \frac{x^n}{n!}.$

Aufgabe 71 Gegeben sei die Potenzreihe

$$\sum_{n=0}^{+\infty} \frac{2^n + 3^n}{6^n} x^n.$$

(a) Bestimmen Sie den Konvergenzradius $r \in \mathbb{R} \cup \{+\infty\}$ der Potenzreihe.
(b) Berechnen Sie für $x \in (-r, r)$ den Reihenwert und untersuchen Sie die Konvergenz der Reihe für $|x| = r$.

Aufgabe 72 Entwickeln Sie die Funktion $f : (-1, 1) \to \mathbb{R}$ mit $f(x) = \mathrm{e}^x/(1-x)$ in eine Potenzreihe der Form $\sum_{n=0}^{+\infty} a_n x^n$.

(a) Zeigen Sie $a_n = \sum_{j=0}^{n} 1/j!$ für $n \in \mathbb{N}_0$.
(b) Weisen Sie nach, dass der Konvergenzradius der Potenzreihe $r = 1$ ist.

Stetigkeit

In diesem Kapitel werden weit über 40 Aufgaben zu stetigen, gleichmäßig stetigen und Lipschitz-stetigen Funktionen sowie Eigenschaften dieser gestellt. Dabei gibt es einen Abschnitt mit vielen interessanten Anwendungsbereichen des Zwischenwertsatzes und des Nullstellensatzes von Bolzano.

4.1 Stetige Funktionen

Aufgabe 73 Beweisen Sie, dass die Funktion $f : \mathbb{R} \to \mathbb{R}$ mit $f(x) = 4x + 5$ stetig ist.

Aufgabe 74 Weisen Sie nach, dass die Funktion $f : \mathbb{R} \to \mathbb{R}$ mit $f(x) = 1/(1+x^2)$ stetig ist.

Aufgabe 75 Zeigen Sie, dass die Wurzelfunktion $f : [0, +\infty) \to \mathbb{R}$ mit $f(x) = \sqrt{x}$ im Nullpunkt stetig ist.

Aufgabe 76 Beweisen Sie, dass die Funktion $f : \mathbb{R} \to \mathbb{R}$ mit

$$f(x) = \begin{cases} x + 1, & x \geq 0 \\ 0, & x < 0 \end{cases}$$

im Nullpunkt unstetig ist.

N. Hebestreit, *Übungsbuch Analysis I*, https://doi.org/10.1007/978-3-662-64569-7_4

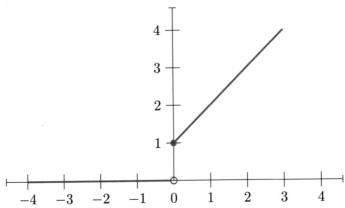

Graph der Funktion $f : \mathbb{R} \to \mathbb{R}$ mit $f(x) = x + 1$ für $x \geq 0$ und $f(x) = 0$ sonst

Aufgabe 77 (Stetigkeit der Betragsfunktion). Untersuchen Sie die Betragsfunktion $f : \mathbb{R} \to \mathbb{R}$ mit $f(x) = |x|$ auf Stetigkeit.

Aufgabe 78 (Abrundungsfunktion). Untersuchen Sie, in welchen Punkten die Abrundungsfunktion $f : \mathbb{R} \to \mathbb{R}$ mit $f(x) = [x]$, wobei $[x] = \max\{z \in \mathbb{Z} \mid z \leq x\}$ für $x \in \mathbb{R}$, stetig beziehungsweise unstetig ist.

Aufgabe 79 Zeigen Sie, dass die Funktion $f_k : \mathbb{R} \to \mathbb{R}$ mit

$$f_k(x) = \begin{cases} x^k \sin\left(\frac{1}{x}\right), & x \neq 0 \\ 0, & x = 0 \end{cases}$$

für jedes $k \in \mathbb{N}$ stetig ist.

Aufgabe 80 (Dirichlet-Funktion). Zeigen Sie, dass die Dirichlet-Funktion $f : \mathbb{R} \to \mathbb{R}$ mit

$$f(x) = \begin{cases} 1, & x \in \mathbb{Q} \\ 0, & x \in \mathbb{R} \setminus \mathbb{Q} \end{cases}$$

in jedem Punkt unstetig ist.

Aufgabe 81 Zeigen Sie, dass die Funktion $f : \mathbb{R} \to \mathbb{R}$ mit

$$f(x) = \begin{cases} \sin\left(\frac{1}{x}\right), & x \neq 0 \\ 0, & x = 0 \end{cases}$$

in $x_0 = 0$ unstetig ist.

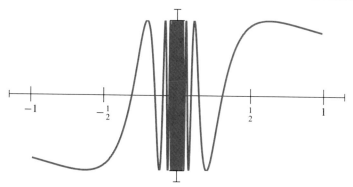

Graph der Funktion $f : \mathbb{R} \to \mathbb{R}$ mit $f(x) = \sin(1/x)$ für $x \neq 0$ und $f(x) = 0$ für $x = 0$

Aufgabe 82 (Thomaesche Funktion). Die Funktion $f : [0, 1] \to \mathbb{R}$ sei definiert durch

$$f(x) = \begin{cases} 1, & x = 0 \\ \frac{1}{q}, & x > 0 \text{ und } x = \frac{p}{q} \text{ mit } p \in \mathbb{Z} \text{ und } q \in \mathbb{N} \text{ teilerfremd} \\ 0, & x \in \mathbb{R} \setminus \mathbb{Q}. \end{cases}$$

Zeigen Sie, dass die Thomaesche Funktion f in jedem Punkt aus $[0, 1] \cap \mathbb{Q}$ unstetig und in jedem Punkt aus $[0, 1] \cap (\mathbb{R} \setminus \mathbb{Q})$ stetig ist.

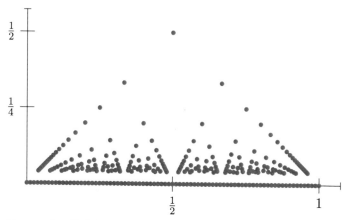

Graph der Thomaeschen Funktion

4.2 Eigenschaften stetiger Funktionen

Aufgabe 83 (Folgenkriterium für Stetigkeit). Eine Funktion $f : D \to \mathbb{R}$ heißt im Punkt $x_0 \in D$ Folgen-stetig, falls für jede Folge $(x_n)_n$ aus D mit $\lim_n x_n = x_0$ gerade

$$\lim_{n \to +\infty} f(x_n) = f(x_0)$$

gilt. Zeigen Sie, dass eine Funktion $f : D \to \mathbb{R}$ genau dann in $x_0 \in D$ stetig ist, wenn sie im Punkt x_0 Folgen-stetig ist.

Aufgabe 84 Seien $f, g : D \to \mathbb{R}$ stetige Funktionen. Zeigen Sie, dass dann auch die Funktion $2f + 3g : D \to \mathbb{R}$ mit $(2f + 3g)(x) = 2f(x) + 3g(x)$ stetig ist.

Aufgabe 85 (Stetigkeit von Polynomen). Seien $k \in \mathbb{N}$, $a_0, \ldots, a_k \in \mathbb{R}$ und das Polynom $f : \mathbb{R} \to \mathbb{R}$ gegeben durch $f(x) = \sum_{j=0}^{k} a_j x^j$. Weisen Sie nach, dass die Funktion f stetig ist.

Aufgabe 86 Sei $f : \mathbb{R} \to \mathbb{R}$ eine Funktion mit $|f(x)| \le |x|$ für alle $x \in \mathbb{R}$. Beweisen Sie, dass die Funktion f im Nullpunkt stetig ist.

Aufgabe 87 Zeigen Sie, dass jede Funktion $f : \mathbb{Z} \to \mathbb{R}$ stetig ist.

Aufgabe 88 Seien $g : [-1, 0] \to \mathbb{R}$ und $h : [0, 1] \to \mathbb{R}$ stetige Funktionen mit $g(0) = h(0)$. Zeigen Sie, dass die Funktion $f : [-1, 1] \to \mathbb{R}$ mit

$$f(x) = \begin{cases} g(x), & x \in [-1, 0) \\ h(x), & x \in [0, 1] \end{cases}$$

ebenfalls stetig ist.

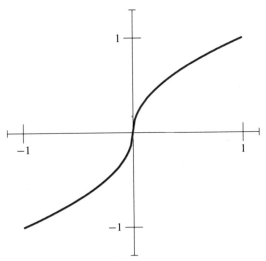

Graphen der Funktionen $g : [-1, 0] \to \mathbb{R}$ und $h : [0, 1] \to \mathbb{R}$ mit $g(x) = -\sqrt{-x}$ (blau) und $h(x) = \sqrt{x}$ (rot)

Aufgabe 89 Seien $f, g : D \to \mathbb{R}$ stetige Funktionen. Zeigen Sie, dass die Funktionen $f \wedge g, f \vee g : D \to \mathbb{R}$ mit

$$(f \wedge g)(x) = \min\{f(x), g(x)\} \quad \text{und} \quad (f \vee g)(x) = \max\{f(x), g(x)\}$$

ebenfalls stetig sind.

Aufgabe 90 Sei $f : D \to \mathbb{R}$ eine Funktion. Der Positivteil $f^+ : D \to \mathbb{R}$ und der Negativteil $f^- : D \to \mathbb{R}$ von f sind definiert als

$$f^+(x) = \begin{cases} f(x), & f(x) \geq 0 \\ 0, & f(x) < 0 \end{cases} \quad \text{und} \quad f^-(x) = \begin{cases} -f(x), & f(x) \leq 0 \\ 0, & f(x) > 0. \end{cases}$$

Zeigen Sie die folgenden Behauptungen:

(a) Es gilt $f = f^+ - f^-$ und $|f| = f^+ + f^-$.
(b) Die Funktion f ist genau dann stetig, wenn f^+ und f^- stetig sind.

Aufgabe 91 Beweisen Sie, dass jede monotone Funktion $f : [a, b] \to \mathbb{R}$ höchstens abzählbar viele Unstetigkeitsstellen besitzt.

Aufgabe 92 Sei $f : \mathbb{R} \to \mathbb{R}$ eine im Nullpunkt stetige Funktion mit der Eigenschaft

$$f(x + y) = f(x) + f(y)$$

für alle $x, y \in \mathbb{R}$. Zeigen Sie, dass die Funktion f sogar in ganz $\mathbb{R}$ stetig ist.

Aufgabe 93 (Cauchy-Funktionalgleichung). Bestimmen Sie alle stetigen Funktionen $f : \mathbb{R} \to \mathbb{R}$, die der sogenannten Cauchy-Funktionalgleichung

$$f(x + y) = f(x) + f(y) \tag{4.1}$$

für $x, y \in \mathbb{R}$ genügen.

Aufgabe 94 Sei $g : \mathbb{R} \to [0, +\infty)$ eine stetige Funktion mit $g(0) = 0$. Sei weiter $f : \mathbb{R} \to \mathbb{R}$ eine Funktion mit

$$|f(x) - f(y)| \leq g(|x - y|) \tag{4.2}$$

für $x, y \in \mathbb{R}$. Zeigen Sie, dass die Funktion f stetig ist.

Aufgabe 95 Seien $f : \mathbb{R} \to \mathbb{R}$ eine stetige Funktion und $x_0 \in \mathbb{R}$ ein Punkt mit $f(x_0) > 0$. Beweisen Sie, dass dann f sogar in einer Umgebung von x_0 strikt positiv ist.

Aufgabe 96 Sei $f : \mathbb{R} \to \mathbb{R}$ eine stetige Funktion mit Periode 1, das heißt, für alle $x \in \mathbb{R}$ gilt $f(x + 1) = f(x)$. Zeigen Sie, dass die Funktion f ihr Minimum und Maximum annimmt.

4.3   Zwischenwertsatz und Nullstellensatz von Bolzano

Aufgabe 97 (Spezialfall Fixpunktsatz von Brouwer). Sei $f : [a, b] \to [a, b]$ eine stetige Funktion. Beweisen Sie, dass f einen Fixpunkt besitzt, das heißt, es gibt mindestens eine Stelle $\xi \in [a, b]$ mit $f(\xi) = \xi$.

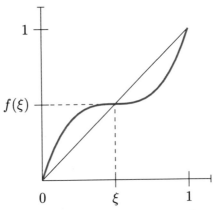

Fixpunkt(e) der Funktion $f : [0, 1] \to [0, 1]$ mit $f(x) = (x - 1/2)^3 + 7/8$

Aufgabe 98 Sei $f : [0, 2] \to \mathbb{R}$ eine stetige Funktion mit $f(0) = f(2)$. Zeigen Sie, dass es eine Stelle $\xi \in \mathbb{R}$ mit $0 \le \xi \le 2$ und $f(\xi + 1) = f(\xi)$ gibt.

Aufgabe 99 Sei $f : [0, 2] \to \mathbb{R}$ stetig mit $f(2) = 1$. Beweisen Sie, dass es eine Stelle $\xi \in [0, 2]$ mit $f(\xi) = 1/\xi$ gibt.

Aufgabe 100 Seien $f : [a, b] \to \mathbb{R}$ eine stetige Funktion sowie $p, q > 0$ beliebige Zahlen. Beweisen Sie die Existenz einer Stelle $\xi \in [a, b]$ mit

$$\frac{pf(a) + qf(b)}{p + q} = f(\xi).$$

Aufgabe 101 Seien $f, g : [a, b] \to \mathbb{R}$ stetige Funktionen mit $f(a) \le g(a)$ und $g(b) \le f(b)$. Beweisen Sie die Existenz eines Schnittpunktes $x_0 \in [a, b]$ mit $f(x_0) = g(x_0)$.

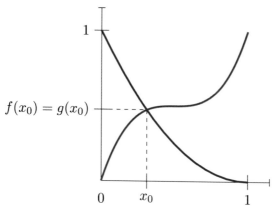

Schnittpunkt der Funktionen $f, g : [0, 1] \to \mathbb{R}$ mit $f(x) = 4(x - 1/2)^3 + 1/2$ (rot) und $g(x) = (x - 1)^2$ (blau)

Aufgabe 102 Zeigen Sie, dass jede stetige Funktion $f : \mathbb{R} \to \mathbb{R} \setminus \mathbb{Q}$ konstant ist.

Aufgabe 103 Sei $f : \mathbb{R} \to \mathbb{R}$ eine stetige Funktion mit Periode 1, das heißt für alle $x \in \mathbb{R}$ gilt $f(x + 1) = f(x)$. Weisen Sie nach, dass es eine Stelle $x_0 \in \mathbb{R}$ mit $f(x_0 + \pi) = f(x_0)$ gibt.

Aufgabe 104 Zeigen Sie, dass die Polynomfunktion $f : \mathbb{R} \to \mathbb{R}$ mit $f(x) = x^{17} + 2x^{13} - 5x^7 + x^2 - 1$ eine Nullstelle besitzt. Geben Sie ein Intervall an, in dem die Nullstelle liegt.

Aufgabe 105 Beweisen Sie, dass jedes Polynom mit einem ungeraden Grad eine (reelle) Nullstelle besitzt.

Aufgabe 106 Zeigen Sie, dass die Gleichung

$$x \in \mathbb{R} \setminus \{-1\} : \qquad \frac{x - 1}{x^2 + 2} = \frac{3 - x}{x + 1}$$

eine Lösung besitzt.

4.4   Gleichmäßig stetige Funktionen

Aufgabe 107 Zeigen Sie, dass die Funktion $f : [0, +\infty) \to \mathbb{R}$ mit $f(x) = \sqrt{x}$ gleichmäßig stetig ist.

Aufgabe 108 Weisen Sie nach, dass der natürliche Logarithmus $f : [1, +\infty) \to \mathbb{R}$ mit $f(x) = \ln(x)$ gleichmäßig stetig ist.

Aufgabe 109 Beweisen Sie, dass die Funktion $f : (0, +\infty) \to \mathbb{R}$ mit $f(x) = 1/x$ stetig, aber nicht gleichmäßig stetig ist.

Aufgabe 110 Zeigen Sie, dass die Funktion $f : \mathbb{R} \to \mathbb{R}$

$$f(x) = \begin{cases} \frac{|x|}{x}, & x \neq 0 \\ 0, & x = 0 \end{cases}$$

nicht gleichmäßig stetig ist.

4.5   Eigenschaften gleichmäßig stetiger Funktionen

Aufgabe 111 (Folgenkriterium für gleichmäßige Stetigkeit). Beweisen Sie, dass eine Funktion $f : D \to \mathbb{R}$ genau dann gleichmäßig stetig ist, falls für alle Folgen $(x_n)_n$ und $(y_n)_n$ in D aus $\lim_n |x_n - y_n| = 0$ stets $\lim_n |f(x_n) - f(y_n)| = 0$ folgt.

Aufgabe 112 Sei $f : \mathbb{R} \to \mathbb{R}$ eine gleichmäßig stetige Funktion. Zeigen Sie, dass $(f(x_n))_n$ eine Cauchy-Folge ist, falls $(x_n)_n$ eine Cauchy-Folge ist.

Aufgabe 113 (Satz von Heine). Sei $f : D \to \mathbb{R}$ eine stetige Funktion. Beweisen Sie, dass die Funktion f sogar gleichmäßig stetig ist, falls $D \subseteq \mathbb{R}$ kompakt ist.

Aufgabe 114 Seien $I, J \subseteq \mathbb{R}$ nichtleere Intervalle mit $I \cap J \neq \emptyset$. Zeigen Sie: Ist die Funktion $f : \mathbb{R} \to \mathbb{R}$ gleichmäßig stetig auf I und J, dann auch auf $I \cup J$.

Aufgabe 115 Sei $f : D \to \mathbb{R}$ eine Funktion. Weisen Sie nach, dass die Funktion f gleichmäßig stetig ist, wenn die Menge

$$C = \left\{ \frac{f(x) - f(y)}{x - y} \mid x, y \in D,\ x \neq y \right\}$$

beschränkt ist.

Aufgabe 116 Sei $g : [0, +\infty) \to [0, +\infty)$ eine stetige Funktion mit $g(0) = 0$. Weiter sei $f : D \to \mathbb{R}$ eine Funktion mit

$$|f(x) - f(y)| \leq g(|x - y|)$$

für alle $x, y \in D$. Zeigen Sie, dass die Funktion f gleichmäßig stetig ist.

Aufgabe 117 Sei $f : \mathbb{R} \to \mathbb{R}$ eine stetige Funktion mit Periode 1, das heißt für alle $x \in \mathbb{R}$ gilt $f(x + 1) = f(x)$. Weisen Sie nach, dass die Funktion f gleichmäßig stetig ist.

4.6   Lipschitz-stetige Funktionen

Aufgabe 118 Beweisen Sie, dass jede Lipschitz-stetige Funktion gleichmäßig stetig ist.

Aufgabe 119 (Distanzfunktion). Seien $M \subseteq \mathbb{R}$ eine nichtleere Menge und die Funktion $f_M : \mathbb{R} \to \mathbb{R}$ definiert durch

$$f_M(x) = \inf \{|x - y| \mid y \in M\}.$$

Zeigen Sie, dass die Distanzfunktion f_M Lipschitz-stetig ist.

Aufgabe 120 Weisen Sie nach, dass die Sinusfunktion $f : \mathbb{R} \to \mathbb{R}$ mit $f(x) = \sin(x)$ Lipschitz-stetig ist.

Differentialrechnung

5

Dieses Kapitel enthält verschiedene Aufgabenstellungen aus dem Gebiet der Differentialrechnung. Neben der Untersuchung von Funktionen auf Differenzierbarkeit und dem Beweis von Eigenschaften differenzierbarer Funktionen gibt es zudem mehrere Abschnitte, in denen die Leserin beziehungsweise der Leser lokale Extrema bestimmen kann oder den Satz von Rolle, den Mittelwertsatz der Differentialrechnung, den Satz über die Differenzierbarkeit der Umkehrfunktion sowie den Satz von Taylor und deren Konsequenzen üben kann.

5.1 Differenzierbare Funktionen

Aufgabe 121 Begründen Sie kurz, dass die folgenden Funktionen differenzierbar sind und berechnen Sie ihre Ableitung:

(a) $f : \mathbb{R} \to \mathbb{R}$ mit $f(x) = x^7 + 3x^5 + 11x^2 + 13$,
(b) $f : (2, +\infty) \to \mathbb{R}$ mit $f(x) = \ln(\ln(x))$,
(c) $f : \mathbb{R} \to \mathbb{R}$ mit $f(x) = \sin(x^2 + 1)\cos(x^2 - 1)$,
(d) $f : \mathbb{R} \to \mathbb{R}$ mit $f(x) = (1 - x^2)/(1 + x^2)$.

Aufgabe 122 Beweisen Sie, dass die Funktion $f : \mathbb{R} \to \mathbb{R}$ mit $f(x) = 2x^3 + 7x^2 + 3x$ differenzierbar ist.

Aufgabe 123 Weisen Sie nach, dass jede konstante Funktion $f : \mathbb{R} \to \mathbb{R}$ differenzierbar ist.

Aufgabe 124 Sei $f : \mathbb{R} \to \mathbb{R}$ gegeben durch $f(x) = x^n$ mit $n \in \mathbb{N}$. Zeigen Sie, dass die Funktion f im Punkt $x_0 \in \mathbb{R}$ differenzierbar ist, indem Sie

© Der/die Autor(en), exklusiv lizenziert durch Springer-Verlag GmbH, DE, ein Teil von Springer Nature 2022
N. Hebestreit, *Übungsbuch Analysis I*,
https://doi.org/10.1007/978-3-662-64569-7_5

(a) nachweisen, dass der Grenzwert

$$f'(x_0) = \lim_{x \to x_0} \frac{f(x) - f(x_0)}{x - x_0}$$

existiert,

(b) eine Zahl $m_{x_0} \in \mathbb{R}$ finden, welche

$$\lim_{x \to x_0} \frac{f(x) - f(x_0) - m_{x_0}(x - x_0)}{x - x_0} = 0$$

erfüllt,

(c) eine in x_0 stetige Funktion $r : \mathbb{R} \to \mathbb{R}$ mit $r(x_0) = 0$ und

$$f(x) = f(x_0) + m_{x_0}(x - x_0) + r(x)(x - x_0)$$

für alle $x \in \mathbb{R}$ finden,

(d) eine affine Funktion $g : \mathbb{R} \to \mathbb{R}$ mit $f(x_0) = g(x_0)$ und

$$\lim_{x \to x_0} \frac{|f(x) - g(x)|}{|x - x_0|} = 0$$

finden.

Aufgabe 125 Beweisen Sie, dass die Betragsfunktion $f : \mathbb{R} \to \mathbb{R}$ mit $f(x) = |x|$ nicht differenzierbar ist.

Aufgabe 126 Zeigen Sie, dass die Funktion $f : \mathbb{R} \to \mathbb{R}$ mit $f(x) = x|x|$ differenzierbar ist.

Aufgabe 127 Untersuchen Sie die Funktion $f : \mathbb{R} \to \mathbb{R}$ mit

$$f(x) = \begin{cases} x \sin\left(\frac{1}{x}\right), & x \neq 0 \\ 0, & x = 0 \end{cases}$$

auf Stetigkeit und Differenzierbarkeit.

Aufgabe 128 Untersuchen Sie, für welche Werte $n \in \mathbb{N}$ und $\alpha \in \mathbb{R}$ die Funktion $f_{n,\alpha} : \mathbb{R} \to \mathbb{R}$ mit

$$f_{n,\alpha}(x) = \begin{cases} x^{n+1}, & x > 0 \\ \alpha, & x \leq 0 \end{cases}$$

differenzierbar ist.

Aufgabe 129 Beweisen Sie, dass die Funktion $f : \mathbb{R} \to \mathbb{R}$ mit

$$f(x) = \begin{cases} x^2 \cos\left(\frac{1}{x}\right), & x \neq 0 \\ 0, & x = 0 \end{cases}$$

differenzierbar ist und die Ableitungsfunktion $f' : \mathbb{R} \to \mathbb{R}$ im Nullpunkt unstetig ist.

Aufgabe 130 Zeigen Sie, dass die Funktion $f : \mathbb{R} \to \mathbb{R}$ mit

$$f(x) = \begin{cases} \exp\left(-\frac{1}{x^2}\right), & x \neq 0 \\ 0, & x = 0 \end{cases}$$

beliebig oft differenzierbar (glatt) ist.

Aufgabe 131 Begründen Sie, dass die Funktion $f : \mathbb{R} \to \mathbb{R}$ mit $f(x) = x \sin(x)$ differenzierbar ist. Zeigen Sie dann, dass f eine Lösung der Differentialgleichung

$$x f'(x) - f(x) = x^2 \cos(x)$$

für $x \in \mathbb{R}$ ist.

5.2 Eigenschaften differenzierbarer Funktionen

Aufgabe 132 (Summenregel für differenzierbare Funktionen). Seien $f, g : (a, b) \to \mathbb{R}$ differenzierbare Funktionen. Beweisen Sie, dass dann auch die Funktion $f + g : (a, b) \to \mathbb{R}$ mit $(f + g)(x) = f(x) + g(x)$ differenzierbar ist.

Aufgabe 133 Sei $f : (a, b) \to \mathbb{R}$ eine in $x_0 \in (a, b)$ differenzierbare Funktion. Zeigen Sie, dass f in x_0 stetig ist.

Aufgabe 134 Sei $g : \mathbb{R} \to \mathbb{R}$ eine stetige Funktion. Beweisen Sie, dass die Funktion $f : \mathbb{R} \to \mathbb{R}$ mit $f(x) = xg(x)$ im Nullpunkt differenzierbar ist.

Aufgabe 135 Eine Funktion $f : \mathbb{R} \to \mathbb{R}$ erfülle

$$|f(x) - f(y)| \leq |x - y|^2 \tag{5.1}$$

für alle $x, y \in \mathbb{R}$. Zeigen Sie, dass die Funktion f konstant ist.

Aufgabe 136 Seien $\lambda \in \mathbb{R}$ und $f : \mathbb{R} \to \mathbb{R}$ eine differenzierbare Funktion mit

$$f'(x) = \lambda f(x) \tag{5.2}$$

für alle $x \in \mathbb{R}$. Zeigen Sie, dass $f(x) = c \exp(\lambda x)$ für alle $x \in \mathbb{R}$ mit einer Konstanten $c \in \mathbb{R}$ gilt.

Aufgabe 137 (Leibniz-Formel für höhere Ableitungen). Seien $D \subseteq \mathbb{R}$ offen, $n \in \mathbb{N}$ eine natürliche Zahl sowie $f, g : D \to \mathbb{R}$ zwei n-mal differenzierbare Funktionen. Beweisen Sie die Identität

$$(fg)^{(n)}(x) = \sum_{j=0}^{n} \binom{n}{j} f^{(n-j)}(x) g^{(j)}(x)$$

für alle $x \in D$.

Aufgabe 138 Gegeben seien eine offene Menge $D \subseteq \mathbb{R}$, eine natürliche Zahl $n \in \mathbb{N}$ sowie differenzierbare Funktionen $f_1, \ldots, f_n : D \to \mathbb{R}$ mit $(f_1 \cdot \ldots \cdot f_n)(x) > 0$ für alle $x \in D$. Zeigen Sie, dass

$$\frac{(f_1 \cdot \ldots \cdot f_n)'(x)}{(f_1 \cdot \ldots \cdot f_n)(x)} = \sum_{j=1}^{n} \frac{f_j'(x)}{f_j(x)}$$

für alle $x \in D$ gilt.

5.3 Lokale Extrema

Aufgabe 139 Beweisen Sie, dass die Funktion $f : (0, +\infty) \to \mathbb{R}$ mit $f(x) = x^n e^{-x}$ und $n \in \mathbb{N}$ an der Stelle $x = n$ ein Maximum besitzt.

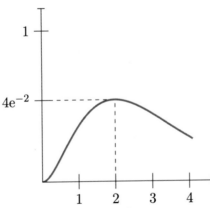

Graph der Funktion $f : (0, +\infty) \to \mathbb{R}$ mit $f(x) = x^2 e^{-x}$

Aufgabe 140 Gegeben sei die Funktion $f : (0, +\infty) \to \mathbb{R}$ mit $f(x) = x^x$.

(a) Argumentieren Sie geschickt, dass die Funktion f differenzierbar ist und bestimmen Sie dann die Ableitung f'.
(b) Begründen Sie, dass $f(x) \geq f(1/e)$ für $x > 0$ gilt.
(c) Lässt sich die Funktion f stetig in 0 fortsetzen?

Aufgabe 141 Seien $n \in \mathbb{N}$ eine natürliche Zahl sowie $a_1, \ldots, a_n \in \mathbb{R}$ beliebige Zahlen. Bestimmen Sie die reelle Zahl x, für welche die Summe der Quadrate der Abstände $x - a_1, \ldots, x - a_n$ minimal ist.

Aufgabe 142 Zeigen Sie, dass eine zweimal differenzierbare Funktion $f : \mathbb{R} \to (0, +\infty)$ genau dann ein lokales Extremum an der Stelle $x_0 \in \mathbb{R}$ besitzt, wenn die Funktion $h : \mathbb{R} \to \mathbb{R}$ mit $h(x) = \ln(f(x))$ ein lokales Extremum an der Stelle x_0 besitzt.

Aufgabe 143 (Likelihood-Funktion). Seien $n \in \mathbb{N}$ und $x_1, \ldots, x_n > 0$. Bestimmen Sie mit Hilfe von Aufgabe 142 das Maximum der sogenannten Likelihood-Funktion $L : (0, +\infty) \to (0, +\infty)$ mit

$$L(\lambda) = \frac{1}{\prod_{j=1}^{n} x_j} \lambda^{\sum_{j=1}^{n} x_j} \exp(-n\lambda).$$

5.4 Satz von Rolle

Aufgabe 144 (Verallgemeinerter Mittelwertsatz). Seien $f, g : [a, b] \to \mathbb{R}$ stetige und in (a, b) differenzierbare Funktionen und gelte zudem $g'(x) \neq 0$ für alle $x \in (a, b)$. Zeigen Sie, dass es eine Stelle ξ in (a, b) mit

$$\frac{f(b) - f(a)}{g(b) - g(a)} = \frac{f'(\xi)}{g'(\xi)}$$

gibt. Überlegen Sie sich weiter wie man g wählen muss um den (klassischen) Mittelwertsatz zu erhalten.

Aufgabe 145 (Legendre-Polynome). Seien $n \in \mathbb{N}_0$ eine natürliche Zahl und das n-te Legendre-Polynom $P_n : \mathbb{R} \to \mathbb{R}$ definiert durch

$$P_n(x) = \frac{1}{2^n n!} \left(\frac{\mathrm{d}}{\mathrm{d}x} \right)^n (x^2 - 1)^n,$$

wobei der Ausdruck $(\mathrm{d}/\mathrm{d}x)^n (x^2-1)^n$ die n-te Ableitung der Funktion $x \mapsto (x^2-1)^n$ bezeichnet. Beweisen Sie, dass P_n genau n verschiedene Nullstellen im offenen Intervall $(-1, 1)$ besitzt.

5.5   Mittelwertsatz der Differentialrechnung

Aufgabe 146 Sei $f : [-a, a] \to \mathbb{R}$ stetig und in $(-a, a)$ differenzierbar mit $f(a) = a$, $f(-a) = -a$ und $f'(x) \le 1$ für alle $x \in (-a, a)$. Zeigen Sie, dass $f(x) = x$ für $x \in [-a, a]$ gilt.

Aufgabe 147 (Monotoniekriterium). Sei $f : [a, b] \to \mathbb{R}$ stetig und in (a, b) differenzierbar. Zeigen Sie, dass die Funktion f monoton wachsend ist, falls $f'(x) \ge 0$ für alle $x \in (a, b)$ gilt.

Aufgabe 148 (Konstanzkriterium). Sei $f : [a, b] \to \mathbb{R}$ eine stetige und in (a, b) differenzierbare Funktion. Beweisen Sie, dass die Funktion f konstant ist falls $f'(x) = 0$ für alle $x \in [a, b]$ gilt.

Aufgabe 149 (Identitätssatz der Differentialrechnung). Seien $f, g : [a, b] \to \mathbb{R}$ stetige Funktionen, die in (a, b) differenzierbar sind und

$$f'(x) = g'(x)$$

für alle $x \in (a, b)$ erfüllen. Zeigen Sie, dass sich die Funktionen f und g nur um eine Konstante unterscheiden, das heißt, es gibt eine Zahl $c \in \mathbb{R}$, so dass $f(x) = g(x) + c$ für alle $x \in [a, b]$ gilt.

Aufgabe 150 (Schrankensatz). Sei $f : \mathbb{R} \to \mathbb{R}$ differenzierbar. Zeigen Sie, dass die Funktion f Lipschitz-stetig ist, falls es $M \ge 0$ mit $|f'(x)| \le M$ für alle $x \in \mathbb{R}$ gibt.

Aufgabe 151 Zeigen Sie, dass die Sinusfunktion $f : \mathbb{R} \to \mathbb{R}$ mit $f(x) = \sin(x)$ Lipschitz-stetig ist.

Aufgabe 152 Beweisen Sie für alle $x \in (0, +\infty)$ die Identität

$$\arctan(x) + \arctan\left(\frac{1}{x}\right) = \frac{\pi}{2}. \tag{5.3}$$

Aufgabe 153 Zeigen Sie

$$1 + x \le \exp(x)$$

für $x \in \mathbb{R}$.

Aufgabe 154 Beweisen Sie für jedes $n \in \mathbb{N}$ die Ungleichungen

$$\frac{1}{2\sqrt{n+1}} < \sqrt{n+1} - \sqrt{n} < \frac{1}{2\sqrt{n}}.$$

Aufgabe 155 Sei $f : [1, +\infty) \to \mathbb{R}$ stetig und in $(1, +\infty)$ differenzierbar. Zeigen Sie $\lim_{x \to +\infty} f'(x) = 0$, falls

$$\lim_{x \to +\infty} f(x) = 0 \quad \text{und} \quad \lim_{x \to +\infty} f'(x) \text{ existiert.} \tag{5.4}$$

Untersuchen Sie, ob die Aussage richtig bleibt, wenn die Bedingung, dass der Grenzwert $\lim_{x \to +\infty} f'(x)$ existiert, weggelassen wird.

Aufgabe 156 Sei $f : \mathbb{R} \to \mathbb{R}$ eine differenzierbare Funktion. Weiter gebe es $\lambda > 0$ mit $|f'(x)| \leq \lambda < 1$ für alle $x \in \mathbb{R}$. Zeigen Sie, dass die rekursive Folge $(x_n)_n$ mit

$$x_{n+1} = f(x_n)$$

konvergent ist. Begründen Sie dann, dass $f(x) = x$ gilt, wobei $x = \lim_n x_n$ der Grenzwert der Folge ist.

5.6 Satz von l'Hospital

Aufgabe 157 Bestimmen Sie die folgenden Grenzwerte:

(a) $\lim_{x \to 1} \dfrac{x^3 + x^2 - x - 1}{x - 1}$,

(b) $\lim_{x \to 0} \dfrac{1 - \sqrt{1 - x^2}}{x^2}$,

(c) $\lim_{x \to 0} \dfrac{\sin(x)}{x}$,

(d) $\lim_{x \to 0} \dfrac{3x - 1 + \cos(x)}{2x}$.

Aufgabe 158 Bestimmen Sie mit dem Satz von l'Hospital die folgenden Grenzwerte:

(a) $\lim_{x \to 1} \dfrac{x^x - x}{1 - x + \ln(x)}$,

(b) $\lim_{x \to 1} \dfrac{x - 1}{x^7 - 1}$,

(c) $\lim_{x \to 0^+} \sqrt{x} \ln(x)$,

(d) $\lim_{x \to +\infty} \dfrac{\ln(\ln(x))}{\ln(x)}$.

Aufgabe 159 Seien $a \in \mathbb{R} \setminus \{1\}$, $b \in (0, +\infty)$ und $n \in \mathbb{N}$. Berechnen Sie mit dem Satz von l'Hospital die folgenden Grenzwerte:

(a) $\lim_{x \to a} \dfrac{x^a - a^x}{a^x - a^a}$,

(b) $\lim_{x \to +\infty} \dfrac{\ln(x)}{x^b}$,

(c) $\lim_{x \to +\infty} \dfrac{x^n}{e^x}$,

(d) $\lim_{x \to 1^-} (1 - x)^{\ln(x)}$.

Aufgabe 160 (Symmetrischer Differenzenquotient 2. Ordnung). Sei $f : \mathbb{R} \to \mathbb{R}$ in einer Umgebung von $x_0 \in \mathbb{R}$ differenzierbar sowie in x_0 zweimal differenzierbar.

Beweisen Sie

$$f''(x_0) = \lim_{h \to 0} \frac{f(x_0 + h) - 2f(x_0) + f(x_0 - h)}{h^2}.$$

Aufgabe 161 Seien $n \in \mathbb{N}$ und $a_1, \ldots, a_n \in (0, +\infty)$. Beweisen Sie mit dem Satz von l'Hospital den Grenzwert

$$\lim_{x \to 0} \left(\frac{1}{n} \sum_{j=1}^{n} a_j^x \right)^{\frac{1}{x}} = \sqrt[n]{\prod_{j=1}^{n} a_j}.$$

5.7   Satz über die Differenzierbarkeit der Umkehrfunktion

Aufgabe 162 Begründen Sie kurz, dass die Funktion $f : \mathbb{R} \to \mathbb{R}$ mit $f(x) = x^3 + 3x + 1$ bijektiv ist. Berechnen Sie dann die Ableitungen $(f^{-1})'(5)$ und $(f^{-1})''(5)$ der Umkehrfunktion f^{-1} von f an der Stelle $f(1) = 5$.

Aufgabe 163 Bestimmen Sie mit dem Satz über die Differenzierbarkeit der Umkehrfunktion die Ableitung des Arkustangens $f : \mathbb{R} \to \mathbb{R}$ mit $f(x) = \arctan(x)$.

Aufgabe 164 Gegeben sei die Funktion $f : \mathbb{R} \to \mathbb{R}$ mit $f(x) = \ln(x + \sqrt{x^2 + 1})$.

(a) Weisen Sie nach, dass die Funktion f wohldefiniert, stetig, streng monoton wachsend und bijektiv ist.
(b) Bestimmen Sie die Umkehrfunktion $f^{-1} : \mathbb{R} \to \mathbb{R}$ von f.

5.8   Satz von Taylor

Aufgabe 165 Bestimmen Sie für jedes $n \in \mathbb{N}$ das n-te Taylorpolynom T_n der Exponentialfunktion $f : \mathbb{R} \to \mathbb{R}$ mit $f(x) = \exp(x)$ an der Stelle $x_0 = 0$. Geben Sie dann T_1, T_2 und T_3 an.

Aufgabe 166 Bestimmen Sie das dritte Taylorpolynom T_3 der Funktion $f : \mathbb{R} \to \mathbb{R}$ mit $f(x) = \exp(x)\sin(x)$ an der Stelle $x_0 = 0$. Zeigen Sie damit für alle $x \in (-1/2, 1/2)$ die Ungleichung

$$|f(x) - T_3(x)| \le \frac{\exp\left(\frac{1}{2}\right)}{6} \left(\frac{1}{2}\right)^4.$$

Aufgabe 167 Bestimmen Sie die Taylorreihe der Funktion $f : (-1/2, 1/2) \to \mathbb{R}$ mit $f(x) = \ln(1 + x)$ im Entwicklungspunkt $x_0 = 0$.

Aufgabe 168 Finden Sie Zahlen $a, b \in \mathbb{R}$ mit

$$\log(1 + x) = ax + bx^2 + \mathcal{O}(x^2) \quad \text{für} \quad x \to 0.$$

Aufgabe 169 Bestimmen Sie die Taylorreihe des Sinus und Kosinus im Nullpunkt.

Aufgabe 170 Sei $f : \mathbb{R} \to \mathbb{R}$ eine zweimal differenzierbare Funktion mit

$$f''(x) + f(x) = 0$$

für alle $x \in \mathbb{R}$. Entwickeln Sie die Funktion f in eine Taylorreihe und zeigen Sie damit

$$f(x) = f(0) \cos(x) + f'(0) \sin(x)$$

für $x \in \mathbb{R}$.

Aufgabe 171 Bestimmen Sie die beiden Grenzwerte

(a) $\lim\limits_{x \to 0} \dfrac{1 - \cos(2x)}{x \sin(x)},$ (b) $\lim\limits_{x \to 0} \dfrac{x - \sin(x)}{1 - \cos(x)},$

indem Sie die Sinus- und Kosinusfunktion in eine Taylorreihe entwickeln.

Aufgabe 172 Es seien $a, b \in \mathbb{R}$ mit $a, b > 0$ gegeben und die differenzierbare Funktion $f : \mathbb{R} \to (0, +\infty)$ erfülle

$$f(0) = a \quad \text{und} \quad f'(x) = bf(x) \quad \text{für alle} \quad x \in \mathbb{R}.$$

Zeigen Sie, dass die Funktion f eindeutig festgelegt ist und weisen Sie mit dem Satz von Taylor nach, dass $f(x) = a \exp(bx)$ für $x \in \mathbb{R}$ gilt.

Konvexität

In diesem Kapitel werden Aufgaben zu konvexen und konkaven Funktionen sowie Eigenschaften dieser gestellt.

6.1 Konvexe Funktionen

Aufgabe 173 Beweisen Sie, dass die Funktion $f : \mathbb{R} \to \mathbb{R}$ mit $f(x) = x^2$ konvex ist.

Aufgabe 174 Untersuchen Sie, welche der folgenden Funktionen konvex beziehungsweise konkav sind:

(a) $f : \mathbb{R} \to \mathbb{R}$ mit $f(x) = x^3 + ax + b$ und $a, b \in \mathbb{R}$,
(b) $f : (0, +\infty) \to \mathbb{R}$ mit $f(x) = x^a$ und $a \in \mathbb{R}$,
(c) $f : \mathbb{R} \to \mathbb{R}$ mit $f(x) = \exp(x)$,
(d) $f : (0, +\infty) \to \mathbb{R}$ mit $f(x) = \ln(x)$.

Aufgabe 175 Untersuchen Sie, in welchen Bereichen die Funktion $f : (0, +\infty) \to \mathbb{R}$ mit $f(x) = x^{\ln(x)}$ konvex beziehungsweise konkav ist.

© Der/die Autor(en), exklusiv lizenziert durch Springer-Verlag GmbH, DE, ein Teil von Springer Nature 2022
N. Hebestreit, *Übungsbuch Analysis I*,
https://doi.org/10.1007/978-3-662-64569-7_6

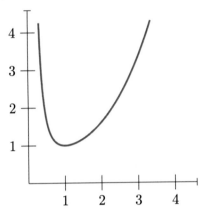

Graph der Funktion $f : (0, +\infty) \to \mathbb{R}$ mit $f(x) = x^{\ln(x)}$

6.2   Eigenschaften konvexer Funktionen

Aufgabe 176 Seien $D \subseteq \mathbb{R}$ ein Intervall und $f : D \to \mathbb{R}$ eine Funktion. Beweisen Sie, dass die folgenden Aussagen äquivalent sind:

(a) Die Funktion f ist konvex.

(b) Für $a, b \in D$ mit $a < b$ gilt

$$f(x) \leq f(a) + \frac{f(b) - f(a)}{b - a}(x - a) \quad \text{für} \quad a < x < b.$$

(c) Für $a, b \in D$ mit $a < b$ gilt

$$\frac{f(x) - f(a)}{x - a} \leq \frac{f(b) - f(a)}{b - a} \leq \frac{f(b) - f(x)}{b - x} \quad \text{für} \quad a < x < b.$$

(d) Für $a, b \in D$ mit $a < b$ gilt

$$\frac{f(x) - f(a)}{x - a} \leq \frac{f(b) - f(x)}{b - x} \quad \text{für} \quad a < x < b.$$

Aufgabe 177 Seien $D \subseteq \mathbb{R}$ ein Intervall und $f, g : D \to \mathbb{R}$ konvexe Funktionen. Beweisen oder widerlegen Sie die beiden folgenden Aussagen:

(a) Die Funktion $f + g$ ist konvex.

(b) Die Funktion fg ist konvex.

Aufgabe 178 Sei $f : [0, 1] \to \mathbb{R}$ eine konkave Funktion mit

$$f(1) = \sup_{x \in [0,1]} f(x).$$

Zeigen Sie, dass die Funktion f monoton wachsend ist.

Aufgabe 179 Seien $D \subseteq \mathbb{R}$ ein Intervall und $f : D \to \mathbb{R}$ differenzierbar. Zeigen Sie, dass die Funktion f genau dann konvex ist, wenn die Ableitungsfunktion f' monoton wachsend ist.

Aufgabe 180 Seien $D \subseteq \mathbb{R}$ ein Intervall und $f : D \to \mathbb{R}$ eine zweimal differenzierbare Funktion. Zeigen Sie, dass f genau dann konvex ist, wenn $f''(x) \geq 0$ für alle $x \in D$ gilt.

Aufgabe 181 (Youngsche Ungleichung). Seien $x, y \in \mathbb{R}$ mit $x, y \geq 0$ und $p \in (1, +\infty)$ beliebig. Beweisen Sie die Youngsche Ungleichung

$$xy \leq \frac{1}{p} x^p + \frac{1}{p'} y^{p'},$$

wobei $p' = p/(p - 1)$ der sogenannte duale Exponent zu p ist, welcher der Beziehung $1/p + 1/p' = 1$ genügt.

Integralrechnung

7

Dieses Kapitel beinhaltet über 30 Aufgaben aus dem Gebiet der Integralrechnung ein-
dimensionaler Funktionen. Dazu gehören Aufgaben zu Treppenfunktionen, Regelfunktionen und Riemann-integrierbaren Funktionen sowie verschiedene Übungsaufgaben in denen die Leserin beziehungsweise der Leser Integrationstechniken (partielle Integration, Integration durch Substitution, Partialbruchzerlegung) üben kann.
Weiter gibt es Aufgabenstellungen zum Minoranten-, Majoranten- und Integralvergleichskriterium sowie zum Mittelwertsatz und Hauptsatz der Integralrechnung.

7.1 Treppenfunktionen und Regelfunktionen

Aufgabe 182 Gegeben seien die Treppenfunktionen $\psi, \varphi : [-1, 1] \to \mathbb{R}$ mit

$$\psi(x) = \begin{cases} -1, & x \in [-1, 0) \\ 1, & x \in [0, 1] \end{cases} \quad \text{und} \quad \varphi(x) = \begin{cases} 2, & x \in \left[-1, -\frac{1}{2}\right) \\ -1, & x \in \left[-\frac{1}{2}, \frac{1}{2}\right) \\ 0, & x \in \left[\frac{1}{2}, 1\right]. \end{cases}$$

Bestimmen Sie die folgenden Integrale von Treppenfunktionen:

(a) $\displaystyle\int_{-1}^{1} \varphi(x)\,dx,$

(b) $\displaystyle\int_{-1}^{1} 2\psi(x) + 5\varphi(x)\,dx,$

(c) $\displaystyle\int_{-1}^{1} |\psi(x)|\,dx,$

(d) $\displaystyle\int_{-1}^{1} \psi(x)\varphi(x)\,dx.$

Aufgabe 183 (Linearität des Integrals für Treppenfunktionen). Gegeben seien zwei
Treppenfunktionen $\psi, \varphi : [a, b] \to \mathbb{R}$ sowie $\alpha, \beta \in \mathbb{R}$. Zeigen Sie, dass

$$\int_{a}^{b} \alpha\psi(x) + \beta\varphi(x)\,dx = \alpha \int_{a}^{b} \psi(x)\,dx + \beta \int_{a}^{b} \varphi(x)\,dx$$

gilt.

© Der/die Autor(en), exklusiv lizenziert durch Springer-Verlag GmbH, DE,
ein Teil von Springer Nature 2022
N. Hebestreit, *Übungsbuch Analysis I,*
https://doi.org/10.1007/978-3-662-64569-7_7

Aufgabe 184 Gegeben seien die Funktion $f : [0, 1] \to \mathbb{R}$ mit $f(x) = x$ und die Funktionenfolge $(\varphi_n)_n$, wobei für jedes $n \in \mathbb{N}$ die Funktion $\varphi_n : [0, 1] \to \mathbb{R}$ durch

$$
\varphi_n(x) = \begin{cases} \frac{1}{n}, & x \in \left[0, \frac{1}{n}\right) \\ \frac{2}{n}, & x \in \left[\frac{1}{n}, \frac{2}{n}\right) \\ \vdots \\ \frac{n-1}{n}, & x \in \left[\frac{n-2}{n}, \frac{n-1}{n}\right) \\ 1, & x \in \left[\frac{n-1}{n}, 1\right] \end{cases}
$$

definiert ist.

(a) Zeichnen Sie die Funktionen f und φ_4 in ein gemeinsames Koordinatensystem.
(b) Begründen Sie, dass φ_n für jedes $n \in \mathbb{N}$ eine Treppenfunktion und f eine Regelfunktion ist.
(c) Bestimmen Sie für alle $n \in \mathbb{N}$ den Wert $\| f - \varphi_n \|_\infty$ und zeigen Sie

$$
\lim_{n \to +\infty} \| f - \varphi_n \|_\infty = 0.
$$

(d) Bestimmen Sie den Grenzwert

$$
\lim_{n \to +\infty} \int_0^1 \varphi_n(x)\, \mathrm{d}x.
$$

Welches Ergebnis erwarten Sie?

Aufgabe 185 Seien $\alpha \in \mathbb{R}$ beliebig und die Funktion $f_\alpha : [0, 1] \to \mathbb{R}$ definiert durch

$$
f_\alpha(x) = \begin{cases} x^\alpha \sin\left(\frac{1}{x}\right), & x \in (0, 1] \\ 0, & x = 0. \end{cases}
$$

(a) Zeigen Sie, dass f_0 keine Regelfunktion ist.
(b) Ist f_1 eine Regelfunktion?

7.2 Riemann-integrierbare Funktionen

Aufgabe 186 Seien $k \in \{1, 2\}$ und $\lambda > 0$. Bestimmen Sie mittels Riemann-Summen das Integral

$$
\int_0^\lambda x^k\, \mathrm{d}x.
$$

Aufgabe 187 Begründen Sie kurz, dass die Exponentialfunktion Riemann-integrierbar ist und berechnen Sie für $\lambda > 0$ das Integral

$$\int_0^\lambda \exp(x)\, \mathrm{d}x$$

mit Hilfe von Riemann-Summen.

Aufgabe 188 Beweisen Sie, dass die Dirichlet-Funktion $f : [0, 1] \to \mathbb{R}$ mit

$$f(x) = \begin{cases} 1, & x \in \mathbb{Q} \\ 0, & x \in \mathbb{R} \setminus \mathbb{Q} \end{cases}$$

nicht Riemann-integrierbar ist.

Aufgabe 189 Zeigen Sie, dass jede monotone Funktion $f : [a, b] \to \mathbb{R}$ Riemann-integrierbar ist.

Aufgabe 190 Bestimmen Sie durch Identifikation mit einer geeigneten Riemann-Summe die Grenzwerte

(a) $\displaystyle \lim_{n \to +\infty} \sum_{j=1}^n \frac{\sin\left(\frac{j\pi}{n}\right)}{n}$,

(b) $\displaystyle \lim_{n \to +\infty} \sum_{j=1}^n \frac{n}{j^2 - 4n^2}$.

Aufgabe 191 (Sinc-Funktion). Gegeben sei die Funktion $f : [0, \pi/2] \to \mathbb{R}$ mit

$$f(x) = \begin{cases} \frac{\sin(x)}{x}, & x \in \left(0, \frac{\pi}{2}\right] \\ 1, & x = 0. \end{cases}$$

(a) Begründen Sie, dass f Riemann-integrierbar ist.
(b) Zeigen Sie die Abschätzung

$$1 < \int_0^{\frac{\pi}{2}} \frac{\sin(x)}{x}\, \mathrm{d}x < \frac{\pi}{2}.$$

7.3 Integrationstechniken

Aufgabe 192 Berechnen Sie die folgenden Integrale:

(a) $\displaystyle \int_1^3 x^3 + 5x^2 + \frac{1}{x^2} + 7\, \mathrm{d}x$,

(b) $\displaystyle \int \frac{1}{x}\, \mathrm{d}x$,

(c) $\displaystyle \int \cos(x) + \sin(x)\, \mathrm{d}x$,

(d) $\displaystyle \int_1^{10} 1\, \mathrm{d}x$.

Aufgabe 193 Bestimmen Sie die folgenden Integrale mittels partieller Integration:

(a) $\displaystyle\int x e^x \, dx,$

(b) $\displaystyle\int \ln(x) \, dx,$

(c) $\displaystyle\int_0^1 \arctan(x) \, dx,$

(d) $\displaystyle\int x^2 \ln(x) \, dx.$

Aufgabe 194 Bestimmen Sie mit einer geeigneten Substitution die folgenden Integrale:

(a) $\displaystyle\int \frac{2}{(2x-3)^5} \, dx,$

(b) $\displaystyle\int_0^\pi \cos(3x+7) \, dx,$

(c) $\displaystyle\int_e^{+\infty} \frac{1}{x \ln^3(x)} \, dx,$

(d) $\displaystyle\int \frac{1}{3+\cos(x)} \, dx,$

(e) $\displaystyle\int_0^{\frac{\pi}{2}} \frac{\cos^3(x)}{1+\sin(x)} \, dx,$

(f) $\displaystyle\int_0^\pi \frac{x \sin(x)}{1+\cos^2(x)} \, dx,$

(g) $\displaystyle\int \frac{14x^6 + 20x^4 + 12x}{x^7 + 2x^5 + 3x^2 + 11} \, dx,$

(h) $\displaystyle\int \frac{2x}{x^2 + 5x + 11} \, dx.$

Aufgabe 195 Bestimmen Sie die folgenden Integrale mittels Partialbruchzerlegung:

(a) $\displaystyle\int \frac{x+1}{x(x-1)} \, dx,$

(b) $\displaystyle\int \frac{x+2}{x(x-2)^2} \, dx,$

(c) $\displaystyle\int \frac{1}{(x^2+1)(x^2+2)} \, dx,$

(d) $\displaystyle\int_2^3 \frac{x^2 + x + 1}{(x^2+1)^2} \, dx.$

Aufgabe 196 Berechnen Sie die folgenden trigonometrischen Integrale:

(a) $\displaystyle\int_0^{2\pi} \sin(x) \cos(x) \, dx,$

(b) $\displaystyle\int_0^{2\pi} \sin^2(x) \, dx,$

(c) $\displaystyle\int_0^{2\pi} \cos^2(x) \, dx.$

Aufgabe 197 Berechnen Sie die folgenden Integrale:

(a) $\displaystyle\int \frac{\cos(\ln(x))}{x} \, dx,$

(b) $\displaystyle\int e^x \cos(x) \, dx,$

(c) $\displaystyle\int_0^{\frac{\pi}{4}} \tan^3(x) \, dx,$

(d) $\displaystyle\int_2^3 \frac{x^2}{x^2 - 1} \, dx.$

Aufgabe 198 Berechnen Sie die beiden folgenden uneigentlichen Integrale:

(a) $\displaystyle\int_{-\infty}^{+\infty} e^{-|x|} \, dx,$

(b) $\displaystyle\int_{-\infty}^{+\infty} \frac{2}{e^x + e^{-x}} \, dx.$

Aufgabe 199 Sei $f : [0, 1] \to \mathbb{R}$ eine stetige Funktion. Beweisen Sie die Identität

$$\int_0^\pi x f(\sin(x)) \, \mathrm{d}x = \frac{\pi}{2} \int_0^\pi f(\sin(x)) \, \mathrm{d}x.$$

Aufgabe 200 Gegeben sei das Integral

$$J(n) = \int_0^{\frac{\pi}{2}} \sin^n(x) \, \mathrm{d}x,$$

wobei $n \in \mathbb{N}$ eine natürliche Zahl ist.

(a) Berechnen Sie $J(1)$ und $J(2)$.
(b) Finden Sie für $J(n)$ mit $n \geq 2$ eine Rekursionsformel und bestimmen Sie dann den Wert des Integrals $J(99)$.

Aufgabe 201 Seien $a, b \in \mathbb{R}$ mit $a^2 < 4b$ gegeben. Zeigen Sie

$$\int \frac{1}{x^2 + ax + b} \, \mathrm{d}x = \frac{2}{\sqrt{4b - a^2}} \arctan\left(\frac{2x + a}{\sqrt{4b - a^2}}\right) + c,$$

wobei $c \in \mathbb{R}$ eine beliebige Integrationskonstante ist.

Aufgabe 202 Sei $f : \mathbb{R} \to \mathbb{R}$ eine stetige Funktion. Beweisen Sie die Identität

$$\lim_{t \to 0^+} \int_{-1}^1 \frac{t f(x)}{t^2 + x^2} \, \mathrm{d}x = \pi f(0).$$

Aufgabe 203 (Gamma-Funktion). Die Funktion $\Gamma : (0, +\infty) \to \mathbb{R}$ mit

$$\Gamma(x) = \int_0^{+\infty} t^{x-1} \mathrm{e}^{-t} \, \mathrm{d}t$$

heißt Gamma-Funktion. Zeigen Sie, dass Γ der Funktionalgleichung

$$\Gamma(x + 1) = x \Gamma(x)$$

für $x > 0$ genügt. Folgern Sie damit $\Gamma(n) = n!$ für alle $n \in \mathbb{N}$.

Aufgabe 204 Begründen Sie, dass das uneigentliche Integral

$$I = \int_0^{+\infty} \mathrm{e}^{-x} |\sin(x)| \, \mathrm{d}x$$

existiert und bestimmen Sie dann I.

7.4   Minoranten-, Majoranten- und Integralvergleichskriterium

Aufgabe 205 Weisen Sie mit dem Majorantenkriterium für Integrale nach, dass die folgenden uneigentlichen Integrale absolut konvergent sind:

(a) $\displaystyle\int_1^{+\infty} \frac{\cos(x)}{x^2}\, dx,$

(b) $\displaystyle\int_0^1 \frac{\sqrt{x}}{\sin(x)}\, dx.$

Aufgabe 206 Zeigen Sie, dass das uneigentliche Integral

$$\int_0^{+\infty} \frac{\sin(x)}{x}\, dx$$

existiert.

Aufgabe 207 Sei $\alpha > 0$ beliebig gegeben. Untersuchen Sie die beiden folgenden Reihen mit Hilfe des Integralvergleichskriteriums auf Konvergenz:

(a) $\displaystyle\sum_{n=2}^{+\infty} \frac{1}{n \ln^{\alpha}(n)},$

(b) $\displaystyle\sum_{n=3}^{+\infty} \frac{1}{n \ln(n) \ln(\ln(n))}.$

7.5   Hauptsatz und Mittelwertsatz der Integralrechnung

Aufgabe 208 Bestimmen Sie die Ableitung der Funktion $f : \mathbb{R} \to \mathbb{R}$ mit

$$f(x) = \int_1^{\exp(x^2)} \ln(t)\, dt.$$

Aufgabe 209 Sei $f : [a, b] \to \mathbb{R}$ eine stetige Funktion mit $f(x) \geq 0$ für alle $x \in [a, b]$ und

$$\int_a^b f(x)\, dx = 0.$$

Zeigen Sie, dass f die Nullfunktion ist.

Aufgabe 210 Sei $f : [a, b] \to \mathbb{R}$ stetig und $x_0 \in [a, b]$. Zeigen Sie, dass die Funktion $F : [a, b] \to \mathbb{R}$ mit

$$F(x) = \int_{x_0}^x f(t)\, dt$$

Lipschitz-stetig ist.

Aufgabe 211 (Mittelwertsatz der Integralrechnung). Sei $f : [a, b] \to \mathbb{R}$ eine stetige Funktion. Beweisen Sie, dass es eine Stelle $\xi \in [a, b]$ mit

$$\int_a^b f(x)\, dx = f(\xi)(b - a)$$

gibt.

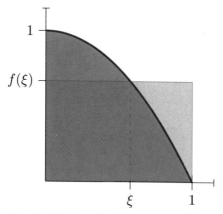

Fläche unterhalb der Funktion $f : [0, 1] \to \mathbb{R}$ mit $f(x) = 1 - x^2$ (rot) sowie eine gleich große Rechtecksfläche $f(\xi) \cdot (1 - 0)$ (grau)

Aufgabe 212 Zeigen Sie mit dem Mittelwertsatz der Integralrechnung, dass die Gleichung

$$x \in \mathbb{R} : \qquad 4x^3 = 2x + 6$$

eine Lösung in $[0, 2]$ besitzt.

Aufgabe 213 Sei $f : [a, b] \to \mathbb{R}$ eine stetige Funktion mit $\int_a^b f(x)\, dx \neq 0$. Zeigen Sie, dass es eine Stelle $\xi \in [a, b]$ mit

$$\int_a^\xi f(x)\, dx = \int_\xi^b f(x)\, dx$$

gibt.

Funktionenfolgen

8

In diesem Kapitel kann die Leserin beziehungsweise der Leser verschiedene Funktionenfolgen auf punktweise und gleichmäßige Konvergenz untersuchen und ein nützliches Kriterium für gleichmäßige Konvergenz beweisen.

Aufgabe 214 Zeigen Sie, dass die Funktionenfolge $(f_n)_n$ mit $f_n : [0, 1] \to \mathbb{R}$ und $f_n(x) = x + \sin(nx^2)/n$ gleichmäßig gegen die Funktion $f : [0, 1] \to \mathbb{R}$ mit $f(x) = x$ konvergiert.

Aufgabe 215 Bestimmen Sie den punktweisen Grenzwert der Funktionenfolge $(f_n)_n$ mit $f_n : [0, 1] \to \mathbb{R}$ und $f_n(x) = x^n$. Untersuchen Sie weiter, ob die Folge auch gleichmäßig konvergiert.

Aufgabe 216 Untersuchen Sie die folgenden Funktionenfolgen $(f_n)_n$ mit $f_n : \mathbb{R} \to \mathbb{R}$ auf punktweise und gleichmäßige Konvergenz:

(a) $f_n(x) = \frac{1}{n} \arctan(x)$, (b) $f_n(x) = \arctan(\frac{x}{n})$,
(c) $f_n(x) = n \arctan(x)$, (d) $f_n(x) = \arctan(nx)$.

Aufgabe 217 Untersuchen Sie die Funktionenfolgen $(f_n)_n$ und $(g_n)_n$ mit $f_n : (-1, 1] \to \mathbb{R}$ und $g_n : \mathbb{R} \to \mathbb{R}$ sowie $f_n(x) = \sum_{j=0}^{n} x^j (1 - x)$ und $g_n(x) = \sum_{j=1}^{n} \cos(j^2 x^2)/j^2$ auf punktweise und gleichmäßige Konvergenz.

Aufgabe 218 Gegeben sei die Funktionenfolge $(f_n)_n$ mit $f_n : \mathbb{R} \to \mathbb{R}$ und $f_n(x) = \sin(nx)/n$. Zeigen Sie, dass $(f_n)_n$ gleichmäßig konvergiert. Weisen Sie weiter nach, dass die Folge der Ableitungen $(f_n')_n$ nicht gleichmäßig konvergiert.

© Der/die Autor(en), exklusiv lizenziert durch Springer-Verlag GmbH, DE, ein Teil von Springer Nature 2022
N. Hebestreit, *Übungsbuch Analysis I*,
https://doi.org/10.1007/978-3-662-64569-7_8

Aufgabe 219 Gegeben sei die Funktionenfolge $(f_n)_n$ mit $f_n : [0, 1] \to \mathbb{R}$ und

$$f_n(x) = \begin{cases} n^2 x, & 0 \leq x < \frac{1}{n} \\ 2n - n^2 x, & \frac{1}{n} \leq x \leq \frac{2}{n} \\ 0, & \frac{2}{n} < x \leq 1. \end{cases}$$

Untersuchen Sie, ob $(f_n)_n$ punktweise oder gleichmäßig konvergiert und bestimmen Sie dann

$$\lim_{n \to +\infty} \int_0^1 f_n(x)\, dx \quad \text{und} \quad \int_0^1 \left(\lim_{n \to +\infty} f_n(x) \right) dx.$$

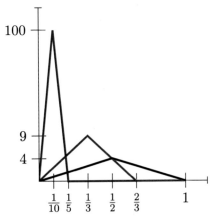

Graphen der Funktionen $f_n : [0, 1] \to \mathbb{R}$ aus Aufgabe 219 für $n = 2, 3, 10$ (schwarz, rot, blau)

Aufgabe 220 Gegeben sei eine Funktionenfolge $(f_n)_n$ mit $f_n : D \to \mathbb{R}$ sowie eine Funktion $f : D \to \mathbb{R}$. Zeigen Sie, dass f im Punkt x_0 stetig ist, falls alle f_n in x_0 stetig sind und die Funktionenfolge $(f_n)_n$ gleichmäßig gegen f konvergiert.

Teil II
Lösungshinweise

Lösungshinweise Grundlagen

9

Lösungshinweis Aufgabe 1 Erstellen Sie eine Wahrheitstabelle mit den Spalten A, B, $A \wedge B$, $\neg(A \wedge B)$, $\neg A$, $\neg B$ und $(\neg A) \vee (\neg B)$. Tragen Sie dann in die ersten beiden Spalten alle vier Kombinationen aus wahr (w) und falsch (f) ein und befüllen Sie die weiteren Spalten mit den entsprechenden Wahrheitswerten. Verwenden Sie dazu die Wahrheitstabelle beziehungsweise die Definition der Konjunktion ($\wedge$), Disjunktion ($\vee$) und Negation ($\neg$).

Lösungshinweis Aufgabe 2 Zeigen Sie die Behauptung mit einer Wahrheitstabelle. Gehen Sie dabei ähnlich wie in Aufgabe 1 vor, indem Sie in den ersten drei Spalten alle acht möglichen Kombinationen der Wahrheitswerte der Aussagen A, B und C schreiben. Bestimmen Sie dann in den weiteren Spalten die Wahrheitswerte der Aussagen $A \implies B$, $B \implies C$, $(A \implies B) \wedge (B \implies C)$ und $((A \implies B) \wedge (B \implies C)) \implies (A \implies C)$.

Lösungshinweis Aufgabe 3 Beachten Sie bei der Bearbeitung der Teile (a) bis (f), dass man denn Allquantor ($\forall$) mit *für alle* beziehungsweise *für jedes*, den Existenzquantor ($\exists$) mit *es existiert* beziehungsweise *es gibt* und den Eindeutigkeitsquantor ($\exists!$) mit *es existiert genau ein* übersetzen kann. Überlegen Sie sich dann mit geeigneten Gegenbeispielen, dass die Aussagen (a), (b), (d) sowie (e) falsch sind und lediglich (c) und (f) richtig ist.

Lösungshinweis Aufgabe 4 Verwenden Sie für beide Teilaufgaben zuerst $\neg(\forall x \in A : P(x)) \iff \exists x \in A : \neg P(x)$ und $\neg(\exists x \in A : P(x)) \iff \forall x \in A : \neg P(x)$, wobei A ein nichtleere Menge und $P(x)$ für jedes $x \in A$ eine Aussage ist. Überlegen Sie sich dann kurz, dass für zwei Aussagen A und B die Negation der Implikation $A \implies B$ gerade $A \wedge (\neg B)$ ist.

N. Hebestreit, *Übungsbuch Analysis I*, https://doi.org/10.1007/978-3-662-64569-7_9

Lösungshinweis Aufgabe 5 Beachten Sie, dass eine ganze Zahl $z \in \mathbb{Z}$ nach Definition genau dann gerade ist, wenn es eine weitere ganze Zahl $k \in \mathbb{Z}$ mit $z = 2k$ gibt.

Lösungshinweis Aufgabe 6 Nehmen Sie an, $\sqrt{2}$ wäre eine rationale Zahl, das heißt, es gibt teilerfremde Zahlen $p, q \in \mathbb{Z}$ mit $q \neq 0$ und $\sqrt{2} = p/q$. Quadrieren Sie dann die Gleichung um zu folgern, dass p^2 und damit auch p gerade sein muss. Folgern Sie damit, dass q ebenfalls eine gerade Zahl sein muss und überlegen Sie sich, dass dies unmöglich ist.

Lösungshinweis Aufgabe 7

(a) Die Menge $A \cup B \cup C$ enthält alle Elemente der Mengen A, B und C.

(b) Verwenden Sie zunächst, dass in $A \cap B$ nur diejenigen Elemente liegen, die gleichzeitig in A und B liegen. Beachten Sie, dass $\{\{\emptyset\}\}$ eine einelementige Menge ist, die lediglich das Element $\{\emptyset\}$ enthält.

(c) Beachten Sie, dass die Menge $B \setminus C$ alle Elemente aus B enthält, die nicht in C liegen, um $B \setminus C = B$ zu zeigen.

(d) Überlegen Sie sich zunächst $A \setminus C = \{1, 3, 4\}$ und bestimmen Sie dann $B \setminus \{1, 2, 3\}$.

(e) $\mathcal{P}(C) = \{M \mid M \subseteq C\}$ bezeichnet die Potenzmenge der Menge C. Überlegen Sie sich, dass die Potenzmenge der zweielementigen Menge aus $\{-4\}$, $\{2\}$, $\emptyset$ und C besteht.

(f) Beachten Sie, dass für jede Menge M die offensichtlichen Beziehungen $M \cap \emptyset = \emptyset$ und $M \cup \emptyset = M$ gelten.

Lösungshinweis Aufgabe 8

(a) Überlegen Sie sich zuerst, dass die Aussage richtig ist, falls die Menge $A \cap B \cap C$ leer ist. Betrachten Sie dann im Fall $A \cap B \cap C \neq \emptyset$ ein beliebiges Element aus $A \cap B \cap C$ und folgern Sie, dass dieses ebenfalls in A liegen muss. Verwenden Sie dazu lediglich die Definition des Durchschnitts ($\cap$) von Mengen.

(b) Zeigen Sie die Inklusionen $(A \cap B) \cup C \subseteq (A \cup B) \cap (A \cup C)$ sowie $(A \cup B) \cap (A \cup C) \subseteq (A \cap B) \cup C$ oder verwenden Sie alternativ die Assoziativgesetze für die Konjunktion ($\wedge$) und Disjunktion ($\vee$).

(c) Untersuchen Sie zuerst den Fall $A = \emptyset$ und verwenden Sie, dass in diesem Spezialfall definitionsgemäß $X \setminus A = X$ gilt. Nutzen Sie im Fall, dass A nichtleer ist die Beziehung

$$\{x \in X \mid x \notin \{x \in X \mid x \in A\}\} = A.$$

(d) Zeigen Sie zunächst kurz, dass die Aussage richtig ist, wenn $A = \emptyset$, $B = \emptyset$, $A = X$ oder $B = X$ gilt. Verwenden Sie dann eine der De-morganschen Regeln aus Aufgabe 1 um den allgemeinen Fall zu zeigen.

Lösungshinweis Aufgabe 9 Zeigen Sie den Ringschluss

$$\text{(a)} \implies \text{(b)} \implies \text{(c)} \implies \text{(d)} \implies \text{(a)}$$

indem Sie nacheinander die Implikationen (a) $\implies$ (b), (b) $\implies$ (c), (c) $\implies$ (d) und (d) $\implies$ (a) nachweisen. Verwenden Sie dabei lediglich die Definition der Teilmenge ($\subseteq$), des Komplements ($\setminus$), des Durchschnitts ($\cap$) und der Vereinigung ($\cup$) für Mengen.

Lösungshinweis Aufgabe 10

(a) Überlegen Sie sich, dass die Relation P symmetrisch, aber weder reflexiv, antisymmetrisch noch transitiv ist.
(b) Weisen Sie nach, dass Q reflexiv, symmetrisch, transitiv, jedoch nicht antisymmetrisch ist.
(c) Zeigen Sie, dass die Relation R transitiv und antisymmetrisch, aber weder reflexiv noch symmetrisch ist.

Lösungshinweis Aufgabe 11

(a) Zeigen Sie, dass $\sim_f$ reflexiv, symmetrisch und transitiv ist. Verwenden Sie dabei, dass die Gleichheitsrelation eine Äquivalenzrelation ist.
(b) Verifizieren Sie

$$[10]_{\sim_g} = \{ z \in \mathbb{Z} \mid z \sim_g 10 \} = \{ z \in \mathbb{Z} \mid g(z) = g(10) \},$$

das heißt, die Menge $[10]_{\sim_g}$ enthält alle Elemente aus $\mathbb{Z}$, die zu 10 bezüglich $\sim_g$ in Relation stehen. Nutzen Sie dann, dass g injektiv ist um $[10]_{\sim_g} = \{10\}$ nachzuweisen. Überlegen Sie sich für den zweiten Teil, dass $[10]_{\sim_f}$ jedes Element aus $\mathbb{Z}$ enthält.

Lösungshinweis Aufgabe 12 Verwenden Sie in dieser Aufgabe, dass für nichtleere Mengen $U \subseteq X$ und $V \subseteq Y$ nach Definition $f(U) = \{ f(x) \mid x \in U \}$ (Bild von U unter f) sowie $f^{-1}(V) = \{ x \in X \mid f(x) \in V \}$ (Urbild von V unter f) gelten.

(a) Beachten Sie, dass wegen $A \subseteq B$ jedes Element aus A insbesondere in B liegt.
(b) Zeigen Sie die Inklusionen $f(A \cup B) \subseteq f(A) \cup f(B)$ sowie $f(A) \cup f(B) \subseteq f(A \cup B)$.
(c) Verwenden Sie $f^{-1}(f(A)) = \{ x \in X \mid f(x) \in f(A) \}$.

Lösungshinweis Aufgabe 13 Überlegen Sie sich zuerst, dass f injektiv ist indem Sie für beliebige $x_1, x_2 \in (-1, 1)$ zeigen, dass die Gleichung $f(x_1) = f(x_2)$ äquivalent zu $(1 + x_1 x_2)(x_1 - x_2) = 0$ ist. Argumentieren Sie dann geschickt um $x_1 = x_2$ zu folgern. Überlegen Sie sich für die Surjektivität, dass es möglich ist, zu jedem $y \in \mathbb{R}$ ein $x \in (-1, 1)$ mit $f(x) = y$ zu finden. Lösen Sie dazu die Gleichung

$yx^2 + x - y = 0$ nach x auf, wobei $y \in \mathbb{R} \setminus \{0\}$ beliebig ist. Begründen Sie schließlich, dass eine der Lösungen

$$x_1 = -\frac{\sqrt{1 + 4y^2} + 1}{2y} \quad \text{und} \quad x_2 = \frac{\sqrt{1 + 4y^2} - 1}{2y}$$

im offenen Intervall $(-1, 1)$ liegt.

Lösungshinweis Aufgabe 14 Untersuchen Sie beispielsweise eine quadratische Funktion $f : \mathbb{N} \to \mathbb{N}$.

Lösungshinweis Aufgabe 15 Konstruieren Sie eine einfache Abbildung $f : \mathbb{N} \to \mathbb{N}$, die jeden Wert aus $\mathbb{N}$ als Bild annimmt und zum Beispiel $f(1) = f(2)$ erfüllt.

Lösungshinweis Aufgabe 16

(a) Beachten Sie, dass $f_\xi(\mathbb{R}^2)$ das Bild der Menge $\mathbb{R}^2$ unter der Abbildung f_ξ bezeichnet (vgl. Aufgabe 12). Unterscheiden Sie bei Ihren Berechnungen getrennt die Fälle $\xi = -1$ und $\xi \in \mathbb{R} \setminus \{-1\}$. Zeigen Sie damit $f_{-1}(\mathbb{R}^2) = \{(x, -x) \mid x \in \mathbb{R}\}$ und $f_\xi(\mathbb{R}^2) = \mathbb{R}^2$ für $\xi \in \mathbb{R} \setminus \{-1\}$.

(b) Argumentieren Sie mit Hilfe von Teil (a), dass f_ξ lediglich für $\xi \in \mathbb{R} \setminus \{-1\}$ surjektiv ist. Zeigen Sie dann ähnlich wie in Aufgabe 13, dass die Abbildung f_ξ in diesem Fall zudem injektiv ist.

(c) Beachten Sie, dass das Symbol $\circ$ die Komposition (Hintereinanderausführung) von Abbildungen bezeichnet. Bestimmen Sie zuerst $f_1(1, 1)$ und $f_2(1, 1)$ und verwenden Sie dann $(f_1 \circ f_2)(1, 1) = f_1(f_2(1, 1))$ sowie $(f_2 \circ f_1)(1, 1) = f_2(f_1(1, 1))$.

Lösungshinweis Aufgabe 17 Konstruieren Sie eine bijektive Abbildung zwischen den Mengen $\{a, b, c\}$ und $\{1, 2, 3\}$.

Lösungshinweis Aufgabe 18 Überlegen Sie sich, dass die Abbildung $f : \mathbb{N} \to 2\mathbb{N}$ mit $f(n) = 2n$ bijektiv ist.

Lösungshinweis Aufgabe 19 Weisen Sie nach, dass es keine surjektive und somit auch keine bijektive Abbildung zwischen den Mengen $\{1, 2\}$ und $\{a, b, c\}$ geben kann. Verwenden Sie dabei, dass eine Abbildung $f : \{1, 2\} \to \{a, b, c\}$ jedes Element aus $\{1, 2\}$ auf genau ein Element aus $\{a, b, c\}$ abbildet.

Lösungshinweis Aufgabe 20 Konstruieren Sie zunächst eine bijektive Abbildung zwischen den Intervallen $[0, 1]$ und $[a, b]$ indem Sie sich überlegen, dass jedes Element aus $[0, 1]$, das mit dem Faktor $b - a$ multipliziert und dann um den Wert a verschoben wird, im Intervall $[a, b]$ liegt. Nehmen Sie dann an, die Menge $[a, b]$ wäre abzählbar, um mit der Abzählbarkeit der natürlichen Zahlen einen Widerspruch zu erhalten.

Lösungshinweis Aufgabe 21 Untersuchen Sie zuerst den Spezialfall $A = \emptyset$. Betrachten Sie dann für $A \neq \emptyset$ eine beliebige Abbildung $f : A \to \mathcal{P}(A)$ und überlegen Sie sich, dass die Menge $C = \{x \in A \mid x \notin f(x)\}$ nicht im Bild von f liegt, das heißt, es ist unmöglich ein Element $x \in A$ mit $f(x) = C$ zu finden. Es bietet sich dabei an die Fälle $x \in C$ und $x \notin C$ getrennt zu untersuchen. Setzen Sie für den zweiten Teil der Aufgabe $A = \mathbb{N}$ und argumentieren Sie.

Lösungshinweis Aufgabe 22 Eine komplexe Zahl $z \in \mathbb{C}$ liegt in arithmetischer Form vor, wenn es $x = \mathrm{Re}(z) \in \mathbb{R}$ (Realteil) und $y = \mathrm{Im}(z) \in \mathbb{R}$ (Imaginärteil) mit $z = x + iy$ gibt. Dabei bezeichnet i die imaginäre Einheit mit $i^2 = -1$. Die komplex konjugierte Zahl $\bar{z} \in \mathbb{C}$ zu z lautet $\bar{z} = x - iy$. Der Betrag der komplexen Zahl z in arithmetischer Form ist definiert als $|z| = \sqrt{x^2 + y^2}$. Gibt es hingegen $r > 0$ und $\varphi \in [0, 2\pi)$ mit $z = r \exp(i\varphi)$ so liegt z in Polarform vor, wobei $r = |z|$ den Betrag und $\varphi = \arg(z)$ das Argument von z bezeichnet.

(a) Überlegen Sie sich, dass $\mathrm{Re}(z_1) = 2$, $\mathrm{Im}(z_1) = 2$, $\overline{z_1} = 2 - 2i$ und $r = |z_1| = \sqrt{8}$ gelten. Verwenden Sie dann $\varphi = \arccos(\mathrm{Re}(z_1)/r) = \pi/4$ um schließlich $z_1 = \sqrt{8}\exp(\pi i/4)$ zu zeigen.
(b) Die komplexe Zahl z_2 liegt bereits in Polarform vor. Nutzen Sie die Eulersche Relation um die arithmetische Form zu bestimmen.
(c) Zeigen Sie mit einer kleinen Rechnung $z_3 = -\cos(1)/2 - \cos(1)i/2$. Verwenden Sie dann $\varphi = -\arccos(\mathrm{Re}(z_3)/r) = -3\pi/4$ und $\varphi' = \varphi + 2\pi = 5\pi/4$ um schließlich $z_3 = \cos(1)/\sqrt{2}\exp(5\pi i/4)$ nachzuweisen.
(d) Verifizieren Sie zunächst mit einer kleinen Rechnung $z_4 = 1/2 - \sqrt{3}i/2$. Überlegen Sie sich dann, dass $\mathrm{Re}(z_4) = 1/2$, $\mathrm{Im}(z_4) = -\sqrt{3}/2$, $\overline{z_4} = 1/2 + \sqrt{3}i/2$, $r = 1$ und $\varphi = -\arccos(\mathrm{Re}(z_4)/r) = \pi/3$ gelten um $z_4 = \exp(\pi i/3)$ zu zeigen.

Lösungshinweis Aufgabe 23

(a) Überlegen Sie sich, dass die Menge C_1 ein Rechteck beschreibt.
(b) Schreiben Sie zunächst $z \in \mathbb{C}$ in arithmetischer Form $z = x + iy$ mit $x, y \in \mathbb{R}$ und folgern Sie mit einer kleinen Rechnung, dass C_2 einen Kreisring mit Mittelpunkt $(-1, -1)$ und Radien $r_1 = 1$ sowie $r_2 = \sqrt{3}$ darstellt.
(c) Schreiben Sie erneut $z \in \mathbb{C}$ in der Form $z = x + iy$ mit $x, y \in \mathbb{R}$. Folgern Sie damit $C_3 = \{z \in \mathbb{C} \mid \mathrm{Re}(z) \geq 0\}$.
(d) Nutzen Sie für $z \in \mathbb{C}$ die Polarform $z = r \exp(i\varphi)$ mit $r > 0$ und $\varphi \in [0, 2\pi)$. Überlegen Sie sich dann mit der 2π-Periodizität der komplexen Exponentialfunktion, dass C_4 aus den fünf Elementen $\xi_j = \exp(2\pi i j/5)$ für $j = 0, \ldots, 4$ besteht.
(e) Die Menge C_5 ist ein Kreis (vgl. auch Teil (b) dieser Aufgabe).

Lösungshinweis Aufgabe 24

(a) Schreiben Sie die komplexe Zahl $z \in \mathbb{C}$ in arithmetischer Form (vgl. den Lösungshinweis von Aufgabe 22) und zeigen Sie damit die Behauptung.

(b) Beachten Sie, dass für zwei komplexe Zahlen $z, w \in \mathbb{C}$ mit $z = x + iy$ und $w = a + ib$, wobei $a, b, x, y \in \mathbb{R}$, gerade $z + w = x + a + (y + b)i$ sowie $zw = xa - yb + (xb + ya)i$ gelten.

(c) Verwenden Sie im Fall $z \in \mathbb{R}$ die triviale Gleichung $\mathrm{Re}(z) + 0i = \mathrm{Re}(z) - 0i$ um $z = \overline{z}$ zu zeigen. Nutzen Sie für die umgekehrte Implikation Teil (a) dieser Aufgabe.

Lösungshinweis Aufgabe 25 Untersuchen Sie für $z, w \in \mathbb{C}$ getrennt die Fälle $|z| = 1$ und $|w| = 1$. Verwenden Sie speziell im zweiten Fall, dass $|\overline{w} - \overline{z}| = |\overline{z - w}| = |z - w|$ gilt.

Lösungshinweis Aufgabe 26 Überlegen Sie sich, dass $x + 1/x - 2 = (x - 1)^2/x$ für jedes $x > 0$ gilt und argumentieren Sie geschickt.

Lösungshinweis Aufgabe 27 Zeigen Sie zunächst für $x, y \in \mathbb{R}$ die Identität $(x - y)^2 = (x + y)^2 - 4xy$ und argumentieren Sie dann geschickt.

Lösungshinweis Aufgabe 28 Setzen Sie $y = 1/x$ für $x > 0$ und zeigen Sie äquivalent, dass $\mathbb{N} \subseteq \mathbb{R}$ nicht nach oben beschränkt ist. Betrachten Sie dazu die nichtleere und nach oben beschränkte Menge $A = \{n \in \mathbb{N} \mid n \le y + 1\}$ und folgern Sie, dass es eine natürliche Zahl $n \in \mathbb{N}$ mit $n + 1 \notin A$ gibt.

Lösungshinweis Aufgabe 29 Überlegen Sie sich zuerst, dass für alle $z, w \in \mathbb{C}$ die wichtigen Beziehungen $|z + w|^2 = |z|^2 + |w|^2 + 2\,\mathrm{Re}(z\overline{w})$ und $\mathrm{Re}(z\overline{w}) \le |z\overline{w}| = |z||\overline{w}| = |z||w|$ gelten. Schätzen Sie damit den Ausdruck $|z + w|^2$ durch $(|z| + |w|)^2$ nach oben ab um die Dreiecksungleichung zu folgern.

Lösungshinweis Aufgabe 30 Schreiben Sie $z \in \mathbb{C}$ in arithmetischer Form $z = x + iy$ mit $x, y \in \mathbb{R}$ und multiplizieren Sie dann beide Seiten der Gleichung mit $1 - z + i = 1 - x + i(1 - y)$, wobei $x \ne 1$ und $y \ne 1$. Vergleichen Sie anschließend Real- und Imaginärteil beider Seiten um die (eindeutige) Lösung der Gleichung zu bestimmen.

Lösungshinweis Aufgabe 31

(a) Verwenden Sie für den Induktionsanfang bei $n = 1$ die Beziehung $\sum_{j=1}^{1} 2j = 2$. Um den Induktionsschritt von n nach $n + 1$ nachzuweisen bietet es sich an, $\sum_{j=1}^{n+1} 2j = 2(n + 1) + \sum_{j=1}^{n} 2j$ zu schreiben und die Induktionsvoraussetzung auf den zweiten Summanden der rechten Seite anzuwenden.

(b) Verwenden Sie im Induktionsschritt, dass die Summe gerader Zahlen wieder gerade ist (vgl. Aufgabe 5).

(c) Nutzen Sie $\sum_{j=1}^{m+1} j \cdot j! = (m+1)(m+1)! + \sum_{j=1}^{m} j \cdot j!$ für $m \in \mathbb{N}$ sowie die Induktionsvoraussetzung um den Induktionsschritt von m nach $m+1$ zu zeigen.

(d) Überlegen Sie sich

$$6^{m+1} - 5(m+1) + 4 = 6 \cdot (6^m - 5m + 4) + 25m - 25$$

für $m \in \mathbb{N}$ um im Induktionsschritt von m nach $m+1$ geschickt zu folgern, dass die linke Seite durch 5 teilbar ist.

(e) Zeigen Sie mit Hilfe der Induktionsvoraussetzung zunächst

$$\prod_{j=1}^{n+1} (1 + x_j) \geq 1 + \sum_{j=1}^{n+1} x_j + x_{n+1} \sum_{j=1}^{n} x_j.$$

Unterscheiden Sie dann die zwei Fälle $x_j \in (-1, 0)$ und $x_j > 0$ für $j \in \{1, \ldots, n+1\}$ um nachzuweisen, dass der Ausdruck $x_{n+1} \sum_{j=1}^{n} x_j$ in jedem der beiden Fälle positiv ist. Folgern Sie damit den Induktionsschritt von n nach $n+1$.

Lösungshinweis Aufgabe 32

(a) Verwenden Sie für den Induktionsschritt die Identität $\sum_{j=1}^{k} j/(j+1)! = k/(k+1)! + \sum_{j=1}^{k-1} j/(j+1)!$ für $k \in \mathbb{N}$.

(b) Zerlegen Sie im Induktionsschritt von k nach $k+1$ die $(k+1)$-fache Matrixpotenz als Produkt einer k-fachen Matrixpotenz mit der Matrix selbst.

(c) Nutzen Sie im Induktionsschritt von n nach $n+1$ geschickt die Identität aus Aufgabe 31 (a).

(d) Überlegen Sie sich für den Induktionsschritt von n nach $n+1$, dass

$$\sum_{j=0}^{n+1} \binom{n+1}{j} = 1 + 1 + \sum_{j=1}^{n} \left[\binom{n}{j} + \binom{n}{j-1} \right].$$

gilt. Führen Sie dann auf der rechten Seite eine Indexverschiebung in der zweiten Summe durch um schließlich die Induktionsvoraussetzung zweifach anzuwenden.

(e) Untersuchen Sie für den Induktionsschritt von n nach $n+1$ zwei Mengen A und B mit $A = \{a_1, \ldots, a_{n+1}\}$ und $B = \{b_1, \ldots, b_{n+1}\}$. Ist nun $f : A \to B$ eine bijektive Abbildung zwischen A und B, dann gibt es genau einen Index $j \in \{1, \ldots, n+1\}$ mit $f(a_{n+1}) = b_j$. Untersuchen Sie dann die Einschränkung von f auf die Menge $A \setminus \{a_{n+1}\}$, die die n-elementige Menge $A \setminus \{a_{n+1}\}$ auf die n-elementige Menge $B \setminus \{f(a_{n+1})\}$ abbildet, und wenden Sie die Induktionsvoraussetzung an.

(f) Verwenden Sie im Induktionsschritt von n nach $n+1$ die Beziehung $1 - z^{n+1} + (1-z)z^{n+1} = 1 - z^{n+2}$ für $n \in \mathbb{N}$ und $z \in \mathbb{C}$.

Lösungshinweis Aufgabe 33

(a) Zeigen Sie für den Induktionsschritt von n nach $n + 1$ zunächst mit Hilfe der Rekursionsvorschrift der Fibonacci-Zahlen

$$f_{n+2}f_n - f_{n+1}^2 = f_{n+1}f_n + f_n^2 - f_{n+1}(f_n + f_{n-1}) = -(f_{n+1}f_{n-1} - f_n^2)$$

um schließlich die Induktionsvoraussetzung anzuwenden.

(b) Nutzen Sie für den Induktionsschritt von n nach $n + 1$ die triviale Identität $\sum_{j=1}^{n+1} f_j = f_{n+1} + \sum_{j=1}^{n} f_j$ sowie die Rekursionsvorschrift der Fibonacci-Zahlen.

(c) Beachten Sie, dass für alle $n \in \mathbb{N}$

$$\begin{pmatrix} 1 & 1 \\ 1 & 0 \end{pmatrix}^{n+1} = \begin{pmatrix} 1 & 1 \\ 1 & 0 \end{pmatrix}^{n} \cdot \begin{pmatrix} 1 & 1 \\ 1 & 0 \end{pmatrix}$$

gilt.

Lösungshinweis Aufgabe 34 Überlegen Sie sich, dass für alle $n \in \mathbb{N}$ die Abschätzung

$$|a_n - 1| = \left| \frac{n+3}{n+2} - 1 \right| \leq \frac{1}{n}$$

gilt und nutzen Sie dann den Satz von Archimedes (vgl. Aufgabe 28).

Lösungshinweis Aufgabe 35 Zeigen Sie für jedes $n \in \mathbb{N}$ die Abschätzung

$$|a_n - (2 + \mathrm{i})| = \left| 2 + \frac{1 + \mathrm{i}n}{n+1} - (2 + \mathrm{i}) \right| \leq \frac{\sqrt{2}}{n}$$

und gehen Sie dann ähnlich wie in Aufgabe 34 vor.

Lösungshinweis Aufgabe 36 Nutzen Sie den Satz von Archimedes aus Aufgabe 28.

Lösungshinweis Aufgabe 37 Überlegen Sie sich nacheinander, dass weder $a = -1$, $a = 1$ noch $a \in \mathbb{R} \setminus \{-1, 1\}$ der Grenzwert der Folge $(a_n)_n$ mit $a_n = (-1)^n$ sein kann. Alternativ können Sie aber auch folgendes Resultat nutzen: Ist $(a_n)_n$ eine konvergente Folge mit $\lim_n a_n = a$, so konvergieren auch alle Teilfolgen $(a_{n_j})_j$ gegen a. Somit müssen Sie lediglich zwei Teilfolgen von $(a_n)_n$ finden, deren Grenzwert verschieden ist, um nachzuweisen, dass die Folge nicht konvergent sein kann.

© Der/die Autor(en), exklusiv lizenziert durch Springer-Verlag GmbH, DE,
ein Teil von Springer Nature 2022
N. Hebestreit, *Übungsbuch Analysis I*,
https://doi.org/10.1007/978-3-662-64569-7_10

Lösungshinweis Aufgabe 38

(a) Zeigen Sie, dass die Folge $(a_n)_n$ unbeschränkt und somit nicht konvergent ist (vgl. Aufgabe 40).

(b) Überlegen Sie sich, dass

$$a_n = \frac{1 - \frac{2}{n} + \frac{1}{n^2}}{\left(1 + \frac{1}{n-1}\right)^{n-1}\left(1 + \frac{1}{n-1}\right)^{n-1}}$$

für $n \in \mathbb{N}$ gilt und nutzen Sie dann die wichtige Grenzwertbeziehung

$$\lim_{n \to +\infty}\left(1 + \frac{1}{n}\right)^n = e.$$

(c) Erweitern Sie Zähler und Nenner der Folge mit $\sqrt{n+1} + \sqrt{n}$ und nutzen Sie dann die dritte binomische Formel.

(d) Nutzen Sie das Sandwich-Kriterium für Folgen. Finden Sie dazu zwei Folgen $(b_n)_n$ und $(c_n)_n$ mit $b_n \leq a_n \leq c_n$ für $n \in \mathbb{N}$ und $\lim_n b_n = \lim_n c_n = 7$.

(e) Verwenden Sie erneut das Sandwich-Kriterium. Überlegen Sie sich dazu wie groß der Ausdruck $\sin(n)$ für $n \in \mathbb{N}$ minimal und maximal werden kann.

(f) Untersuchen Sie die Grenzwerte der Teilfolgen $(a_{2n})_n$ und $(a_{2n+1})_n$. Vergleichen Sie alternativ die Lösung beziehungsweise den Lösungshinweis von Aufgabe 37.

Lösungshinweis Aufgabe 39

(a) Nutzen Sie zuerst die Resultate aus Aufgabe 32 um die endliche Summe $\sum_{j=0}^{n} j^3$ geschickt zu vereinfachen und berechnen Sie dann den Grenzwert.

(b) Bei der Summe handelt es sich um eine sogenannte Teleskopsumme. Berechnen Sie die Summe zunächst für $n = 3, 4, 5$ und verallgemeiner Sie ihre Beobachtung.

Lösungshinweis Aufgabe 40 Betrachten Sie eine beliebige konvergente Folge $(a_n)_n$ mit $\lim_n a_n = a$. Setzen Sie zum Beispiel $\varepsilon = 1$ und untersuchen Sie, welche Folgenglieder der Bedingung $|a_n - a| < 1$ genügen. Überlegen Sie sich schließlich, wie groß solche Folgeglieder werden können.

Lösungshinweis Aufgabe 41 Überlegen Sie sich, dass für alle $n \in \mathbb{N}$ die Ungleichung

$$|a_n + b_n - (a+b)| \leq |a_n - a| + |b_n - b|$$

gilt. Bringen Sie dann die Konvergenz von $(a_n)_n$ und $(b_n)_n$ ein, um zu zeigen, dass die Folge $(a_n + b_n)_n$ ebenfalls konvergiert,

Lösungshinweis Aufgabe 42 Ist $(b_n)_n$ eine beschränkte Folge, so gibt es $M > 0$ mit $|b_n| \leq M$ für alle $n \in \mathbb{N}$. Begründen Sie, dass es zu $\varepsilon/M > 0$ ein natürliche Zahl $N \in \mathbb{N}$ mit $|a_n| \leq \varepsilon/M$ für $n \geq N$ gibt, falls $\varepsilon > 0$ beliebig vorgegeben ist. Schätzen Sie nun $|a_n b_n|$ nach oben ab und folgern Sie, dass $(a_n b_n)_n$ eine Nullfolge ist.

Lösungshinweis Aufgabe 43

(a) Wählen Sie zunächst $\varepsilon > 0$ beliebig und begründen Sie, dass es einen Index $N_1 \in \mathbb{N}$ mit $|a_n - a| < \varepsilon/2$ für $n \geq N_1$ gibt. Zeigen Sie dann die Abschätzung

$$|b_n - a| \leq \frac{1}{n} \sum_{j=1}^{N_1 - 1} |a_j - a| + \frac{1}{n} \sum_{j=N_1}^{n} |a_j - a|$$

für jedes $n \geq N_1$. Schätzen Sie schließlich jeden der Summanden auf der rechten Seite geschickt nach oben durch $\varepsilon/2$ ab und folgern Sie, dass die Folge $(b_n)_n$ gegen a konvergiert.
(b) Wenden Sie Teil (a) dieser Aufgabe auf die Folge $(a_n)_n$ mit $a_n = 1/n$ an.

Lösungshinweis Aufgabe 44

(a) Wählen Sie $\varepsilon > 0$ beliebig und überlegen Sie sich, dass es eine natürliche Zahl $N \in \mathbb{N}$ mit

$$a - \varepsilon < a_n < a + \varepsilon \quad \text{und} \quad b - \varepsilon < b_n < b + \varepsilon$$

für $n \geq N$ gibt. Zeigen Sie damit die Ungleichungen

$$\varepsilon - \max\{a, b\} < \max\{a_n, b_n\} < \max\{a, b\} + \varepsilon$$

und folgern Sie die Behauptung.
(b) Verifizieren Sie zunächst mit einer Fallunterscheidung die nützliche Identität

$$\max\{x, y\} = \frac{1}{2}(x + y + |x - y|)$$

für $x, y \in \mathbb{R}$ und nutzen Sie dann die Grenzwertsätze für konvergente Folgen.

Lösungshinweis Aufgabe 45

(a) Überlegen Sie sich zuerst, dass

$$\left| e^{is} - e^{it} \right| = \left| e^{i\frac{s}{2}} e^{i\frac{t}{2}} \right| \left| e^{i\left(\frac{s}{2} - \frac{t}{2}\right)} - e^{i\left(\frac{t}{2} - \frac{s}{2}\right)} \right|$$

für alle $s, t \in \mathbb{R}$ gilt. Nutzen Sie dann die Eulersche Relation sowie die Symmetrieeigenschaften des Sinus und Kosinus.

(b) Zeigen Sie mit Hilfe von Teil (a) dieser Aufgabe

$$U_n = \sum_{j=0}^{n-1} |\xi_{j+1} - \xi_j| = 2n \left| \sin\left(\frac{\pi}{n}\right) \right|.$$

(c) Verwenden Sie (ohne Beweis) die Ungleichung

$$x - \frac{x^3}{6} \le \sin(x) \le x$$

für $x \in (0, 1)$ und nutzen Sie dann das Sandwich-Kriterium für Folgen um den Grenzwert $\lim_n U_n$ zu bestimmen.

Lösungshinweis Aufgabe 46 Zeigen Sie die Ungleichung

$$|a_n - a_m| \le |a_n - a| + |a_m - a|$$

für alle $m, n \in \mathbb{N}$ und argumentieren Sie dann geschickt um zu beweisen, dass die Folge $(a_n)_n$ eine Cauchy-Folge ist.

Lösungshinweis Aufgabe 47 Weisen Sie für natürliche Zahlen $m, n \in \mathbb{N}$ mit $m > n$ zuerst die Ungleichung

$$|a_m - a_n| \le q^n \sum_{j=0}^{m-n-1} q^j$$

nach. Verwenden Sie dann Aufgabe 32 (f) um die Abschätzung

$$q^n \sum_{j=0}^{m-n-1} q^j \le \frac{q^n}{1-q}$$

zu zeigen und argumentieren Sie geschickt.

Lösungshinweis Aufgabe 48 Nutzen Sie aus, dass die Folge positiv ist, um die Monotonie von $(a_n)_n$ nachzuweisen. Überlegen Sie sich damit, dass

$$|a_{n+1} - a_n| \ge a_1^2$$

gilt und argumentieren Sie, dass $(a_n)_n$ keine Cauchy-Folge ist. Überlegen Sie sich schließlich in welchem Zusammenhang konvergente Folgen und Cauchy-Folgen in $\mathbb{R}$ stehen und verwenden Sie dann Aufgabe 40.

Lösungshinweis Aufgabe 49 Überlegen Sie sich getrennt, zum Beispiel mit vollständiger Induktion, dass die Folge $(a_n)_n$ den rekursiven Gleichungen

$$a_{n+1} - a_n = \left(-\frac{1}{2}\right)^{n-1} \quad \text{und} \quad a_{n+1} + \frac{a_n}{2} = 1$$

für $n \in \mathbb{N}$ genügt. Bestimmen Sie damit eine explizite Darstellung von $(a_n)_n$ und berechnen Sie dann den Grenzwert der Folge.

Lösungshinweis Aufgabe 50

(a) Beachten Sie, dass $1! = 1, 2! = 2, 3! = 6, 4! = 24$ und $5! = 120$ gelten. Nutzen Sie für die implizite Darstellung der Folge den rekursiven Zusammenhang $n! = n \cdot (n-1)!$ für $n \in \mathbb{N}$.
(b) Vergleichen Sie $(a_n)_n$ mit der Folge $(b_n)_n$ mit $b_n = 1/n$ und argumentieren Sie geschickt.

Lösungshinweis Aufgabe 51

(a) Nutzen Sie $a_{n+1} = a_n \cdot b_{n+1}$ und $|b_{n+1}| < 1$ für $n \in \mathbb{N}$ um zu beweisen, dass die Folge $(a_n)_n$ (streng) monoton fallend ist.
(b) Beachten Sie, dass jedes Folgenglied a_n ein Produkt von Zahlen ist, die echt kleiner als 1 sind. Überlegen Sie sich damit, wie groß a_n höchstens werden kann, um die Beschränktheit der Folge nachzuweisen.
(c) Nutzen Sie die Teile (a) und (b) und begründen Sie damit, dass die Folge $(a_n)_n$ konvergent ist.

Lösungshinweis Aufgabe 52 Weisen Sie nach, dass die rekursive Folge $(a_n)_n$ durch $\sqrt{2}$ nach unten beschränkt sowie monoton fallend ist und argumentieren Sie, dass $(a_n)_n$ konvergiert. Zeigen Sie dazu mit Hilfe von vollständiger Induktion die Ungleichung $a_n^2 - 2 > 0$ für jedes $n \in \mathbb{N}$. Um nachzuweisen, dass die Folge $(a_n)_n$ monoton fallend ist, können Sie verwenden, dass

$$a_n - a_{n+1} = \frac{a_n^2 - 2}{2a_n}$$

für $n \in \mathbb{N}$ gilt. Bestimmen Sie schließlich den Grenzwert der Folge, indem Sie in der rekursiven Darstellung $a_{n+1} = 1/2(a_n + 2/a_n)$ für $n \in \mathbb{N}$ sowohl auf der linken als auch auf der rechten Seite zum Grenzwert $n \to +\infty$ übergehen.

Lösungshinweis Aufgabe 53

(a) Nutzen Sie die Definitionen

$$\liminf_{n \to +\infty} a_n = \lim_{n \to +\infty} \inf_{k \in \mathbb{N}: \, k \geq n} a_k$$

und

$$\limsup_{n \to +\infty} a_n = \lim_{n \to +\infty} \sup_{k \in \mathbb{N}: \, k \geq n} a_k$$

für den Limes Inferior und Superior. Bestimmen Sie dann für jedes $n \in \mathbb{N}$

$$\inf_{k \in \mathbb{N}: \, k \geq n} \left(1 + (-1)^k\right) = \inf \left\{1 + (-1)^k \mid k \in \mathbb{N}, \, k \geq n\right\}$$

$$\sup_{k \in \mathbb{N}: \, k \geq n} \left(1 + (-1)^k\right) = \sup \left\{1 + (-1)^k \mid k \in \mathbb{N}, \, k \geq n\right\},$$

indem Sie sich überlegen, aus welchen Elementen die (zweielementige) Menge $\{1 + (-1)^k \mid k \in \mathbb{N}, \, k \geq n\}$ besteht.

(b) Beachten Sie, dass die Folge $(a_n)_n$ mit $a_n = 1/(2n) + 1/(2n+1)$ konvergent ist und geben Sie (ohne Rechnung) den Limes Inferior und Superior der Folge an.

Lösungshinweis Aufgabe 54 Nutzen Sie für $n \in \mathbb{N}$ die Beziehung

$$\inf_{k \in \mathbb{N}: \, k \geq n} (-a_k) = - \sup_{k \in \mathbb{N}: \, k \geq n} a_k.$$

Lösungshinweis Aufgabe 55 Beachten Sie, dass $0 \leq 1 + (-1)^n \leq 2$ für $n \in \mathbb{N}$ gilt um die Ungleichungen

$$\frac{1}{2^{n+1} + 1} \leq \frac{a_{n+1}}{a_n} \leq 2^{n+2} + 1 \quad \text{und} \quad 1 \leq \sqrt[n]{a_n} \leq \sqrt[n]{2^{n+1} + 1}$$

für jedes $n \in \mathbb{N}$ nachzuweisen. Folgern Sie damit $\liminf_n a_{n+1}/a_n = 0$, $\limsup_n a_{n+1}/a_n = +\infty$, $\liminf_n \sqrt[n]{a_n} = 1$ sowie $\limsup_n \sqrt[n]{a_n} = 2$.

Lösungshinweise Reihen

Lösungshinweis Aufgabe 56

(a) Beachten Sie, dass die Umfänge der ersten drei Halbkreise gerade $\pi d/2$, $\pi d/4$ und $\pi d/8$ betragen. Zeigen Sie dann

$$\sum_{n=1}^{+\infty} \frac{\pi d}{2^n} = \pi d \left(\sum_{n=0}^{+\infty} \left(\frac{1}{2} \right)^n - 1 \right)$$

und bestimmen Sie den Wert der geometrischen Reihe um nachzuweisen, dass die Länge der geschlängelten Linie πd beträgt.

(b) Überlegen Sie sich zunächst, dass die Flächeninhalte der ersten drei Halbkreise $\pi d^2/2^3$, $\pi d^2/2^5$ und $\pi d^2/2^7$ betragen. Zeigen Sie dann mit der Formel für den Reihenwert einer geometrischen Reihe

$$\sum_{n=1}^{+\infty} \frac{\pi d^2}{2^{2n+1}} = \frac{\pi d^2}{2} \left(\sum_{n=0}^{+\infty} \left(\frac{1}{4} \right)^n - 1 \right) = \frac{\pi d^2}{6}.$$

Lösungshinweis Aufgabe 57

(a) Die Reihe konvergiert gemäß Wurzel- und Quotientenkriterium. Setzen Sie dazu $x_n = (1/7)^n$ für $n \in \mathbb{N}_0$ und überlegen Sie sich, dass $\sqrt[n]{|x_n|} = 1/7$ sowie $|x_{n+1}/x_n| = 1/7$ für $n \in \mathbb{N}_0$ gilt.

© Der/die Autor(en), exklusiv lizenziert durch Springer-Verlag GmbH, DE, ein Teil von Springer Nature 2022
N. Hebestreit, *Übungsbuch Analysis I*,
https://doi.org/10.1007/978-3-662-64569-7_11

(b) Die Reihe ist eine konvergente Teleskopreihe, die gemäß dem Cauchy-Kriterium konvergiert. Überlegen Sie sich dazu, dass

$$\frac{1}{n(n+1)} = \frac{1}{n} - \frac{1}{n+1}$$

für $n \in \mathbb{N}$ gilt und zeigen Sie damit

$$\sum_{n=1}^{N} \frac{1}{n(n+1)} = 1 - \frac{1}{N+1}$$

für jedes $N \in \mathbb{N}$. Gehen Sie nun zum Grenzwert $N \to +\infty$ über und bestimmen Sie den Wert der Reihe. Alternativ können Sie aber auch

$$|s_m - s_n| = \frac{1}{n+1} - \frac{1}{m+1}$$

für $m, n \in \mathbb{N}$ nachweisen, wobei $s_n = \sum_{j=1}^{n} 1/(j(j+1))$ die n-te Partialsumme der Reihe ist. Wählen Sie schließlich $\varepsilon > 0$ beliebig um mit dem Satz von Archimedes (vgl. Aufgabe 28) eine natürliche Zahl $N \in \mathbb{N}$ mit $|s_m - s_n| < \varepsilon$ für alle $m > n \geq N + 1$ zu finden (vgl. Aufgabe 63).

(c) Die Reihe ist gemäß dem notwendigen Konvergenzkriterium (vgl. Aufgabe 62) divergent. Überlegen Sie sich dazu, dass die Folge $(x_n)_n$ mit $x_n = (1 - 1/n)^n$ keine Nullfolge ist.

(d) Die Reihe konvergiert gemäß dem Majorantenkriterium. Überlegen Sie sich zunächst, dass

$$\frac{1}{n^3} \leq \frac{1}{n^2}$$

für alle $n \in \mathbb{N}$ gilt. Weisen Sie dann nach, dass die Reihe $\sum_{n=1}^{+\infty} 1/n^2$ konvergent ist, indem Sie die folgenden Beziehungen (mit Begründung) verwenden

$$\sum_{n=1}^{N} \frac{1}{n^2} \leq 1 + \sum_{n=1}^{N} \frac{1}{n(n-1)} = 2 - \frac{1}{N-1}$$

und dann zum Grenzwert $N \to +\infty$ übergehen. Wenden Sie schließlich das Majorantenkriterium an.

(e) Die Reihe konvergiert gemäß dem Wurzel- und Quotientenkriterium. Setzen Sie $x_n = 2^n/n!$ für $n \in \mathbb{N}_0$ und verwenden Sie $\lim_n \sqrt[n]{n!} = +\infty$ beziehungsweise $x_{n+1}/x_n = 2/(n+1)$ für $n \in \mathbb{N}_0$.

(f) Die Reihe konvergiert gemäß dem Majorantenkriterium. Begründen Sie dazu, dass die Abschätzung

$$\frac{n+3}{n(n+1)(n+2)} < \frac{n+3}{n^3} < \frac{2n}{n^3} = \frac{2}{n^2}$$

für alle $n \in \mathbb{N}$ mit $n \geq 3$ erfüllt ist und folgen Sie dann der Lösung von Teil (d) dieser Aufgabe.

Lösungshinweis Aufgabe 58

(a) Die Reihe konvergiert gemäß dem Wurzelkriterium. Überlegen Sie sich dazu, dass

$$\limsup_{n \to +\infty} \sqrt[n]{|x_n|} = \limsup_{n \to +\infty} \frac{1 + 2^n}{2^{n+1}} = \frac{1}{2}$$

gilt, wobei $x_n = ((1 + 2^n)/2^{n+1})^n$ für $n \in \mathbb{N}$.

(b) Die Reihe konvergiert nach dem Leibniz-Kriterium. Wegen $\cos(n\pi) = 1$ für gerade $n \in \mathbb{N}$ und $\cos(n\pi) = -1$ für ungerade $n \in \mathbb{N}$ handelt es sich bei der Reihe um eine alternierende Reihe. Zeigen Sie kurz, dass die Folge $(x_n)_n$ mit $x_n = 1/2^n$ eine monoton fallende Nullfolge ist.

(c) Die Reihe ist gemäß dem Quotientenkriterium konvergent. Setzen Sie dazu $x_n = (n!)^2/(2n)!$ für $n \in \mathbb{N}$ und zeigen Sie mit einer kleinen Rechnung $x_{n+1}/x_n = (n + 1)/(2(2n + 1))$.

(d) Die Reihe divergiert gemäß dem notwendigen Konvergenzkriterium (vgl. Aufgabe 62) und Quotientenkriterium. Setzen Sie $x_n = e^n/n$ für $n \in \mathbb{N}$ und überlegen Sie sich, dass die Folge $(x_n)_n$ keine Nullfolge ist. Alternativ können Sie aber auch $\limsup_n |x_{n+1}/x_n| = e$ nachweisen.

Lösungshinweis Aufgabe 59

(a) Die Reihe konvergiert gemäß dem Quotientenkriterium. Überlegen Sie sich dazu

$$\frac{x_{n+1}}{x_n} = \left(1 - \frac{1}{n}\right)^n$$

für $n \in \mathbb{N}$, wobei $x_n = n!/n^n$ für $n \in \mathbb{N}_0$ definiert ist. Weisen Sie damit schließlich $\limsup_n |x_{n+1}/x_n| = 1/e$ nach.

(b) Die Reihe konvergiert gemäß dem Quotienten- und Majorantenkriterium. Setzen Sie dazu $x_n = (2n - 6)/(3^n(3n + 4))$ für $n \in \mathbb{N}$ um

$$\limsup_{n \to +\infty} \left|\frac{x_{n+1}}{x_n}\right| = \frac{1}{3} \limsup_{n \to +\infty} \frac{|2n - 4||3n + 4|}{|2n - 6||3n + 7|} = \frac{1}{3}$$

zu zeigen. Überlegen Sie sich alternativ, dass $(2n-6)/(3n+4) < 2/3$ für $n \in \mathbb{N}$ gilt, um die Reihe mit der konvergenten Majorante $\sum_{n=1}^{+\infty} 2/3^{n+1}$ (geometrische Reihe) abzuschätzen.

(c) Die Reihe divergiert gemäß dem Leibniz-Kriterium, da die Folge der Glieder keine Nullfolge ist.

(d) Die Reihe ist gemäß dem Minorantenkriterium divergent. Überlegen Sie sich dazu, dass $\sum_{n=2}^{+\infty} 1/n$ eine divergente Minorante der Reihe ist.

Lösungshinweis Aufgabe 60 Bezeichnen Sie mit $s_n = \sum_{j=0}^{n} 1/j!$ für $n \in \mathbb{N}$ die n-te Partialsumme der Reihe und zeigen Sie

$$|s_m - s_n| = \frac{1}{n!} \sum_{j=1}^{m-n} \frac{1}{\prod_{k=n+1}^{n+j} k}$$

für alle $m, n \in \mathbb{N}$ mit $m > n$. Überlegen Sie sich dann die Abschätzung

$$\frac{1}{\prod_{k=n+1}^{n+j} k} \leq \left(\frac{1}{2}\right)^j$$

für alle $j, n \in \mathbb{N}$ um weiter $|s_m - s_n| < 2/n!$ für alle $m, n \in \mathbb{N}$ mit $m > n$ zu folgern. Verwenden Sie schließlich den Satz von Archimedes aus Aufgabe 28 und argumentieren Sie geschickt.

Lösungshinweis Aufgabe 61

(a) Überlegen Sie sich zunächst, dass sich die Reihe wie folgt als Summe von zwei geometrischen Reihen schreiben lässt:

$$\sum_{n=0}^{+\infty} \left(\frac{1}{2^n} + \frac{(-1)^n}{3^n}\right) = \sum_{n=0}^{+\infty} \left(\frac{1}{2}\right)^n + \sum_{n=0}^{+\infty} \left(-\frac{1}{3}\right)^n .$$

Nutzen Sie dann ähnlich wie in Aufgabe 56 die Formel für den Reihenwert einer geometrischen Reihe.

(b) Überlegen Sie sich, zum Beispiel mit einer Partialbruchzerlegung (vgl. auch Aufgabe 195), dass

$$\frac{n+3}{n(n+1)(n+2)} = \frac{\frac{3}{2}}{n} + \frac{-2}{n+1} + \frac{\frac{1}{2}}{n+2}$$

für alle $n \in \mathbb{N}$ gilt. Weisen Sie weiter für $N \in \mathbb{N}$ die Beziehungen

$$\sum_{n=1}^{N} \left(\frac{\frac{3}{2}}{n} + \frac{-2}{n+1} + \frac{\frac{1}{2}}{n+2} \right)$$

$$= \frac{1}{2} \sum_{n=1}^{N} \left(\frac{3}{n} - \frac{4}{n+1} + \frac{1}{n+2} \right)$$

$$= \frac{5}{2} - \frac{3}{N+1} + \frac{1}{N+2} + \sum_{n=2}^{N-1} \left(\frac{3}{n+1} - \frac{4}{n+1} + \frac{1}{n+1} \right)$$

$$= \frac{5}{2} - \frac{3}{N+1} + \frac{1}{N+2}$$

nach und berechnen Sie dann den Wert der Reihe, indem Sie zum Grenzwert $N \to +\infty$ übergehen.

(c) Schreiben Sie geschickt

$$\sum_{n=0}^{+\infty} \frac{(-1)^n 2^{n+2}}{n!} = 4 \sum_{n=0}^{+\infty} \frac{(-2)^n}{n!}$$

und verwenden Sie die Reihendarstellung der Exponentialfunktion.

(d) Überlegen Sie sich beispielsweise mit dem Wurzelkriterium, dass die Reihe absolut konvergent ist. Setzen Sie $S = \sum_{n=0}^{+\infty} n/2^n$ und zeigen Sie

$$S = \sum_{n=0}^{+\infty} \frac{n}{2^n} = \sum_{n=1}^{+\infty} \frac{n-1}{2^{n-1}} + \sum_{n=1}^{+\infty} \frac{1}{2^{n-1}}.$$

Weisen Sie dann mit einer weiteren Indexverschiebung

$$S = \frac{S}{2} + \frac{1}{2} \sum_{n=0}^{+\infty} \frac{1}{2^n}$$

nach. Berechnen Sie nun den Wert der geometrischen Reihe $\sum_{n=0}^{+\infty} 1/2^n$ um $S = S/2 + 1$ zu zeigen. Lösen Sie schließlich die Gleichung nach S auf.

Lösungshinweis Aufgabe 62 Verwenden Sie, dass jede komplexe konvergente Folge insbesondere eine Cauchy-Folge ist (und umgekehrt) um die Folge $(s_n)_n$ der Partialsummen zu untersuchen. Überlegen Sie sich dazu $|s_{n+1} - s_n| = x_{n+1}$ für $n \in \mathbb{N}$ und argumentieren Sie geschickt.

Lösungshinweis Aufgabe 63 Verwenden Sie erneut, dass für jede komplexe Folge gilt: Die Folge ist genau dann konvergent, wenn sie eine Cauchy-Folge ist.

Lösungshinweis Aufgabe 64 Wenden Sie in den Teilen (a) und (b) die Definition einer konvergenten Reihe an um diese als Grenzwert der Folge der Partialsummen zu schreiben. Verwenden Sie dann die Grenzwertsätze für konvergente Folgen und argumentieren Sie geschickt.

Lösungshinweis Aufgabe 65 Verwenden Sie für den ersten Teil die sogenannte verallgemeinerte Dreiecksungleichung

$$\left| \sum_{j=1}^{N} x_j \right| \le \sum_{j=1}^{N} |x_j|$$

für $N \in \mathbb{N}$ und $x_1, \ldots, x_N \in \mathbb{R}$. Untersuchen Sie für die zweite Aussage die alternierende Reihe $\sum_{n=1}^{+\infty} (-1)^n / n$ auf absolute Konvergenz.

Lösungshinweis Aufgabe 66

(a) Nutzen Sie das Leibniz-Kriterium um nachzuweisen, dass die alternierende Reihe konvergiert. Verwenden Sie weiter das Minorantenkriterium und die Abschätzung $\sqrt{n+1} \le n+1$ für $n \in \mathbb{N}$ um nachzuweisen, dass die Reihe nicht bedingt konvergiert.
(b) Das Cauchy-Produkt der Reihe $\sum_{n=1}^{+\infty} (-1)^n / \sqrt{n+1}$ mit sich selbst ist nach Definition die Reihe $\sum_{n=1}^{+\infty} c_n$ mit

$$c_n = \sum_{k=1}^{n} \frac{(-1)^k}{\sqrt{k}} \frac{(-1)^{n-k}}{\sqrt{n-k}}$$

für $n \in \mathbb{N}$. Um nachzuweisen, dass die Produktreihe nicht absolut konvergent ist, können Sie die Ungleichung $\sqrt{x}\sqrt{y} \le (x+y)/2$ für $x, y \in [0, +\infty)$ nutzen, um $|c_n| \ge 2$ für $n \in \mathbb{N}$ zu zeigen. Argumentieren Sie dann mit dem notwendigen Konvergenzkriterium aus Aufgabe 62.

Lösungshinweis Aufgabe 67

(a) Die Sinus- und Kosinusreihe ist nach dem Wurzelkriterium absolut konvergent. Setzen Sie dazu $x_n = (-1)^n x^{2n+1}/(2n+1)!$ und $y_n = (-1)^n x^{2n}/(2n)!$ für $n \in \mathbb{N}_0$ und $x \in \mathbb{R}$ und weisen Sie kurz $|x_{n+1}/x_n| = |x|/(2n+2)$ sowie $|y_{n+1}/y_n| = |y|/(2n+1)$ für $n \in \mathbb{N}_0$ nach.
(b) Zeigen Sie mit der Cauchy-Produktformel

$$\sin^2(x) = \sum_{n=0}^{+\infty} \sum_{k=0}^{n} (-1)^{n-k} \frac{x^{2(n-k)+1}}{(2(n-k)+1)!} (-1)^k \frac{x^{2k+1}}{(2k+1)!}$$

sowie

$$\cos^2(x) = \sum_{n=0}^{+\infty} \sum_{k=0}^{n} (-1)^{n-k} \frac{x^{2(n-k)}}{(2(n-k))!} (-1)^k \frac{x^{2k+1}}{(2k)!}$$

für $x \in \mathbb{R}$. Fassen Sie die Terme auf der rechten Seite so weit wie möglich zusammen. Spalten Sie dann im zweiten Cauchy-Produkt das erste Glied ab und verwenden Sie bei der Berechnung von $\sin^2(x) + \cos^2(x)$ für $x \in \mathbb{R}$ die Beziehung

$$\sum_{k=0}^{n} \frac{1}{(2(n-k))!(2k)!} - \sum_{k=0}^{n-1} \frac{1}{(2(n-k)+1)!(2k+1)!} = 0,$$

die Sie beispielsweise mit dem binomischen Lehrsatz nachweisen können.
(c) Überlegen Sie sich, dass

$$\sin(x)\cos(y) = \sum_{n=0}^{+\infty} \sum_{k=0}^{n} (-1)^k \frac{x^{2k+1}}{(2k+1)!} (-1)^{n-k} \frac{y^{2(n-k)}}{(2(n-k))!}$$

und

$$\cos(x)\sin(y) = \sum_{n=0}^{+\infty} \sum_{k=0}^{n} (-1)^k \frac{x^{2k}}{(2k)!} (-1)^{n-k} \frac{y^{2(n-k)+1}}{(2(n-k)+1)!}$$

für alle $x, y \in \mathbb{R}$ gelten. Zeigen Sie damit

$$\sin(x)\cos(y) + \cos(x)\sin(y) = \sum_{n=0}^{+\infty} \frac{(-1)^n}{(2n+1)!} \sum_{k=0}^{2n+1} \binom{2n+1}{k} x^k y^{2n+1-k}$$

um schließlich mit dem binomischen Lehrsatz die Behauptung zu folgern.

Lösungshinweis Aufgabe 68 Überlegen Sie sich zunächst, dass für die (innere) geometrische Reihe

$$\sum_{m=1}^{+\infty} \frac{(-1)^n}{n^m} = \frac{(-1)^n}{n-1}$$

gilt, wobei $n \in \mathbb{N}$ und $n \geq 2$. Zeigen Sie dann mit dem Leibniz-Kriterium, dass die Reihe $\sum_{n=2}^{+\infty} (-1)^n/(n-1)$ konvergent ist.

Lösungshinweis Aufgabe 69 Verwenden Sie die Ungleichung $2n^{3/2}m^{3/2} \leq n^3 + m^3$ für $m, n \in \mathbb{N}$ um für jedes $k \in \mathbb{N}$ die Ungleichungskette

$$\sum_{n=1}^{k}\sum_{m=1}^{k}\frac{1}{n^3+m^3} \leq \left(\sum_{n=1}^{k}\frac{1}{2n^{\frac{3}{2}}}\right)\left(\sum_{m=1}^{k}\frac{1}{m^{\frac{3}{2}}}\right) \leq \left(\sum_{n=1}^{+\infty}\frac{1}{2n^{\frac{3}{2}}}\right)\left(\sum_{m=1}^{+\infty}\frac{1}{m^{\frac{3}{2}}}\right)$$

zu zeigen. Folgern Sie damit

$$\sup_{k\in\mathbb{N}}\sum_{n=1}^{k}\sum_{m=1}^{k}\frac{1}{n^3+m^3} < +\infty$$

um nachzuweisen, dass die Doppelreihe summierbar ist.

Lösungshinweis Aufgabe 70 Verwenden Sie in dieser Aufgabe, dass sich der Konvergenzradius $r \in \mathbb{R} \cup \{+\infty\}$ einer Potenzreihe $\sum_{n=1}^{+\infty} a_n(x - x_0)^n$ mit $x_0 \in \mathbb{C}$ und $a_n \in \mathbb{C}$ für $n \in \mathbb{N}$ durch

$$r = \frac{1}{\limsup\limits_{n\to+\infty} \sqrt[n]{|a_n|}} \qquad \text{oder} \qquad r = \lim_{n\to+\infty}\left|\frac{a_n}{a_{n+1}}\right|$$

bestimmen lässt.

(a) Zeigen Sie, dass der Konvergenzradius der Potenzreihe $r = 2$ ist. Betrachten Sie dazu die Koeffizientenfolge $(a_n)_n$ mit $a_n = 1/(n2^n)$. Verwenden Sie dann eine der obigen Formeln um den Konvergenzradius zu bestimmen. Beachten Sie dabei, dass $\lim_n \sqrt[n]{n} = 1$ beziehungsweise $a_n/a_{n+1} = 2(1 + 1/n)$ für $n \in \mathbb{N}$ gelten.

(b) Weisen Sie nach, dass der Konvergenzradius der Potenzreihe $r = 1$ ist. Betrachten Sie dazu die konstante Koeffizientenfolge $(a_n)_n$ mit $a_n = 1$. Verwenden Sie eine der obigen Formeln um den Konvergenzradius zu bestimmen. Beachten Sie dabei, dass $\lim_n \sqrt[n]{1} = 1$ beziehungsweise $a_n/a_{n+1} = 1$ für $n \in \mathbb{N}$ gelten.

(c) Überlegen Sie sich zunächst, dass für jedes $x \in \mathbb{R}$

$$\sum_{n=1}^{+\infty}\frac{2^n}{n}(4x - 8)^n = \sum_{n=1}^{+\infty}\frac{8^n}{n}(x - 2)^n$$

gilt. Zeigen Sie dann, dass der Konvergenzradius der Potenzreihe $r = 1/8$ beträgt. Verwenden Sie dabei erneut $\lim_n \sqrt[n]{n} = 1$ beziehungsweise $a_n/a_{n+1} = 1/8(1 + 1/n)$ für $n \in \mathbb{N}$.

(d) Weisen Sie nach, dass der Konvergenzradius der Potenzreihe $r = 2$ ist. Schreiben Sie die Potenzreihe zuerst ähnlich wie in Teil (c) um. Betrachten Sie dann die

Koeffizientenfolge $(a_n)_n$ mit $a_n = 1/(2^n(n + (-1)^n))$. Überlegen Sie sich mit dem Sandwich-Kriterium für Folgen, dass

$$\lim_{n \to +\infty} \sqrt[n]{|a_n|} = \lim_{n \to +\infty} \frac{1}{2\sqrt[n]{n + (-1)^n}} = 1$$

gilt. Nutzen Sie dafür $-1 \leq (-1)^n \leq 1$ für $n \in \mathbb{N}$. Verwenden Sie dann die Formel von Cauchy-Hadamard um den Konvergenzradius zu bestimmen. Alternativ können Sie auch die zweite Formel verwenden. Überlegen Sie sich dafür erneut mit dem Sandwich-Kriterium

$$\lim_{n \to +\infty} \frac{n + 1 + (-1)^{n+1}}{n + (-1)^n} = 1.$$

(e) Weisen Sie nach, dass der Konvergenzradius der Potenzreihe $r = 0$ ist. Betrachten Sie dazu die Koeffizientenfolge $(a_n)_n$ mit $a_n = n!$ und verwenden Sie $\lim_n \sqrt[n]{n!} = +\infty$ beziehungsweise $a_n/a_{n+1} = 1/(n + 1)$ für $n \in \mathbb{N}$.

(f) Zeigen Sie, dass der Konvergenzradius der Exponentialreihe $r = +\infty$ beträgt. Betrachten Sie dazu die Koeffizientenfolge $(a_n)_n$ mit $a_n = 1/n!$. Verwenden Sie bei der Berechnung des Konvergenzradius mit der Formel von Cauchy-Hadamard den wichtigen Grenzwert $\lim_n \sqrt[n]{n!} = +\infty$ beziehungsweise $a_n/a_{n+1} = n + 1$ für $n \in \mathbb{N}$ um die zweite Formel zu nutzen.

Lösungshinweis Aufgabe 71

(a) Zeigen Sie mit der Formel von Cauchy-Hadamard, dass der Konvergenzradius der Potenzreihe $r = 2$ ist. Betrachten Sie dazu die Koeffizientenfolge $(a_n)_n$ mit $a_n = (2^n + 3^n)/6^n$ und überlegen Sie sich mit dem Sandwich-Kriterium für Folgen, dass $\lim_n \sqrt[n]{|a_n|} = 1/2$ gilt. Verwenden Sie dazu geschickt die Ungleichungen

$$\sqrt[n]{\frac{3^n}{6^n}} \leq \sqrt[n]{|a_n|} \leq \sqrt[n]{2 \cdot \frac{3^n}{6^n}}$$

für jedes $n \in \mathbb{N}_0$.

(b) Begründen Sie, dass

$$\sum_{n=0}^{+\infty} \frac{2^n + 3^n}{6^n} x^n = \sum_{n=0}^{+\infty} \left(\frac{x}{3}\right)^n + \sum_{n=0}^{+\infty} \left(\frac{x}{2}\right)^n$$

für $x \in (-2, 2)$ gilt. Nutzen Sie dann die Formel für den Reihenwert von geometrischen Reihen.

Lösungshinweis Aufgabe 72

(a) Machen Sie einen Ansatz der Form

$$(1 - x) \sum_{n=0}^{+\infty} a_n x^n = e^x = \sum_{n=0}^{+\infty} \frac{x^n}{n!}$$

und bestimmen Sie $a_n \in \mathbb{R}$ für $n \in \mathbb{N}_0$, indem Sie die linke Seite der Gleichung als Differenz von zwei Potenzreihen schreiben. Führen Sie dann eine Indexverschiebung durch um $a_0 = 1$ sowie $a_n - a_{n-1} = 1/n!$ für $n \in \mathbb{N}$ nachzuweisen. Zeigen Sie schließlich mit Hilfe von vollständiger Induktion $a_n = \sum_{j=0}^{n} 1/j!$ für $n \in \mathbb{N}_0$.

(b) Weisen Sie nach, dass der Konvergenzradius der Potenzreihe $r = 1$ ist. Nutzen Sie dann die Formel $r = \lim_n |a_n/a_{n+1}|$ sowie $\lim_n \sum_{j=0}^{n} 1/j! = e$.

Lösungshinweise Stetigkeit

Lösungshinweis Aufgabe 73 Überlegen Sie sich mit einer kleinen Rechnung, dass

$$|f(x) - f(y)| \leq 4|x - y|$$

für alle $x, y \in \mathbb{R}$ gilt. Wählen Sie dann $\varepsilon > 0$ sowie $x_0 \in \mathbb{R}$ beliebig und konstruieren Sie mit Hilfe der obigen Ungleichung eine Zahl $\delta > 0$ derart, dass für jedes $x \in \mathbb{R}$ aus $|x - x_0| < \delta$ gerade $|f(x) - f(x_0)| < \varepsilon$ folgt.

Lösungshinweis Aufgabe 74 Überlegen Sie sich zunächst, dass

$$|f(x) - f(y)| \leq 2|x - y|$$

für alle $x, y \in \mathbb{R}$ gilt. Verwenden Sie dazu geschickt die Ungleichungen $|x|/(1 + x^2) \leq 1$ beziehungsweise $1/(1 + x^2) \leq 1$ für $x \in \mathbb{R}$. Gehen Sie nun ähnlich wie in Aufgabe 73 vor um die Stetigkeit der Funktion $f : \mathbb{R} \to \mathbb{R}$ in einem beliebig gewählten Punkt $x_0 \in \mathbb{R}$ nachzuweisen.

Lösungshinweis Aufgabe 75 Führen Sie einen sogenannten Epsilon-Delta-Beweis mit $\varepsilon > 0$ beliebig und $\delta = \varepsilon^2$.

Lösungshinweis Aufgabe 76 Führen Sie einen Epsilon-Delta-Beweis mit $\varepsilon = 1$ und $\delta > 0$ beliebig. Verwenden Sie dabei, dass $f(x) > 1$ für $x > 0$ gilt.

Lösungshinweis Aufgabe 77 Verwenden Sie geschickt (ohne Beweis) die sogenannte umgekehrte Dreiecksungleichung $||x| - |y|| \leq |x - y|$ für $x, y \in \mathbb{R}$.

N. Hebestreit, *Übungsbuch Analysis I*, https://doi.org/10.1007/978-3-662-64569-7_12

Lösungshinweis Aufgabe 78 (Abrundungsfunktion). Zeigen Sie, dass die Abrundungsfunktion $f : \mathbb{R} \to \mathbb{R}$ mit $f(x) = [x]$ in jedem Punkt aus $\mathbb{R} \setminus \mathbb{Z}$ stetig und in jedem Punkt aus $\mathbb{Z}$ unstetig ist. Verwenden Sie dazu, dass für alle $x, y \in \mathbb{R}$ mit $0 < |x - y| < 1$ gerade $[x] = [y]$ gilt.

Lösungshinweis Aufgabe 79 Begründen Sie kurz, dass jede Funktion $f_k : \mathbb{R} \to \mathbb{R}$ bereits in $\mathbb{R} \setminus \{0\}$ stetig ist. Verwenden Sie dann das Folgenkriterium aus Aufgabe 83, um nachzuweisen, dass f_k auch im Nullpunkt stetig ist. Beachten Sie dabei, dass wegen $|\sin(x)| \leq 1$ für $x \in \mathbb{R}$ insbesondere $|f_k(x)| \leq |x|^k$ für alle $x \in \mathbb{R}$ und $k \in \mathbb{N}$ gilt.

Lösungshinweis Aufgabe 80 Nutzen Sie Aufgabe 83 um nachzuweisen, dass die Dirichlet-Funktion in keinem Punkt $x_0 \in \mathbb{R}$ stetig ist. Unterscheiden Sie dabei die beiden folgenden Fälle:

(a) Es gilt $x_0 \in \mathbb{Q}$. Konstruieren Sie eine möglichst einfache und gegen x_0 konvergente Folge $(x_n)_n$, deren Folgenglieder reelle Zahlen sind. Überlegen Sie sich dann anhand der Definition der Dirichlet-Funktion, dass $\lim_n f(x_n) \neq f(x_0)$ gilt und begründen Sie, dass f im Punkt x_0 unstetig ist.
(b) Es gilt $x_0 \in \mathbb{R} \setminus \mathbb{Q}$. Da $\mathbb{Q}$ dicht in $\mathbb{R}$ ist, existiert eine Folge $(x_n)_n$ in $\mathbb{Q}$ mit $\lim_n x_n = x_0$. Zeigen Sie schließlich, dass $\lim_n f(x_n) \neq f(x_0)$ gilt.

Lösungshinweis Aufgabe 81 Konstruieren Sie eine möglichst einfache Folge $(x_n)_n$ mit $\lim_n x_n = 0$ sowie $\lim_n \sin(1/x_n) \neq 0$ und begründen Sie mit Hilfe von Aufgabe 83, dass die Funktion f im Nullpunkt unstetig ist.

Lösungshinweis Aufgabe 82 Zeigen Sie, dass die Thomaesche Funktion $f :$ $[0, 1] \to \mathbb{R}$ in $[0, 1] \cap (\mathbb{R} \setminus \mathbb{Q})$ stetig und in $[0, 1] \cap \mathbb{Q}$ unstetig ist. Gehen Sie dabei beispielsweise wie folgt vor:

(a) Wählen Sie $x_0 \in [0, 1] \cap (\mathbb{R} \setminus \mathbb{Q})$ und $\varepsilon > 0$ beliebig. Argumentieren Sie kurz, dass es $N \in \mathbb{N}$ mit $1/N < \varepsilon$ gibt und überlegen Sie sich dann, dass lediglich endlich viele rationale Zahlen in der ε-Umgebung um x_0 liegen, deren Nenner kleiner als N sind. Bezeichnen Sie den kleinsten Abstand dieser rationalen Zahlen mit $\delta > 0$ und begründen Sie, dass in $(x_0 - \delta, x_0 + \delta)$ keine rationale Zahl mit einem Nenner liegen kann, der kleiner-gleich N ist. Folgern Sie schließlich, dass für jedes $x \in [0, 1]$ mit $|x - x_0| < \delta$ gerade $|f(x) - f(x_0)| = f(x) < 1/N < \varepsilon$ folgt, um die Stetigkeit der Funktion f im Punkt x_0 nachzuweisen.
(b) Betrachten Sie einen beliebigen Punkt $x_0 \in [0, 1] \cap \mathbb{Q}$ mit $x_0 = p/q$, wobei $p, q \in \mathbb{N}$ teilerfremd sind. Konstruieren Sie dann eine möglichst einfache Folge $(x_n)_n$ mit $x_n \in \mathbb{R} \setminus \mathbb{Q}$ für jedes $n \in \mathbb{N}$, $\lim_n x_n = x_0$ sowie $\lim_n f(x_n) \neq f(x_0)$ um nachzuweisen, dass die Funktion in x_0 unstetig ist.

Lösungshinweis Aufgabe 83

(a) Sei zuerst die Funktion $f : D \to \mathbb{R}$ im Punkt $x_0 \in D$ stetig und $(x_n)_n$ eine beliebige Folge in D mit $\lim_n x_n = x_0$. Wählen Sie $\varepsilon > 0$ beliebig und folgern Sie, dass es eine natürliche Zahl $N \in \mathbb{N}$ mit $|f(x_n) - f(x_0)| < \varepsilon$ für $n \geq N$ gibt, was gerade $\lim_n f(x_n) = f(x_0)$ zeigt.

(b) Führen Sie einen Widerspruchsbeweis. Nehmen Sie dazu an, die Funktion f wäre in einem Punkt $x_0 \in \mathbb{R}$ nicht stetig, das heißt, es gibt $\varepsilon > 0$ derart, dass es zu jedem $\delta > 0$ ein Element $x \in \mathbb{R}$ mit $|x - x_0| < \delta$ und $|f(x) - f(x_0)| \geq \varepsilon$ gibt. Überlegen Sie sich dann, dass es somit eine Folge $(x_n)_n$ in D mit $|x_n - x_0| < 1/n$ und $|f(x_n) - f(x_0)| \geq \varepsilon$ gibt und führen Sie dies zu einem Widerspruch.

Lösungshinweis Aufgabe 84 Überlegen Sie sich, dass für alle $x, y \in \mathbb{R}$ die Ungleichung

$$|(2f + 3g)(x) - (2f + 3g)(y)| \leq 2|f(x) - f(y)| + 3|g(x) - g(y)|$$

gilt und führen Sie dann ähnlich wie in den Aufgaben 73 und 74 einen Epsilon-Delta-Beweis. Alternativ können Sie aber auch Aufgabe 83 sowie die Grenzwertsätze für konvergente Folgen verwenden.

Lösungshinweis Aufgabe 85 Verwenden Sie das Folgenkriterium aus Aufgabe 83 sowie die Grenzwertsätze für konvergente Folgen.

Lösungshinweis Aufgabe 86 Verwenden Sie das Folgenkriterium für Stetigkeit und die Grenzwertsätze für konvergente Folgen.

Lösungshinweis Aufgabe 87 Analysieren Sie zuerst die Ungleichung $|x - y| < 1$ für $x, y \in \mathbb{Z}$ und führen Sie dann einen Epsilon-Delta-Beweis.

Lösungshinweis Aufgabe 88 Untersuchen Sie die Stetigkeit der Funktion $f : [-1, 1] \to \mathbb{R}$ getrennt in den Punkten $x_0 \in [-1, 0)$, $x_0 = 0$ und $x_0 \in (0, 1]$. Verwenden Sie dabei, dass f auf $[-1, 0]$ mit der stetigen Funktion g und auf $[0, 1]$ mit der stetigen Funktion h übereinstimmt.

Lösungshinweis Aufgabe 89

(a) Überlegen Sie sich zunächst mit einer Fallunterscheidung, dass

$$(f \wedge g)(x) = \frac{1}{2}\big(f(x) + g(x) - |f(x) - g(x)|\big)$$

für alle $x \in D$ gilt und nutzen Sie dann die Aufgaben 77 und 83 um nachzuweisen, dass die Funktion $f \wedge g : D \to \mathbb{R}$ Folgen-stetig ist.

(b) Verwenden Sie

$$(f \vee g)(x) = -((-f) \wedge (-g))(x)$$

für $x \in D$ sowie Teil (a) dieser Aufgabe um geschickt zu argumentieren, dass die Funktion $f \vee g : D \to \mathbb{R}$ ebenfalls stetig ist.

Lösungshinweis Aufgabe 90

(a) Zeigen Sie die Identitäten mit Hilfe einer Fallunterscheidung. Untersuchen Sie dazu die Fälle $f(x) \geq 0$ und $f(x) < 0$ für $x \in D$.
(b) Überlegen Sie sich, dass $f^+ = \max\{f, 0\}$ und $f^- = \max\{-f, 0\}$ gelten und verwenden Sie dann Aufgabe 89.

Lösungshinweis Aufgabe 91 Gehen Sie bei dem Beweis der Aufgabe wie folgt vor:

(a) Überlegen Sie sich zuerst, dass für zwei (verschiedene) Unstetigkeitsstellen $x_0, x_0' \in [a, b]$ der Funktion $f : [a, b] \to \mathbb{R}$ aus $x_0 < x_0'$ die Ungleichungskette

$$f_-(x_0) < f_+(x_0) < f_-(x_0') < f_+(x_0')$$

folgt, wobei für jedes $z \in [a, b]$ mit $f_\pm(z) = \lim_{x \to z^\pm} f(x)$ der links- beziehungsweise rechtsseitige Grenzwert in z bezeichnet wird.
(b) Konstruieren Sie dann eine möglichst einfache und injektive Funktion, die die Menge der Unstetigkeitsstellen von f auf $\mathbb{Q}$ abbildet, und verwenden Sie schließlich den Satz von Cantor-Bernstein-Schröder.

Lösungshinweis Aufgabe 92

(a) Leiten Sie zunächst aus der Funktionalgleichung die nützlichen Beziehungen $f(0) = 0$ und $f(x) = -f(-x)$ für $x \in \mathbb{R}$ her.
(b) Verwenden Sie dann Teil (a) und Aufgabe 83 um die Stetigkeit der Funktion f in einem beliebigen Punkt $x_0 \in \mathbb{R}$ nachzuweisen. Beachten Sie dabei, dass $(x_n - x_0)_n$ eine Nullfolge ist, falls die Folge $(x_n)_n$ gegen x_0 konvergiert.

Lösungshinweis Aufgabe 93 Gehen Sie bei der Lösung der Aufgabe wie folgt vor:

(a) Zeigen Sie zunächst $f(0) = 0$ und $f(x) = -f(-x)$ für $x \in \mathbb{R}$ (vgl. Aufgabe 92).
(b) Weisen Sie beispielsweise mit vollständiger Induktion $f(n) = nf(1)$ für $n \in \mathbb{N}$ sowie $f(z) = zf(1)$ für $z \in \mathbb{Z}$ nach.
(c) Zeigen Sie mit Teil (b) die Beziehung $f(q) = qf(1)$ für $q \in \mathbb{Q}$.
(d) Beweisen Sie schließlich mit Teil (c) dieser Aufgabe $f(x) = xf(1)$ für $x \in \mathbb{R}$. Nutzen Sie dabei, dass $\mathbb{Q}$ in $\mathbb{R}$ dicht ist, das heißt, zu jeder reellen Zahl $x \in \mathbb{R}$ gibt es eine Folge $(q_n)_n$ aus $\mathbb{Q}$ mit $\lim_n q_n = x$.

Lösungshinweis Aufgabe 94 Verwenden Sie das Folgenkriterium aus Aufgabe 83 und beachten Sie, dass die Funktion $g : \mathbb{R} \to [0, +\infty)$ im Nullpunkt stetig ist mit $g(0) = 0$.

Lösungshinweis Aufgabe 95 Überlegen Sie sich, dass es zu $\varepsilon = f(x_0)/2 > 0$ eine Zahl $\delta > 0$ so gibt, dass für alle $x \in \mathbb{R}$ mit $|x - x_0| < \delta$ gerade $|f(x) - f(x_0)| < \varepsilon$ folgt. Folgern Sie damit, dass $f(x_0)/2 < f(x)$ für $x \in (x_0 - \delta, x_0 + \delta)$ gilt.

Lösungshinweis Aufgabe 96 Untersuchen Sie zunächst die Funktion $h : [0, 1] \to \mathbb{R}$ mit $h(x) = f(x)$. Überlegen Sie sich dann kurz, dass h sowohl Minimum als auch Maximum auf $[0, 1]$ annimmt. Zeigen Sie schließlich mit der Beziehung $f(x) = h(x - [x])$ für $x \in \mathbb{R}$ (vgl. die Lösung von Aufgabe 117), dass die Funktion $f : \mathbb{R} \to \mathbb{R}$ ebenfalls ihr Minimum und Maximum annimmt.

Lösungshinweis Aufgabe 97 Zeigen Sie mit dem Zwischenwertsatz beziehungsweise mit dem Satz von Bolzano, dass die Funktion $h : [a, b] \to \mathbb{R}$ mit $h(x) = f(x) - x$ eine Nullstelle in $[a, b]$ besitzt. Untersuchen Sie dazu die Vorzeichen von $h(a)$ und $h(b)$.

Lösungshinweis Aufgabe 98 Wenden Sie den Zwischenwertsatz für stetige Funktionen auf die Hilfsfunktion $h : [0, 2] \to \mathbb{R}$ mit $h(x) = f(x + 1) - f(x)$ an.

Lösungshinweis Aufgabe 99 Wenden Sie den Zwischenwertsatz auf die stetige Funktion $h : [0, 2] \to \mathbb{R}$ mit $h(x) = xf(x) - 1$ an.

Lösungshinweis Aufgabe 100 Untersuchen Sie die stetige Funktion $h : [a, b] \to \mathbb{R}$ mit $h(x) = pf(a) + qf(b) - (p + q)f(x)$.

Lösungshinweis Aufgabe 101 Wenden Sie den Zwischenwertsatz auf die Differenzfunktion $h : [a, b] \to \mathbb{R}$ mit $h(x) = f(x) - g(x)$ an.

Lösungshinweis Aufgabe 102 Führen Sie einen Widerspruchsbeweis. Nehmen Sie dazu an, die stetige Funktion $f : \mathbb{R} \to \mathbb{R} \setminus \mathbb{Q}$ wäre nicht konstant. Nutzen Sie dann den Zwischenwertsatz für stetige Funktionen und die Dichtheit von $\mathbb{Q}$ in $\mathbb{R}$ um einem Widerspruch zu erhalten.

Lösungshinweis Aufgabe 103 Analysieren Sie die stetige Hilfsfunktion $h : \mathbb{R} \to \mathbb{R}$ mit $h(x) = f(x + \pi) - f(x)$. Nutzen Sie dann Aufgabe 96 um zwei Stellen $x_m, x_M \in \mathbb{R}$ mit $h(x_m) \geq 0$ und $h(x_M) \leq 0$ zu finden.

Lösungshinweis Aufgabe 104 Bestimmen Sie beispielsweise das Vorzeichen von $f(1)$ und $f(2)$ und wenden Sie dann den Zwischenwertsatz an.

Lösungshinweis Aufgabe 105 Konstruieren Sie zwei Stellen $x_1, x_2 \in \mathbb{R}$ mit $f(x_2) < 0 < f(x_1)$ und verwenden Sie den Zwischenwertsatz für stetige Funktionen. Gehen Sie dabei zum Beispiel wie folgt vor:

(a) Schreiben Sie zunächst $f : \mathbb{R} \to \mathbb{R}$ als $f(x) = \sum_{j=0}^{n} a_j x^j$ mit $a_j \in \mathbb{R}$ für $j \in \{1, \ldots, n\}$ und $a_n \neq 0$. Überlegen Sie sich, dass ohne Einschränkung $a_n = 1$ angenommen werden kann und schreiben Sie $f(x) = x^n g(x)$ für $x \in \mathbb{R}$, wobei $g : \mathbb{R} \to \mathbb{R}$ durch $g(x) = 1 + \sum_{j=0}^{n-1} a_j x^{j-n}$ definiert ist.

(b) Konstruieren Sie eine Zahl $M > 0$ derart, dass $|g(x) - 1| \leq 1/2$ für $x \geq M$ gilt.

(c) Untersuchen Sie schließlich die Vorzeichen der Funktionswerte $f(x_1)$ und $f(x_2)$, wobei $x_1 = M + 1$ und $x_2 = -x_1$. Wenden Sie nun den Zwischenwertsatz an um zu beweisen, dass die Polynomfunktion $f : \mathbb{R} \to \mathbb{R}$ eine Nullstelle besitzt.

Lösungshinweis Aufgabe 106 Wenden Sie den Zwischenwertsatz auf die Hilfsfunktion $f : [0, 3] \to \mathbb{R}$ mit $f(x) = (x - 1)/(x^2 + 2) - (3 - x)/(x + 1)$ an.

Lösungshinweis Aufgabe 107 Zerlegen Sie den Definitionsbereich $[0, +\infty)$ der Funktion in die disjunkten Intervalle $[0, 1]$ und $(1, +\infty)$. Argumentieren Sie dann kurz, dass die Funktion f in $[0, 1]$ gleichmäßig stetig ist und verwenden Sie dann (mit Begründung) geschickt die Gleichung

$$|f(x) - f(x_0)| = \frac{|x - x_0|}{|\sqrt{x} + \sqrt{x_0}|}$$

um anhand der Definition die gleichmäßige Stetigkeit von f in $(1, +\infty)$ zu beweisen. Nutzen Sie zum Schluss das nützliche Resultat aus Aufgabe 114.

Lösungshinweis Aufgabe 108 Weisen Sie zuerst die Ungleichung

$$\frac{x}{y} < \frac{|x - y|}{y} + \frac{y}{y} < |x - y| + 1$$

für $x, y \in [1, +\infty)$ nach und führen Sie dann einen Epsilon-Delta-Beweis.

Lösungshinweis Aufgabe 109 Verwenden Sie die Charakterisierung aus Aufgabe 111 um die gleichmäßige Stetigkeit der Funktion f zu widerlegen. Finden Sie dazu zwei möglichst einfache Folgen $(x_n)_n, (y_n)_n \subseteq (0, +\infty)$ mit $\lim_n |x_n - y_n| = 0$ und $\lim_n |f(x_n) - f(y_n)| > 0$.

Lösungshinweis Aufgabe 110 Überlegen Sie sich zuerst ob die Funktion $f : \mathbb{R} \to \mathbb{R}$ stetig ist und argumentieren Sie dann geschickt.

Lösungshinweis Aufgabe 111 Betrachten Sie zunächst eine gleichmäßig stetige Funktion $f : D \to \mathbb{R}$ sowie Folgen $(x_n)_n$ und $(y_n)_n$ mit $\lim_n |x_n - y_n| = 0$. Überlegen Sie sich weiter, wie sich die Grenzwerteigenschaft mit Hilfe der Definition schreiben lässt um schließlich unter Ausnutzung der gleichmäßigen Stetigkeit

$\lim_n |f(x_n) - f(y_n)| = 0$ zu zeigen. Weisen Sie dann die umgekehrte Implikation mit einem Widerspruchsbeweis nach.

Lösungshinweis Aufgabe 112 Verwenden Sie ausschließlich die Definition einer Cauchy-Folge beziehungsweise die einer gleichmäßig stetigen Funktion.

Lösungshinweis Aufgabe 113 Führen Sie einen Widerspruchsbeweis. Nehmen Sie dazu an, die Funktion $f : D \to \mathbb{R}$ wäre stetig aber nicht gleichmäßig stetig. Nutzen Sie dann Aufgabe 111, um zu folgern, dass es eine Zahl $\varepsilon > 0$ und Folgen $(x_n)_n$, $(y_n)_n$ in D mit $\lim_n |x_n - y_n| = 0$ und $\lim_n |f(x_n) - f(y_n)| \geq \varepsilon$ gibt. Überlegen Sie sich dann, dass es Teilfolgen $(x_{n_j})_j$ und $(y_{n_j})_j$ mit $\lim_j x_{n_j} = x$ und $\lim_j y_{n_j} = y$ gibt. Folgern Sie weiter, dass $(y_{n_j})_j$ ebenfalls gegen x konvergiert und führen Sie dies unter Verwendung der Stetigkeit von f zu einem Widerspruch.

Lösungshinweis Aufgabe 114 Um die gleichmäßige Stetigkeit der Funktion $f : \mathbb{R} \to \mathbb{R}$ in $I \cup J$ zu zeigen, müssen Sie nachweisen, dass es möglich ist, zu jedem $\varepsilon > 0$ eine Zahl $\delta > 0$ so zu finden, dass für alle $x, y \in I \cup J$ mit $|x - y| < \delta$ gerade $|f(x) - f(y)| < \varepsilon$ folgt. Betrachten Sie dazu die drei Fälle (a) $x, y \in I$, (b) $x, y \in J$ sowie (c) $x \in I, x \notin J$ und $y \in J, y \notin I$ und begründen Sie kurz, dass in den Fällen (a) und (b) nichts zu tun ist. Wählen Sie im Fall (c) ein beliebiges Element z aus der nichtleeren Menge $I \cap J$ und beachten Sie, dass $x, z \in I$ und $y, z \in J$ gelten. Verwenden Sie dann geschickt die Ungleichung

$$|f(x) - f(y)| \leq |f(x) - f(z)| + |f(z) - f(y)|$$

sowie die gleichmäßige Stetigkeit der Funktion f in sowohl I als auch J.

Lösungshinweis Aufgabe 115 Folgern Sie aus der Beschränktheit der Menge C, dass es eine Zahl $M > 0$ mit

$$\left| \frac{f(x) - f(y)}{x - y} \right| < M$$

für alle $x, y \in D$ mit $x \neq y$ gibt. Führen Sie dann einen Epsilon-Delta-Beweis um die gleichmäßige Stetigkeit der Funktion f nachzuweisen.

Lösungshinweis Aufgabe 116 Nutzen Sie Aufgabe 111 um die gleichmäßige Stetigkeit der Funktion $f : D \to \mathbb{R}$ zu beweisen. Beachten Sie dabei, dass die Stetigkeit von $g : [0, +\infty) \to [0, +\infty)$ gerade

$$\lim_{n \to +\infty} g(x_n) = g\left(\lim_{n \to +\infty} x_n \right) = g(0) = 0$$

für jede Nullfolge $(x_n)_n$ impliziert.

Lösungshinweis Aufgabe 117 Betrachten Sie zunächst die Hilfsfunktion h : $[0, 2] \to \mathbb{R}$ mit $h(x) = f(x)$ und argumentieren Sie kurz, dass die Funktion h gleichmäßig stetig ist. Beweisen Sie dann $f(x + z) = h(x)$ für $x \in [0, 2]$ und $z \in \mathbb{Z}$ um damit die gleichmäßige Stetigkeit der Funktion $f : \mathbb{R} \to \mathbb{R}$ zu folgern.

Lösungshinweis Aufgabe 118 Führen Sie einen Epsilon-Delta-Beweis mit $\varepsilon > 0$ beliebig und $\delta = \varepsilon / L$, wobei $L > 0$ die Lipschitz-Konstante der Funktion f ist.

Lösungshinweis Aufgabe 119 Die Funktion $f_M : \mathbb{R} \to \mathbb{R}$ ist Lipschitz-stetig mit Lipschitz-Konstante $L = 1$. Überlegen Sie sich zunächst, dass für $x, y, z \in M$ die Ungleichung $|x - z| \leq |x - y| + |y - z|$ gilt. Gehen Sie dann auf beiden Seiten der Ungleichung zum Supremum in z über und argumentieren Sie geschickt.

Lösungshinweis Aufgabe 120 Verwenden Sie für $x, y \in \mathbb{R}$ zunächst die Identität

$$| \sin(x) - \sin(y)| = 2 \left| \cos \left(\frac{x + y}{2} \right) \sin \left(\frac{x - y}{2} \right) \right|.$$

Schätzen Sie dann die trigonometrischen Funktionen auf der rechten Seite geschickt ab.

Lösungshinweise
Differentialrechnung

Lösungshinweis Aufgabe 121

(a) Verwenden Sie $(x^n)' = nx^{n-1}$ für $x \in \mathbb{R}$ und $n \in \mathbb{N}$ sowie die Linearität des Ableitungsoperators (Summenregel für die Ableitung).

(b) Beachten Sie, dass $f = g_1 \circ g_2$ gilt, wobei $g_1 : (\ln(2), +\infty) \to \mathbb{R}$ und $g_2 : (2, +\infty) \to \mathbb{R}$ mit $g_1(x) = g_2(x) = \ln(x)$. Verwenden Sie dann die Kettenregel in der Form $f'(x) = (g_1 \circ g_2)'(x) = (g_1' \circ g_2)(x)g_2'(x)$ für $x > 2$.

(c) Bestimmen Sie zuerst mit Hilfe der Kettenregel die Ableitungen der Funktionen $g, h : \mathbb{R} \to \mathbb{R}$ mit $g(x) = \sin(x^2 + 1)$ und $h(x) = \cos(x^2 - 1)$. Beachten Sie dabei, dass $\sin'(x) = \cos(x)$, $\cos'(x) = -\sin(x)$ sowie $(x^2 \pm 1)' = 2x$ für $x \in \mathbb{R}$ gelten. Verwenden Sie dann die Produktregel um f' zu bestimmen.

(d) Wenden Sie die Quotientenregel für differenzierbare Funktionen auf $g, h : \mathbb{R} \to \mathbb{R}$ mit $g(x) = 1 - x^2$ und $h(x) = 1 + x^2$ an.

Lösungshinweis Aufgabe 122 Wenden Sie für beliebig gewähltes $x_0 \in \mathbb{R}$ die nützliche Identität aus dem Lösungshinweis von Aufgabe 124 (a) für $n = 1$, $n = 2$ und $n = 3$ auf

$$f'(x_0) = \lim_{x \to x_0} \frac{f(x) - f(x_0)}{x - x_0} = 2 \lim_{x \to x_0} \frac{x^3 - x_0^3}{x - x_0} + 7 \lim_{x \to x_0} \frac{x^2 - x_0^2}{x - x_0} + 3 \lim_{x \to x_0} \frac{x - x_0}{x - x_0}$$

an, um $f'(x_0) = 6x_0^2 + 14x_0 + 3$ zu zeigen.

Lösungshinweis Aufgabe 123 Beachten Sie, dass eine Funktion $f : \mathbb{R} \to \mathbb{R}$ konstant heißt, falls es eine Zahl $c \in \mathbb{R}$ mit $f(x) = c$ für alle $x \in \mathbb{R}$ gibt. Zeigen Sie dann ähnlich wie in Aufgabe 122, dass $f'(x_0) = 0$ für alle $x_0 \in \mathbb{R}$ gilt.

© Der/die Autor(en), exklusiv lizenziert durch Springer-Verlag GmbH, DE, ein Teil von Springer Nature 2022
N. Hebestreit, *Übungsbuch Analysis I*,
https://doi.org/10.1007/978-3-662-64569-7_13

Lösungshinweis Aufgabe 124

(a) Verwenden Sie (ohne Beweis) die Identität

$$x^n - x_0^n = (x - x_0) \sum_{j=0}^{n-1} x^j x_0^{n-1-j}$$

für $x, x_0 \in \mathbb{R}$ und $n \in \mathbb{N}$ um

$$f'(x_0) = \lim_{x \to x_0} \frac{f(x) - f(x_0)}{x - x_0} = n x_0^{n-1}$$

zu zeigen.

(b) Verwenden Sie $m_{x_0} = f'(x_0) = n x_0^{n-1}$ sowie die nützliche Identität aus Teil (a) dieser Aufgabe.

(c) Verifizieren Sie, dass die Funktion $r : \mathbb{R} \to \mathbb{R}$ mit

$$r(x) = -n x_0^{n-1} + \sum_{j=0}^{n-1} x^j x_0^{n-1-j}$$

und $m_{x_0} = n x_0^{n-1}$ das Gewünschte leisten.

(d) Verwenden Sie die Funktion $g : \mathbb{R} \to \mathbb{R}$ mit $g(x) = x_0^n + n x_0^{n-1}(x - x_0)$.

Lösungshinweis Aufgabe 125 Beweisen Sie, dass die Betragsfunktion $f : \mathbb{R} \to \mathbb{R}$ mit

$$f(x) = |x| = \begin{cases} x, & x \geq 0 \\ -x, & x < 0 \end{cases}$$

im Nullpunkt nicht differenzierbar ist. Weisen Sie dazu nach, dass der linksseitige Differenzenquotient -1 und der rechtsseitige Differenzenquotient 1 ist.

Lösungshinweis Aufgabe 126 Zeigen Sie, dass der links- und rechtsseitige Differenzenquotient $f'_-(0)$ und $f'_+(0)$ gleich 0 ist. Beachten Sie dabei, dass $f(x) = x^2$ für $x \geq 0$ und $f(x) = -x^2$ für $x < 0$ gilt.

Lösungshinweis Aufgabe 127

(a) Begründen Sie kurz, dass die Funktion $f : \mathbb{R} \to \mathbb{R}$ in $\mathbb{R} \setminus \{0\}$ stetig ist und zeigen Sie dann, dass f im Nullpunkt stetig ist. Verwenden Sie dazu die Abschätzung $|\sin(x)| \leq 1$ für $x \in \mathbb{R}$.

(b) Zeigen Sie, dass die Funktion f im Nullpunkt nicht differenzierbar ist. Verifizieren Sie zunächst

$$f'(0) = \lim_{x \to 0} \sin\left(\frac{1}{x}\right)$$

und finden Sie dann zwei Nullfolgen $(x_n)_n$ und $(y_n)_n$ mit $\lim_n \sin(1/x_n) \neq \lim_n \sin(1/y_n)$ um nachzuweisen, dass der obige Grenzwert nicht existiert.

Lösungshinweis Aufgabe 128 Überlegen Sie sich, dass Sie die Funktion $f_{n,\alpha}$: $\mathbb{R} \to \mathbb{R}$ für jedes $n \in \mathbb{N}$ und $\alpha \in \mathbb{R}$ lediglich im Nullpunkt untersuchen müssen. Bestimmen Sie dann den links- und rechtsseitigen Grenzwert

$$\lim_{x \to 0^+} \frac{f_{n,\alpha}(x) - f_{n,\alpha}(0)}{x - 0} \quad \text{und} \quad \lim_{x \to 0^-} \frac{f_{n,\alpha}(x) - f_{n,\alpha}(0)}{x - 0}$$

um zu zeigen, dass zwingend $\alpha = 0$ gelten muss.

Lösungshinweis Aufgabe 129

(a) Argumentieren Sie, dass die Funktion $f : \mathbb{R} \to \mathbb{R}$ in $\mathbb{R} \setminus \{0\}$ differenzierbar ist. Weisen Sie dann mit Hilfe der Ungleichung $|\cos(1/x)| \leq 1$ für $x \in \mathbb{R} \setminus \{0\}$ nach, dass $f'(0) = 0$ gilt.

(b) Zeigen Sie, dass die Ableitungsfunktion $f' : \mathbb{R} \to \mathbb{R}$ mit

$$f'(x) = \begin{cases} \sin\left(\frac{1}{x}\right) + 2x \cos\left(\frac{1}{x}\right), & x \neq 0 \\ 0, & x = 0 \end{cases}$$

im Nullpunkt stetig ist. Beachten Sie dabei, dass der Grenzwert $\lim_{x \to 0} \sin(1/x)$ nicht existiert (vgl. Aufgabe 127).

Lösungshinweis Aufgabe 130 Zeigen Sie mit vollständiger Induktion für jede natürliche Zahl $n \in \mathbb{N}_0$

$$f^{(n)}(x) = \begin{cases} P_n\left(\frac{1}{x}\right) \exp\left(-\frac{1}{x^2}\right), & x \neq 0 \\ 0, & x = 0, \end{cases}$$

wobei $P_n : \mathbb{R} \to \mathbb{R}$ ein Polynom ist. Untersuchen Sie dabei getrennt die Fälle $x = 0$ sowie $x \in \mathbb{R} \setminus \{0\}$ und verwenden Sie (ohne Beweis), dass exponentielles Wachstum stärker als polynomiales Wachstum ist, das heißt, ist $P : \mathbb{R} \to \mathbb{R}$ ein beliebiges Polynom, so gilt

$$\lim_{x \to \pm\infty} \frac{P(x)}{\exp(x^2)} = 0.$$

Lösungshinweis Aufgabe 131 Verifizieren Sie $f'(x) = \sin(x) + x\cos(x)$ für $x \in \mathbb{R}$ (Produktregel) und rechnen Sie dann nach, dass $xf'(x) - f(x) = x^2\cos(x)$ für jedes $x \in \mathbb{R}$ gilt.

Lösungshinweis Aufgabe 132 Argumentieren Sie mit den Grenzwertsätzen, dass für einen beliebig gewählten Punkt $x_0 \in (a, b)$ gerade

$$\lim_{x \to x_0} \frac{(f+g)(x) - (f+g)(x_0)}{x - x_0} = \lim_{x \to x_0} \left(\frac{f(x) - f(x_0)}{x - x_0} + \frac{g(x) - g(x_0)}{x - x_0} \right)$$

gilt. Folgern Sie damit die behauptete Aussage.

Lösungshinweis Aufgabe 133 Verifizieren Sie

$$f(x) - f(x_0) = \frac{f(x) - f(x_0)}{x - x_0}(x - x_0).$$

für $x, x_0 \in \mathbb{R}$ mit $x \neq x_0$ und argumentieren Sie dann geschickt mit den Grenzwertsätzen.

Lösungshinweis Aufgabe 134 Überlegen Sie sich zunächst, dass $f'(0) = \lim_{x \to 0} g(x)$ gilt und verwenden Sie dann die Stetigkeit von g sowie $g(0) = 0$ um den Grenzwert auszuwerten.

Lösungshinweis Aufgabe 135 Verwenden Sie die Ungleichung aus der Aufgabe um für einen beliebig gewählten Punkt $x_0 \in \mathbb{R}$

$$0 \leq |f'(x_0)| \leq \lim_{x \to x_0} |x - x_0|$$

zu zeigen. Überlegen Sie sich dann ähnlich wie in Aufgabe 136, dass die Funktion f konstant ist.

Lösungshinweis Aufgabe 136 Zeigen Sie mit Hilfe von Aufgabe 148, dass die Funktion $h : \mathbb{R} \to \mathbb{R}$ mit $h(x) = f(x)\exp(-\lambda x)$ konstant ist.

Lösungshinweis Aufgabe 137 Zeigen Sie die Behauptung mit Hilfe von vollständiger Induktion. Orientieren Sie sich dabei beispielsweise an der Lösung von Aufgabe 32 (d). Verwenden Sie im Induktionsschritt, dass die Ableitung ein linearer Operator ist, das heißt, für differenzierbare Funktionen $f, g : D \to \mathbb{R}$ und $\alpha, \beta \in \mathbb{R}$ gilt $(\alpha f + \beta g)' = \alpha f' + \beta g'$ (vgl. auch Aufgabe 132).

Lösungshinweis Aufgabe 138 Beweisen Sie mit Hilfe von vollständiger Induktion die äquivalente Identität

$$(f_1 \cdot \ldots \cdot f_n)'(x) = \sum_{j=1}^{n} f_j'(x)(f_1 \cdot \ldots \cdot f_{j-1} \cdot f_{j+1} \cdot \ldots \cdot f_n)(x)$$

für $x \in D$. Beachten Sie im Induktionsschritt von n nach $n + 1$, dass

$$f_1 \cdot \ldots \cdot f_{n+1} = (f_1 \cdot \ldots \cdot f_n) \cdot f_{n+1}$$

gilt und verwenden Sie dann die Produktregel für differenzierbare Funktionen.

Lösungshinweis Aufgabe 139 Bestimmen Sie zunächst mit der Produktregel für differenzierbare Funktionen die ersten beiden Ableitungen der Funktion f : $(0, +\infty) \to \mathbb{R}$ und zeigen Sie dann $f'(n) = 0$ (notwendige Bedingung) sowie $f''(n) < 0$ (hinreichende Bedingung). Beachten Sie dabei, dass $e^x > 0$ für alle $x \in \mathbb{R}$ gilt.

Lösungshinweis Aufgabe 140

(a) Verwenden Sie $x^x = \exp(x \ln(x))$ für $x > 0$.
(b) Zeigen Sie, dass die Funktion $f : (0, +\infty) \to \mathbb{R}$ an der Stelle $x = 1/e$ ein Minimum besitzt. Weisen Sie dazu $f'(1/e) = 0$ und $f''(1/e) > 0$ nach.
(c) Ja, die Funktion $f : (0, +\infty) \to \mathbb{R}$ mit $f(x) = x^x$ lässt sich stetig in 0 fortsetzen. Überlegen Sie sich dazu mit der Darstellung aus Teil (a) dieser Aufgabe und dem Satz von l'Hospital, dass

$$\lim_{x \to 0^+} x^x = 1$$

gilt.

Lösungshinweis Aufgabe 141 Zeigen Sie, dass die Funktion $f : \mathbb{R} \to \mathbb{R}$ mit $f(x) = \sum_{j=1}^n (x - a_j)^2$ an der Stelle $x = 1/n \sum_{j=1}^n a_j$ ihr Minimum annimmt.

Lösungshinweis Aufgabe 142 Überlegen Sie sich mit der Ketten- und Quotientenregel, dass die ersten beiden Ableitungen der Funktion $h : \mathbb{R} \to \mathbb{R}$ mit $h(x) = \ln(f(x))$ gerade

$$h'(x) = \frac{f'(x)}{f(x)} \quad \text{und} \quad h''(x) = \frac{f''(x)}{f^2(x)}$$

für $x \in \mathbb{R}$ lauten und untersuchen Sie dann die notwendige und hinreichende Bedingung für ein Minimum beziehungsweise Maximum von h.

Lösungshinweis Aufgabe 143 Bestimmen Sie das Maximum der Funktion $\hat{L}$: $(0, +\infty) \to \mathbb{R}$ mit

$$\hat{L}(\lambda) = \ln(L(\lambda)) = \ln\left(\frac{1}{\prod_{j=1}^n x_j} \lambda^{\sum_{j=1}^n x_j} \exp(-n\lambda)\right)$$

und verwenden Sie dann Aufgabe 142. Beachten Sie, dass das Argument der Funktion λ ist und $x_1, \ldots, x_n$ lediglich Konstanten sind.

Lösungshinweis Aufgabe 144 Wenden Sie den Satz von Rolle auf die differenzierbare Hilfsfunktion $h : [a, b] \to \mathbb{R}$ mit

$$h(x) = f(x) - \frac{f(b) - f(a)}{g(b) - g(a)} \big(g(x) - g(a) \big)$$

an.

Lösungshinweis Aufgabe 145 Beweisen Sie alternativ die folgende Aussage:

Sei $n \in \mathbb{N}_0$ eine natürliche Zahl. Dann besitzt für $j \in \{0, \ldots, n\}$ das j-te Legendre-Polynom $P_j : \mathbb{R} \to \mathbb{R}$ mit

$$P_j(x) = \frac{1}{2^n n!} \left(\frac{\mathrm{d}}{\mathrm{d}x} \right)^j (x^2 - 1)^n$$

in $x = \pm 1$ jeweils eine Nullstelle der Vielfachheit $n - j$. Außerdem liegen im Intervall $(-1, 1)$ zusätzlich noch j verschiedene Nullstellen.

Gehen Sie beim Beweis der obigen Aussage beispielsweise wie folgt vor:

(a) Begründen Sie, dass P_0 in $x = \pm 1$ jeweils Nullstellen der Vielfachheit n besitzt (Induktionsanfang).

(b) Zeigen Sie mit dem Satz von Rolle, dass P_j' für jedes $j \in \{0, \ldots, n\}$ genau $j + 1$ verschiedene Nullstellen in $(-1, 1)$ besitzt (Induktionsschritt).

(c) Überlegen Sie sich zum Schluss, dass $P_{j+1} = P_j'$ für jedes $j \in \{0, \ldots, n\}$ sowohl in $x = -1$ als auch in $x = 1$ jeweils Nullstellen der Vielfachheit $n - (j + 1)$ besitzt. Zeigen Sie dazu, dass es zu jedem $j \in \{0, \ldots, n\}$ ein Polynom $Q_j : \mathbb{R} \to \mathbb{R}$ mit

$$P_j(x) = (x^2 - 1)^{n-j} Q_j(x)$$

für $x \in \mathbb{R}$ gibt und argumentieren Sie dann geschickt.

Lösungshinweis Aufgabe 146 Wählen Sie zunächst $x \in (-a, a)$ beliebig und wenden Sie dann den Mittelwertsatz der Differentialrechnung auf die Funktion $h : (-a, x) \to \mathbb{R}$ mit $h(x) = f(x) - x$ beziehungsweise $h : (x, a) \to \mathbb{R}$ mit $h(x) = f(x) - x$ an.

Lösungshinweis Aufgabe 147 Zeigen Sie mit dem Mittelwertsatz, dass es zu beliebig gewählten Zahlen $u, v \in [a, b]$, wobei ohne Einschränkung $u \leq v$ sei, eine Stelle $\xi \in (u, v)$ mit

$$f(v) - f(u) = f'(\xi)(u - v)$$

gibt. Analysieren Sie dann, ob die rechte Seite der Gleichung positiv oder negativ ist und folgern Sie so die Behauptung.

Lösungshinweis Aufgabe 148 Verwenden Sie den Mittelwertsatz der Differentialrechnung. Beachten Sie, dass für eine konstante Funktion $f : [a, b] \to \mathbb{R}$ insbesondere $f(u) = f(v)$ für alle $u, v \in [a, b]$ gilt.

Lösungshinweis Aufgabe 149 Zeigen Sie mit Hilfe von Aufgabe 148, dass die differenzierbare Funktion $h : [a, b] \to \mathbb{R}$ mit $h(x) = f(x) - g(x)$ konstant ist.

Lösungshinweis Aufgabe 150 Verwenden Sie den Mittelwertsatz der Differentialrechnung.

Lösungshinweis Aufgabe 151 Nutzen Sie Aufgabe 150 oder wenden Sie den Mittelwertsatz der Differentialrechnung auf die Sinusfunktion $f : \mathbb{R} \to \mathbb{R}$ mit $f(x) = \sin(x)$ an.

Lösungshinweis Aufgabe 152 Betrachten Sie die Funktion $f : (0, +\infty) \to \mathbb{R}$ mit $f(x) = \arctan(x) + \arctan(1/x)$ und wenden Sie den Mittelwertsatz der Differentialrechnung an um zu zeigen, dass f konstant ist.

Lösungshinweis Aufgabe 153 Wenden Sie zunächst den Mittelwertsatz auf die Funktion $f : [0, x] \to \mathbb{R}$ mit $f(t) = \exp(t)$ und $x > 0$ an. Zeigen Sie damit, dass es eine Stelle $\xi \in (0, x)$ mit

$$\exp(x) - \exp(0) = \exp(\xi)(x - 0)$$

gibt. Verwenden Sie dann, dass die Exponentialfunktion f streng monoton wachsend ist um $\exp(x) > 1 + x$ zu zeigen. Untersuchen Sie dann den Fall $x < 0$ auf ähnliche Weise.

Lösungshinweis Aufgabe 154 Wenden Sie den Mittelwertsatz der Differentialrechnung auf die Funktion $f : [n, n + 1] \to \mathbb{R}$ mit $f(x) = \sqrt{x}$ an. Beachten Sie, dass $f'(x) = 1/(2\sqrt{x})$ für $x \in (n, n + 1)$ gilt und bringen Sie die Monotonie der Wurzelfunktion geschickt ein.

Lösungshinweis Aufgabe 155

(a) Zerlegen Sie $[1, +\infty)$ in die disjunkten Intervall $[n, n + 1)$ für $n \in \mathbb{N}$. Wenden Sie den Mittelwertsatz an, um die Existenz einer Stelle $\xi_n \in (n, n + 1)$ mit

$$f'(\xi_n) = f(n + 1) - f(n)$$

nachzuweisen. Überlegen Sie sich weiter, dass die Folge $(\xi_n)_n$ unbeschränkt ist und gehen Sie dann in der obigen Gleichung zum Grenzwert $n \to +\infty$ über.

(b) Die Aussage gilt im Allgemeinen nicht, falls man die Voraussetzungen abschwächt. Betrachten Sie dazu die Funktion $f : [1, +\infty) \to \mathbb{R}$ mit $f(x) = \sin(x^2)/x$.

Lösungshinweis Aufgabe 156 Überlegen Sie sich zuerst mit dem Mittelwertsatz für differenzierbare Funktionen, dass

$$|x_{n+2} - x_{n+1}| \leq \lambda |x_{n+1} - x_n|$$

für jedes $n \in \mathbb{N}$ gilt. Zeigen Sie dann, dass die Folge $(x_n)_n$ eine Cauchy-Folge ist, indem Sie ähnlich wie in Aufgabe 47 mit Hilfe der obigen Ungleichung die Abschätzung

$$|x_m - x_n| \leq \frac{\lambda^{n-1}}{1 - \lambda} |x_2 - x_1|.$$

zeigen. Verwenden Sie schließlich die Vollständigkeit der reellen Zahlen sowie das Resultat aus Aufgabe 133 um $f(x) = x$ zu zeigen, wobei $x \in \mathbb{R}$ der Grenzwert der rekursiven Folge $(x_n)_n$ ist.

Lösungshinweis Aufgabe 157 Verwenden Sie in dieser Aufgabe den Satz von l'Hospital in der folgenden Form: Seien $f, g : (a, b) \to \mathbb{R}$ differenzierbare Funktionen und g besitze keine Nullstellen. Ferner gelte entweder $\lim_{x \to a} f(x) = \lim_{x \to a} g(x) = 0$ oder $\lim_{x \to a} g(x) = \pm\infty$. Dann folgt

$$\lim_{x \to a} \frac{f(x)}{g(x)} = \lim_{x \to a} \frac{f'(x)}{g'(x)},$$

falls der Grenzwert auf der rechten Seite in $\mathbb{R} \cup \{\pm\infty\}$ existiert. Selbstverständlich bleibt der Satz von l'Hospital richtig, wenn man $x \to a$ durch $x \to b$ ersetzt – insbesondere auch für $a = -\infty$ und $b = +\infty$.

(a) Überlegen Sie sich zunächst, dass der Grenzwert von der Form $0/0$ ist indem Sie sich $\lim_{x \to 1} f(x) = 0$ und $\lim_{x \to 1} g(x) = 0$ zeigen, wobei $f, g : (0, 1) \to \mathbb{R}$ Funktionen mit $f(x) = x^3 + x^2 - x - 1$ und $g(x) = x - 1$ sind. Berechnen Sie dann f' und g' und zeigen Sie $\lim_{x \to 1} f'(x)/g'(x) = 4$. Wenden Sie dann den Satz von l'Hospital an, um

$$\lim_{x \to 1} \frac{x^3 + x^2 - x - 1}{x - 1} = \lim_{x \to 1} \frac{f(x)}{g(x)} = \lim_{x \to 1} \frac{f'(x)}{g'(x)} = 4$$

zu erhalten.

(b) Der Grenzwert ist von der Form $0/0$. Beachten Sie, dass die Ableitung der differenzierbaren Funktion $f : (0, 1) \to \mathbb{R}$ mit $f(x) = 1 - \sqrt{1 - x^2}$ gerade $f'(x) = x(1 - x^2)^{-1/2}$ für $x \in \mathbb{R}$ ist.

(c) Der Grenzwert ist von der Form $0/0$. Verwenden Sie $\sin'(x) = \cos(x)$ für $x \in \mathbb{R}$.

(d) Der Grenzwert ist ebenfalls von der Form $0/0$. Beachten Sie, dass $\cos'(x) = -\sin(x)$ für $x \in \mathbb{R}$ gilt.

Lösungshinweis Aufgabe 158 Wenden Sie zur Berechnung der Grenzwerte den Satz von l'Hospital an, dessen genaue Formulierung Sie in im Lösungshinweis von Aufgabe 157 finden.

(a) Wegen $\ln(1) = 0$ ist der Grenzwert von der Form $0/0$. Überlegen Sie sich ähnlich wie in Aufgabe 140 (a), dass $(x^x)' = x^x(1 + \ln(x))$ für $x > 0$ gilt. Wenden Sie dann zweimal den Satz von l'Hospital an.
(b) Der Grenzwert ist von der Form $0/0$. Verwenden Sie $(x^7)' = 7x^6$ für $x \in \mathbb{R}$.
(c) Schreiben Sie den Grenzwert zunächst als

$$\lim_{x \to 0^+} \frac{\ln(x)}{1/\sqrt{x}}$$

und verwenden Sie dann $(1/\sqrt{x})' = -1/(2x^{3/2})$ für $x > 0$.
(d) Der Grenzwert ist von der Form $+\infty/+\infty$. Verifizieren Sie dazu mit der Kettenregel für differenzierbare Funktionen $(\ln \circ \ln)'(x) = 1/(x \ln(x))$ für $x > 1$.

Lösungshinweis Aufgabe 159 Wenden Sie zur Berechnung der Grenzwerte in dieser Aufgabe den Satz von l'Hospital an. Die genaue Formulierung des Satzes finden Sie beispielsweise im Lösungshinweis zur Aufgabe 157.

(a) Der Grenzwert ist von der Form $0/0$. Beachten Sie, dass $(a^x)' = a^x \ln(a)$ für $x \in \mathbb{R}$ gilt (vgl. Aufgabe 161).
(b) Der Grenzwert ist von der Form $+\infty/+\infty$. Beachten Sie, dass $\ln'(x) = 1/x$ für $x > 0$ gilt.
(c) Wenden Sie den Satz von l'Hospital n-fach an.
(d) Überlegen Sie sich zuerst, dass für $x > 0$

$$(1 - x)^{\ln(x)} = \exp\left(\frac{\ln(x)}{\frac{1}{\ln(1-x)}}\right)$$

gilt. Berechnen Sie dann mit dem Satz von l'Hospital den Grenzwert

$$\lim_{x \to 1^-} \frac{\ln(x)}{\frac{1}{\ln(1-x)}}$$

und argumentieren Sie geschickt um den Wert des ursprünglichen Grenzwerts der Aufgabe anzugeben.

Lösungshinweis Aufgabe 160 Da die Funktion f zweimal im Punkt $x_0 \in \mathbb{R}$ differenzierbar ist, gibt es $\delta > 0$ derart, dass die Ableitungsfunktion f' im offenen Intervall $(x_0 - \delta, x_0 + \delta)$ existiert und in x_0 stetig ist. Betrachten Sie weiter die

Funktionen $g, h : (0, \delta) \to \mathbb{R}$ mit $g(x) = f(x_0 + x) - 2f(x_0) + f(x_0 + x)$ und $h(x) = x^2$. Zeigen Sie dann mit dem Satz von l'Hospital

$$\lim_{x \to 0^+} \frac{f(x)}{g(x)} = f''(x_0)$$

und argumentieren Sie kurz, dass der linksseitige Grenzwert in 0 ebenfalls gleich $f''(x_0)$ ist.

Lösungshinweis Aufgabe 161 Gehen Sie bei dieser Aufgabe wie folgt vor:

(a) Begründen Sie zunächst die Identität

$$\lim_{x \to 0} \left(\frac{1}{n} \sum_{j=1}^{n} a_j^x \right)^{\frac{1}{x}} = \lim_{x \to 0} \exp\left(\frac{1}{x} \ln\left(\frac{1}{n} \sum_{j=1}^{n} a_j^x \right) \right)$$

und überlegen Sie sich dann, dass Sie zur Berechnung des Grenzwertes auf der linken Seite lediglich

$$\lim_{x \to 0} \frac{1}{x} \ln\left(\frac{1}{n} \sum_{j=1}^{n} a_j^x \right) = \lim_{x \to 0} \frac{\ln\left(\frac{1}{n} \sum_{j=1}^{n} a_j^x \right)}{x}$$

bestimmen müssen.

(b) Zeigen Sie weiter, dass der obige Grenzwert von der Form 0/0 ist und weisen Sie mit dem Satz von l'Hospital

$$\lim_{x \to 0} \frac{1}{x} \ln\left(\frac{1}{n} \sum_{j=1}^{n} a_j^x \right) = \lim_{x \to 0} \frac{\frac{1}{n} \sum_{j=1}^{n} a_j^x \ln(a_j)}{\frac{1}{n} \sum_{j=1}^{n} a_j^x} = \frac{1}{n} \sum_{j=1}^{n} \ln(a_j)$$

nach.

(c) Verwenden Sie schließlich die Ergebnisse der Teile (a) und (b) um die gewünschte Grenzwertbeziehung nachzuweisen. Beachten Sie dabei, dass aus den Logarithmusgesetzen $\ln(\prod_{j=1}^{n} x_j) = \sum_{j=1}^{n} \ln(x_j)$ für $n \in \mathbb{N}$ und $x_j > 0$ mit $j \in \{1, \dots, n\}$ folgt.

Lösungshinweis Aufgabe 162

(a) Verwenden Sie die Aufgaben 105 und 147 um nachzuweisen, dass die Polynomfunktion $f : \mathbb{R} \to \mathbb{R}$ mit $f(x) = x^3 + 3x - 1$ sowohl injektiv als auch surjektiv und damit bijektiv ist.

(b) Nutzen Sie den Satz über die Differenzierbarkeit der Umkehrfunktion f^{-1} : $\mathbb{R} \to \mathbb{R}$ um

$$(f^{-1})'(5) = \frac{1}{(f' \circ f^{-1})(5)} = \frac{1}{6}$$

zu zeigen. Beachten Sie, dass wegen $f(1) = 5$ insbesondere $f^{-1}(5) = 1$ gilt. Verwenden Sie für die zweite Ableitung der Umkehrfunktion die Ketten- oder Quotientenregel für differenzierbare Funktionen. Zeigen Sie

$$(f^{-1})''(x) = \left(\frac{1}{f' \circ f^{-1}} \right)'(x) = -\frac{(f^{-1})'(x)(f'' \circ f^{-1})(x)}{[(f' \circ f^{-1})(x)]^2} = -\frac{(f'' \circ f^{-1})(x)}{[(f' \circ f^{-1})(x)]^3}$$

um schließlich $(f^{-1})''(5) = -1/36$ zu erhalten.

Lösungshinweis Aufgabe 163 Die Umkehrfunktion des Arkustangens ist bekanntlich $f^{-1} : (-\pi/2, \pi/2) \to \mathbb{R}$ mit $f^{-1}(x) = \tan(x)$ (Tangensfunktion). Verwenden Sie dann den Satz über die Differenzierbarkeit der Umkehrfunktion um

$$(f^{-1})'(x) = \frac{1}{(f' \circ f^{-1})(x)} = 1 + \tan^2(x)$$

für $x \in (-\pi/2, \pi/2)$ zu beweisen.

Lösungshinweis Aufgabe 164

(a) Begründen Sie kurz, dass die Funktion $f : \mathbb{R} \to \mathbb{R}$ mit $f(x) = \ln(x + \sqrt{x^2 + 1})$ wohldefiniert und stetig ist. Berechnen Sie dann mit Hilfe der Kettenregel die Ableitung von f und zeigen Sie $f'(x) > 0$ für jedes $x \in \mathbb{R}$. Schließen Sie dann mit Aufgabe 147, dass die Funktion f streng monoton wachsend und somit injektiv ist. Begründen Sie schließlich kurz, dass die Funktion f surjektiv und damit bijektiv ist.

(b) Bestimmen Sie zunächst die Umkehrfunktionen von $g : (0, +\infty) \to \mathbb{R}$ und $h : \mathbb{R} \to \mathbb{R}$ mit $g(x) = \ln(x)$ sowie $h(x) = x + \sqrt{x^2 + 1}$. Verwenden Sie dann (ohne Beweis)

$$f^{-1} = (g \circ h)^{-1} = h^{-1} \circ g^{-1}$$

um die Umkehrfunktion der Funktion f zu berechnen.

Lösungshinweis Aufgabe 165 Beachten Sie, dass die Exponentialfunktion f : $\mathbb{R} \to \mathbb{R}$ mit $f(x) = \exp(x)$ beliebig oft differenzierbar ist mit $f^{(j)}(0) = f(0) = 1$ für $j \in \mathbb{N}$. Folgern Sie damit

$$T_n(x) = \sum_{j=0}^{n} \frac{f^{(j)}(x_0)}{j!} (x - x_0)^j = \sum_{j=0}^{n} \frac{x^j}{j!}$$

für $n \in \mathbb{N}$, $x \in \mathbb{R}$ und $x_0 = 0$. Die Taylorpolynome T_1, T_2 und T_3 lassen sich dann anhand der allgemeinen Formel ablesen.

Lösungshinweis Aufgabe 166 Überlegen Sie sich zuerst mit Hilfe der Produktregel für differenzierbare Funktionen, dass

$$f'(x) = \exp(x)(\sin(x) + \cos(x)),$$
$$f''(x) = 2\exp(x)\cos(x),$$
$$f'''(x) = 2\exp(x)(\cos(x) - \sin(x)),$$
$$f^{(4)}(x) = -4\exp(x)\sin(x),$$

für jedes $x \in \mathbb{R}$ gilt und folgern Sie damit

$$T_3(x) = \sum_{j=0}^{3} \frac{f^{(j)}(x_0)}{j!}(x - x_0)^j = x + x^2 + \frac{x^3}{3}$$

für $x \in \mathbb{R}$ und $x_0 = 0$. Überlegen Sie sich dann

$$|R_3(x)| = |f(x) - T_3(x)| = \frac{|f^{(4)}(\xi)|}{4!}|x|^4 = \frac{|\exp(\xi)|}{6}|x|^4 \leq \frac{\exp(|\xi|)}{6}|x|^4$$

für $x \in (-1/2, 1/2)$, wobei ξ zwischen 0 und x liegt, um die Ungleichung in der Aufgabe zu beweisen.

Lösungshinweis Aufgabe 167 Beweisen Sie zunächst mit Hilfe von vollständiger Induktion

$$f^{(j)}(x) = \frac{(-1)^{j-1}(j-1)!}{(1+x)^j}$$

für alle $j \in \mathbb{N}$ und $x \in (-1/2, 1/2)$ um

$$T_n(x) = \sum_{j=0}^{n} \frac{f^{(j)}(x_0)}{j!}(x - x_0)^j = \sum_{j=1}^{n} \frac{(-1)^{j-1}}{j}x^j$$

für $n \in \mathbb{N}$ und $x \in (-1/2, 1/2)$ zu folgern. Schätzen Sie dann für jedes $n \in \mathbb{N}$ das n-te Restglied R_n ab, indem Sie sich die Ungleichungen

$$|R_n(x)| \leq \frac{1}{(n-1)!} \sup_{t \in (0,1)} \left| f^{(n)}(x_0 + t(x - x_0)) - f^{(n)}(x_0) \right| |x - x_0|^n$$

$$= \sup_{t \in (0,1)} \left| \frac{1}{1+tx} - 1 \right| |x|^n$$

und $|1 + tx| \geq 1 - |x| \geq 1/2$ für $|x| \leq 1/2$ und $t \in [0, 1]$ überlegen.

Lösungshinweis Aufgabe 168 Verwenden Sie Aufgabe 167.

Lösungshinweis Aufgabe 169

(a) Bestimmen Sie die ersten Ableitungen der Sinusfunktion $f : \mathbb{R} \to \mathbb{R}$ mit $f(x) = \sin(x)$ und überlegen Sie sich, dass $f^{(2j)}(0) = 0$ und $f^{(2j+1)}(0) = (-1)^j$ für $j \in \mathbb{N}_0$ gelten. Zeigen Sie damit, dass für jedes $n \in \mathbb{N}$ das $2n$-te Taylorpolynom T_{2n} im Entwicklungspunkt $x_0 = 0$ von der Form

$$T_{2n}(x) = \sum_{j=0}^{2n} \frac{f^{(j)}(x_0)}{j!}(x - x_0)^j = \sum_{j=0}^{2n} \frac{(-1)^j}{(2j+1)!} x^{2j+1}$$

für $x \in \mathbb{R}$ ist. Zeigen Sie schließlich für das Restglied $\lim_n R_{2n+1}(x) = 0$ für jedes $x \in \mathbb{R}$ und bestimmen Sie dann die Taylorreihe.

(b) Gehen Sie analog zum Teil (a) dieser Aufgabe vor. Überlegen Sie sich dazu lediglich, dass für die Kosinusfunktion $f : \mathbb{R} \to \mathbb{R}$ mit $f(x) = \cos(x)$ gerade $f^{(2j+1)}(0) = 0$ und $f^{(2j)}(0) = (-1)^j$ für jede natürliche Zahl $j \in \mathbb{N}_0$ gelten.

Lösungshinweis Aufgabe 170 Gehen Sie bei der Lösung dieser Aufgabe zum Beispiel wie folgt vor:

(a) Zeigen Sie zunächst, dass die Funktion $f : \mathbb{R} \to \mathbb{R}$ beliebig oft differenzierbar ist und folgern Sie

$$f^{(n)}(x) = \begin{cases} f(x), & n = 4k \\ f'(x), & n = 4k + 1 \\ -f(x), & n = 4k + 2 \\ -f'(x), & n = 4k + 3 \end{cases}$$

für $n \in \mathbb{N}_0$ und $x \in \mathbb{R}$. Verwenden Sie dazu, dass die Funktion f der Differentialgleichung $f'' + f = 0$ genügt.

(b) Weisen Sie mit Teil (a) dieser Aufgabe

$$T_{4n}(x) = f(0) \sum_{k=0}^{4n} \frac{x^{4k}}{(4k)!} + f'(0) \sum_{k=0}^{4n} \frac{x^{4k+1}}{(4k+1)!}$$

$$- f(0) \sum_{k=0}^{4n} \frac{x^{4k+2}}{(4k+2)!} - f'(0) \sum_{k=0}^{4n} \frac{x^{4k+3}}{(4k+3)!}$$

$$= f(0) \sum_{j=0}^{4n} \frac{(-1)^j x^{2j}}{(2j)!} - f'(0) \sum_{j=0}^{4n} \frac{(-1)^j x^{2j+1}}{(2j+1)!}$$

für jedes $n \in \mathbb{N}$ und $x \in \mathbb{R}$ nach.

(c) Beweisen Sie schließlich mit Hilfe von Aufgabe 169

$$T(x) = f(0) \sum_{j=0}^{+\infty} \frac{(-1)^j x^{2j}}{(2j)!} - f'(0) \sum_{j=0}^{+\infty} \frac{(-1)^j x^{2j+1}}{(2j+1)!}$$

$$= f(0)\cos(x) - f'(0)\sin(x)$$

für jedes $x \in \mathbb{R}$.

Lösungshinweis Aufgabe 171

(a) Nutzen Sie Aufgabe 169, um sich

$$\sin(x) = x - \frac{x^3}{3!} + \mathcal{O}(|x|^5) \quad \text{und} \quad \cos(x) = 1 - \frac{x^2}{2!} + \mathcal{O}(|x|^4)$$

für $x \to 0$ zu überlegen. Folgern Sie damit

$$1 - \cos(2x) = 1 - \left(1 - \frac{(2x)^2}{2!} + \mathcal{O}(|x|^4)\right) = 2x^2 + \mathcal{O}(|x|^4)$$

und

$$x\sin(x) = x\left(x - \frac{x^3}{3!} + \mathcal{O}(|x|^5)\right) = x^2 - \frac{x^4}{3!} + \mathcal{O}(|x|^6)$$

für $x \to 0$ um schließlich

$$\lim_{x \to 0} \frac{1 - \cos(2x)}{x\sin(x)} = 2$$

zu beweisen.

(b) Verwenden Sie erneut Aufgabe 169 um

$$1 - \cos(x^2) = 1 - \left(1 - \frac{x^4}{2!} + \mathcal{O}(|x|^8)\right) = \frac{x^4}{2!} + \mathcal{O}(|x|^8)$$

sowie

$$\frac{1}{\sin(x^3)} = \frac{1}{x^3 - \mathcal{O}(|x|^9)} = \frac{1}{x^3} \frac{1}{1 - \mathcal{O}(|x|^6)}$$

für $x \to 0$ nachzuweisen. Nutzen Sie dann die Formel für den Reihenwert der geometrischen Reihe $\sum_{n=0}^{+\infty} x^n = 1/(1-x)$ für $|x| < 1$ um sich

$$\frac{1}{1 - \mathcal{O}(|x|^6)} = 1 + \mathcal{O}(|x|^6)$$

zu überlegen. Zeigen Sie damit

$$\lim_{x \to 0} \frac{1 - \cos(x^2)}{x \sin(x^3)} = \lim_{x \to 0} \left(\frac{1}{2} + \frac{x^3}{2!} \mathcal{O}(|x|^3) + \frac{\mathcal{O}(|x|^7)}{x^3} + \mathcal{O}(|x|^3)\mathcal{O}(|x|^6) \right) = \frac{1}{2}.$$

Lösungshinweis Aufgabe 172 Gehen Sie bei der Lösung dieser Aufgabe zum Beispiel wie folgt vor:

(a) Überlegen Sie sich zunächst, dass es genau eine Lösung $f : \mathbb{R} \to (0, +\infty)$ des Anfangswertproblems (21.8) gibt. Nehmen Sie dazu an, dass es zwei verschiedene Lösungen f und g des Anfangswertproblems gibt und untersuchen Sie die Hilfsfunktion $h : \mathbb{R} \to \mathbb{R}$ mit $h(x) = \ln(f(x)) - \ln(g(x))$.
(b) Überzeugen Sie sich beispielsweise mit Hilfe von vollständiger Induktion, dass eine Lösung f beliebig oft differenzierbar ist. Zeigen Sie dazu $f^{(n)}(x) = b^n f(x)$ für alle $n \in \mathbb{N}$ und $x \in \mathbb{R}$.
(c) Zeigen Sie nun, dass die Taylorreihe T der Funktion f im Entwicklungspunkt $x_0 = 0$ gerade

$$T(x) = \sum_{n=0}^{+\infty} \frac{f^{(n)}(x_0)}{n!} (x - x_0)^n = a \sum_{n=0}^{+\infty} \frac{b^n}{n!} x^n$$

für $x \in \mathbb{R}$ lautet. Überlegen Sie sich weiter, ähnlich wie in Aufgabe 70, dass die Taylorreihe den Konvergenzradius $+\infty$ besitzt. Beweisen Sie zum Schluss die Ungleichung $R_n(x) \leq a_n(x)$ für $x \in \mathbb{R}$, wobei R_n das n-te Restglied und $(a_n(x))_n$ für jedes $x \in \mathbb{R}$ eine Nullfolge ist, um $f(x) = T(x) = a \exp(bx)$ für $x \in \mathbb{R}$ zu folgern.

Lösungshinweise Konvexität

Lösungshinweis Aufgabe 173 Weisen Sie für $a, b \in \mathbb{R}$ und $t \in (0, 1)$ die Ungleichung

$$((1-t)a + tb)^2 = f((1-t)a + tb) \leq (1-t)f(a) + tf(b) = (1-t)a^2 + tb^2$$

nach. Zeigen Sie dazu mit einer kleinen Rechnung

$$(1-t)a^2 + tb^2 - ((1-t)a + tb)^2 = t(1-t)(a-b)^2$$

und begründen Sie kurz, dass $t(1-t)(a-b)^2 \geq 0$ gilt.

Lösungshinweis Aufgabe 174 Verwenden Sie für diese Aufgabe die folgende Charakterisierung für konvexe beziehungsweise konkave Funktionen: Eine zweimal differenzierbare Funktion $f : \mathbb{R} \to \mathbb{R}$ ist genau dann konvex (beziehungsweise konkav), wenn $f''(x) \geq 0$ (beziehungsweise $f''(x) \leq 0$) für alle $x \in \mathbb{R}$ gilt (vgl. Aufgabe 180).

(a) Es gilt $f''(x) = 6x$ für $x \in \mathbb{R}$.
(b) Für $x \in \mathbb{R}$ gilt $f''(x) = a(a-1)x^{a-2}$. Beachten Sie, dass der Term $a(a-1)$ das Vorzeichen der zweiten Ableitung von f bestimmt.
(c) Es gilt $f''(x) = \exp(x)$ für $x \in \mathbb{R}$.
(d) Wegen $f'(x) = 1/x$ gilt $f''(x) = -1/x^2$ für $x > 0$.

N. Hebestreit, *Übungsbuch Analysis I*, https://doi.org/10.1007/978-3-662-64569-7_14

Lösungshinweis Aufgabe 175 Zeigen Sie mit der Produkt- und Kettenregel für differenzierbare Funktionen, dass

$$f''(x) = \frac{2 - 2\ln(x) + 4\ln^2(x)}{x^2} x^{\ln(x)}$$

für alle $x > 0$ gilt und wenden Sie dann das Konvexitätskriterium aus Aufgabe 180 an. Beachten Sie dabei, dass das Vorzeichen der zweiten Ableitung f'' lediglich durch das von $x \mapsto 2 - 2\ln(x) + 4\ln^2(x)$ bestimmt wird um $f''(x) \geq 0$ für $x > 0$ zu beweisen.

Lösungshinweis Aufgabe 176 Zeigen Sie die Behauptung mit dem Ringschluss

$$\text{(a)} \quad \Longrightarrow \quad \text{(b)} \quad \Longrightarrow \quad \text{(c)} \quad \Longrightarrow \quad \text{(d)} \quad \Longrightarrow \quad \text{(a)}.$$

Beachten Sie dabei in allen Schritten, dass $x = (1 - t)a + tb$ mit $a, b \in D, a \neq b$ und $t \in (0, 1)$ äquivalent zu $t = (x - a)/(b - a) \in (0, 1)$ ist.

Lösungshinweis Aufgabe 177

(a) Die Behauptung ist richtig. Rechnen Sie dazu nach, dass

$$(f + g)((1 - t)a + tb) \leq (1 - t)(f + g)(a) + t(f + g)(b)$$

für beliebige $a, b \in D$ und $t \in (0, 1)$ gilt.
(b) Die Aussage ist im Allgemeinen falsch. Untersuchen Sie dazu beispielsweise die konvexen Funktionen $f, g : \mathbb{R} \to \mathbb{R}$ mit $f(x) = x$ und $g(x) = -x$.

Lösungshinweis Aufgabe 178 Nehmen Sie an, die Funktion $f : [0, 1] \to \mathbb{R}$ wäre nicht monoton wachsend. Dann gibt es $a, b \in [0, 1]$ mit $a < b$ und $f(a) > f(b)$. Schreiben Sie $b = (1 - t)a + t \cdot 1$ für $t \in (0, 1]$ und schließen Sie mit Hilfe der Konkavität von f, dass $f(b) > f(1)$ gilt. Erklären Sie schließlich, warum dies ein Widerspruch ist.

Lösungshinweis Aufgabe 179

(a) Nehmen Sie zuerst an, dass die Funktion $f : D \to \mathbb{R}$ konvex ist und wählen Sie $a, b \in D$ mit $a < b$ beliebig. Betrachten Sie dann eine monoton fallende Folge $(x_n)_n$ mit $\lim_n x_n = a$ sowie ein monoton wachsende Folge $(y_n)_n$ mit $\lim_n y_n = b$ und folgern Sie mit Hilfe von Aufgabe 176 (c) die Ungleichung

$$\frac{f(x_n) - f(a)}{x_n - a} \leq \frac{f(y_n) - f(b)}{y_n - b}.$$

Gehen Sie schließlich auf beiden Seiten zum Grenzwert $n \to +\infty$ über um $f'(a) \leq f'(b)$ zu beweisen.

(b) Seien $a, b, x \in D$ mit $a < x < b$ beliebig. Wenden Sie den Mittelwertsatz der Differentialrechnung auf die Funktion $f : D \to \mathbb{R}$ an, wobei Sie die Funktion einmal auf das Intervall (a, x) und dann auf (x, b) einschränken. Nutzen Sie schließlich Aufgabe 176 (d) um die Konvexität von f nachzuweisen.

Lösungshinweis Aufgabe 180 Verwenden Sie die nützlichen Kriterien aus den Aufgaben 147 und 179.

Lösungshinweis Aufgabe 181 Untersuchen Sie zunächst die (einfachen) Spezialfälle $x = 0$, $y = 0$ sowie $x = y = 0$. Folgern Sie dann mit Hilfe der Konkavität des natürlichen Logarithmus die Ungleichung

$$\ln(xy) = \frac{1}{p} \ln\left(x^p\right) + \frac{1}{p'} \ln\left(y^{p'}\right) \leq \ln\left(\frac{1}{p}x^p + \frac{1}{p'}y^{p'}\right)$$

für $x, y \in (0, +\infty)$. Argumentieren Sie dann, warum daraus bereits die Behauptung folgt.

Lösungshinweise Integralrechnung 15

Lösungshinweis Aufgabe 182

(a) Verwenden Sie lediglich die Definition des Integrals für Treppenfunktionen.

(b) Bestimmen Sie zunächst die Treppenfunktion $2\psi + 5\varphi : [-1, 1] \to \mathbb{R}$. Beachten Sie dabei, dass sich die Funktion $\psi : [-1, 1] \to \mathbb{R}$ (äquivalent) schreiben lässt als

$$\psi(x) = \begin{cases} -1, & x \in \left[-1, -\frac{1}{2}\right) \\ -1, & x \in \left[-\frac{1}{2}, 0\right) \\ 1, & x \in \left[0, \frac{1}{2}\right) \\ 1, & x \in \left[\frac{1}{2}, 1\right]. \end{cases}$$

(c) Verwenden Sie $|\psi(x)| = 1$ für alle $x \in [-1, 1]$.

(d) Gehen Sie ähnlich wie in Teil (b) dieser Aufgabe vor.

Lösungshinweis Aufgabe 183 Nehmen Sie zur Vereinfachung an, dass die Treppenfunktionen ψ und φ die gemeinsamen Stützstellen $t_0, \ldots, t_n \in [a, b]$ mit $a = t_0 < t_1 < \ldots < t_{n-1} < t_n = b$ und $n \in \mathbb{N}$ besitzen. Begründen Sie kurz, dass $\alpha\psi + \beta\varphi$ für alle $\alpha, \beta \in \mathbb{R}$ eine Treppenfunktion ist und schreiben Sie $\int_a^b \alpha\psi(x) + \beta\varphi(x)\, dx$ mit der Definition des Integrals für Treppenfunktionen als eine endliche Summe. Zerlegen Sie dann die Summe und folgern Sie die Behauptung.

© Der/die Autor(en), exklusiv lizenziert durch Springer-Verlag GmbH, DE, ein Teil von Springer Nature 2022
N. Hebestreit, *Übungsbuch Analysis I*,
https://doi.org/10.1007/978-3-662-64569-7_15

Lösungshinweis Aufgabe 184

(a) Beachten Sie beim Zeichnen, dass φ_4 auf jedem der Teilintervalle $[0, 1/4)$, $[1/4, 1/2)$, $[1/2, 3/4)$ sowie $[3/4, 1]$ eine konstante Funktion ist.
(b) Nutzen Sie zum Beispiel die Zeichnung aus Teil (a) dieser Aufgabe.
(c) Ist $g : [0, 1] \to \mathbb{R}$ eine Funktion, so bezeichnet $\|g\|_\infty = \sup_{x \in [0,1]} |g(x)|$ die sogenannte Supremumsnorm, das heißt, $\|g\|_\infty$ ist der betragsmäßig größte Wert, den die Funktion in $[0, 1]$ annimmt.
(d) Bestimmen Sie zuerst für jedes $n \in \mathbb{N}$ das Integral $\int_0^1 \varphi_n(x)\,dx$. Verwenden Sie dazu die Gaußsche Summenformel $\sum_{j=1}^n j = n(n + 1)/2$ aus Aufgabe 31 (a).

Lösungshinweis Aufgabe 185

(a) Zeigen Sie, dass der rechtsseitige Grenzwert $\lim_{x \to 0^+} f_0(x)$ nicht existiert, indem Sie ein (positive) Folge $(x_n)_n$ mit $\lim_n x_n = 0$ so finden, dass $\lim_n f_0(x_n)$ nicht existiert.
(b) Weisen Sie nach, dass die Funktion $f_1 : [0, 1] \to \mathbb{R}$ stetig ist.

Lösungshinweis Aufgabe 186 Betrachten Sie für $k \in \{1, 2\}$ die Zerlegung $\mathcal{Z}_n = \{x_0, \ldots, x_n\}$ mit $n \in \mathbb{N}$ und $x_j = \lambda j/n$ für $j \in \{0, \ldots, n\}$. Nutzen Sie bei der Berechnung der Unter- und Obersummen, dass $x \mapsto x^k$ monoton wachsend ist, das heißt, das Infimum der Funktion wird auf allen Teilintervallen $[x_{j-1}, x_j]$ mit $j \in \{1, \ldots, n\}$ am linken Rand angenommen. Analog wird das Supremum am rechten Rand jedes Intervalls angenommen. Für die Berechnung der Summen ist die sogenannte Gaußsche Summenformel $\sum_{j=1}^n j = n(n+1)/2$ im Fall $k = 1$ hilfreich. Im Fall $k = 2$ können Sie die Summenformel $\sum_{j=1}^n j^2 = n(n+1)(2n+1)/6$ (ohne Beweis) nutzen.

Lösungshinweis Aufgabe 187 Betrachten Sie erneut die äquidistante Zerlegung $\mathcal{Z}_n = \{x_0, \ldots, x_n\}$ mit $n \in \mathbb{N}$ und $x_j = \lambda j/n$ für $j \in \{0, \ldots, n\}$ und beweisen Sie (Untersumme)

$$\underline{S}(f, [0, 1], \mathcal{Z}_n) = \frac{\lambda}{n} \sum_{j=0}^{n-1} \exp\left(\frac{\lambda}{n}\right)^j = (\exp(\lambda) - 1) \cdot \frac{\frac{\lambda}{n}}{\exp(\frac{\lambda}{n}) - 1}$$

sowie (Obersumme)

$$\overline{S}(f, [0, 1], \mathcal{Z}_n) = (\exp(\lambda) - 1) \cdot \frac{1}{\exp(\frac{\lambda}{n})} \cdot \frac{\frac{\lambda}{n}}{\exp(\frac{\lambda}{n}) - 1}.$$

Nutzen Sie dann

$$\lim_{h \to 0} \frac{h}{\exp(h) - 1} = 1$$

um $\lim_n \underline{S}(f, [0, 1], \mathcal{Z}_n)$ und $\lim_n \overline{S}(f, [0, 1], \mathcal{Z}_n)$ zu bestimmen.

Lösungshinweis Aufgabe 188 Betrachten Sie die äquidistante Zerlegung $\mathcal{Z}_n = \{x_0, \ldots, x_n\}$ des Intervalls $[0, 1]$, wobei $n \in \mathbb{N}$ und $x_j = j/n$ für $j \in \{0, \ldots, n\}$. Begründen Sie kurz

$$\inf_{x \in [x_{j-1}, x_j]} f(x) = 0 \quad \text{und} \quad \sup_{x \in [x_{j-1}, x_j]} f(x) = 1$$

für $j \in \{1, \ldots, n\}$ und folgern Sie $\underline{S}(f, [0, 1], \mathcal{Z}_n) = 0$ sowie $\overline{S}(f, [0, 1], \mathcal{Z}_n) = 1$. Beweisen Sie damit schließlich, dass die Funktion f nicht Riemann-integrierbar sein kann.

Lösungshinweis Aufgabe 189 Nutzen Sie das sogenannte Integrabilitätskriterium in der folgenden Form: Eine Funktion $f : [a, b] \to \mathbb{R}$ ist genau dann Riemann-integrierbar, wenn es zu jedem $\varepsilon > 0$ eine Zerlegung $\mathcal{Z}$ von $[a, b]$ mit

$$|\overline{S}(f, [a, b], \mathcal{Z}) - \underline{S}(f, [a, b], \mathcal{Z})| < \varepsilon$$

gibt. Verwenden Sie dazu eine möglichst einfache Zerlegung des Intervalls $[a, b]$.

Lösungshinweis Aufgabe 190 Für jede Riemann-integrierbare Funktion $f : [a, b] \to \mathbb{R}$ gilt

$$\int_a^b f(x)\,\mathrm{d}x = \lim_{n \to +\infty} \frac{b-a}{n} \sum_{j=1}^{n} f\left(a + \frac{j(b-a)}{n}\right).$$

(a) Nutzen Sie die Darstellung

$$\sum_{j=1}^{n} \frac{\sin\left(\frac{j\pi}{n}\right)}{n} = \frac{\pi}{n} \sum_{j=1}^{n} \frac{1}{\pi} \sin\left(\frac{j\pi}{n}\right)$$

für $n \in \mathbb{N}$ um geschickt den Grenzwert auszuwerten.

(b) Verwenden Sie

$$\sum_{j=1}^{n} \frac{n}{j^2 - 4n^2} = \frac{1}{n} \sum_{j=1}^{n} \frac{1}{\left(\frac{j}{n}\right)^2 - 4}$$

für $n \in \mathbb{N}$.

Lösungshinweis Aufgabe 191

(a) Weisen Sie nach, dass die Funktion $f : [0, \pi/2] \to \mathbb{R}$ stetig ist.

(b) Zeigen Sie, dass f auf $(0, \pi/2)$ monoton fallend ist, indem Sie $f'(x) \leq 0$ für $x \in (0, \pi/2)$ nachweisen.

Lösungshinweis Aufgabe 192 Sei $c \in \mathbb{R}$ beliebig.

(a) Nutzen Sie $\int x^n \, dx = 1/(n+1)x^{n+1} + c$ für $n \in \mathbb{Z} \setminus \{-1\}$ sowie die Linearität des Riemann-Integrals.
(b) Verwenden Sie $\int 1/x \, dx = \ln(|x|) + c$.
(c) Nutzen Sie $\int \sin(x) \, dx = \cos(x) + c$ sowie $\int \cos(x) \, dx = -\sin(x) + c$.
(d) Wenden Sie den Tipp aus Teil (a) mit $n = 0$ an.

Lösungshinweis Aufgabe 193 Nutzen Sie für diese Aufgabe die folgende Regel der partiellen Integration: Sind $f, g : [a, b] \to \mathbb{R}$ stetig differenzierbare Funktionen, dann gilt

$$\int_a^b f'(x)g(x) \, dx = f(x)g(x) \Big|_a^b - \int_a^b f(x)g'(x) \, dx.$$

(a) Setzen Sie $f'(x) = x$ und $g(x) = e^x$ für $x \in \mathbb{R}$.
(b) Schreiben Sie geschickt $\ln(x) = 1 \cdot \ln(x)$ für $x > 0$ und setzen Sie dann $f'(x) = 1$ und $g(x) = \ln(x)$ für $x > 0$.
(c) Nutzen Sie ähnlich wie in Teil (b) dieser Aufgabe die Darstellung $\arctan(x) = 1 \cdot \arctan(x)$ für $x \in \mathbb{R}$ und setzen Sie dann $f'(x) = 1$ sowie $g(x) = \arctan(x)$ für $x \in \mathbb{R}$. Beachten Sie, dass $g'(x) = 1/(1+x^2)$ für $x \in \mathbb{R}$ gilt. Zur Berechnung des Integrals $\int_0^1 x/(1 + x^2) \, dx$ können Sie die Substitution $y(x) = 1 + x^2$ für $x \in \mathbb{R}$ mit $dy = 2x \, dx$ verwenden.
(d) Setzen Sie $f'(x) = x^2$ und $g(x) = \ln(x)$ für $x > 0$.

Lösungshinweis Aufgabe 194 Verwenden Sie für diese Aufgabe die folgende Substitutionsregel: Sind $I \subseteq \mathbb{R}$ ein Intervall, $f : I \to \mathbb{R}$ eine stetige Funktion sowie $\varphi : [a, b] \to I$ stetig differenzierbar, so gilt

$$\int_a^b f(\varphi(x)) \, \varphi'(x) \, dx = \int_{\varphi(a)}^{\varphi(b)} f(y) \, dy.$$

(a) Nutzen Sie die Substitution $y(x) = 2x - 3$ für $x \in \mathbb{R}$ mit $dy = 2 \, dx$.
(b) Substituieren Sie $y(x) = 3x + 7$ für $x \in \mathbb{R}$ mit $dy = 3 \, dx$. Beachten Sie dabei, dass die Grenzen des substituierten Integrals zu $y(0)$ und $y(\pi)$ abgeändert werden müssen.
(c) Nutzen Sie die Substitution $y(x) = \ln(x)$ für $x > 0$ mit $dy = 1/x \, dx$.
(d) Verwenden Sie die sogenannte Weierstraß-Substitution $y(x) = \tan(x/2)$ für $|x| < \pi$. Beachten Sie, dass wegen $\cos(x) = (1 - y^2)/(1 + y^2)$ für $|x| < \pi$ gerade $dy = (1 + x^2)/2 \, dx$ folgt. Führen Sie dann das resultierende Integral durch eine geeignete Substitution auf ein Integral der Form $\int 1/(1 + x^2) \, dx$ zurück (vgl. auch Aufgabe 201).

(e) Vereinfachen Sie zunächst das Integral geschickt mit der Identität $\sin^2(x) + \cos^2(x) = 1$ für $x \in \mathbb{R}$ (vgl. Aufgabe 67). Substituieren Sie dann $y(x) = \sin(x)$ für $x \in \mathbb{R}$ mit $dy = \cos(x)\,dx$.

(f) Nutzen Sie die Substitution $y(x) = \pi - x$ für $x \in [0, \pi]$ mit $dy = -dx$ sowie die trigonometrischen Eigenschaften des Sinus und Kosinus um

$$\int_0^\pi \frac{(\pi - y)\sin(\pi - y)}{1 + \cos^2(\pi - y)}\,dy = \pi \int_0^\pi \frac{\sin(y)}{1 + \cos^2(y)}\,dy - \int_0^\pi \frac{y\sin(y)}{1 + \cos^2(y)}\,dy$$

zu zeigen. Fassen Sie nun mit Hilfe von Aufgabe 199 die Integrale auf der rechten Seite zusammen und substituieren Sie schließlich $y(z) = \cos(z)$ für $z \in \mathbb{R}$ mit $dy = -\sin(z)\,dz$.

(g) Es handelt sich um ein sogenanntes logarithmisches Integral. Dabei ist das Zählerpolynom ein Vielfaches der Ableitung des Nennerpolynoms. Substituieren Sie daher den Nenner des Integranden.

(h) Zerlegen Sie das Integral in zwei Integrale, indem Sie $2x = (2x + 5) - 5$ mit $x \in \mathbb{R}$ schreiben. Bei dem ersten Integral handelt es sich erneut um ein sogenanntes logarithmisches Integral. Das zweite Integral $\int 5/(x^2 + 5x + 11)\,dx$ lässt sich zum Beispiel mit Hilfe von Aufgabe 201 berechnen.

Lösungshinweis Aufgabe 195

(a) Die reellen und einfachen Nullstellen des Nennerpolynoms sind 0 und 1. Verwenden Sie daher den Ansatz

$$\frac{x + 1}{x(x - 1)} = \frac{A}{x} + \frac{B}{x - 1}$$

und bestimmen Sie $A, B \in \mathbb{R}$ indem Sie die rechte Seite auf den gemeinsamen Hauptnenner $x(x - 1)$ bringen.

(b) Das Nennerpolynom $x \mapsto x(x - 2)^2$ besitzt die reellen Nullstellen 0 und 2. Da 2 eine doppelte Nullstelle ist, müssen Sie den Ansatz

$$\frac{x + 2}{x(x - x)^2} = \frac{A}{x} + \frac{B}{x - 2} + \frac{C}{(x - 2)^2}$$

machen und die Parameter $A, B, C \in \mathbb{R}$ bestimmen.

(c) Die komplexen Nullstellen des Nennerpolynoms $x \mapsto (x^2 + 1)(x^2 + 2)$ sind i, $-i$, $i\sqrt{2}$ und $-i\sqrt{2}$. Machen Sie daher den Ansatz

$$\frac{1}{(x^2 + 1)(x^2 + 2)} = \frac{Ax + B}{x^2 + 1} + \frac{Cx + D}{x^2 + 2}$$

und bestimmen Sie $A, B, C, D \in \mathbb{R}$.

(d) Die doppelten Nullstellen des Nennpolynoms sind i und $-$i. Sie müssen daher den Ansatz

$$\frac{x^2 + x + 1}{(x^2 + 1)^2} = \frac{Ax + B}{x^2 + 1} + \frac{Cx + D}{(x^2 + 1)^2}$$

machen und $A, B, C, D \in \mathbb{R}$ bestimmen.

Lösungshinweis Aufgabe 196 In dieser Aufgabe sind die elementaren Zusammenhänge

$$\int \sin(x)\,dx = -\cos(x) + c, \qquad \int \cos(x)\,dx = \sin(x) + c,$$

$$\sin'(x) = \cos(x), \qquad\qquad \cos'(x) = -\sin(x)$$

von großem Nutzen.

(a) Integrieren Sie partiell mit $f'(x) = \sin(x)$ und $g(x) = \cos(x)$ für $x \in \mathbb{R}$ (vgl. den Lösungshinweis von Aufgabe 193). Beachten Sie, dass das gesuchte Integral zweimal auftaucht.

(b) Integrieren sie partiell. Nutzen Sie dann die trigonometrische Identität $\sin^2(x) + \cos^2(x) = 1$ für $x \in \mathbb{R}$ (vgl. Aufgabe 67).

(c) Nutzen Sie Teil (b) dieser Aufgabe um $\int_0^{2\pi} \sin^2(x)\,dx = \int_0^{2\pi} \cos^2(x)\,dx$ zu folgern.

Lösungshinweis Aufgabe 197

(a) Substituieren Sie $y(x) = \ln(x)$ für $x > 0$ mit $dy = 1/x\,dx$.

(b) Integrieren Sie zweimal partiell.

(c) Nutzen Sie die bekannte Identität $\sin^2(x) + \cos^2(x) = 1$ für $x \in \mathbb{R}$ aus Aufgabe 67 um

$$\int \tan^3(x)\,dx = \int \frac{1 - \cos^2(x)}{\cos^3(x)} \sin(x)\,dx$$

zu schreiben. Substituieren Sie dann $y(x) = \cos(x)$ für $x \in \mathbb{R}$ mit $dy = -\sin(x)\,dx$.

(d) Führen Sie zunächst eine Polynomdivision durch und nutzen Sie dann ähnlich wie in Aufgabe 195 Partialbruchzerlegung um das Integral zu bestimmen.

Lösungshinweis Aufgabe 198

(a) Zerlegen Sie das gesuchte Integral in Teilintegrale über die Bereiche $(-\infty, 0)$ und $[0, +\infty)$ um den Integranden $x \mapsto e^{-|x|}$ zu vereinfachen.

(b) Substituieren Sie $y(x) = e^x$ für $x \in \mathbb{R}$ mit $dy = e^x\,dx$.

Lösungshinweis Aufgabe 199 Substituieren Sie $y(x) = \pi - x$ für $x \in \mathbb{R}$ mit $\mathrm{d}y = -\mathrm{d}x$ und nutzen Sie dann $\sin(\pi - x) = \sin(x)$ für $x \in \mathbb{R}$.

Lösungshinweis Aufgabe 200

(a) Verwenden Sie für die Berechnung von $J(1)$ den elementaren Zusammenhang $\int \sin(x)\,\mathrm{d}x = -\cos(x) + c$ mit $c \in \mathbb{R}$ beliebig. Zur Bestimmung von $J(2)$ können sie zum Beispiel partielle Integration und die wichtige Identität $\sin^2(x) + \cos^2(x) = 1$ für $x \in \mathbb{R}$ nutzen. Vergleichen Sie alternativ Aufgabe 196.
(b) Schreiben Sie geschickt $J(n) = \int_0^{\pi/2} \sin(x) \sin^{n-1}(x)\,\mathrm{d}x$ für $n \geq 3$ und integrieren Sie partiell mit $f'(x) = \sin(x)$ und $g(x) = \sin^{n-1}(x)$ für $x \in \mathbb{R}$ (vgl. den Lösungshinweis von Aufgabe 193). Nutzen Sie dann die trigonometrische Identität aus Teil (a) um $J(n) = (n-1)J(n-2) - (n-1)J(n)$ nachzuweisen. Bestimmen Sie dann exemplarisch $J(3)$, $J(5)$ und $J(7)$ um auf eine Bildungsvorschrift für den Integralwert $J(99)$ zu schließen.

Lösungshinweis Aufgabe 201 Verwenden Sie die Substitution

$$y(x) = \frac{x + \frac{a}{2}}{\sqrt{b - \left(\frac{a}{2}\right)^2}}$$

für $x \in \mathbb{R}$ mit $\mathrm{d}y = (b - (a/2)^2)^{-1/2}\,\mathrm{d}x$. Beachten Sie weiter, dass $\int 1/(1+y^2)\,\mathrm{d}y = \arctan(y) + c$ mit $c \in \mathbb{R}$ gilt.

Lösungshinweis Aufgabe 202 Gehen Sie bei dem Nachweis der Identität beispielsweise wie folgt vor:

(a) Überzeugen Sie sich zunächst mit einer geeigneten Substitution, dass die Identität erfüllt ist, wenn $f : [-1, 1] \to \mathbb{R}$ eine konstante Funktion ist. Beachten Sie, dass in diesem Fall insbesondere $f(x) = f(0)$ für alle $x \in [-1, 1]$ gilt.
(b) Untersuchen Sie nun den Fall, dass die Funktion f nicht konstant ist. Sei $t > 0$ beliebig. Zeigen Sie mit einer geeigneten Substitution die Identität

$$\int_{-1}^{1} \frac{tf(x)}{t^2 + x^2}\,\mathrm{d}x = \int_{-\frac{1}{t}}^{\frac{1}{t}} \frac{f(ty) - f(0)}{1 + y^2}\,\mathrm{d}y + \int_{-\frac{1}{t}}^{\frac{1}{t}} \frac{f(0)}{1 + y^2}\,\mathrm{d}y.$$

Folgern Sie dann mit Hilfe der Stetigkeit von f, dass das erste Integral auf der rechten Seite für kleine $t > 0$ beliebig klein gemacht werden kann. Nutzen Sie dann Teil (a) dieser Aufgabe für das zweite Integral und argumentieren Sie geschickt.

Lösungshinweis Aufgabe 203 Integrieren Sie zunächst $\Gamma(x + 1)$ für $x > 0$ partiell mit $f'(t) = \mathrm{e}^{-t}$ und $g(t) = t^x$ für $t \in \mathbb{R}$ (vgl. den Lösungshinweis von Aufgabe 193). Nutzen Sie dann die bekannten Grenzwerte

$$\lim_{t \to 0} t^x \mathrm{e}^{-t} = 0 \quad \text{und} \quad \lim_{t \to +\infty} t^x \mathrm{e}^{-t} = 0$$

für $x > 0$ um die Funktionalgleichung der Gamma-Funktion zu beweisen.

Lösungshinweis Aufgabe 204 Gehen Sie bei dieser Aufgabe wie folgt vor:

(a) Nutzen Sie zunächst die bekannte Abschätzung $|\sin(x)| \leq 1$ für $x \in \mathbb{R}$ und dann das Majorantenkriterium.

(b) Für die Bestimmung von I ist es hilfreich das Integral als

$$I = \sum_{j=0}^{+\infty} \int_{j\pi}^{(j+1)\pi} (-1)^j \mathrm{e}^{-x} \sin(x) \, \mathrm{d}x$$

umzuschreiben. Integrieren sie dann zweimal partiell um

$$\int \mathrm{e}^{-x} \sin(x) \, \mathrm{d}x = -\frac{1}{2} \mathrm{e}^x (\sin(x) + \cos(x)) + c$$

mit einer zunächst unbestimmten Konstanten $c \in \mathbb{R}$ zu zeigen (vgl. auch Aufgabe 197).

(c) Zeigen Sie mit den Ergebnissen aus Teil (b) und einer Indexverschiebung

$$I = \frac{1}{2} \sum_{j=0}^{+\infty} \left(\mathrm{e}^{-(j+1)\pi} + \mathrm{e}^{-j\pi} \right) = \frac{1}{2} + \sum_{j=1}^{+\infty} \mathrm{e}^{-j\pi}$$

und beachten Sie, dass es sich bei der Reihe auf der rechten Seite um eine geometrische Reihe handelt, deren Reihenwert Sie direkt bestimmen können.

Lösungshinweis Aufgabe 205 Beachten Sie, dass in dieser Aufgabe lediglich die Existenz der Integrale bewiesen werden soll. Einer Berechnung der exakten Integralwerte ist daher nicht notwendig.

(a) Nutzen Sie die Abschätzung $|\cos(x)| \leq 1$ für $x \in \mathbb{R}$. Zeigen Sie damit, dass $\int_1^{+\infty} 1/x^2 \, \mathrm{d}x$ eine konvergente Majorante für das Ausgangsintegral ist.

(b) Begründen Sie kurz, dass der Sinus in $[0, 1]$ konkav ist. Folgern Sie damit die Ungleichung $\sin(1) \leq x \sin(1)$ für $x \in [0, 1]$. Nutzen Sie dann die Abschätzung um eine konvergente Majorante für das Ausgangsintegral zu finden.

Lösungshinweis Aufgabe 206 Zerlegen Sie das Integral in die Teilintegrale

$$\int_0^1 \frac{\sin(x)}{x} \, \mathrm{d}x \quad \text{und} \quad \int_1^{+\infty} \frac{\sin(x)}{x} \, \mathrm{d}x.$$

Argumentieren Sie geschickt, dass das erste Integral endlich ist. Nutzen Sie für das zweite Integral partielle Integration.

Lösungshinweis Aufgabe 207 Nutzen Sie für diese Aufgabe das Integralvergleichskriterium in der folgenden Form: Ist $k \in \mathbb{N}$ eine natürliche Zahl und $f : [k, +\infty) \to \mathbb{R}$ eine positive, monoton fallende und stetige Funktion, so ist die Reihe $\sum_{n=k}^{+\infty} f(n)$ genau dann konvergent, wenn das Integral $\int_{k}^{+\infty} f(x)\,\mathrm{d}x$ konvergent ist.

(a) Sei $\alpha > 0$. Argumentieren Sie kurz, dass die Funktion $f_\alpha : [2, +\infty) \to \mathbb{R}$ mit $f_\alpha(x) = 1/(x \ln^\alpha(x))$ positiv und stetig ist. Zeigen Sie mit der Kettenregel $f_\alpha'(x) \le 0$ für $x \ge 2$ um nachzuweisen, dass f_α monoton fallend ist. Berechnen Sie schließlich das Integral

$$ J(\alpha) = \int_{2}^{+\infty} \frac{1}{x \ln^\alpha(x)}\,\mathrm{d}x $$

mit der Substitution $y(x) = \ln(x)$ für $x \ge 2$ und $\mathrm{d}y = 1/x\,\mathrm{d}x$. Unterscheiden Sie dabei die Fälle $\alpha \in (0, 1)$, $\alpha = 1$ sowie $\alpha > 1$.

(b) Argumentieren Sie, dass die Funktion $f : [3, +\infty) \to \mathbb{R}$ sowohl positiv als auch stetig ist. Zeigen Sie dann ähnlich wie in Teil (a) dieser Aufgabe, dass f monoton fallend ist. Für die Berechnung des Integrals

$$ J = \int_{3}^{+\infty} \frac{1}{x \ln(x) \ln(\ln(x))}\,\mathrm{d}x $$

können Sie die Substitution $y(x) = \ln(\ln(x))$ für $x \ge 3$ mit $\mathrm{d}y = 1/(x \ln(x))$ nutzen.

Lösungshinweis Aufgabe 208 Die Funktion $f : \mathbb{R} \to \mathbb{R}$ lässt sich als Komposition der Funktionen $g : \mathbb{R} \to \mathbb{R}$ und $h : [1, +\infty) \to \mathbb{R}$ mit $g(x) = \exp(x^2)$ und $h(x) = \int_{1}^{x} \ln(t)\,\mathrm{d}t$ schreiben. Bestimmen Sie die Ableitung von f mit Hilfe der Kettenregel. Bei der Bestimmung von h' ist der Hauptsatz der Differential- und Integralrechnung nützlich.

Lösungshinweis Aufgabe 209 Zeigen Sie, dass die Funktion $f : [a, b] \to \mathbb{R}$ mit

$$ F(x) = \int_{a}^{x} f(t)\,\mathrm{d}t $$

monoton wachsend ist. Untersuchen Sie $F(a)$ sowie $F(b)$ und folgern Sie dann, dass $F(x) = 0$ für alle $x \in [a, b]$ gilt. Schließen Sie nun mit dem Hauptsatz der Differential- und Integralrechnung, dass auch f die Nullfunktion sein muss.

Lösungshinweis Aufgabe 210 Nutzen Sie die elementare Ungleichung

$$ \left| \int_{a}^{b} f(x)\,\mathrm{d}x \right| \le (b - a)\|f\|_\infty, $$

wobei $f : [a, b] \to \mathbb{R}$ eine stetige Funktion ist und $\| \cdot \|_\infty$ die Supremumsnorm bezeichnet.

Lösungshinweis Aufgabe 211 Finden Sie mit dem Satz über das Minimum und Maximum geeignete Konstanten $m, M \in \mathbb{R}$ mit

$$m \leq \frac{1}{b - a} \int_a^b f(x)\, \mathrm{d}x \leq M.$$

Argumentieren Sie nun mit dem Zwischenwertsatz für stetige Funktionen, dass es eine Stelle $\xi \in [a, b]$ mit $f(\xi) = 1/(b - a) \int_a^b f(x)\, \mathrm{d}x$ gibt.

Lösungshinweis Aufgabe 212 Wenden Sie den Mittelwertsatz der Integralrechnung auf die Funktion $f : [0, 2] \to \mathbb{R}$ mit $f(x) = 4x^3 - 2x - 6$ an. Beachten Sie, dass jede Nullstelle der Funktion f eine Lösung der Gleichung ist.

Lösungshinweis Aufgabe 213 Beweisen Sie, dass die Funktion $G : [a, b] \to \mathbb{R}$ mit

$$G(x) = \int_a^x f(t)\, \mathrm{d}t - \int_x^b f(t)\, \mathrm{d}t$$

eine Nullstelle in $[a, b]$ besitzt. Begründen Sie dazu, dass die Funktion G stetig ist und zeigen Sie dann $G(a) = -G(b)$. Weisen Sie schließlich nach, dass G einen Vorzeichenwechsel in $[a, b]$ hat und wenden Sie den Zwischenwertsatz beziehungsweise den Nullstellensatz von Bolzano auf G an.

Lösungshinweise Funktionenfolgen

Lösungshinweis Aufgabe 214 Zeigen Sie $\lim_n \| f_n - f \|_\infty = 0$, indem Sie die Abschätzung $|\sin(x)| \leq 1$ für $x \in [0, 1]$ verwenden. Beachten Sie dabei, dass die Supremumsnorm $\|g\|_\infty$ einer stetigen Funktion $g : [0, 1] \to \mathbb{R}$ als $\|g\|_\infty = \sup_{x \in [0,1]} |g(x)|$ definiert ist.

Lösungshinweis Aufgabe 215 Untersuchen Sie getrennt für $x \in (0, 1]$ und $x = 0$ die reelle Folge $(f_n(x))_n$. Folgern Sie damit, dass die Grenzfunktion $f : [0, 1] \to \mathbb{R}$ unstetig ist und verwenden Sie dann das Resultat aus Aufgabe 220.

Lösungshinweis Aufgabe 216

(a) Die Funktionenfolge konvergiert punktweise und gleichmäßig gegen die Nullfunktion $f : \mathbb{R} \to \mathbb{R}$ mit $f(x) = 0$. Verwenden Sie dabei $\sup_{x \in \mathbb{R}} |\arctan(x)| = \pi/2$ um die gleichmäßige Konvergenz nachzuweisen.

(b) Die Funktionenfolge konvergiert punktweise aber nicht gleichmäßig gegen die Nullfunktion $f : \mathbb{R} \to \mathbb{R}$ mit $f(x) = 0$. Argumentieren Sie dabei geschickt um die nützliche Beziehung $\lim_n \arctan(x/n) = \arctan(\lim_n x/n) = 0$ für jedes $x \in \mathbb{R}$ zu nutzen.

(c) Die Funktionenfolge konvergiert weder punktweise noch gleichmäßig. Überlegen Sie sich dazu, dass die reelle Folge $(f_n(x))_n$ für jedes $x \neq 0$ nicht konvergent ist (vgl. Aufgabe 40).

N. Hebestreit, *Übungsbuch Analysis I*, https://doi.org/10.1007/978-3-662-64569-7_16

(d) Die Funktionenfolge konvergiert punktweise aber nicht gleichmäßig gegen die Funktion $f : \mathbb{R} \to \mathbb{R}$ mit

$$f(x) = \begin{cases} \frac{\pi}{2}, & x > 0 \\ 0, & x = 0 \\ -\frac{\pi}{2}, & x < 0. \end{cases}$$

Verwenden Sie erneut Aufgabe 220 um zu zeigen, dass die Konvergenz nicht gleichmäßig ist.

Lösungshinweis Aufgabe 217

(a) Die Folge $(f_n)_n$ konvergiert punktweise, aber nicht gleichmäßig. Untersuchen Sie dazu getrennt die Fälle $x = 1$ und $x \in (-1, 1)$. Verwenden Sie im zweiten Fall die bekannte Formel $\sum_{j=0}^{+\infty} x^j = 1/(1 - x)$ für die geometrische Reihe und nutzen Sie schließlich das nützliche Resultat aus Aufgabe 220.

(b) Die Funktionenfolge $(g_n)_n$ konvergiert nach dem Weierstraßschen Majorantenkriterium. Überlegen Sie sich dazu, dass $|\cos(j^2 x^2)| \leq 1$ für alle $j \in \mathbb{N}$ und $x \in \mathbb{R}$ gilt und beachten Sie, dass die Reihe $\sum_{j=1}^{+\infty} 1/j^2$ gemäß der Lösung von Aufgabe 57 (d) konvergent ist.

Lösungshinweis Aufgabe 218 Die Funktionenfolge $(f_n)_n$ konvergiert gleichmäßig gegen die Nullfunktion $f : \mathbb{R} \to \mathbb{R}$ mit $f(x) = 0$. Benutzen Sie dafür die Ungleichung $|\sin(x)| \leq 1$ für $x \in \mathbb{R}$ um $\|f_n - f\|_\infty \leq 1/n$ für alle $n \in \mathbb{N}$ zu zeigen. Untersuchen Sie dann für den zweiten Teil der Aufgabe die reelle Folge $(f_n'(\pi))_n$ und argumentieren Sie geschickt.

Lösungshinweis Aufgabe 219 Überlegen Sie sich zunächst, dass $(f_n)_n$ punktweise gegen $f : [0, 1] \to \mathbb{R}$ mit $f(x) = 0$ konvergiert. Begründen Sie dann, dass $\|f_n - f\|_\infty = n$ für jedes $n \in \mathbb{N}$ gilt. Für die Berechnung des Integrals $\int_0^1 f_n(x)\, \mathrm{d}x$ für $n \in \mathbb{N}$ ist es schließlich sinnvoll den Integrationsbereich in die disjunkten Bereiche $[0, 1/n), [1/n, 2/n]$ sowie $(2/n, 1]$ zu zerlegen und die drei resultierenden Integrale getrennt zu berechnen.

Lösungshinweis Aufgabe 220 Wählen Sie zuerst $\varepsilon > 0$ beliebig und überlegen Sie sich dann, dass es $N \in \mathbb{N}$ mit $|f_N(x) - f(x)| < \varepsilon/3$ für alle $x \in D$ gibt. Begründen Sie weiter, dass es eine Zahl $\delta > 0$ derart gibt, dass $|f_N(x) - f_N(x_0)| < \varepsilon/3$ für alle $x \in D$ mit $|x - x_0| < \delta$ gilt. Nutzen Sie dann schließlich geschickt für $x \in D$ die Abschätzung

$$|f(x) - f(x_0)| \leq |f(x) - f_N(x)| + |f_N(x) - f_N(x_0)| + |f_N(x_0) - f(x_0)|$$

sowie die Vorüberlegungen um zu beweisen, dass die Funktion $f : D \to \mathbb{R}$ im Punkt x_0 stetig ist.

Teil III
Lösungen

Lösungen Grundlagen

Lösung Aufgabe 1 Wir zeigen die Tautologie mit einer Wahrheitstafel. Dazu zerlegen wir die Aussagen auf der linken und rechten Seite in Teilaussagen, deren Wahrheitswerte wir bestimmen können. Es gilt

A	B	$A \wedge B$	$\neg(A \wedge B)$	$\neg A$	$\neg B$	$(\neg A) \vee (\neg B)$
w	w	w	f	f	f	f
w	f	f	w	f	w	w
f	w	f	w	w	f	w
f	f	f	w	w	w	w

wobei wir nacheinander die Definition der Konjunktion ($\wedge$), Disjunktion ($\vee$) und Negation ($\neg$) angewandt haben. Da die Wahrheitswerte in den Spalten $\neg(A \wedge B)$ und $(\neg A) \vee (\neg B)$ zeilenweise übereinstimmen, haben wir die erste Tautologie gezeigt. Genauso folgt

A	B	$A \vee B$	$\neg(A \vee B)$	$\neg A$	$\neg B$	$(\neg A) \wedge (\neg B)$
w	w	w	f	f	f	f
w	f	w	f	f	w	f
f	w	w	f	w	f	f
f	f	f	w	w	w	w

Da die Spalten $\neg(A \vee B)$ und $(\neg A) \wedge (\neg B)$ ebenfalls zeilenweise übereinstimmen, gilt wie gewünscht auch die zweite Tautologie $\neg(A \vee B) \Longleftrightarrow (\neg A) \wedge (\neg B)$.

© Der/die Autor(en), exklusiv lizenziert durch Springer-Verlag GmbH, DE, ein Teil von Springer Nature 2022
N. Hebestreit, *Übungsbuch Analysis I*,
https://doi.org/10.1007/978-3-662-64569-7_17

Lösung Aufgabe 2 Im Folgenden werden wir ähnlich wie in Aufgabe 1 vorgehen. Da die drei Aussagen A, B und C jeweils die Wahrheitswerte wahr (w) und falsch (f) besitzen, müssen die Spalten der Wahrheitstabelle aus insgesamt 8 Einträgen bestehen, um alle möglichen Kombinationen abzudecken. Dazu befüllen wir zunächst die ersten drei Spalten A, B und C mit Wahrheitswerten und schreiben dann die Wahrheitswert für $A \Longrightarrow B$ beziehungsweise $B \Longrightarrow C$ gemäß der Definition der Implikation ($\Longrightarrow$) in die vierte beziehungsweise fünfte Spalte. Die letzte Spalte enthält die Konjunktion ($\wedge$) der beiden Vorgängerspalten. Wir erhalten somit

A	B	C	$A \Longrightarrow B$	$B \Longrightarrow C$	$(A \Longrightarrow B) \wedge (B \Longrightarrow C)$
w	w	w	w	w	w
w	w	f	w	f	f
w	f	w	f	w	f
w	f	f	f	w	f
f	w	w	w	w	w
f	w	f	w	f	f
f	f	w	w	w	w
f	f	f	w	w	w

Genauso folgt

A	B	C	$A \Longrightarrow C$	$((A \Longrightarrow B) \wedge (B \Longrightarrow C)) \Longrightarrow (A \Longrightarrow C)$
w	w	w	w	w
w	w	f	f	w
w	f	w	w	w
w	f	f	f	w
f	w	w	w	w
f	w	f	w	w
f	f	w	w	w
f	f	f	w	w

sodass wir mit der letzten Spalte gezeigt haben, dass die behauptete Implikation $((A \Longrightarrow B) \wedge (B \Longrightarrow C)) \Longrightarrow (A \Longrightarrow C)$ gilt.

Lösung Aufgabe 3

(a) Die Aussage lässt sich wie folgt in Worten angeben: Für alle natürlichen Zahlen $n, m \in \mathbb{N}$ gilt $n = 2m$. Die Aussage ist aber offensichtlich falsch, denn zum Beispiel für $n = 3$ und $m = 2$ gilt $n \neq 2m$.

(b) Die Aussage lässt sich wie folgt in Worten angeben: Zu jeder natürlichen Zahl $n \in \mathbb{N}$ existiert eine natürliche Zahl $m \in \mathbb{N}$ mit $n = m + 2$. Diese Aussage ist ebenfalls falsch, denn wählen wir $n = 1$, dann gibt es keine Zahl $m \in \mathbb{N}$ mit $n = m + 2$.

(c) Die Aussage lässt sich wie folgt formulieren: Es gibt eine natürliche Zahl $n \in \mathbb{N}_0$ derart, dass für alle $m \in \mathbb{N}$ gerade $n = m^2$ gilt. Die Aussage ist richtig. Für $n = 0$ folgt nämlich wie gewünscht $nm = 0$ und damit $n = nm$ für alle $m \in \mathbb{N}$.

(d) Die Aussage lässt sich wie folgt in Worten angeben: Es gibt genau eine natürliche Zahl $m \in \mathbb{N}$ derart, dass für alle $n \in \mathbb{N}$ gerade $n = 2m$ gilt. Die Aussage ist falsch, denn für $n = 3$ kann es keine Zahl $m \in \mathbb{N}$ mit $n = 2m$ geben, da die rechte Seite der Gleichung stets eine gerade Zahl ist.

(e) Die Aussage lässt sich wie folgt in Worten angeben: Zu jeder natürlichen Zahl $n \in \mathbb{N}$ existiert genau eine natürliche Zahl $m \in \mathbb{N}$ mit $n = m^2$. Die Aussage ist jedoch ebenfalls falsch, denn für $n = 2$ gibt es keine natürliche Zahl $m \in \mathbb{N}$ mit $n = m^2$ (vgl. Aufgabe 6).

(f) Die Aussage lässt sich wie folgt angeben: Es gibt natürliche Zahlen $n, m \in \mathbb{N}$ mit $n = m^2$. Die Aussage ist richtig, was wir mit $n = 4$ und $m = 2$ bestätigen können.

Lösung Aufgabe 4

(a) Sei A ein nichtleere Menge und $P(x)$ für jedes $x \in A$ eine Aussage. Dann gelten $\neg(\forall x \in A : P(x)) \Longleftrightarrow \exists x \in A : \neg P(x)$ und $\neg(\exists x \in A : P(x)) \Longleftrightarrow \forall x \in A : \neg P(x)$. Wir erhalten somit in mehreren Schritten

$$\neg(\forall \varepsilon > 0 \; \exists \delta > 0 \; \forall x \in \mathbb{R} : |x - x_0| < \delta \implies |f(x) - f(x_0)| < \varepsilon)$$
$$\Longleftrightarrow \exists \varepsilon > 0 \; \forall \delta > 0 \; \exists x \in \mathbb{R} : \neg(|x - x_0| < \delta \implies |f(x) - f(x_0)| < \varepsilon).$$

Für den letzten Teil müssen wir beachten, dass die Negation einer Implikation $A \implies B$, wobei A und B Aussagen sind, gerade $A \wedge \neg B$ ist. Wegen

$$\neg(|x - x_0| < \delta \implies |f(x) - f(x_0)| < \varepsilon)$$
$$\Longleftrightarrow |x - x_0| < \delta \; \wedge \; \neg(|f(x) - f(x_0)| < \varepsilon)$$
$$\Longleftrightarrow |x - x_0| < \delta \; \wedge \; |f(x) - f(x_0)| \geq \varepsilon$$

erhalten wir insgesamt

$$\neg(\forall \varepsilon > 0 \; \exists \delta > 0 \; \forall x \in \mathbb{R} : |x - x_0| < \delta \implies |f(x) - f(x_0)| < \varepsilon)$$
$$\Longleftrightarrow \exists \varepsilon > 0 \; \forall \delta > 0 \; \exists x \in \mathbb{R} : |x - x_0| < \delta \; \wedge \; |f(x) - f(x_0)| \geq \varepsilon.$$

(b) In diesem Teil können wir ähnlich wie in Teil (a) vorgehen. Es gilt

$$\neg(\forall \varepsilon > 0 \; \exists N \in \mathbb{N} \; \forall n \in \mathbb{N} : n \geq N \implies |g(n) - g^*| < \varepsilon)$$
$$\Longleftrightarrow \exists \varepsilon > 0 \; \forall N \in \mathbb{N} \; \exists n \in \mathbb{N} : \neg(n \geq N \implies |g(n) - g^*| < \varepsilon)$$
$$\Longleftrightarrow \exists \varepsilon > 0 \; \forall N \in \mathbb{N} \; \exists n \in \mathbb{N} : n \geq N \; \wedge \; |g(n) - g^*| \geq \varepsilon.$$

Lösung Aufgabe 5 Seien $n, m \in \mathbb{Z}$ gerade Zahlen, das heißt es gibt ganze Zahlen $l, k \in \mathbb{Z}$ mit $m = 2l$ und $n = 2k$. Wir erhalten somit

$$m + n = 2l + 2k = 2(l + k),$$

sodass wir anhand der rechten Seite direkt ablesen können, dass die Summe $m + n$ eine gerade Zahl ist. Ebenso sehen wir, dass $m \cdot n$ gerade ist, denn es gilt

$$m \cdot n = 2l \cdot 2k = 2 \cdot 2lk.$$

Wir haben somit gezeigt, dass die Summe und das Produkt gerader Zahlen ebenfalls gerade ist.

Lösung Aufgabe 6 Angenommen die Behauptung wäre falsch, das heißt es gilt $\sqrt{2} \in \mathbb{Q}$. Dann gibt es teilerfremde ganze Zahlen $p, q \in \mathbb{Z}, q \neq 0$, mit $\sqrt{2} = p/q$. Insbesondere wählen wir p und q so, dass sich der Bruch p/q nicht weiter kürzen lässt. Quadrieren der Gleichung und Umstellen liefert dann $2q^2 = p^2$. Da die linke Seite $2q^2$ gerade ist, muss auch die rechte Seite p^2 eine gerade Zahl sein. Damit ist auch p gerade, denn das Produkt von ungeraden Zahlen ist ebenfalls ungerade. Das bedeutet aber, es gibt $k \in \mathbb{Z}$ mit $p = 2k$. Einsetzen liefert $p^2 = 4k^2 = 2q^2$, also $2k^2 = q^2$. Da nun die linke Seite $2k^2$ gerade ist, muss auch q^2 und damit q eine gerade Zahl sein. Wir haben damit gezeigt, dass sowohl p als auch q gerade Zahlen sind. Das ist aber ein Widerspruch, denn p und q waren als teilerfremd vorausgesetzt. Damit ist die Behauptung richtig also $\sqrt{2}$ keine rationale Zahl.

Lösung Aufgabe 7

(a) Die Menge $A \cup B \cup C$ besteht aus allen Elementen der Mengen A, B und C, das heißt, es gilt

$$A \cup B \cup C = \{-4, -1, 0, 1, 2, 3, 4, 5\}.$$

(b) Zunächst enthält die Menge $A \cap B$ alle Elemente, die sowohl in A als auch in B liegen. Somit gilt $A \cap B = \{4\}$. Da $\{\{\emptyset\}\}$ eine Menge ist, deren einziges Element die Menge $\{\emptyset\}$ ist, folgen somit $C \cup \{\{\emptyset\}\} = \{-4, 2, \{\emptyset\}\}$ sowie

$$(A \cap B) \cup C \cup \{\{\emptyset\}\} = \{4\} \cup \{-4, 2, \{\emptyset\}\} = \{-4, 2, 4, \{\emptyset\}\}.$$

(c) Da die Menge $B \setminus C$ aus allen Elementen besteht, die in B aber nicht in C liegen, erhalten wir wegen $B \cap C = \emptyset$ gerade $B \setminus C = B = \{-1, 0, 4, 5\}$ und somit

$$A \cap (B \setminus C) = A \cap B = \{1, 2, 3, 4\} \cap \{-1, 0, 4, 5\} = \{4\}.$$

(d) Wegen $A \setminus C = \{1, 3, 4\}$ folgt

$$B \setminus (A \setminus C) = B \setminus \{1, 3, 4\} = \{-1, 0, 5\}.$$

(e) Die Potenzmenge $\mathcal{P}(C)$ von C ist diejenige Menge, die alle Teilmengen von C enthält. Somit gilt $\mathcal{P}(C) = \{\{-4\}, \{2\}, \emptyset, \{-4, 2\}\}$. Damit folgt

$$\mathcal{P}(C) \cup A = \{\{-4\}, \{2\}, \emptyset, \{-4, 2\}\} \cup \{1, 2, 3, 4\}$$
$$= \{1, 2, 3, 4, \{-4\}, \{2\}, \emptyset, \{-4, 2\}\}.$$

(f) Der Schnitt jeder Menge mit der leeren Menge ist leer. Somit gilt zunächst
$A \cap B \cap \emptyset = \emptyset$. Da die Vereinigung einer Menge mit der leeren Mengen stets
die Menge selbst ergibt, folgt somit $A \cup B \cup \emptyset = A \cup B = \{-1, 0, 1, 2, 3, 4, 5\}$
und schließlich

$$(A \cup B \cup \emptyset) \setminus (A \cap B \cap \emptyset) = (A \cup B) \setminus \emptyset = A \cup B = \{-1, 0, 1, 2, 3, 4, 5\}.$$

Lösung Aufgabe 8

(a) Die Behauptung ist insbesondere erfüllt, wenn eine der drei Mengen A, B und C
leer ist. Dann folgt nämlich $A \cap B \cap C = \emptyset$ und somit trivialer Weise $A \cap B \cap C \subseteq$
A. Wir können also annehmen, dass die drei Mengen nichtleer sind. Wegen
$A \cap B \cap C = \{x \in X \mid x \in A \wedge x \in B \wedge x \in C\}$ sehen wir sofort, dass jedes
Element der Menge $A \cap B \cap C$ automatisch auch in A liegen muss, was gerade
$A \cap B \cap C \subseteq A$ zeigt.

(b) Die Aussage folgt direkt aus dem Assoziativgesetz für die Konjunktion ($\wedge$) und
Disjunktion ($\vee$):

$$\begin{aligned}(A \cap B) \cup C &= \{x \in X \mid (x \in A \wedge x \in B) \vee x \in C\} \\ &= \{x \in X \mid (x \in A \vee x \in C) \wedge (x \in B \vee x \in C)\} \\ &= (A \cup C) \cap (B \cup C).\end{aligned}$$

(c) Wir untersuchen zunächst den Spezialfall $A = \emptyset$. Dann gilt gemäß der Definition
der Mengendifferenz ($\setminus$) gerade $X \setminus A = X$ und somit $X \setminus (X \setminus A) = X \setminus X =$
$\emptyset$, also $X \setminus (X \setminus A) = A$. Wir nehmen nun an, die Menge A ist nichtleer.
Definitionsgemäß gilt dann $X \setminus A = \{x \in X \mid x \notin A\}$ und somit wie gewünscht

$$X \setminus (X \setminus A) = \{x \in X \mid x \notin \{x \in X \mid x \notin A\}\} = \{x \in X \mid x \in A\} = A.$$

(d) Wir bemerken zunächst, dass die Aussage erfüllt ist, wenn eine der Mengen leer
oder gleich der Obermenge X ist, da $\overline{\emptyset} = X \setminus \emptyset = X$ und $\overline{X} = X \setminus X = \emptyset$
gelten. Mit der zweiten De-morganschen Regel aus Aufgabe 1 folgt somit in den
anderen Fällen

$$\begin{aligned}\overline{A \cup B} &= X \setminus (A \cup B) \\ &= \{x \in X \mid x \notin (A \cup B)\} \\ &= \{x \in X \mid x \notin A \wedge x \notin B\} \\ &= \{x \in X \mid x \notin A\} \cap \{x \in X \mid x \notin B\} \\ &= (X \setminus A) \cap (X \setminus B) \\ &= \overline{A} \cap \overline{B}.\end{aligned}$$

Lösung Aufgabe 9

(α) Wir zeigen zuerst die Implikation (a) $\Longrightarrow$ (b). Gilt $A \subseteq B$, so folgt äquivalent aus $x \notin B$ stets $x \notin A$. Damit erhalten wir weiter

$$A \setminus B = \{x \in A \mid x \notin B\} \subseteq \{x \in A \mid x \notin A\} = \emptyset,$$

also $A \setminus B \subseteq \emptyset$. Jedoch besitzt die leere Menge lediglich sich selbst als Teilmenge, also folgt $A \setminus B = \emptyset$.

(β) Nun zeigen wir (b) $\Longrightarrow$ (c). Gelte also $A \setminus B = \emptyset$. Wegen

$$\emptyset = A \setminus B = A \setminus (A \cap B)$$

können wir wie gewünscht $A = A \cap B$ ablesen.

(γ) Für die Implikation (c) $\Longrightarrow$ (d) bemerken wir zunächst, dass

$$A \cup B = (A \setminus B) \cup (A \cap B) \cup (B \setminus A)$$

gilt. Gilt also $A \cap B = A$, so folgt insbesondere $(A \setminus B) \cup (A \cap B) = (A \setminus B) \cup A = A$ und daher wie gewünscht

$$A \cup B = A \cup (B \setminus A) = B.$$

(δ) Zuletzt zeigen wir noch die Implikation (d) $\Longrightarrow$ (a). Es gilt stets $A \subseteq A \cup B$, sodass wir mit Teil (d) gerade

$$A \subseteq A \cup B = B$$

erhalten.

Wir haben somit in einem Ringschluss die Implikationen

$$\text{(a)} \Longrightarrow \text{(b)} \Longrightarrow \text{(c)} \Longrightarrow \text{(d)} \Longrightarrow \text{(a)}$$

nachgewiesen, also sind die Aussagen (a), (b), (c) und (d) äquivalent.

Lösung Aufgabe 10

(a) Die Relation P ist nicht reflexiv, denn wegen $1 + 1 \neq 1$ gilt bereits $(1, 1) \notin P$. Sie ist aber symmetrisch, denn für jedes Tupel $(x, y) \in P$ gilt $x + y = 1$, also $y + x = 1$, was $(y, x) \in P$ bedeutet. Die Relation ist nicht antisymmetrisch, was wir anhand des Gegenbeispiels $x = -1$ und $y = 2$ sehen können. Obwohl offensichtlich $(x, y) \in P$ und $(y, x) \in P$ gelten, impliziert dies nicht $x = y$, denn es ist natürlich $-1 \neq 2$. Die Relation P ist aber auch nicht transitiv, denn für $x = -1$, $y = 2$ und $z = -1$ gelten natürlich $(x, y) \in P$ und $(y, z) \in P$, jedoch folgt daraus nicht $(x, z) \in P$, da $-1 + (-1) \neq 1$ gilt.

(b) Wir zeigen, dass Q eine nicht antisymmetrische Äquivalenzrelation ist. Für jedes $m \in \mathbb{Z}$ ist $m - m = 0$ eine gerade Zahl, das heißt, es gilt $(m, m) \in Q$ und Q ist reflexiv. Ist weiter $(m, n) \in Q$ beliebig, also $m - n$ eine gerade Zahl, so ist auch $-(m - n) = n - m$ gerade, also folgt $(n, m) \in Q$. Somit ist Q symmetrisch. Für die Transitivität wählen wir $(m, n), (n, p) \in Q$ beliebig. Da $m - n$ und $n - p$ gerade sind, ist es auch die Summe $m - n + n - p = m - p$ (vgl. Aufgabe 5). Das bedeutet aber gerade $(m, p) \in Q$, womit Q transitiv ist. Insgesamt haben wir somit nachgewiesen, dass Q eine Äquivalenzrelation ist, denn Q ist reflexiv, symmetrisch und transitiv. Dass Q nicht antisymmetrisch ist, sehen wir anhand der Tupel $(2, 4)$ und $(4, 2)$. Diese liegen zwar in Q, jedoch folgt daraus nicht $2 = 4$.

(c) Wegen $(1, 1) \notin R$ ist die Relation nicht transitiv. Sie ist ebenfalls nicht symmetrisch, denn es gelten $(1, 2) \in R$ und $(2, 1) \notin R$. Die Relation ist aber transitiv. Dazu können wir lediglich $(1, 2), (2, 3) \in R$ untersuchen. Da aber auch $(1, 3) \in R$ gilt, ist R transitiv. Da in R keine Tupel der Form (a, b) und (b, a) mit $a, b \in \{1, 2, 3\}$ enthalten sind, ist die Relation R antisymmetrisch.

Lösung Aufgabe 11

(a) Wir zeigen zuerst, dass die Relation $\sim_f$ reflexiv ist. Sei dazu $x \in X$ beliebig. Dann gilt offensichtlich $f(x) = f(x)$ und daher $x \sim_f x$, also ist $\sim_f$ reflexiv. Seien nun $x, y \in X$ mit $x \sim_f y$, also $f(x) = f(y)$. Da natürlich auch $f(y) = f(x)$ gilt, folgt $y \sim_f x$, was zeigt, dass die Relation $\sim_f$ symmetrisch ist. Wir zeigen zuletzt, dass $\sim_f$ transitiv ist. Dazu seien $x, y, z \in X$ mit $x \sim_f y$ und $y \sim_f z$, also $f(x) = f(y)$ und $f(y) = f(z)$. Somit gilt auch $f(x) = f(z)$, also $x \sim_f z$. Wir haben somit nachgewiesen, dass die Relation $\sim_f$ reflexiv, symmetrisch und transitiv ist. Damit ist $\sim_f$ eine Äquivalenzrelation.

(b) In der Äquivalenzklasse von 10 bezüglich $\sim_g$ liegen alle Elemente aus $\mathbb{Z}$, die zu 10 bezüglich $\sim_g$ in Relation stehen, das heißt, es gilt

$$[10]_{\sim_g} = \{z \in \mathbb{Z} \mid z \sim_g 10\} = \{z \in \mathbb{Z} \mid g(z) = g(10)\}.$$

Wir können uns schnell davon überzeugen, dass die Funktion $g : \mathbb{Z} \to \mathbb{Z}$ mit $g(z) = 2z$ injektiv ist. Damit kann aus $z \in \mathbb{Z}$ und $g(z) = g(10)$ aber gerade nur $z = 10$ folgen, sodass sich die Äquivalenzklasse zu $[10]_{\sim_g} = \{10\}$ vereinfachen lässt. Wir bestimmen nun auf ähnliche Weise die Äquivalenzklasse $[10]_{\sim_h}$, wobei $h : \mathbb{Z} \to \mathbb{Z}$ durch $h(z) = 1$ gegeben ist. Da h konstant ist, genügt jedes $z \in \mathbb{Z}$ der Beziehung $1 = h(z) = h(10) = 1$. Das bedeutet aber $\{z \in \mathbb{Z} \mid h(z) = h(10)\} = \mathbb{Z}$, womit

$$[10]_{\sim_h} = \{z \in \mathbb{Z} \mid z \sim_h 10\} = \{z \in \mathbb{Z} \mid h(z) = h(10)\} = \mathbb{Z}$$

folgt.

Lösung Aufgabe 12

(a) Sei $x \in f(A)$ beliebig. Dann gibt es nach Definition der Menge $f(A)$ ein Element $a \in A$ mit $f(a) = x$. Wegen $A \subseteq B$ folgt aber auch $a \in B$, womit wir schließlich $x \in f(B)$ erhalten. Da x beliebig aus $f(A)$ gewählt war, haben wir somit $f(A) \subseteq f(B)$ nachgewiesen.

(b) Wir beweisen die Behauptung indem wir nacheinander die Inklusionen $f(A \cup B) \subseteq f(A) \cup f(B)$ und $f(A) \cup f(B) \subseteq f(A \cup B)$ nachweisen.

   (α) Sei zuerst $x \in f(A \cup B)$ beliebig. Wir finden somit ein Element $c \in A \cup B$ mit $f(c) = x$. Gilt weiter $c \in A$, so folgt $x \in f(A)$. Analog erhalten wir für $c \in B$ gerade $x \in f(B)$, sodass wir insgesamt gezeigt haben, dass jedes Element aus $f(A \cup B)$ in $f(A)$ oder $f(B)$, also in $f(A) \cup f(B)$, liegt. Das bedeutet aber gerade $f(A \cup B) \subseteq f(A) \cup f(B)$

   (β) Für die umgekehrte Inklusion sei $x \in f(A) \cup f(B)$ beliebig gewählt. Im Fall $x \in f(A)$ gibt es dann $a \in A$ mit $f(a) = x$. Wegen $A \subseteq A \cup B$ gilt aber auch $a \in A \cup B$, sodass wir wie in Teil (a) dieser Aufgabe $x \in f(A \cup B)$ erhalten. Den Fall $x \in f(B)$ können wir wegen $B \subseteq A \cup B$ analog zeigen.

(c) Sei $x \in A$ beliebig. Wegen $f(A) = \{f(a) \mid a \in A\}$ folgt somit gerade $f(x) \in f(A)$. Da aber $f^{-1}(f(A)) = \{x \in X \mid f(x) \in f(A)\}$ gilt, erhalten wir schließlich $x \in f^{-1}(f(A))$. Wir haben somit wie gewünscht die Inklusion $A \subseteq f^{-1}(f(A))$ gezeigt.

Lösung Aufgabe 13 Um zu zeigen, dass die Funktion $f : (-1, 1) \to \mathbb{R}$ mit $f(x) = x/(1 - x^2)$ bijektiv ist, müssen wir zeigen, dass f sowohl injektiv als auch surjektiv ist.

(a) Für die Injektivität wählen wir $x_1, x_2 \in (-1, 1)$ beliebig mit $f(x_1) = f(x_2)$, also $x_1/(1 - x_1^2) = x_2/(1 - x_2^2)$. Durch Multiplikation beider Seiten mit $(1 - x_1^2)(1 - x_2^2)$ und Umordnung erhalten wir dann

$$0 = x_1(1 - x_2^2) - x_2(1 - x_1^2) = x_1 - x_1 x_2^2 - x_2 + x_1^2 x_2 = (1 + x_1 x_2)(x_1 - x_2).$$

Somit gilt entweder $1 + x_1 x_2 = 0$ oder $x_1 - x_2 = 0$. Die erste Gleichung ist jedoch wegen $x_1, x_2 \in (-1, 1)$ unmöglich, sodass wir insgesamt $x_1 = x_2$ erhalten. Wir haben damit gezeigt, dass die Funktion f injektiv ist.

(b) Für die Surjektivität müssen wir uns überlegen, dass es zu jedem $y \in \mathbb{R}$ ein Element $x \in (-1, 1)$ mit $f(x) = y$ gibt. Wegen $f(0) = 0$ reicht es lediglich den Fall $y \in \mathbb{R} \setminus \{0\}$ zu untersuchen. Die Gleichung $f(x) = y$ lässt sich weiter zu $yx^2 + x - y = 0$ umformen und wegen $y \neq 0$ sowie $4y^2 + 1 > 0$ nach x auflösen. Die Lösungen der quadratischen Gleichung sind

$$x_1 = -\frac{\sqrt{1 + 4y^2} + 1}{2y} \quad \text{und} \quad x_2 = \frac{\sqrt{1 + 4y^2} - 1}{2y}$$

und erfüllen (binomische Formel)

$$x_1 x_2 = -\frac{\left(\sqrt{1+4y^2}+1\right)\left(\sqrt{1+4y^2}-1\right)}{4y^2} = -\frac{(1+4y^2)-1}{4y^2} = -1.$$

Somit muss zwingend eine der Nullstellen in $[-1, 1]$ liegen. Da jedoch $y x_j^2 + x_j - y = 0$ für $j = 1, 2$ gilt, erhalten wir mit einer kurzen Rechnung $x_1 \neq 1$ und $x_2 \neq 1$. Wegen $x_1 x_2 = -1$ folgen somit auch $x_1 \neq -1$ und $x_2 \neq -1$. Sei nun $x \in \{x_1, x_2\}$ die Lösung der quadratischen Gleichung mit $x \in (-1, 1)$. Dann gilt gerade $y x^2 + x - y = 0$, also wie gewünscht $f(x) = x/(1 - x^2) = y$. Wir haben somit gezeigt, dass die Funktion f surjektiv ist.

Mit den Teilen (a) und (b) folgt somit wie gewünscht, dass die Funktion f eine Bijektion von $(-1, 1)$ nach $\mathbb{R}$ ist.

Lösung Aufgabe 14 Die Abbildung $f : \mathbb{N} \to \mathbb{N}$ mit $f(n) = n^2 + 5$ ist injektiv, aber nicht surjektiv. Um dies einzusehen, wählen wir zunächst $n, m \in \mathbb{N}$ beliebig mit $f(n) = f(m)$. Das bedeutet also gerade $n^2 + 5 = m^2 + 5$ beziehungsweise $n^2 = m^2$. Da n und m (positive) natürliche Zahlen sind, erhalten wir durch Wurzelziehen äquivalent $n = m$. Wir haben somit für beliebige $n, m \in \mathbb{N}$ nachgewiesen, dass aus $f(n) = f(m)$ gerade $n = m$ folgt. Somit ist die Funktion f injektiv. Wir zeigen noch, dass die Abbildung f nicht surjektiv ist. Dazu überlegen wir uns, dass $4 \in \mathbb{N}$ nicht im Bild von f liegt. Dies würde nämlich gerade bedeuten, dass es ein $n \in \mathbb{N}$ mit $f(n) = n^2 + 5 = 4$, also $n^2 = -1$ geben würde. Offensichtlich ist das aber nicht möglich, da die linke Seite der Gleichung positiv und die rechte Seite negativ ist.

Lösung Aufgabe 15 Die Abbildung $f : \mathbb{N} \to \mathbb{N}$ mit $f(1) = 1$, $f(2) = 1$, $f(3) = 1$ und $f(n) = n - 2$ für $n \geq 4$ ist surjektiv, aber nicht injektiv. Für die Surjektivität von f wählen wir $m \in \mathbb{N}$ beliebig. Wir müssen uns überlegen, dass es eine natürliche Zahl $n \in \mathbb{N}$ mit $f(n) = m$ gibt. Gilt $m = 1$, so können wir beispielsweise $n = 1$ wählen, denn es gilt $f(1) = 1$. Im Fall $m \geq 2$ können wir hingegen $n = m + 2$ wählen, denn wegen $n \geq 4$ gilt $f(n) = f(m + 2) = (m + 2) - 2 = m$. Wir haben somit gezeigt, dass f surjektiv ist. Um einzusehen, dass f nicht injektiv ist, betrachten wir $n = 1$ und $m = 2$. Nach Definition von f gilt nämlich $f(n) = f(1) = 1 = f(2) = f(m)$, aber wegen $n \neq m$ kann die Abbildung nicht injektiv sein.

Lösung Aufgabe 16

(a) Zur Übersicht unterteilen wir die Lösung dieser Aufgabe:

   (α) Wir untersuchen zuerst den Fall $\xi = -1$. Dann gilt nämlich nach Definition der Funktion $f_{-1}(x, y) = (x - y, -(x - y))$ für $(x, y) \in \mathbb{R}^2$, sodass wir für das Bild von f_{-1} gerade

$$f_{-1}(\mathbb{R}^2) = \{f_{-1}(x, y) \mid (x, y) \in \mathbb{R}^2\}$$
$$= \{(x - y, -(x - y)) \mid (x, y) \in \mathbb{R}^2\} = \{(z, -z) \mid z \in \mathbb{R}\}$$

erhalten. Weiter gilt

$$f_{-1}^{-1}(0, 0) = \{(x, y) \in \mathbb{R}^2 \mid f_{-1}(x, y) = (0, 0)\}$$
$$= \{(x, y) \in \mathbb{R}^2 \mid (x - y, -(x - y)) = (0, 0)\}$$
$$= \{(x, y) \in \mathbb{R}^2 \mid x = y\}.$$

(β) Seien nun $\xi \in \mathbb{R} \setminus \{-1\}$ und $(v, w) \in \mathbb{R}^2$ beliebig gewählt. Nach Definition gilt stets $f_\xi(\mathbb{R}^2) \subseteq \mathbb{R}^2$. Wir zeigen nun die umgekehrte Inklusion $\mathbb{R}^2 \subseteq f_\xi(\mathbb{R}^2)$. Dazu untersuchen wir, ob es ein Element $(x, y) \in \mathbb{R}^2$ mit $f_\xi(x, y) = (v, w)$ gibt. Nach Definition der Funktion $f_\xi : \mathbb{R}^2 \to \mathbb{R}^2$ bedeutet dies gerade $x - y = v$ und $\xi x + y = w$. Aus der ersten Gleichung folgt direkt $y = x - v$. Einsetzen in die zweite Gleichung liefert dann $\xi x + x - v = x(\xi + 1) - v = w$. Wegen $\xi + 1 \neq 0$ erhalten wir somit $x = (w + v)/(\xi + 1)$ und $y = (w + v)/(\xi + 1) - v = (w - v\xi)/(\xi + 1)$. Wir haben somit gezeigt, dass es zu jedem $(v, w) \in \mathbb{R}^2$ ein Element $(x, y) \in \mathbb{R}^2$ mit $f_\xi(x, y) = (v, w)$ gibt. Somit ist $f_\xi : \mathbb{R} \to \mathbb{R}$ surjektiv und es gilt $f_\xi(\mathbb{R}^2) = \mathbb{R}^2$. Das Urbild der Funktion f_ξ im Nullpunkt lässt sich analog zum vorherigen Fall bestimmen: Zunächst gilt

$$f_\xi^{-1}(0, 0) = \{(x, y) \in \mathbb{R}^2 \mid f_\xi(x, y) = (0, 0)\}$$
$$= \{(x, y) \in \mathbb{R}^2 \mid (x - y, \xi x + y) = (0, 0)\}.$$

Dabei folgt aus $x - y = 0$ und $\xi x + y = 0$ gerade $x = y$ sowie $\xi x + y = x(\xi + 1) = 0$, sodass wir wegen $\xi \neq -1$ gerade $x = 0$ und $y = 0$ erhalten. Somit gilt $f_\xi^{-1}(0, 0) = \{(0, 0)\}$.

(b) Wir wissen bereits aus Teil (a) dieser Aufgabe, dass die Funktion $f_{-1} : \mathbb{R}^2 \to \mathbb{R}^2$ wegen $f_{-1}(\mathbb{R}^2) \neq \mathbb{R}^2$ nicht surjektiv und damit auch nicht bijektiv ist. Für $\xi \neq -1$ ist die Funktion $f_\xi : \mathbb{R}^2 \to \mathbb{R}^2$ hingegen surjektiv. Wir überlegen uns nun, dass f_ξ auch injektiv ist. Seien dazu $(x, y), (\tilde{x}, \tilde{y}) \in \mathbb{R}^2$ beliebig mit $f_\xi(x, y) = f_\xi(\tilde{x}, \tilde{y})$. Wir erhalten somit $x - y = \tilde{x} - \tilde{y}$ und $\xi x + y = \xi \tilde{x} + \tilde{y}$. Die Gleichungen lassen sich weiter zu $x - \tilde{x} = y - \tilde{y}$ und $\xi(x - \tilde{x}) = \tilde{y} - y$ umformen. Einsetzen liefert somit $\xi(x - \tilde{x}) = -(x - \tilde{x})$ beziehungsweise $(\xi + 1)(x - \tilde{x}) = 0$. Da der erste Faktor aber wegen $\xi \neq -1$ niemals Null werden kann, folgen schließlich $x = \tilde{x}$ und somit auch $y = \tilde{y}$, das heißt, wir haben $(x, y) = (\tilde{x}, \tilde{y})$ gezeigt. Somit ist jede Abbildung $f_\xi : \mathbb{R}^2 \to \mathbb{R}^2$ mit $\xi \neq -1$ eine Bijektion. Mit den Überlegungen aus Teil (a) können wir die Umkehrfunktion $f_\xi^{-1} : \mathbb{R}^2 \to \mathbb{R}^2$ für $\xi \neq -1$ gemäß $f_\xi^{-1}(v, w) = ((v + w)/(\xi + 1), (w - \xi v)/(\xi + 1))$ definieren.

Dies lässt sich aber zusätzlich noch mit der kurzen Rechnung

$$f_\xi\left(f_\xi^{-1}(v,w)\right) = f_\xi\left(\frac{v+w}{\xi+1}, \frac{w-\xi v}{\xi+1}\right)$$

$$= \left(\frac{v+w}{\xi+1} - \frac{w-\xi v}{\xi+1}, \xi\frac{v+w}{\xi+1} + \frac{w-\xi v}{\xi+1}\right) = (v,w)$$

für jedes $(v,w) \in \mathbb{R}^2$ bestätigen.

(c) Zunächst gelten $f_1(1,1) = (0,2)$ sowie $f_2(1,1) = (0,3)$. Wir erhalten somit

$$(f_1 \circ f_2)(1,1) = f_1(f_2(1,1)) = f_1(0,3) = (-3,3)$$

und

$$(f_2 \circ f_1)(1,1) = f_2(f_1(1,1)) = f_2(0,2) = (-2,2).$$

Das obige Beispiel zeigt, dass die Komposition (Hintereinanderausführung) von Funktionen im Allgemeinen nicht kommutativ ist.

Lösung Aufgabe 17 Um zu zeigen, dass die Menge $\{a,b,c\}$ endlich ist, müssen wir lediglich eine Bijektion $f : \{a,b,c\} \to \{1,2,3\}$ angeben. Wir können dazu beispielsweise $f(a) = 1$, $f(b) = 2$ und $f(c) = 3$ wählen, das heißt, die Elemente aus $\{a,b,c\}$ werden durch f auf natürliche Weise aufgezählt. Die angegebene Abbildungsvorschrift liefert eine bijektive Abbildung, da jedes Element aus $\{1,2,3\}$ das Bild von genau einem Element aus $\{a,b,c\}$ ist.

Lösung Aufgabe 18 Obwohl $\mathbb{N}$ eine echte Teilmenge von $2\mathbb{N} = \{2n \mid n \in \mathbb{N}\}$ ist, sind die beiden unendlichen Mengen gleichmächtig. Wir definieren dazu die Abbildung $f : \mathbb{N} \to 2\mathbb{N}$ mit $f(n) = 2n$. Um zu zeigen, dass f injektiv ist, wählen wir $n,m \in \mathbb{N}$ mit $f(n) = f(m)$. Das bedeutet aber gerade $2n = 2m$, also $n = m$, womit wir die Injektivität von f nachgewiesen haben. Sei nun $m \in 2\mathbb{N}$. Dann gibt es nach Definition von $2\mathbb{N}$ eine natürliche Zahl $n \in \mathbb{N}$ mit $2n = m$, also $f(n) = m$. Damit ist die Abbildung f surjektiv und folglich wie gewünscht bijektiv. Dies beweist, dass die Mengen $\mathbb{N}$ und $2\mathbb{N}$ gleichmächtig sind.

Lösung Aufgabe 19 Um zu zeigen, dass die Mengen $\{1,2\}$ und $\{a,b,c\}$ nicht gleichmächtig sind, müssen wir uns überlegen, dass es keine bijektive Abbildung f von $\{1,2\}$ nach $\{a,b,c\}$ geben kann. Wir unterscheiden dazu die folgenden Fälle:

(a) Es gilt $f(1) = f(2)$. Dann kann f nicht surjektiv und daher auch nicht bijektiv sein, da es genau zwei Elemente in der Menge $\{a,b,c\}$ gibt, die nicht im Bild von f liegen.

(b) Es gilt $f(1) \neq f(2)$. Auch in diesem Fall kann die Funktion f nicht surjektiv sein, da in $\{a,b,c\}$ stets ein Element verbleibt, das nicht das Bild von 1 oder 2 ist.

Wir haben somit gezeigt, dass jede Abbildung $f : \{1, 2\} \to \{a, b, c\}$ nicht surjektiv und damit auch nicht bijektiv sein kann. Dies zeigt aber gerade, dass die beiden Mengen $\{1, 2\}$ und $\{a, b, c\}$ nicht gleichmächtig sein können.

Lösung Aufgabe 20 Wir überlegen uns zuerst, dass sich das Intervall $[0, 1]$ bijektiv auf $[a, b]$ abbilden lässt, indem man jede Zahl aus $[0, 1]$ mit dem Wert $b - a$ multipliziert und dann um a verschiebt. Dies leistet gerade die bijektive Abbildung $f : [0, 1] \to [a, b]$ mit $f(x) = (b - a)x + a$. Die Abbildung f ist injektiv, da für alle $x, y \in [0, 1]$ aus $f(x) = f(y)$ direkt $x = y$ folgt. Weiter ist f surjektiv, denn wählen wir $c \in [a, b]$ beliebig, so gilt für $x = (c-a)/(b-a)$ gerade $f(x) = c$ sowie $x \in [0, 1]$. Angenommen, das Intervall $[a, b]$ ist abzählbar. Dann würde somit eine bijektive Abbildung $g : [a, b] \to \mathbb{N}$ existieren. Da die Komposition von bijektiven Abbildungen ebenfalls bijektiv ist, wäre wegen

$$[0, 1] \xrightarrow{f} [a, b] \xrightarrow{g} \mathbb{N}$$

die Abbildung $g \circ f : [0, 1] \to \mathbb{N}$ eine Bijektion und somit $[0, 1]$ abzählbar. Das ist aber nicht möglich, denn das Intervall $[0, 1]$ ist bekanntlich überabzählbar, sodass auch wie gewünscht die Überabzählbarkeit von $[a, b]$ folgt.

Lösung Aufgabe 21

(a) Wir untersuchen zuerst den Fall $A = \emptyset$. Dann gilt $\mathcal{P}(A) = \{A\}$ und die Aussage ist richtig, da es keine Abbildung von der leeren Menge in eine nichtleere Menge gibt. Im Folgenden können wir daher $A \neq \emptyset$ annehmen. Sei nun $f : A \to \mathcal{P}(A)$ eine beliebige Abbildung. Wir definieren die Menge

$$C = \{x \in A \mid x \notin f(x)\},$$

die ein Element von $\mathcal{P}(A)$ ist. Im Folgenden werden wir uns überlegen, dass f nicht surjektiv sein kann, indem wir nachweisen, dass es kein Element $x \in A$ mit $f(x) = C$ geben kann. Es bietet sich dabei an, folgende Fälle zu untersuchen:

   (α) Es gibt $x \in C$ mit $f(x) = C$. Somit folgt nach Definition der Menge C gerade $x \in A$ und $x \notin f(x)$. Wegen $f(x) = C$ erhalten wir damit $x \notin C$, was nicht möglich ist, da wir $x \in C$ angenommen haben.
   (β) Es gibt $x \notin C$ mit $f(x) = C$. Da das Element $x \in A$ nicht in C liegt, gilt $x \in f(x)$. Wegen $f(x) = C$ folgt dann aber $x \in C$, was wegen der Annahme $x \notin C$ unmöglich ist.

   Die Fälle (α) und (β) zeigen somit, dass die Funktion f nicht surjektiv ist, da die Menge C weder Bild eines Elementes $x \in C$ noch $x \notin C$ ist.

(b) Der Satz von Cantor bleibt natürlich richtig, wenn wir $A = \mathbb{N}$ setzen. Das heißt, es existiert gemäß Teil (a) dieser Aufgabe keine surjektive, und somit auch keine bijektive Abbildung von $\mathbb{N}$ nach $\mathcal{P}(\mathbb{N})$. Das bedeutet aber gerade, dass $\mathcal{P}(\mathbb{N})$ nicht abzählbar ist.

Lösung Aufgabe 22

(a) Die Zahl $z_1 = 2 + 2i$ liegt offensichtlich schon in arithmetischer Form vor mit $\text{Re}(z_1) = 2, \text{Im}(z_1) = 2$ und $\overline{z_1} = 2 - 2i$. Weiter gilt $r = |z_1| = \sqrt{2^2 + 2^2} = \sqrt{8}$ und somit

$$\varphi = \arccos\left(\frac{\text{Re}(z_1)}{r}\right) = \arccos\left(\frac{2}{\sqrt{8}}\right) = \frac{\pi}{4}.$$

Die Polarform von z_1 lautet somit $z_1 = \sqrt{8}\exp(\pi i/4)$.

(b) Die komplexe Zahl $z_2 = \exp(\pi i)$ liegt bereits in Polarform vor. Mit der Eulerschen Relation können wir z_2 wie folgt in arithmetischer Form schreiben:

$$z_2 = e^{\pi i} = \cos(\pi) + i\sin(\pi) = -1.$$

(c) Wir bestimmen zunächst die arithmetische Form der komplexen Zahl z_3 durch

$$z_3 = \frac{\cos(1)}{i - 1} = \frac{i + 1}{i + 1} \cdot \frac{\cos(1)}{i - 1} = -\frac{\cos(1)i + \cos(1)}{2} = -\frac{\cos(1)}{2} - \frac{\cos(1)}{2}i.$$

Der Betrag von z_3 beträgt

$$r^2 = |z_3|^2 = \left(-\frac{\cos(1)}{2}\right)^2 + \left(-\frac{\cos(1)}{2}\right)^2 = \frac{\cos^2(1)}{2},$$

womit sich der Winkel wegen $\text{Im}(z_3) < 0$ durch

$$\varphi = -\arccos\left(\frac{\text{Re}(z_3)}{r}\right) = -\arccos\left(-\frac{1}{\sqrt{2}}\right) = -\frac{3\pi}{4}$$

berechnen lässt. Da der Winkel φ jedoch nicht in $[0, 2\pi)$ liegt verschieben wir diesen um den Wert 2π und erhalten $\varphi' = \varphi + 2\pi = 5\pi/4$. Damit lautet die Polarform $z_3 = r\exp(i\varphi') = \cos(1)/\sqrt{2}\exp(5\pi i/4)$.

(d) Wir bestimmen zunächst die arithmetische Form der komplexen Zahl z_4. Wegen $i^2 = -1$ folgt

$$(1 + i)^2 = 1 + 2i + i^2 = 2i$$

und somit

$$z_4 = \frac{\sqrt{3} + i}{(1 + i)^2} = \frac{\sqrt{3} + i}{2i} = \frac{2i}{2i} \cdot \frac{\sqrt{3} + i}{2i} = \frac{-2 + 2\sqrt{3}i}{-4} = \frac{1}{2} - \frac{\sqrt{3}}{2}i.$$

Wir lesen weiter $\text{Re}(z_4) = 1/2, \text{Im}(z_4) = -\sqrt{3}/2, \overline{z_4} = 1/2 + \sqrt{3}i/2$ sowie

$$r^2 = |z_4|^2 = \left(\frac{1}{2}\right)^2 + \left(\frac{\sqrt{3}}{2}\right)^2 = \frac{1}{4} + \frac{3}{4} = 1$$

ab. Insgesamt folgt damit gerade

$$\varphi = -\arccos\left(\frac{\mathrm{Re}(z_4)}{r}\right) = -\arccos\left(\frac{1}{2}\right) = \frac{\pi}{3}$$

das heißt, die Polarform von z_4 lautet $z_4 = \exp(\pi\mathrm{i}/3)$.

Lösung Aufgabe 23

(a) Die Menge C_1 ist ein (halboffenes) Rechteck, das durch -2 und 3 beziehungsweise -3 und 4 begrenzt wird.

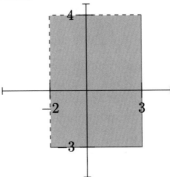

Darstellung der Menge C_1

(b) Wir vereinfachen zunächst die Menge C_2. Dazu schreiben wir $z = x + \mathrm{i}y$ mit $x, y \in \mathbb{R}$ in arithmetischer Form. Damit folgen $z + 1 + \mathrm{i} = x + 1 + \mathrm{i}(y + 1)$ und $|z + 1 + \mathrm{i}|^2 = (x + 1)^2 + (y + 1)^2$. Wir erhalten somit gerade

$$C_2 = \left\{z \in \mathbb{C} \mid 1 \leq (\mathrm{Re}(z) + 1)^2 + (\mathrm{Im}(z) + 1)^2 \leq 3\right\},$$

das heißt, die Menge C_2 stellt einen Kreisring mit Mittelpunkt $(-1, -1)$, Innenradius $r_1 = 1$ und Außenradius $r_2 = \sqrt{3}$ dar.

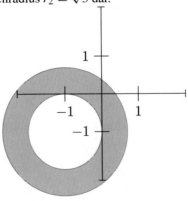

Darstellung der Menge C_2

(c) Setzen wir $z = x + \mathrm{i}y$ mit $x, y \in \mathbb{R}$, so folgen zunächst $z - 1 = x - 1 + \mathrm{i}y$ und $z + 1 = x + 1 + \mathrm{i}y$ sowie $|z - 1|^2 = (x - 1)^2 + y^2$ und $|z + 1|^2 = (x + 1)^2 + y^2$. Damit ist $|z - 1|^2 \le |z + 1|^2$ mit einer kleinen Rechnung äquivalent zu $0 \le x$. Die Menge C_3 vereinfacht sich damit zu

$$C_3 = \{z \in \mathbb{C} \mid \mathrm{Re}(z) \ge 0\}$$

und beschreibt somit die obere Halbebene in der komplexen Ebene.

(d) Um alle Lösungen der komplexen Gleichung $z \in \mathbb{C} : z^5 = 1$ zu bestimmen, schreiben wir zunächst $z = r \exp(\mathrm{i}\varphi) = \cos(\varphi) + \mathrm{i}\sin(\varphi)$ mit $r > 0$ und $\varphi \in [0, 2\pi)$. Wegen $1 = |z^5| = |z|^5$ muss der Betrag jeder Lösung gleich 1 sein, das heißt, es gilt $r = 1$. Mit der Formel von Moivre folgt daher

$$1 = z^5 = (\cos(\varphi) + \mathrm{i}\sin(\varphi))^5 = \cos(5\varphi) + \mathrm{i}\sin(5\varphi).$$

Indem wir nun den Realteil der linken und rechten Seite vergleichen, folgt $\cos(5\varphi) = 1$ beziehungsweise $5\varphi = 2\pi k$ oder $\varphi = 2\pi k/5$ mit $k \in \mathbb{Z}$. Unterscheiden sich jedoch die Argumente zweier Lösungen um ein ganzzahliges Vielfaches von 2π, so sind diese identisch (2π-Periodizität der komplexen Exponentialfunktion). Daher sind lediglich die Lösungen mit den Winkeln $\varphi = 2\pi j/5$ für $j = 0, \ldots, 4$ verschieden. Die fünf Lösungen der komplexen Gleichung lauten somit $\xi_j = \exp(2\pi \mathrm{i}j/5)$ für $j = 0, \ldots, 4$ (5-ten Einheitswurzeln) und es gilt

$$C_4 = \{\xi_0, \ldots, \xi_4\}.$$

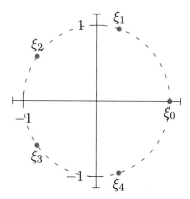

Darstellung der Menge C_4

(e) Bei der Menge C_5 handelt es sich im einen Kreis mit Mittelpunkt $(0, 0)$ und Radius 1.

Lösung Aufgabe 24

(a) Wir schreiben die komplexe Zahl $z \in \mathbb{C}$ zunächst in arithmetischer Form $z = x + y\mathrm{i}$ mit $x, y \in \mathbb{R}$. Die konjugierte Zahl $\overline{z} \in \mathbb{C}$ lautet somit $\overline{z} = x - y\mathrm{i}$. Daher folgen mit einer kleinen Rechnung wie gewünscht

$$\frac{1}{2}(z + \overline{z}) = \frac{1}{2}(x + y\mathrm{i} + x - y\mathrm{i}) = x = \mathrm{Re}(z)$$

und

$$\frac{1}{2}(z - \overline{z}) = \frac{1}{2}(x + y\mathrm{i} - (x - y\mathrm{i})) = y = \mathrm{Im}(z).$$

(b) Wir schreiben erneut $z = x + y\mathrm{i}$ und $w = a + b\mathrm{i}$ mit $x, y, a, b \in \mathbb{R}$. Wegen $z + w = x + a + (y + b)\mathrm{i}$ und $zw = xa - yb + (xb + ya)\mathrm{i}$ folgen sofort

$$\overline{z + w} = \overline{x + a + (y + b)\mathrm{i}} = x + a - (y + b)\mathrm{i} = x - y\mathrm{i} + a - b\mathrm{i} = \overline{z} + \overline{w}$$

sowie

$$\begin{aligned}
\overline{zw} &= \overline{xa - yb + (xb + ya)\mathrm{i}} = xa - yb - (xb + ya)\mathrm{i} \\
&= x(a - b\mathrm{i}) - y\mathrm{i}(a - b\mathrm{i}) = (x - y\mathrm{i})(a - b\mathrm{i}) = \overline{z}\,\overline{w}.
\end{aligned}$$

(c) Gilt $z \in \mathbb{R}$, dann ist $\mathrm{Im}(z) = 0$ und somit

$$z = \mathrm{Re}(z) + \mathrm{Im}(z)\mathrm{i} = \mathrm{Re}(z) + 0\mathrm{i} = \mathrm{Re}(z) - 0\mathrm{i} = \mathrm{Re}(z) - \mathrm{Im}(z)\mathrm{i} = \overline{z},$$

also $z = \overline{z}$. Ist nun umgekehrt $z \in \mathbb{C}$ eine komplexe Zahl mit $z = \overline{z}$, dann gilt mit Teil (a) gerade

$$\mathrm{Im}(z) = \frac{1}{2}(z - \overline{z}) = 0.$$

Somit ist der Imaginärteil von z Null, das heißt, z ist eine reelle Zahl.

Lösung Aufgabe 25 Seien $z, w \in \mathbb{C}$ komplexe Zahlen mit $\overline{z}w \neq 1$. Gilt $|z| = 1$, so folgt $|z|^2 = z\overline{z} = 1$ und somit

$$\frac{z - w}{1 - \overline{z}w} = \frac{z - w}{z\overline{z} - \overline{z}w} = \frac{1}{\overline{z}} \cdot \frac{z - w}{z - w}.$$

Wegen $|z| = 1$ gilt aber auch $|\overline{z}| = 1$, sodass wir insgesamt

$$\left| \frac{z - w}{1 - \overline{z}w} \right| = \frac{1}{|\overline{z}|} \frac{|z - w|}{|z - w|} = \frac{1}{|\overline{z}|} = 1$$

erhalten. Wir untersuchen nun den Fall $|w| = 1$. Analog folgen somit $|w|^2 = w\overline{w} = 1$ und

$$\frac{z - w}{1 - \overline{z}w} = \frac{z - w}{w\overline{w} - \overline{z}w} = \frac{1}{w} \cdot \frac{z - w}{\overline{w} - \overline{z}}.$$

Wegen $|\overline{w} - \overline{z}| = |\overline{z - w}| = |z - w|$ und $|\overline{w}| = 1$ erhalten wir wieder wie gewünscht

$$\left| \frac{z - w}{1 - \overline{z}w} \right| = \frac{1}{|w|} \cdot \frac{|z - w|}{|\overline{w} - \overline{z}|} = \frac{1}{|w|} = 1.$$

Lösung Aufgabe 26 Sei $x \in \mathbb{R}$ mit $x > 0$ beliebig gewählt. Dann gilt mit der binomischen Formel

$$x + \frac{1}{x} - 2 = \frac{1}{x}\left(x^2 + 1 - 2x\right) = \frac{(x - 1)^2}{x} \geq 0.$$

Aus der letzten Ungleichung können wir direkt ablesen, dass $x + 1/x = 2$ genau dann erfüllt ist, wenn $x = 1$ gilt. Alternativ könnten wir die Ungleichung aber auch wie folgt mit der Ungleichung vom arithmetischen und geometrischen Mittel aus Aufgabe 27 beweisen:

$$\frac{x + \frac{1}{x}}{2} \geq \sqrt{x \cdot \frac{1}{x}} = 1.$$

Lösung Aufgabe 27 Für alle $x, y \in \mathbb{R}$ folgt mit Hilfe der binomischen Formel

$$0 \leq (x - y)^2 = x^2 - 2xy + y^2 = x^2 + 2xy + y^2 - 4xy = (x + y)^2 - 4xy$$

und somit gerade

$$\frac{(x + y)^2}{4} \geq xy.$$

Gilt nun zusätzlich $x, y \geq 0$, dann können wir in der obigen Ungleichung die Wurzel ziehen und erhalten somit wie gewünscht $(x + y)/2 \geq \sqrt{xy}$.

Lösung Aufgabe 28 Sei $x > 0$ beliebig. Setzen wir $y = 1/x$, dann müssen wir zeigen, dass es eine natürliche Zahl $n \in \mathbb{N}$ mit $n > y$ gibt. Das bedeutet aber äquivalent, dass $\mathbb{N} \subseteq \mathbb{R}$ nicht nach oben beschränkt ist, was wir uns nun überlegen werden. Zunächst ist die Menge $A = \{n \in \mathbb{N} \mid n \leq y + 1\}$ nichtleer und durch $y + 1$ nach oben beschränkt. Somit existierst $s = \sup(A)$ in $\mathbb{R}$ und wir finden $a \in A$ mit $s - 1/2 < a$. Da wir für $n = a + 1$ gerade $s < a + 1/2 < a + 2 = n + 1$ erhalten, sehen wir $n + 1 \notin A$, also folgt wie gewünscht $n > y$.

Lösung Aufgabe 29 Seien $z, w \in \mathbb{C}$ beliebig. Mit eine kleinen Rechnung folgt zunächst

$$|z + w|^2 = (z + w)(\overline{z} + \overline{w}) = |z|^2 + |w|^2 + w\overline{z} + z\overline{w} = |z|^2 + |w|^2 + 2\operatorname{Re}(z\overline{w}).$$

Mit der Beziehung

$$\operatorname{Re}(z\overline{w}) \leq \sqrt{(\operatorname{Re}(z\overline{w}))^2 + (\operatorname{Im}(z\overline{w}))^2} = |z\overline{w}| = |z||w|$$

lässt sich der letzte Summand geschickt abschätzen, sodass wir weiter

$$|z|^2 + |w|^2 + 2\operatorname{Re}(z\overline{w}) \leq |z|^2 + |w|^2 + 2|z||w| = (|z| + |w|)^2.$$

erhalten. Insgesamt haben wir somit $|z + w|^2 \leq (|z| + |w|)^2$ für beliebige komplexe Zahlen $z, w \in \mathbb{C}$ gezeigt, sodass die Behauptung durch Wurzelziehen folgt.

Lösung Aufgabe 30 Wir schreiben zunächst $z = x + \mathrm{i}y$ mit $x, y \in \mathbb{R}$. Dann ist die komplexe Gleichung für $z \neq 1 + \mathrm{i}$ äquivalent zu

$$1 = (\mathrm{i} - 1)(1 - z + \mathrm{i}) = x + y - 2 + (y - x)\mathrm{i}.$$

Vergleichen wir nun Real- und Imaginärteil der linken und rechten Seite, so erhalten wir das folgende lineare Gleichungssystem:

$$1 = x + y - 2$$
$$0 = y - x.$$

Aus der zweiten Gleichung folgt $x = y$ und mit der ersten Gleichung erhalten wir somit $x = y = 3/2$. Damit ist $z = 3/2 + 3\mathrm{i}/2$ die (eindeutige) Lösung der komplexen Gleichung.

Lösung Aufgabe 31

(a) Wir zeigen zunächst den Induktionsanfang für $n = 1$. Es gilt

$$\sum_{j=1}^{1} 2j = 2 = 1 \cdot (1 + 1),$$

also ist die Aussage für $n = 1$ erfüllt und somit der Induktionsanfang gezeigt. Die Induktionsvoraussetzung (IV) lautet: Es gibt eine natürliche Zahl $n \in \mathbb{N}$ mit $\sum_{j=1}^{n} 2j = n(n + 1)$. Wir zeigen nun den Induktionsschritt von n nach $n + 1$:

$$\sum_{j=1}^{n+1} 2j = 2(n + 1) + \sum_{j=1}^{n} 2j \stackrel{\text{IV}}{=} 2(n + 1) + n(n + 1) = (n + 2)(n + 1).$$

(b) Für $k = 2$ ist die Zahl $2 = 2^2 - 2$ offensichtlich durch 2 teilbar. Dies zeigt den Induktionsanfang. Die Induktionsvoraussetzung lautet: Es gibt eine Zahl $k \in \mathbb{N}$ mit $k \geq 2$, so dass $k^2 - k$ durch 2 teilbar ist. Wir zeigen nun den Induktionsschritt von k nach $k + 1$: Zunächst gilt mit einer kleinen Rechnung

$$(k + 1)^2 - (k + 1) = k^2 - k + 2k.$$

Gemäß der Induktionsvoraussetzung ist $k^2 - k$ durch 2 teilbar. Da $2k$ offensichtlich ebenfalls durch 2 teilbar ist, folgt somit auch, dass die linke Seite $(k + 1)^2 - (k + 1)$ durch 2 teilbar ist (vgl. Aufgabe 5).

(c) Wegen

$$\sum_{j=1}^{1} j \cdot j! = 1 \cdot 1! = 1 = (1 + 1)! - 1$$

ist der Induktionsanfang für $m = 1$ gezeigt. Die Induktionsvoraussetzung (IV) lautet: Die Identität $\sum_{j=1}^{m} j \cdot j! = (m + 1)! - 1$ gilt für eine natürliche Zahl $m \in \mathbb{N}$. Der Induktionsschritt von m nach $m + 1$ ist dann

$$\sum_{j=1}^{m+1} j \cdot j! = \sum_{j=1}^{m} j \cdot j! + (m + 1) \cdot (m + 1)!$$
$$\overset{IV}{=} (m + 1)! - 1 + (m + 1) \cdot (m + 1)!.$$

Klammern wir auf der rechten Seite den Faktor $(m + 1)!$ aus, so erhalten wir

$$\sum_{j=1}^{m+1} j \cdot j! = (m + 1 + 1) \cdot (m + 1)! - 1 = (m + 2)! - 1.$$

(d) Zunächst untersuchen wir den Fall $m = 1$. Dann gilt $6^1 - 5 \cdot 1 - 4 = -5$ und diese Zahl ist offensichtlich durch 5 teilbar. Somit haben wir den Induktionsanfang gezeigt. Die Induktionsvoraussetzung lautet: Es gibt eine natürliche Zahl $m \in \mathbb{N}$ derart, dass die Zahl $6^m - 5m + 4$ durch 5 teilbar ist. Wir zeigen nun den Induktionsschritt von m nach $m + 1$. Dazu schreiben wir geschickt

$$6^{m+1} - 5(m + 1) + 4 = 6 \cdot (6^m - 5m + 4) + 25m - 25.$$

Gemäß der Induktionsvoraussetzung ist dann $6 \cdot (6^m - 5m + 4)$ durch 5 teilbar. Da aber offensichtlich auch $25m - 25$ durch 5 teilbar ist, ist die gesamte rechte Seite wie gewünscht durch 5 teilbar.

(e) Der Induktionsanfang für $n = 1$ ist wegen $1 + x_1 \geq 1 + x_1$ für alle $x_1 \in \mathbb{R}$ und somit insbesondere für $x_1 \in (-1, 0)$ und für $x_1 > 0$ erfüllt. Die Induktionsvoraussetzung (IV) lautet: Es gibt eine Zahl $n \in \mathbb{N}$ mit $\prod_{j=1}^{n}(1 + x_j) \geq 1 + \sum_{j=1}^{n} x_j$ für alle $x_j \in \mathbb{R}$, wobei entweder $x_j \in (-1, 0)$ oder $x_j > 0$ für $j \in \{1, \ldots, n\}$ gilt. Mit der Induktionsvoraussetzung erhalten wir

$$
\begin{aligned}
\prod_{j=1}^{n+1}(1 + x_j) &= (1 + x_{n+1}) \prod_{j=1}^{n}(1 + x_j) \\
&\overset{\text{IV}}{\geq} (1 + x_{n+1})\left(1 + \sum_{j=1}^{n} x_j\right) \\
&= 1 + \sum_{j=1}^{n} x_j + x_{n+1} + x_{n+1} \sum_{j=1}^{n} x_j.
\end{aligned}
$$

Nun überlegen wir uns, wie wir die rechte Seite der obigen Ungleichung weiter für $x_j \in (-1, 0)$ oder $x_j > 0$ für alle $j \in \{1, \ldots, n + 1\}$ abschätzen können. In beiden Fällen gilt $x_{n+1} \sum_{j=1}^{n} x_j > 0$, sodass wir den Ausdruck $1 + \sum_{j=1}^{n} x_j + x_{n+1} + x_{n+1} \sum_{j=1}^{n} x_j$ durch weglassen der positiven Zahl $x_{n+1} \sum_{j=1}^{n} x_j$ verkleinern können. Damit erhalten wir insgesamt die Ungleichungskette

$$
\begin{aligned}
\prod_{j=1}^{n+1}(1 + x_j) &\geq 1 + \sum_{j=1}^{n} x_j + x_{n+1} + x_{n+1} \sum_{j=1}^{n} x_j \\
&\geq 1 + x_{n+1} + \sum_{j=1}^{n} x_j \\
&= 1 + \sum_{j=1}^{n+1} x_j,
\end{aligned}
$$

was den Induktionsschritt von n nach $n + 1$ zeigt.

Lösung Aufgabe 32

(a) Der Induktionsanfang für $k = 2$ ist wegen

$$
\sum_{j=1}^{1} \frac{j}{(j + 1)!} = \frac{1}{(1 + 1)!} = \frac{1}{2} = \frac{2! - 1}{2!}
$$

erfüllt. Sei nun $k \in \mathbb{N}$ mit $k \geq 2$ so, dass $\sum_{j=1}^{k-1} j/(j + 1)! = (k! - 1)/k!$ gilt (Induktionsvoraussetzung). Wir zeigen nun den Induktionsschritt von k nach

$k + 1$:

$$\sum_{j=1}^{k} \frac{j}{(j+1)!} = \frac{k}{(k+1)!} + \sum_{j=1}^{k-1} \frac{j}{(j+1)!} \overset{IV}{=} \frac{k}{(k+1)!} + \frac{k!-1}{k!}$$

$$= \frac{k+(k+1)(k!-1)}{(k+1)!} = \frac{(k+1)!-1}{(k+1)!}.$$

(b) Den Induktionsanfang für $k = 1$ können wir direkt ablesen. Wir formulieren die Induktionsvoraussetzung (IV): Es gibt eine natürliche Zahl $k \in \mathbb{N}$ mit

$$\begin{pmatrix} 1 & 1 & 0 \\ 0 & 1 & 1 \\ 0 & 0 & 1 \end{pmatrix}^{k} = \begin{pmatrix} 1 & k & \frac{k(k-1)}{2} \\ 0 & 1 & k \\ 0 & 0 & 1 \end{pmatrix}.$$

Den Induktionsschritt von k nach $k + 1$ können wir dann wie folgt zeigen:

$$\begin{pmatrix} 1 & 1 & 0 \\ 0 & 1 & 1 \\ 0 & 0 & 1 \end{pmatrix}^{k+1} = \begin{pmatrix} 1 & 1 & 0 \\ 0 & 1 & 1 \\ 0 & 0 & 1 \end{pmatrix} \cdot \begin{pmatrix} 1 & 1 & 0 \\ 0 & 1 & 1 \\ 0 & 0 & 1 \end{pmatrix}^{k}$$

$$\overset{IV}{=} \begin{pmatrix} 1 & 1 & 0 \\ 0 & 1 & 1 \\ 0 & 0 & 1 \end{pmatrix} \cdot \begin{pmatrix} 1 & k & \frac{k(k-1)}{2} \\ 0 & 1 & k \\ 0 & 0 & 1 \end{pmatrix}$$

$$= \begin{pmatrix} 1 & k+1 & k+\frac{k(k-1)}{2} \\ 0 & 1 & k+1 \\ 0 & 0 & 1 \end{pmatrix}.$$

Dabei haben wir im letzten Schritt das Produkt der beiden Matrizen berechnet. Wegen $k + k(k-1)/2 = k(k+1)/2$ ist somit der Induktionsschritt erfüllt und die Behauptung bewiesen.

(c) Der Induktionsanfang für $n = 1$ ist erfüllt, denn es gilt offensichtlich

$$\left(\sum_{j=1}^{1} j\right)^{2} = 1^{2} = 1^{3} = \sum_{j=1}^{1} j^{3}.$$

Die Induktionsvoraussetzung (IV) lautet: Es gibt eine natürliche Zahl $n \in \mathbb{N}$ mit $\left(\sum_{j=1}^{n} j\right)^{2} = \sum_{j=1}^{n} j^{3}$. Wir zeigen nun den Induktionsschritt von n nach $n+1$, wobei wir die Identität $\sum_{j=1}^{n} j = n(n+1)/2$ (Gaußsche Summenformel) aus Aufgabe 31 (a) nutzen werden:

$$\left(\sum_{j=1}^{n+1} j\right)^{2} = \left(n+1+\sum_{j=1}^{n} j\right)^{2} = \left(n+1+\frac{n(n+1)}{2}\right)^{2}$$

$$= (n+1)^{2} + n(n+1)^{2} + \left(\frac{n(n+1)}{2}\right)^{2}.$$

Zusammenfassen der Terme auf der rechten Seite liefert dann

$$(n+1)^2 + n(n+1)^2 + \left(\frac{n(n+1)}{2}\right)^2 = (n+1)^3 + \left(\frac{n(n+1)}{2}\right)^2,$$

sodass wir schließlich mit dem Resultat aus Aufgabe 31 (a) gerade

$$\left(\sum_{j=1}^{n+1} j\right)^2 = (n+1)^3 + \left(\sum_{j=1}^{n} j\right)^2 \overset{\text{IV}}{=} (n+1)^3 + \sum_{j=1}^{n} j^3 = \sum_{j=1}^{n+1} j^3$$

erhalten. Wir haben somit wie gewünscht $(\sum_{j=1}^{n+1} j)^2 = \sum_{j=1}^{n+1} j^3$ nachgewiesen.

(d) Wir zeigen den Induktionsanfang für $n = 1$. Dieser ist erfüllt, denn wegen $0! = 1! = 1$ gilt gerade

$$\sum_{j=0}^{1} \binom{1}{j} = \binom{1}{0} + \binom{1}{1} = \frac{1!}{1!\,0!} + \frac{1!}{0!\,1!} = 1 + 1 = 2.$$

Die Induktionsvoraussetzung (IV) lautet: Es gibt eine natürliche Zahl $n \in \mathbb{N}$ so, dass $\sum_{j=0}^{n} \binom{n}{j} = 2^n$ gilt. Wir zeigen nun den Induktionsschritt von n nach $n+1$:

$$\sum_{j=0}^{n+1} \binom{n+1}{j} = \binom{n+1}{0} + \binom{n+1}{n+1} + \sum_{j=1}^{n} \binom{n+1}{j}$$

$$= 1 + 1 + \sum_{j=1}^{n} \left[\binom{n}{j} + \binom{n}{j-1}\right].$$

Dabei haben wir im zweiten Schritt die rekursive Darstellung der Binomialkoeffizienten (Pascalsche Dreieck) verwendet. Weiter folgt mit einer Indexverschiebung

$$1 + 1 + \sum_{j=1}^{n} \left[\binom{n}{j} + \binom{n}{j-1}\right] = 2 + \sum_{j=1}^{n} \binom{n}{j} + \sum_{j=1}^{n} \binom{n}{j-1}$$

$$= 2 + \sum_{j=1}^{n} \binom{n}{j} + \sum_{j=0}^{n-1} \binom{n}{j}.$$

Da nach Definition des Binomialkoeffizienten $\binom{n}{0} = 1$ und $\binom{n}{n} = 1$ gelten, können wir 2 durch $\binom{n}{0} + \binom{n}{n}$ ersetzen. Wir erhalten also weiter

$$2 + \sum_{j=1}^{n} \binom{n}{j} + \sum_{j=0}^{n-1} \binom{n}{j} = \binom{n}{0} + \binom{n}{n} + \sum_{j=1}^{n} \binom{n}{j} + \sum_{j=0}^{n-1} \binom{n}{j}$$

$$= \sum_{j=0}^{n} \binom{n}{j} + \sum_{j=0}^{n} \binom{n}{j}.$$

Nun können wir auf der rechten Seite zweimal die Induktionsvoraussetzung anwenden und erhalten somit wie gewünscht

$$\sum_{j=0}^{n+1} \binom{n+1}{j} = \sum_{j=0}^{n+1} \binom{n}{j} + \sum_{j=0}^{n+1} \binom{n}{j} \overset{IV}{=} 2^n + 2^n = 2^{n+1}.$$

(e) Bestehen die Mengen A und B aus einem Elemente, zum Beispiel $A = \{a_1\}$ und $B = \{b_1\}$, dann ist die Abbildung $f : A \rightarrow B$ mit $f(a_1) = b_1$ offensichtlich eine Bijektion, da sie injektiv und surjektiv ist. Dies zeigt den Induktionsanfang für $n = 1$, denn es kann keine weitere (bijektive) Abbildung zwischen den einelementigen Mengen A und B geben. Die Induktionsvoraussetzung lautet: Es gibt eine natürliche Zahl $n \in \mathbb{N}$ derart, dass es genau $n!$ Bijektionen zwischen jeder n-elementigen Mengen A und B gibt. Für den Induktionsschritt von n nach $n+1$ betrachten wir die $(n+1)$-elementigen Mengen $A = \{a_1, \ldots, a_n, a_{n+1}\}$ und $B = \{b_1, \ldots, b_n, b_{n+1}\}$. Ist $f : A \rightarrow B$ eine Bijektion, dann gilt $f(a_{n+1}) = b_j$ für genau einen Index $j \in \{1, \ldots, n+1\}$. Die Abbildung $f|_{A \setminus \{a_{n+1}\}} : A \setminus \{a_{n+1}\} \rightarrow B \setminus \{f(a_{n+1})\}$ (Einschränkung der Abbildung f auf die Menge $A \setminus \{a_{n+1}\}$) ist somit eine Bijektion zwischen den beiden n-elementigen Mengen $A \setminus \{a_{n+1}\}$ und $B \setminus \{f(a_{n+1})\}$. Wegen der Induktionsvoraussetzung gibt es daher genau $n!$ verschiedene Bijektionen zwischen $A \setminus \{a_{n+1}\}$ und $B \setminus \{b_j\}$ mit $j \in \{1, \ldots, n+1\}$. Für jedes $j \in \{1, \ldots, n+1\}$ gibt es also genau $n!$ Bijektionen von A nach B mit $a_{n+1} \mapsto b_j$. Insgesamt sind dies also wie gewünscht $(n+1)n! = (n+1)!$ bijektive Abbildungen von A nach B.

(f) Sei stets $z \in \mathbb{C} \setminus \{1\}$ eine beliebige komplexe Zahl. Der Induktionsanfang ist für $n = 1$ erfüllt, denn es gilt

$$\sum_{j=0}^{1} z^j = 1 + z = \frac{(1+z)(1-z)}{1-z} = \frac{1-z^2}{1-z}.$$

Die Induktionsvoraussetzung (IV) lautet: Es existiert eine natürliche Zahl $n \in \mathbb{N}$ mit $\sum_{j=0}^{n} z^j = (1 - z^{n+1})/(1 - z)$. Damit ergibt sich der Induktionsschritt von n nach $n+1$ wie folgt:

$$\sum_{j=0}^{n+1} z^j = z^{n+1} + \sum_{j=0}^{n} z^j \overset{IV}{=} z^{n+1} + \frac{1 - z^{n+1}}{1-z} = \frac{1 - z^{n+1} + (1-z)z^{n+1}}{1-z}.$$

Da aber $1 - z^{n+1} + (1 - z)z^{n+1} = 1 - z^{n+2}$ gilt, vereinfacht sich die rechte Seite zu $(1 - z^{n+2})/(1 - z)$, was schließlich den Induktionsschritt zeigt.

Lösung Aufgabe 33

(a) Für $n = 1$ ist der Induktionsanfang erfüllt, denn wegen $f_0 = 0$, $f_1 = 1$ und $f_2 = 1$ gilt

$$f_{1+1}f_{1-1} - f_1^2 = f_2 f_0 - f_1^2 = -1 = (-1)^1.$$

Die Induktionsvoraussetzung (IV) lautet: Es gibt eine natürliche Zahl $n \in \mathbb{N}$ so, dass $f_{n+1}f_{n-1} - f_n^2 = (-1)^n$ gilt. Wir zeigen nun den Induktionsschritt von n nach $n + 1$. Zunächst gilt

$$\begin{aligned}
f_{n+2}f_n - f_{n+1}^2 &= (f_{n+1} + f_n)f_n - f_{n+1}^2 \\
&= f_{n+1}f_n + f_n^2 - f_{n+1}(f_n + f_{n-1}),
\end{aligned}$$

wobei wir nur die rekursive Vorschrift der Fibonacci-Zahlen genutzt haben. Der letzte Teil lässt sich weiter zu

$$f_{n+1}f_n + f_n^2 - f_{n+1}(f_n + f_{n-1}) = f_n^2 - f_{n+1}f_{n-1} = -(f_{n+1}f_{n-1} - f_n^2)$$

und mit der Induktionsvoraussetzung schließlich zu

$$-(f_{n+1}f_{n-1} - f_n^2) \overset{\text{IV}}{=} -(-1)^n = (-1)^{n+1}$$

umformen.

(b) Der Induktionsanfang ist für $n = 1$ erfüllt, denn es gilt offensichtlich

$$\sum_{j=1}^{1} f_j = f_1 = 1 = 2 - 1 = f_3 - 1.$$

Die Induktionsvoraussetzung (IV) lautet: Es gibt eine natürliche Zahl $n \in \mathbb{N}$ mit $\sum_{j=1}^{n} f_j = f_{n+2} - 1$. Der Induktionsschritt von n nach $n + 1$ ergibt sich durch

$$\sum_{j=1}^{n+1} f_j = f_{n+1} + \sum_{j=1}^{n} f_j \overset{\text{IV}}{=} f_{n+1} + f_{n+2} - 1 = f_{n+3} - 1,$$

wobei wir im letzten Schritt die Bildungsvorschrift der Fibonacci-Folge genutzt haben.

(c) Für $n = 1$ kann man den Induktionsanfang wegen

$$\begin{pmatrix} 1 & 1 \\ 1 & 0 \end{pmatrix} = \begin{pmatrix} f_2 & f_1 \\ f_1 & f_0 \end{pmatrix}$$

direkt ablesen. Wir formulieren die Induktionsvoraussetzung (IV): Es gibt eine natürliche Zahl $n \in \mathbb{N}$ mit

$$\begin{pmatrix} 1 & 1 \\ 1 & 0 \end{pmatrix}^n = \begin{pmatrix} f_{n+1} & f_n \\ f_n & f_{n-1} \end{pmatrix}.$$

Für den Induktionsschritt von n nach $n + 1$ berechnen wir zunächst

$$\begin{pmatrix} 1 & 1 \\ 1 & 0 \end{pmatrix}^{n+1} = \begin{pmatrix} 1 & 1 \\ 1 & 0 \end{pmatrix}^n \cdot \begin{pmatrix} 1 & 1 \\ 1 & 0 \end{pmatrix} \overset{IV}{=} \begin{pmatrix} f_{n+1} & f_n \\ f_n & f_{n-1} \end{pmatrix} \cdot \begin{pmatrix} 1 & 1 \\ 1 & 0 \end{pmatrix}.$$

Weiter gilt

$$\begin{pmatrix} f_{n+1} & f_n \\ f_n & f_{n-1} \end{pmatrix} \cdot \begin{pmatrix} 1 & 1 \\ 1 & 0 \end{pmatrix} = \begin{pmatrix} f_{n+1} + f_n & f_{n+1} \\ f_n + f_{n-1} & f_n \end{pmatrix} = \begin{pmatrix} f_{n+2} & f_{n+1} \\ f_{n+1} & f_n \end{pmatrix},$$

wobei wir im letzten Schritt erneut die rekursive Darstellung der Fibonacci-Zahlen genutzt haben.

Lösung Aufgabe 34 Zunächst gilt für alle $n \in \mathbb{N}$

$$|a_n - 1| = \left| \frac{n+3}{n+2} - 1 \right| = \left| \frac{n+3}{n+2} - \frac{n+2}{n+2} \right| = \frac{n+3-(n+2)}{n+2} = \frac{1}{n+2} \leq \frac{1}{n}.$$

Sei nun $\varepsilon > 0$ beliebig. Mit dem Satz von Archimedes (vgl. Aufgabe 28) finden wir dann eine natürliche Zahl $N \in \mathbb{N}$, die von ε abhängt, mit $1/N < \varepsilon$. Damit folgt für alle $n \geq N$ aber gerade

$$|a_n - 1| = \left| \frac{n+3}{n+2} - 1 \right| \leq \frac{1}{n} \leq \frac{1}{N} < \varepsilon.$$

Wir haben somit gezeigt, dass die Folge $(a_n)_n$ mit $a_n = (n+3)/(n+2)$ gegen 1 konvergiert.

Lösung Aufgabe 35 Für jedes $n \in \mathbb{N}$ gilt mit einer kleinen Rechnung

$$|a_n - (2+\mathrm{i})| = \left| 2 + \frac{1+\mathrm{i}n}{n+1} - (2+\mathrm{i}) \right| = \left| 2 + \frac{1+\mathrm{i}n}{n+1} - \left(2 + \frac{\mathrm{i}(n+1)}{n+1} \right) \right|$$

und somit

$$|a_n - (2+\mathrm{i})| = \left| \frac{1+\mathrm{i}n - \mathrm{i}(n+1)}{n+1} \right| = \frac{|1-\mathrm{i}|}{n+1} = \frac{\sqrt{2}}{n+1} \leq \frac{\sqrt{2}}{n},$$

wobei wir im letzten Teil $|1 - i| = \sqrt{2}$ gerechnet haben. Sei nun $\varepsilon > 0$ beliebig gewählt. Mit dem Satz von Archimedes (vgl. Aufgabe 28) gibt es dann eine natürliche Zahl $N \in \mathbb{N}$ mit $1/N < \varepsilon$. Insbesondere folgt damit für $n \geq 2N$ wie gewünscht

$$|a_n - (2 + \mathrm{i})| \leq \frac{\sqrt{2}}{n} \leq \frac{2}{n} \leq \frac{1}{N} < \varepsilon.$$

Wir haben somit gezeigt, dass die Folge $(a_n)_n$ den Grenzwert $2 + \mathrm{i}$ besitzt.

Lösung Aufgabe 36 Sei zunächst $\varepsilon > 0$ beliebig. Dann gibt es wegen dem Satz von Archimedes eine natürliche Zahl $N \in \mathbb{N}$ mit $1/N < \varepsilon$. Somit folgt

$$|a_n - 0| = \frac{1}{n} \leq \frac{1}{N} < \varepsilon$$

für alle $n \geq N$. Dies aber gerade, dass $(a_n)_n$ gegen Null konvergiert, das heißt, $(a_n)_n$ ist eine Nullfolge.

Lösung Aufgabe 37 Wir überlegen uns auf zwei verschiedene Arten, dass die Folge $(a_n)_n$ mit $a_n = (-1)^n$ nicht konvergent ist.

(a) Angenommen $a = -1$ wäre der Grenzwert der Folge. Wir wählen $\varepsilon = 1$. Da $(a_n)_n$ nur die Werte -1 und 1 annimmt gelten für jede natürliche Zahl $n \in \mathbb{N}$ die Gleichungen $|a_{2n} - a| = 2$ und $|a_{2n+1} - a| = 0$, das heißt, egal wie wir $N \in \mathbb{N}$ wählen, es existiert immer ein Index $n \geq N$ mit $|a_n - a| \geq \varepsilon$. Analog können wir zeigen, dass auch $a = 1$ kein Grenzwert der Folge sein kann. Wir überlegen uns nun schließlich, dass kein Element $a \in \mathbb{R} \setminus \{-1, 1\}$ der Grenzwert von $(a_n)_n$ sein kann. Da die Folge nur zwei Werte annimmt, können wir $\varepsilon = \min\{|a_n - a| \mid n \in \mathbb{N}\} > 0$ setzten. Somit folgt $|a_n - a| \geq \varepsilon$ für alle $n \in \mathbb{N}$, das heißt, $(a_n)_n$ konvergiert auch nicht gegen $a \in \mathbb{R} \setminus \{-1, 1\}$. Die drei Fallunterscheidungen zeigen, dass die Folge $(a_n)_n$ nicht konvergiert.

(b) In diesem Teil verwenden wir das folgende nützliche Resultat: Ist $(b_n)_n$ konvergent mit Grenzwert $b \in \mathbb{R}$, dann konvergieren auch alle Teilfolgen von $(b_n)_n$ gegen b. Können wir also umgekehrt zwei Teilfolgen $(b_{n_j})_j$ und $(b_{n_k})_k$ von $(b_n)_n$ finden, die verschiedene Grenzwerte besitzen, so kann die Folge $(b_n)_n$ nicht konvergent sein. In unserem Fall betrachten wir die Teilfolgen $(a_{n_j})_j$ und $(a_{n_k})_k$ mit $a_{n_j} = (-1)^{2j}$ und $a_{n_k} = (-1)^{2k+1}$. Dann gilt für alle $j, k \in \mathbb{N}$ aber $a_{n_j} = 1$ und $a_{n_k} = -1$, womit insbesondere $\lim_j a_{n_j} = 1$ und $\lim_k a_{n_k} = -1$ folgen. Da die Grenzwerte verschieden sind, haben wir gezeigt, dass die Folge $(a_n)_n$ nicht konvergent ist.

Lösung Aufgabe 38

(a) Der Grenzwert existiert nicht, da die Folge $(a_n)_n$ unbeschränkt ist (vgl. Aufgabe 40). Für jedes $n \in \mathbb{N}$ können wir die Folgenglieder nämlich wie folgt nach unten abschätzen:

$$\frac{6n^3 + 1}{n^2 + 6} \geq \frac{6n^3}{n^2 + 6} \geq \frac{6n^3}{n^2 + n^2} \geq 3n.$$

Alternativ können wir aber auch mit den (erweiterten) Grenzwertsätzen für Folgen

$$\lim_{n \to +\infty} \frac{6n^3 + 1}{n^2 + 6} = \lim_{n \to +\infty} \frac{n^3}{n^2} \cdot \frac{6 + \frac{1}{n^3}}{1 + \frac{6}{n^2}} = \lim_{n \to +\infty} n \cdot \frac{6 + \frac{1}{n^3}}{1 + \frac{6}{n^2}} = +\infty$$

nachrechnen.

(b) Sei $n \in \mathbb{N}$ eine beliebige natürliche Zahl. Wir formen die Folgenglieder zunächst um zu

$$a_n = \left(1 - \frac{1}{n}\right)^2 \left(1 - \frac{1}{n}\right)^{2n-2} = \left(1 - \frac{1}{n}\right)^2 \left(\frac{n-1}{n}\right)^{n-1} \left(\frac{n-1}{n}\right)^{n-1}.$$

Wegen $n/(n - 1) = 1 + 1/(n - 1)$ folgt weiter

$$a_n = \frac{\left(1 - \frac{1}{n}\right)^2}{\left(\frac{n}{n-1}\right)^{n-1} \left(\frac{n}{n-1}\right)^{n-1}} = \frac{\left(1 - \frac{1}{n}\right)^2}{\left(1 + \frac{1}{n-1}\right)^{n-1} \left(1 + \frac{1}{n-1}\right)^{n-1}}.$$

Da aber $\lim_n (1 + 1/n)^n = e$ und $\lim_n (1 - 2/n + 1/n^2) = 1$ gelten, erhalten wir insgesamt

$$\lim_{n \to +\infty} a_n = \lim_{n \to +\infty} \frac{1 - \frac{2}{n} + \frac{1}{n^2}}{\left(1 + \frac{1}{n-1}\right)^{n-1} \left(1 + \frac{1}{n-1}\right)^{n-1}} = \frac{1}{e^2}.$$

(c) Sei $n \in \mathbb{N}$ beliebig gewählt. Wir erweitern zunächst das Folgenglied a_n mit $\sqrt{n+1} + \sqrt{n}$. Mit der dritten binomischen Formel folgt

$$a_n = \sqrt{n} \left(\sqrt{n+1} - \sqrt{n}\right) \frac{\sqrt{n+1} + \sqrt{n}}{\sqrt{n+1} + \sqrt{n}} = \frac{\sqrt{n}(n+1-n)}{\sqrt{n+1} + \sqrt{n}},$$

was wir weiter zu

$$a_n = \frac{\sqrt{n}}{\sqrt{n}\sqrt{1 + \frac{1}{n}} + \sqrt{n}} = \frac{1}{\sqrt{1 + \frac{1}{n}} + 1}$$

vereinfachen können. Wir erhalten somit

$$\lim_{n \to +\infty} \sqrt{n} \left(\sqrt{n+1} - \sqrt{n}\right) = \lim_{n \to +\infty} \frac{1}{\sqrt{1 + \frac{1}{n}} + 1} = \frac{1}{2}.$$

(d) Für die Berechnung dieses Grenzwertes werden wir das sogenannte Sandwich-Theorem nutzen. Zunächst gilt für jedes $n \in \mathbb{N}$ die Ungleichungskette

$$7 = \sqrt[n]{7^n} \leq \sqrt[n]{n + 7^n} \leq \sqrt[n]{7^n + 7^n} = \sqrt[n]{2 \cdot 7^n} = \sqrt[n]{2} \cdot 7,$$

das heißt, $(a_n)_n$ wird durch die Folgen $(b_n)_n$ und $(c_n)_n$ mit $b_n = 7$ und $c_n = \sqrt[n]{2} \cdot 7$ eingeschlossen. Da aber $\lim_n b_n = \lim_n c_n = 7$ gilt, folgt gemäß dem Sandwich-Theorem auch

$$\lim_{n \to +\infty} \sqrt[n]{n + 7^n} = 7.$$

(e) Auch hier nutzen wir das Sandwich-Theorem. Wegen $-1 \leq \sin(n) \leq 1$ für $n \in \mathbb{N}$ folgt direkt

$$\frac{2n - 1}{4n + 2} \leq \frac{2n + \sin(n)}{4n + 2} \leq \frac{2n + 1}{4n + 2}$$

für jedes $n \in \mathbb{N}$. Da aber

$$\lim_{n \to +\infty} \frac{2n \pm 1}{4n + 2} = \lim_{n \to +\infty} \frac{n\left(2 \pm \frac{1}{n}\right)}{n\left(4 \pm \frac{2}{n}\right)} = \lim_{n \to +\infty} \frac{2 \pm \frac{1}{n}}{4 \pm \frac{2}{n}} = 1$$

gilt, folgt somit auch

$$\lim_{n \to +\infty} \frac{2n + \sin(n)}{4n + 2} = 1.$$

(f) Wir zeigen, dass die Folge $(a_n)_n$ nicht konvergiert. Dazu geben wir ähnlich zu der Lösung von Aufgabe 37 zwei Teilfolgen von $(a_n)_n$ an, deren Grenzwerte verschieden sind. Für die Teilfolge $(a_{2n})_n$ der geraden Indizes gilt für jedes $n \in \mathbb{N}$

$$a_{2n} = \frac{1 + 2^{2n}}{1 + 2^{2n} + (-2)^{2n}} = \frac{1 + 2^{2n}}{1 + 2^{2n+1}} = \frac{1 + \frac{1}{2^{2n}}}{2 + \frac{1}{2^{2n}}}.$$

Wir sehen somit, dass diese Teilfolge gegen $1/2$ konvergiert. Für die Teilfolge $(a_{2n+1})_n$ der ungeraden Indizes gilt hingegen

$$a_{2n+1} = \frac{1 + 2^{2n+1}}{1 + 2^{2n+1} + (-2)^{2n+1}} = \frac{1 + 2^{2n+1}}{1 + 2(2^{2n} - 2^{2n})} = 1 + 2^{2n+1}$$

für jedes $n \in \mathbb{N}$. Diese Folge ist unbeschränkt und somit divergent (vgl. Aufgabe 40). Insgesamt haben wir zwei Teilfolgen $(a_{2n})_n$ und $(a_{2n+1})_n$ mit

$$\lim_{n \to +\infty} a_{2n} \neq \lim_{n \to +\infty} a_{2n+1}$$

gefunden. Wir haben damit gezeigt, dass die Folge $(a_n)_n$ nicht konvergiert.

Lösung Aufgabe 39

(a) Wegen Aufgabe 31 (a) und (c) gilt zunächst

$$\sum_{j=0}^{n} j^3 = \sum_{j=1}^{n} j^3 = \left(\sum_{j=1}^{n} j \right)^2 = \left(\frac{n(n+1)}{2} \right)^2 = \frac{n^2(n+1)^2}{4}$$

für alle $n \in \mathbb{N}$. Damit erhalten wir schließlich wie gewünscht

$$\lim_{n \to +\infty} \left(\frac{1}{n^4} \sum_{j=0}^{n} j^3 \right) = \lim_{n \to +\infty} \frac{n^2(n+1)^2}{4n^4} = \lim_{n \to +\infty} \frac{n^2 \left(1 + \frac{2}{n} + \frac{1}{n^2} \right)}{4n^2} = \frac{1}{4}.$$

(b) Bei der Summe $\sum_{j=1}^{n} 1/(j(j+1))$ handelt es sich um eine sogenannte Teleskopsumme. Wegen

$$\frac{1}{j(j+1)} = \frac{1}{j} - \frac{1}{j+1}$$

für $j \in \mathbb{N}$ gilt

$$\sum_{j=1}^{n} \frac{1}{j(j+1)} = \sum_{j=1}^{n} \left(\frac{1}{j} - \frac{1}{j+1} \right)$$

$$= \sum_{j=1}^{n} \frac{1}{j} - \sum_{j=1}^{n} \frac{1}{j+1} = \sum_{j=1}^{n} \frac{1}{j} - \sum_{j=2}^{n+1} \frac{1}{j} = 1 - \frac{1}{n+1},$$

sodass wir wie gewünscht

$$\lim_{n \to +\infty} \left(\sum_{j=1}^{n} \frac{1}{j(j+1)} \right) = \lim_{n \to +\infty} \left(1 - \frac{1}{n+1} \right) = 1$$

erhalten.

Lösung Aufgabe 40 Wir bezeichnen mit $a \in \mathbb{C}$ den Grenzwert der Folge $(a_n)_n \subseteq \mathbb{C}$. Da die Folge $(a_n)_n$ nach Voraussetzung konvergent ist, finden wir zum Beispiel zu $\varepsilon = 1$ eine natürliche Zahl $N \in \mathbb{N}$ mit $|a_n - a| < 1$ für alle $n \geq N$. Mit der Dreiecksungleichung folgt weiter

$$|a_n| = |a - (a - a_n)| \leq |a| + |a_n - a| \leq |a| + 1$$

für jedes $n \geq N$. Wir haben somit gezeigt, dass sich alle bis auf endlich viele (fast alle) Folgenglieder betragsmäßig durch $|a| + 1$ nach oben beschränken lassen. Somit folgt für

$$M = \max\left\{|a_1|, \ldots, |a_N|, |a| + 1\right\} > 0$$

gerade $|a_n| \leq M$ für alle $n \in \mathbb{N}$, das heißt, die Folge $(a_n)_n$ ist beschränkt.

Lösung Aufgabe 41 Sei $\varepsilon > 0$ beliebig gewählt. Da die Folge $(a_n)_n$ gegen a konvergiert, finden wir zu $\varepsilon/2 > 0$ eine natürliche Zahl $N_1 \in \mathbb{N}$ derart, dass $|a_n - a| < \varepsilon/2$ für alle $n \geq N_1$. Genauso finden wir eine natürliche Zahl $N_2 \in \mathbb{N}$ mit $|b_n - b| < \varepsilon/2$ für alle $n \geq N_2$, da die Folge $(b_n)_n$ konvergent mit Grenzwert b ist. Setzen wir $N = \max\{N_1, N_2\}$, so folgt mit der Dreiecksungleichung

$$|a_n + b_n - (a + b)| = |a_n - a + b_n - b| \leq |a_n - a| + |b_n - b| < \frac{\varepsilon}{2} + \frac{\varepsilon}{2}$$

für alle $n \geq N$. Wir haben somit gezeigt, dass es zu jedem $\varepsilon > 0$ eine Zahl $N \in \mathbb{N}$ mit $|a_n + b_n - (a + b)| < \varepsilon$ für $n \geq N$ gibt. Das bedeutet aber gerade $\lim_n (a_n + b_n) = a + b$.

Lösung Aufgabe 42 Da die Folge $(b_n)_n$ beschränkt ist, finden wir eine Zahl $M > 0$ mit $|b_n| \leq M$ für alle $n \in \mathbb{N}$. Sei $\varepsilon > 0$ beliebig gewählt. Da $(a_n)_n$ nach Voraussetzung eine Nullfolge ist, existiert zu $\varepsilon/M > 0$ eine natürliche Zahl $N \in \mathbb{N}$ mit $|a_n| < \varepsilon/M$ für $n \geq N$. Insgesamt folgt somit

$$|a_n b_n| = |a_n|\,|b_n| < \frac{\varepsilon}{M} \cdot M = \varepsilon$$

für alle $n \geq N$, das heißt, wir haben gezeigt, dass $(a_n b_n)_n$ eine Nullfolge ist.

Lösung Aufgabe 43

(a) Sei $\varepsilon > 0$ beliebig gewählt. Da die Folge $(a_n)_n$ nach Voraussetzung gegen a konvergiert, finden wir zu $\varepsilon/2 > 0$ eine natürliche Zahl $N_1 \in \mathbb{N}$ derart, dass $|a_n - a| < \varepsilon/2$ für alle $n \geq N_1$ gilt. Sei nun $n \geq N_1$. Dann gilt zunächst

$$|b_n - a| = \left| \frac{1}{n} \sum_{j=1}^{n} a_j - a \right| = \left| \frac{1}{n} \sum_{j=1}^{n} (a_j - a) \right|$$

$$\leq \frac{1}{n} \sum_{j=1}^{N_1 - 1} |a_j - a| + \frac{1}{n} \sum_{j=N_1}^{n} |a_j - a|,$$

wobei wir im letzten Schritt die Dreiecksungleichung verwendet und die Summe zerlegt haben. Wir schätzen nun die beiden Summanden auf der rechten Seite der obigen Ungleichung geschickt ab. Zunächst folgt aus unseren Vorüberlegungen wegen $n - N_1 + 1 \le n$

$$\frac{1}{n} \sum_{j=N_1}^{n} |a_j - a| < \frac{1}{n} \sum_{j=N_1}^{n} \frac{\varepsilon}{2} = \frac{n - N_1 + 1}{n} \cdot \frac{\varepsilon}{2} \le \frac{\varepsilon}{2}.$$

Um noch die Summe $1/n \sum_{j=1}^{N_1-1} |a_j - a|$ abzuschätzen, bemerken wir zunächst, dass $\sum_{j=1}^{N_1-1} |a_j - a|$ eine Konstante ist, die nicht von n abhängt. Somit gibt es wegen $\lim_n 1/n = 0$ nach dem Archimedischen Prinzip (vgl. Aufgabe 28) zu $\varepsilon/2 > 0$ eine natürliche Zahl $N_2 \in \mathbb{N}$ mit

$$\frac{1}{n} \sum_{j=1}^{N_1-1} |a_j - a| < \frac{\varepsilon}{2}.$$

Setzen wir schließlich $N = \max\{N_1, N_2\}$, so folgt

$$|b_n - a| \le \frac{1}{n} \sum_{j=1}^{N_1-1} |a_j - a| + \frac{1}{n} \sum_{j=N_1}^{n} |a_j - a| < \frac{\varepsilon}{2} + \frac{\varepsilon}{2} = \varepsilon,$$

also $|b_n - a| < \varepsilon$ für alle $n \ge N$. Da wir aber $\varepsilon > 0$ beliebig gewählt haben, zeigt dies wie gewünscht $\lim_n b_n = a$.

(b) Wir betrachten die Folgen $(a_n)_n$ und $(b_n)_n$ mit $a_n = 1/n$ und $b_n = 1/n \sum_{j=1}^{n} 1/j$. Da $(b_n)_n$ das Cesaro-Mittel von $(a_n)_n$ ist und $\lim_n a_n = 0$ gilt, erhalten wir mit Teil (a) dieser Aufgabe

$$\lim_{n \to +\infty} b_n = \lim_{n \to +\infty} \frac{1}{n} \sum_{j=1}^{n} \frac{1}{j} = 0.$$

Lösung Aufgabe 44

(a) Sei $\varepsilon > 0$ beliebig gewählt. Da $(a_n)_n$ gegen a konvergiert, finden wir eine natürliche Zahl $N_1 \in \mathbb{N}$ mit $|a_n - a| < \varepsilon$ für alle $n \ge N_1$. Genauso finden wir $N_2 \in \mathbb{N}$ mit $|b_n - b| < \varepsilon$ für $n \ge N_2$, denn die Folge $(b_n)_n$ konvergiert nach Voraussetzung gegen b. Setzen wir $N = \max\{N_1, N_2\}$, so folgt somit für alle $n \ge N$ gleichzeitig

$$a - \varepsilon < a_n < a + \varepsilon \quad \text{und} \quad b - \varepsilon < b_n < b + \varepsilon.$$

Wir erhalten somit

$$\begin{aligned} \max\{a, b\} - \varepsilon &= \max\{a - \varepsilon, b - \varepsilon\} \\ &< \max\{a_n, b_n\} \\ &< \max\{a + \varepsilon, b + \varepsilon\} = \max\{a, b\} + \varepsilon, \end{aligned}$$

also

$$\max\{a, b\} - \varepsilon < \max\{a_n, b_n\} < \max\{a, b\} + \varepsilon$$

und daher gerade

$$|\max\{a_n, b_n\} - \max\{a, b\}| < \varepsilon$$

für alle $n \geq N$. Da $\varepsilon > 0$ beliebig war, haben wir somit gezeigt, dass die Folge $(\max\{a_n, b_n\})_n$ gegen $\max\{a, b\}$ konvergiert.

(b) Die Behauptung lässt sich ähnlich wie in Teil (a) zeigen. Alternativ können wir uns aber auch überlegen, dass

$$\max\{a_n, b_n\} = \frac{1}{2}(a_n + b_n + |a_n - b_n|)$$

für alle $n \in \mathbb{N}$ gilt. Mit den Grenzwertgesetzen für konvergente Folgen erhalten wir dann wegen $\lim_n a_n = a$, $\lim_n b_n = b$ und $\lim_n a_n \pm b_n = a \pm b$ (vgl. unter anderem Aufgabe 41) wie gewünscht

$$\lim_{n \to +\infty} \max\{a_n, b_n\} = \frac{1}{2}\left(\lim_{n \to +\infty}(a_n + b_n) + \left|\lim_{n \to +\infty}(a_n - b_n)\right|\right)$$

$$= \frac{1}{2}(a + b + |a - b|)$$

$$= \max\{a, b\}.$$

Lösung Aufgabe 45

(a) Seien $s, t \in \mathbb{R}$ beliebig. Dann gilt

$$\left|e^{is} - e^{it}\right| = \left|e^{i\frac{s}{2}}\right|\left|e^{i\frac{s}{2}} - e^{i(t - \frac{s}{2})}\right| = \left|e^{i\frac{s}{2}}e^{i\frac{t}{2}}\right|\left|e^{i(\frac{s}{2} - \frac{t}{2})} - e^{i(\frac{t}{2} - \frac{s}{2})}\right|.$$

Mit der eulerschen Relation und den Symmetrieeigenschaften des Sinus und Kosinus folgen

$$e^{i(\frac{s}{2} - \frac{t}{2})} = \cos\left(\frac{s}{2} - \frac{t}{2}\right) + i\sin\left(\frac{s}{2} - \frac{t}{2}\right)$$

$$e^{i(\frac{t}{2} - \frac{s}{2})} = \cos\left(\frac{t}{2} - \frac{s}{2}\right) + i\sin\left(\frac{t}{2} - \frac{s}{2}\right)$$

$$= \cos\left(\frac{s}{2} - \frac{t}{2}\right) - i\sin\left(\frac{s}{2} - \frac{t}{2}\right).$$

Da $|e^{is/2}| = |e^{it/2}| = 1$ gilt, folgt mit unseren Vorüberlegungen wie gewünscht

$$\left|e^{is} - e^{it}\right| = \left|2i\sin\left(\frac{s - t}{2}\right)\right| = 2\left|\sin\left(\frac{s - t}{2}\right)\right|.$$

(b) Sei $n \in \mathbb{N}$ beliebig. Dann ist der Umfang des n-Ecks gegeben durch

$$U_n = \sum_{j=0}^{n-1} |\xi_{j+1} - \xi_j| = \sum_{j=0}^{n-1} \left| e^{\frac{2\pi i(j+1)}{n}} - e^{\frac{2\pi i j}{n}} \right|,$$

das heißt, U_n ist die Summe der n Verbindungsstrecken der Eckpunkte ξ_j für $0 \leq j < n$. Mit Teil (a) dieser Aufgabe folgt somit

$$U_n = \sum_{j=0}^{n-1} \left| e^{\frac{2\pi i(j+1)}{n}} - e^{\frac{2\pi i j}{n}} \right|$$

$$= \sum_{j=0}^{n-1} 2 \left| \sin\left(\frac{2\pi(j+1) - 2\pi j}{n} \right) \right| = 2n \left| \sin\left(\frac{\pi}{n}\right) \right|.$$

(c) Mit der Reihendarstellung des Kosinus lässt sich zeigen, dass

$$x - \frac{x^3}{6} \leq \sin(x) \leq x$$

für alle $x \in \mathbb{R}$ mit $0 < x < 1$ gilt. Für $x = \pi/n$ und $n \in \mathbb{N}$ hinreichend groß folgt somit

$$2\pi - \frac{2\pi^3}{6n^2} = 2n \left(\frac{\pi}{n} - \frac{\pi^3}{6n^3} \right) \leq 2n \sin\left(\frac{\pi}{n}\right) \leq 2\pi.$$

Da die linke und rechte Seite der Ungleichung für $n \to +\infty$ gegen 2π konvergiert und $\sin(\pi/n) \geq 0$ für großes $n \in \mathbb{N}$ gilt, folgt aus dem Sandwich-Theorem wie gewünscht

$$\lim_{n \to +\infty} U_n = \lim_{n \to +\infty} 2n \left| \sin\left(\frac{\pi}{n}\right) \right| = 2\pi.$$

Für wachsendes $n \in \mathbb{N}$ nähert sich das regelmäßige n-Eck immer weiter dem Einheitskreis an, der einen Umfang von 2π besitzt.

Lösung Aufgabe 46 Sei $\varepsilon > 0$ beliebig und bezeichne $a \in \mathbb{C}$ den Grenzwert von $(a_n)_n$. Da die Folge $(a_n)_n$ gegen a konvergiert, finden wir zu $\varepsilon/2 > 0$ eine natürliche Zahl mit $|a_n - a| < \varepsilon/2$ für alle $n \geq N$. Somit liefert die Dreiecksungleichung

$$|a_n - a_m| = |a_n - a + (a - a_m)| \leq |a_n - a| + |a_m - a| < \frac{\varepsilon}{2} + \frac{\varepsilon}{2}$$

für alle $m, n \geq N$. Wir haben somit zu einer beliebig gewählten Zahl $\varepsilon > 0$ einen Index $N \in \mathbb{N}$ derart gefunden, dass $|a_n - a_m| < \varepsilon$ für alle $m, n \geq N$ gilt. Somit ist $(a_n)_n$ eine Cauchy-Folge.

Lösung Aufgabe 47 Sei $\varepsilon > 0$ beliebig gewählt. Seien weiter $m, n \in \mathbb{N}$ natürliche Zahlen mit $m > n$. Dann können wir wie folgt abschätzen:

$$|a_m - a_n| = \left| \sum_{j=n}^{m-1} (a_{j+1} - a_j) \right| \leq \sum_{j=n}^{m-1} |a_{j+1} - a_j| \leq \sum_{j=n}^{m-1} q^j = q^n \sum_{j=0}^{m-n-1} q^j.$$

Mit Aufgabe 32 (f) folgt

$$q^n \sum_{j=0}^{m-n-1} q^j = \frac{q^n(1 - q^{m-n})}{1 - q} \leq \frac{q^n}{1 - q},$$

wobei wir $q^{m-n} < 1$ für alle $m, n \in \mathbb{N}$ mit $m > n$ genutzt haben. Da aber wegen $q \in [0, 1)$ gerade $\lim_n q^n/(1 - q) = 0$ gilt, existiert eine natürliche Zahl $N \in \mathbb{N}$ mit $q^n/(1 - q) < \varepsilon$ für alle $n \geq N$. Wir haben somit gezeigt, dass zu beliebig gewähltem $\varepsilon > 0$ ein Index $N \in \mathbb{N}$ so existiert, dass

$$|a_m - a_n| \leq \frac{q^n}{1 - q} < \varepsilon$$

für alle $m > n \geq N$ gilt. Somit ist die Folge $(a_n)_n$ wie gewünscht eine Cauchy-Folge.

Lösung Aufgabe 48 Wir überlegen uns zuerst, dass die Folge $(a_n)_n$ monoton wachsend ist. Für jedes $n \in \mathbb{N}$ gilt nämlich $a_n > 0$ und daher

$$a_n < a_n + a_n^2 = a_{n+1}.$$

Weiter ist $(a_n)_n$ keine Cauchy-Folge, denn wählen wir $\varepsilon = 1$, dann gilt für jedes $n \in \mathbb{N}$ gerade

$$|a_{n+1} - a_n| = (a_n^2 + a_n) - a_n = a_n^2 \geq a_1^2 = \varepsilon,$$

wobei in die letzte Ungleichung die Monotone der Folge eingeht. Da $\mathbb{R}$ vollständig ist, das heißt, jede Cauchy-Folge ist konvergent (und umgekehrt), kann $(a_n)_n$ nicht konvergieren. Mit Aufgabe 40 folgt weiter, dass die Folge unbeschränkt ist.

Lösung Aufgabe 49 Wir überlegen uns auf zwei verschiedene Weisen, dass die Folge $(a_n)_n$ gegen 2/3 konvergiert.

(a) Sei $n \in \mathbb{N}$ mit $n \geq 3$ beliebig. Indem wir mehrfach die Darstellung der Folge nutzen, erhalten wir

$$a_{n+1} - a_n = \ldots = \frac{1}{2}(a_n - a_{n-1}) - a_n = -\frac{1}{2}(a_n - a_{n-1}). \qquad (18.1)$$

Wir wenden (18.1) induktiv an und erhalten

$$a_{n+1} - a_n = \left(-\frac{1}{2}\right)^{n-1}(a_2 - a_1) = \left(-\frac{1}{2}\right)^{n-1}. \tag{18.2}$$

Indem wir die rekursive Darstellung der Folge als

$$a_{n+1} + \frac{1}{2}a_n = a_n + \frac{1}{2}a_{n-1}$$

schreiben, folgt wieder induktiv

$$a_{n+1} + \frac{1}{2}a_n = a_n + \frac{1}{2}a_{n-1} = a_{n-1} + \frac{1}{2}a_{n-2} = \ldots = a_2 + \frac{1}{2}a_1 = 1. \tag{18.3}$$

Subtrahieren wir nun die Gleichungen (18.2) und (18.3), so folgt schließlich

$$a_n = \frac{2}{3} + \frac{2}{3}\left(-\frac{1}{2}\right)^{n-1}$$

und somit wie gewünscht

$$\lim_{n\to+\infty} a_n = \lim_{n\to+\infty}\left(\frac{2}{3} + \frac{2}{3}\left(-\frac{1}{2}\right)^{n-1}\right) = \frac{2}{3} + \lim_{n\to+\infty}\frac{2}{3}\left(-\frac{1}{2}\right)^{n-1} = \frac{2}{3}.$$

(b) Sei erneut $n \in \mathbb{N}$ mit $n \geq 3$ eine beliebige natürliche Zahl. Aus der rekursiven Darstellung der Folge folgt direkt

$$a_{n+1} = \frac{1}{2}a_n + \frac{1}{2}a_{n-1}$$
$$a_{n+2} = \frac{1}{2}a_{n+1} + \frac{1}{2}a_n = \frac{1}{2}\left(\frac{1}{2}a_n + \frac{1}{2}a_{n-1}\right) + \frac{1}{2}a_n = \frac{3}{4}a_n + \frac{1}{4}a_{n-1}.$$

Setzen wir $b_n = (a_{n-1}, a_n)$, so erhalten wir mit einer kleinen Rechnung

$$b_{n+2} = \begin{pmatrix} \frac{1}{2} & \frac{1}{2} \\ \frac{1}{4} & \frac{3}{4} \end{pmatrix} b_n.$$

Wir bezeichnen die obige Matrix mit A. Man kann zeigen, dass A diagonalisierbar ist, das heißt es gibt Matrizen D und S mit $A = SDS^{-1}$. Mit einer kleinen Rechnung folgen

$$S = \begin{pmatrix} -2 & 1 \\ 1 & 1 \end{pmatrix}, \quad D = \begin{pmatrix} \frac{1}{4} & 0 \\ 0 & 1 \end{pmatrix} \quad \text{und} \quad S^{-1} = \begin{pmatrix} \frac{1}{3} & \frac{2}{3} \\ \frac{1}{3} & \frac{2}{3} \end{pmatrix}.$$

Wegen

$$A^2 = (SDS^{-1})^2 = SDS^{-1}SDS^{-1} = SD^2 S^{-1}$$

erhalten wir induktiv $A^n = SD^n S^{-1}$ und somit

$$b_{2n+1} = Ab_{2n-1} = A^2 b_{2n-3} = \ldots = A^n b_1 = SD^n S^{-1} b_1.$$

Dies zeigt schließlich

$$\lim_{n \to +\infty} (a_{2n}, a_{2n+1}) = \lim_{n \to +\infty} SD^n S^{-1}(a_0, a_1)$$

$$= \begin{pmatrix} \frac{1}{3} & \frac{2}{3} \\ \frac{1}{3} & \frac{2}{3} \end{pmatrix} (0, 1) = \left(\frac{2}{3}, \frac{2}{3} \right),$$

also $\lim_n a_{2n} = 2/3$ und $\lim_n a_{2n+1} = 2/3$. Dies bedeutet aber gerade, dass die gesamte Folge $(a_n)_n$ gegen $2/3$ konvergiert.

Lösung Aufgabe 50

(a) Wegen $1! = 1$, $2! = 2$, $3! = 6$, $4! = 24$ und $5! = 120$ sehen wir, dass die Folge $(a_n)_n$ beispielsweise durch $a_n = 1/n!$ definiert werden kann (explizite Darstellung). Für die implizite Darstellung bemerken wir zunächst, dass $n! = n \cdot (n-1)!$ für $n \in \mathbb{N}$ gilt. Somit folgt

$$a_n = \frac{1}{n!} = \frac{1}{n} \cdot \frac{1}{(n-1)!} = \frac{1}{n} a_{n-1},$$

also $a_n = 1/n a_{n-1}$ für $n \in \mathbb{N}$, $n \geq 2$ und $a_1 = 1$.

(b) Wir überlegen uns, dass $(a_n)_n$ eine Nullfolge ist. Dies folgt aber unmittelbar aus der Abschätzung $a_n \leq 1/n$ für $n \in \mathbb{N}$ und dem Satz von Archimedes.

Lösung Aufgabe 51 Im Folgenden werden wir zeigen, dass $(a_n)_n$ monoton fallend, beschränkt und somit konvergent ist.

(a) Wegen $b_n < 1$ für alle $n \in \mathbb{N}$ folgt sofort

$$a_{n+1} = b_1 \cdot \ldots \cdot b_n \cdot b_{n+1} < b_1 \cdot \ldots \cdot b_n = a_n,$$

also $a_{n+1} < a_n$ für jedes $n \in \mathbb{N}$. Somit ist die Folge $(a_n)_n$ streng monoton fallend.

(b) Jedes Folgenglied von $(a_n)_n$ ist Produkt von Zahlen, die echt kleiner als 1 sind. Wir erhalten somit

$$|a_n| = |b_1| \cdot \ldots \cdot |b_n| < 1 \cdot \ldots \cdot 1 = 1$$

für jedes $n \in \mathbb{N}$, was zeigt, dass die Folge $(a_n)_n$ beschränkt ist:

(c) Da wir in den Teilen (a) und (b) gezeigt haben, dass die Folge $(a_n)_n$ monoton fallend und beschränkt ist, ist die Folge somit konvergent.

Lösung Aufgabe 52 Wir werden zeigen, dass $(a_n)_n$ monoton fallend und nach unten beschränkt ist. Damit folgt, dass $(a_n)_n$ konvergent ist und wir können mit Hilfe der rekursiven Darstellung der Folge den Grenzwert bestimmen. Zur Übersicht unterteilen wir den Beweis in drei Teile:

(a) Wir zeigen zunächst die Ungleichung $a_n^2 > 2$ für alle $n \in \mathbb{N}$ mit vollständiger Induktion. Für $n = 1$ gilt $a_1^2 = 4 > 2$, was den Induktionsanfang zeigt. Die Induktionsvoraussetzung (IV) lautet: Es gibt eine natürliche Zahl $n \in \mathbb{N}$ mit $a_n^2 > 2$. Den Induktionsschritt von n nach $n + 1$ zeigen wir wie folgt:

$$a_{n+1}^2 - 2 = \frac{1}{4}\left(a_n + \frac{2}{a_n}\right)^2 - 2 = \frac{1}{4}\left(a_n^2 - 4 + \frac{4}{a_n^2}\right) = \frac{(a_n^2 - 2)^2}{4a_n^2} \overset{\text{IV}}{>} 0.$$

Dabei haben wir im letzten Teil die Induktionsvoraussetzung verwendet. Dies zeigt, dass die Folge $(a_n)_n$ nach unten beschränkt ist.

(b) Wir zeigen nun, dass die Folge $(a_n)_n$ monoton fallend ist, das heißt, dass $a_{n+1} < a_n$ für alle $n \in \mathbb{N}$ gilt. Dies ist aber wegen

$$a_n - a_{n+1} = a_n - \frac{1}{2}\left(a_n + \frac{2}{a_n}\right) = \frac{1}{2}\left(a_n - \frac{2}{a_n}\right) = \frac{a_n^2 - 2}{2a_n} \overset{\text{(a)}}{>} 0$$

für jedes $n \in \mathbb{N}$ direkt erfüllt.

(c) Da wir in den Teilen (a) und (b) gezeigt haben, dass $(a_n)_n$ monoton fallend und nach unten beschränkt ist, wissen wir, dass die Folge konvergiert. Es gibt also $a \in \mathbb{R}$ mit $\lim_n a_n = a$. Aus den Grenzwertsätzen für Folgen folgern wir daher, dass dann auch die Folge $(b_n)_n$ mit $b_n = 1/2(a_n + 2/a_n)$ konvergiert und den Grenzwert $1/2(a + 2/a)$ besitzt. Da aber auch $\lim_n a_{n+1} = a$ gilt, können wir in der rekursiven Darstellung der Folge $(a_n)_n$ auf beiden Seiten zum Grenzwert übergehen. Damit folgt

$$a = \lim_{n \to +\infty} a_{n+1} = \lim_{n \to +\infty} \frac{1}{2}\left(a_n + \frac{2}{a_n}\right) = \frac{1}{2}\left(a + \frac{2}{a}\right),$$

das heißt der Grenzwert $a \in \mathbb{R}$ der Folge $(a_n)_n$ erfüllt

$$a = \frac{1}{2}\left(a + \frac{2}{a}\right).$$

Somit folgt entweder $a = \sqrt{2}$ oder $a = -\sqrt{2}$. Jedoch ist $a = -\sqrt{2}$ nicht möglich, da alle Folgenglieder von $(a_n)_n$ positiv sind, womit auch der Grenzwert der Folge positiv sein muss. Wir haben somit wie gewünscht

$$\lim_{n \to +\infty} a_n = \sqrt{2}$$

gezeigt.

Lösung Aufgabe 53 Es gibt – je nach Definition des Limes Inferiors und Limes Superiors – verschiedene Möglichkeiten die vorliegende Aufgabe zu lösen. Im Folgenden nutzen wir die Definitionen

$$\liminf_{n \to +\infty} a_n = \lim_{n \to +\infty} \inf_{k \in \mathbb{N}:\, k \geq n} a_k \quad \text{und} \quad \limsup_{n \to +\infty} a_n = \lim_{n \to +\infty} \sup_{k \in \mathbb{N}:\, k \geq n} a_k.$$

(a) Die Folge $(a_n)_n$ mit $a_n = 1 + (-1)^n$ nimmt lediglich die Werte 0 und 2 an. Somit gilt für jedes $n \in \mathbb{N}$

$$\inf_{k \in \mathbb{N}:\, k \geq n} \left(1 + (-1)^k\right) = \inf\left\{1 + (-1)^k \mid k \in \mathbb{N},\ k \geq n\right\} = \inf\{0, 2\}$$

und daher

$$\liminf_{n \to +\infty} a_n = \lim_{n \to +\infty} \inf\{0, 2\} = \lim_{n \to +\infty} 0 = 0.$$

Analog folgt $\limsup_n a_n = 2$, denn für $n \in \mathbb{N}$ gilt

$$\sup_{k \in \mathbb{N}:\, k \geq n} \left(1 + (-1)^k\right) = \sup\left\{1 + (-1)^k \mid k \in \mathbb{N},\ k \geq n\right\} = \sup\{0, 2\}.$$

(b) Offensichtlich konvergiert die Folge $(a_n)_n$ mit $a_n = 1/(2n) + 1/(2n + 1)$ gegen Null. Somit stimmen der Grenzwert, der Limes Inferior sowie der Limes Superior überein, das heißt, wir erhalten direkt

$$\liminf_{n \to +\infty} a_n = \lim_{n \to +\infty} a_n = \limsup_{n \to +\infty} a_n = 0.$$

Lösung Aufgabe 54 Gemäß der Definition des Limes Inferiors gilt

$$\liminf_{n \to +\infty} (-a_n) = \lim_{n \to +\infty} \inf_{k \in \mathbb{N}:\, k \geq n} (-a_k),$$

wobei $\inf_{k \in \mathbb{N}: \ k \geq n}(-a_k) = \inf\{-a_k \mid k \in \mathbb{N}, \ k \geq n\}$ für $n \in \mathbb{N}$. Mit den Rechengesetzen für das Infimum folgt $\inf_{k \in \mathbb{N}: \ k \geq n}(-a_k) = -\sup_{k \in \mathbb{N}: \ k \geq n} a_k$ und somit wie gewünscht

$$\liminf_{n \to +\infty}(-a_n) = \lim_{n \to +\infty}\left(-\sup_{k \in \mathbb{N}: \ k \geq n} a_k\right)$$
$$= -\lim_{n \to +\infty} \sup_{k \in \mathbb{N}: \ k \geq n} a_k$$
$$= -\limsup_{n \to +\infty} a_n.$$

Lösung Aufgabe 55 Wegen $0 \leq 1 + (-1)^n \leq 2$ für $n \in \mathbb{N}$ folgt mit einer kleinen Rechnung

$$\frac{1}{2^{n+1}+1} = \frac{2^{n+1} \cdot 0 + 1}{2^n \cdot 2 + 1} \leq \frac{2^{n+1}(1+(-1)^{n+1})+1}{2^n(1+(-1)^n)+1} \leq \frac{2^{n+1} \cdot 2 + 1}{2^n \cdot 0 + 1} = 2^{n+2}+1,$$

also

$$\frac{1}{2^{n+1}+1} \leq \frac{a_{n+1}}{a_n} \leq 2^{n+2}+1$$

für jedes $n \in \mathbb{N}$. Wir können daher direkt ablesen, dass $\liminf_n a_{n+1}/a_n = 0$ und $\limsup_n a_{n+1}/a_n = +\infty$ gelten. Wegen $1 \leq a_n \leq 2^{n+1}+1$ für $n \in \mathbb{N}$ folgt aus der Monotonie der Wurzelfunktion $x \mapsto \sqrt[n]{x}$ insbesondere

$$1 \leq \sqrt[n]{a_n} \leq \sqrt[n]{2^{n+1}+1},$$

sodass wir schließlich $\liminf_n \sqrt[n]{a_n} = 1$ und $\limsup_n \sqrt[n]{a_n} = 2$ erhalten. Wegen $0 < 1 < 2 < +\infty$ haben wir somit die gewünschte Ungleichungskette nachgewiesen.

Lösungen Reihen

Lösung Aufgabe 56

(a) Der Umfang des ersten Halbkreises beträgt $\pi d/2$. Da sich der Durchmesser des zweiten Halbkreises halbiert, besitzt dieser einen Umfang von $\pi d/4$. Wir erhalten also insgesamt eine Gesamtlänge der geschlängelten Linie von

$$\sum_{n=1}^{+\infty} \frac{\pi d}{2^n}.$$

Bei dieser Reihe handelt es sich um eine geometrische Reihen, deren Reihenwert sich exakt bestimmen lässt. Ist nämlich $\sum_{n=0}^{+\infty} q^n$ eine geometrische Reihe mit $|q| < 1$, so ist diese konvergent und besitzt den Reihenwert $1/(1-q)$. Wir erhalten somit

$$\sum_{n=1}^{+\infty} \frac{\pi d}{2^n} = \pi d \sum_{n=1}^{+\infty} \left(\frac{1}{2}\right)^n = \pi d \left(\sum_{n=0}^{+\infty} \left(\frac{1}{2}\right)^n - 1\right) = \pi d \left(\frac{1}{1-\frac{1}{2}} - 1\right) = \pi d.$$

(b) Der Flächeninhalt des ersten Halbkreises beträgt $\pi d^2/2^3$. Da sich der Durchmesser des zweiten Halbkreises halbiert, folgt für den Flächeninhalt des zweiten Halbkreises also gerade $\pi d^2/2^5$. Die Gesamtfläche, die durch die Halbkreise eingeschlossen wird, beträgt demnach

$$\sum_{n=1}^{+\infty} \frac{\pi d^2}{2^{2n+1}}.$$

Bei dieser Reihe handelt es sich ebenfalls um eine geometrische Reihe, deren Reihenwert wir wie folgt explizit bestimmen können:

$$\sum_{n=1}^{+\infty} \frac{\pi d^2}{2^{2n+1}} = \frac{\pi d^2}{2} \sum_{n=1}^{+\infty} \left(\frac{1}{2}\right)^{2n} = \frac{\pi d^2}{2} \sum_{n=1}^{+\infty} \left(\frac{1}{4}\right)^n.$$

Mit einer Indexverschiebung folgt schließlich

$$\frac{\pi d^2}{2} \sum_{n=1}^{+\infty} \left(\frac{1}{4}\right)^n = \frac{\pi d^2}{2} \left(\sum_{n=0}^{+\infty} \left(\frac{1}{4}\right)^n - 1\right) = \frac{\pi d^2}{2} \left(\frac{1}{1-\frac{1}{4}} - 1\right) = \frac{\pi d^2}{6}.$$

Lösung Aufgabe 57

(a) Die Reihe konvergiert gemäß dem Wurzel- und Quotientenkriterium. Wir setzen dazu $x_n = (1/7)^n$ für $n \in \mathbb{N}_0$.

(α) Offensichtlich gilt $\sqrt[n]{|x_n|} = 1/7$ für jedes $n \in \mathbb{N}_0$, womit wir

$$\limsup_{n \to +\infty} \sqrt[n]{|x_n|} = \limsup_{n \to +\infty} \frac{1}{7} = \frac{1}{7}$$

erhalten. Wegen $\limsup_n \sqrt[n]{|x_n|} < 1$ konvergiert die Reihe daher nach dem Wurzelkriterium.

(β) Für $n \in \mathbb{N}_0$ gilt $x_{n+1}/x_n = 1/7$. Wir erhalten somit

$$\limsup_{n \to +\infty} \left|\frac{x_{n+1}}{x_n}\right| = \limsup_{n \to +\infty} \frac{1}{7} = \frac{1}{7}.$$

Wegen $\limsup_n |x_{n+1}/x_n| < 1$ konvergiert die Reihe nach dem Quotientenkriterium.

(b) Die Reihe ist eine konvergente Teleskopreihe, die gemäß dem Cauchy-Kriterium konvergiert.

(α) Wir bemerken zunächst, dass

$$\frac{1}{n(n+1)} = \frac{1}{n} - \frac{1}{n+1}$$

für $n \in \mathbb{N}$ gilt. Somit folgt für jede natürliche Zahl $N \in \mathbb{N}$

$$\sum_{n=1}^{N} \frac{1}{n(n+1)} = \sum_{n=1}^{N} \left(\frac{1}{n} - \frac{1}{n+1}\right)$$

$$= \sum_{n=1}^{N} \frac{1}{n} - \sum_{n=1}^{N} \frac{1}{n+1} = 1 + \sum_{n=2}^{N} \frac{1}{n} - \left(\sum_{n=2}^{N} \frac{1}{n} + \frac{1}{N+1}\right),$$

also gerade (Teleskopsumme)

$$\sum_{n=1}^{N} \frac{1}{n(n+1)} = 1 - \frac{1}{N+1}.$$

Die Glieder der Reihe heben sich also paarweise auf. Insgesamt erhalten wir somit

$$\sum_{n=1}^{+\infty} \frac{1}{n(n+1)} = \lim_{N\to+\infty} \sum_{n=1}^{N} \frac{1}{n(n+1)} = \lim_{N\to+\infty} \left(1 - \frac{1}{N+1}\right) = 1.$$

(β) Sei $\varepsilon > 0$ beliebig. Setzen wir $s_n = \sum_{j=1}^{n} 1/(j(j+1))$ für $n \in \mathbb{N}$, so folgt mit einer kleinen Rechnung

$$|s_m - s_n| = \left| \sum_{j=n+1}^{m} \frac{1}{j(j+1)} \right| = \left| \sum_{j=n+1}^{m} \left(\frac{1}{j} - \frac{1}{j+1} \right) \right| = \frac{1}{n+1} - \frac{1}{m+1}$$

und somit $|s_m - s_n| < 1/(n+1)$ für alle $m, n \in \mathbb{N}$. Mit dem Satz von Archimedes existiert dann eine natürliche Zahl $N \in \mathbb{N}$ mit $1/N < \varepsilon$. Daher folgt für alle $m > n > N$ gerade

$$|s_m - s_n| < \frac{1}{n+1} \leq \frac{1}{N} < \varepsilon,$$

das heißt, $(s_n)_n$ ist eine Cauchy-Folge. Somit konvergiert die Reihe $\sum_{n=1}^{+\infty} 1/((n(n+1))$ nach dem Cauchy-Kriterium (vgl. Aufgabe 60).

(c) Die Reihe ist gemäß dem notwendigen Konvergenzkriterium divergent. Wir betrachten die Folge $(x_n)_n$ mit $x_n = (1 - 1/n)^n$. Diese ist wegen

$$\lim_{n\to+\infty} x_n = \lim_{n\to+\infty} \left(1 - \frac{1}{n}\right)^n = \frac{1}{e}$$

keine Nullfolge. Somit ist die Reihe $\sum_{n=1}^{+\infty} (1 - 1/n)^n$ divergent.

(d) Die Reihe konvergiert gemäß dem Majorantenkriterium. Offensichtlich gilt

$$\frac{1}{n^3} \leq \frac{1}{n^2} \tag{19.1}$$

für alle $n \in \mathbb{N}$. Wir überlegen uns daher, dass die Reihe (Majorante) $\sum_{n=1}^{+\infty} 1/n^2$ konvergent ist. Ähnlich wie in Teil (b) dieser Aufgabe können wir für jedes $N \in \mathbb{N}$ wie folgt abschätzen:

$$\sum_{n=1}^{N} \frac{1}{n^2} = 1 + \sum_{n=2}^{N} \frac{1}{n^2} \leq 1 + \sum_{n=2}^{N} \frac{1}{n(n-1)} = 1 + \sum_{n=2}^{N} \left(\frac{1}{n-1} - \frac{1}{n} \right) \overset{(b)}{=} 2 - \frac{1}{N}.$$

Wir erhalten somit

$$\sum_{n=1}^{+\infty} \frac{1}{n^2} = \lim_{N \to +\infty} \sum_{n=1}^{N} \frac{1}{n^2} \leq \lim_{N \to +\infty} \left(2 - \frac{1}{N} \right) = 2,$$

das heißt, die Reihe $\sum_{n=1}^{+\infty} 1/n^2$ konvergiert. Gemäß dem Majorantenkriterium ist wegen Abschätzung (19.1) somit auch die Reihe $\sum_{n=1}^{+\infty} 1/n^3$ konvergent.

(e) Die Reihe konvergiert gemäß dem Wurzel- und Quotientenkriterium. Wir setzen dazu $x_n = 2^n/n!$ für $n \in \mathbb{N}_0$.

(α) Offensichtlich gilt $\sqrt[n]{|x_n|} = 2/\sqrt[n]{n!}$ für jedes $n \in \mathbb{N}_0$. Wegen $\lim_n \sqrt[n]{n!} = +\infty$ folgt daher mit den erweiterten Grenzwertsätzen

$$\limsup_{n \to +\infty} \sqrt[n]{|x_n|} = \limsup_{n \to +\infty} \frac{2}{\sqrt[n]{n!}} = 0.$$

Wegen $\limsup_n \sqrt[n]{|x_n|} < 1$ konvergiert die Reihe somit nach dem Wurzelkriterium.

(β) Mit einer kleinen Rechnung folgt

$$\limsup_{n \to +\infty} \left| \frac{x_{n+1}}{x_n} \right| = \limsup_{n \to +\infty} \frac{2^{n+1} n!}{2^n (n+1)!} = \limsup_{n \to +\infty} \frac{2}{n+1} = 0,$$

sodass die Reihe wegen $\limsup_n |x_{n+1}/x_n| < 1$ nach dem Quotientenkriterium konvergiert.

(f) Die Reihe konvergiert gemäß dem Majorantenkriterium. Wir setzen $x_n = (n+3)/(n(n+1)(n+2))$ für $n \in \mathbb{N}$. Offensichtlich gelten für alle $n \in \mathbb{N}$ mit $n \geq 3$ die elementaren Ungleichungen $n < n+1$, $n < n+2$ und $n+3 < 2n$, sodass wir die Abschätzung

$$x_n = \frac{n+3}{n(n+1)(n+2)} < \frac{n+3}{n^3} < \frac{2n}{n^3} = \frac{2}{n^2}$$

für $n \geq 3$ erhalten. Da aber $\sum_{n=1}^{+\infty} 1/n^2$ gemäß Teil (d) dieser Aufgabe konvergiert, ist die Reihe $\sum_{n=1}^{+\infty} 2/n^2$ eine konvergente Majorante für $\sum_{n=1}^{+\infty} (n+3)/(n(n+1)(n+2))$.

Lösung Aufgabe 58

(a) Die Reihe konvergiert gemäß dem Wurzelkriterium. Setzen wir $x_n = ((1+2^n)/2^{n+1})^n$ für $n \in \mathbb{N}$, so folgt

$$\limsup_{n \to +\infty} \sqrt[n]{|x_n|} = \limsup_{n \to +\infty} \frac{1+2^n}{2^{n+1}} = \limsup_{n \to +\infty} \frac{2^{-n}+1}{2} = \frac{1}{2}.$$

Die Reihe ist somit wegen $\limsup_n \sqrt[n]{|x_n|} < 1$ nach dem Quotientenkriterium konvergent.

(b) Die alternierende Reihe konvergiert gemäß dem Leibniz-Kriterium. Wegen $\cos(n\pi) = 1$ für gerade $n \in \mathbb{N}$ und $\cos(n\pi) = -1$ für ungerade $n \in \mathbb{N}$ ist die Reihe alternierend. Setzen wir $x_n = 1/2^n$ für $n \in \mathbb{N}$ so folgt stets $x_{n+1} < x_n$ für $n \in \mathbb{N}$, das heißt, $(x_n)_n$ ist monoton fallend. Da die Folge $(x_n)_n$ aber offensichtlich eine Nullfolge ist, konvergiert die alternierende Reihe $\sum_{n=1}^{+\infty}(-1)^n x_n$ gemäß dem Leibniz-Kriterium.

(c) Die Reihe konvergiert gemäß dem Quotientenkriterium. Setzen wir $x_n = (n!)^2/(2n)!$ für $n \in \mathbb{N}$, so folgt zunächst mit einer kleinen Rechnung

$$\left| \frac{x_{n+1}}{x_n} \right| = \frac{((n+1)!)^2(2n)!}{(2n+2)!(n!)^2} = \frac{(n+1)^2}{(2n+1)(2n+2)} = \frac{n+1}{2(2n+1)}$$

für $n \in \mathbb{N}$. Somit erhalten wir

$$\limsup_{n \to +\infty} \left| \frac{x_{n+1}}{x_n} \right| = \limsup_{n \to +\infty} \frac{n+1}{2(2n+1)} = \frac{1}{4}.$$

Wegen $\limsup_n |x_{n+1}/x_n| < 1$ ist die Reihe nach dem Quotientenkriterium konvergent.

(d) Die Reihe divergiert gemäß dem notwendigen Konvergenzkriterium und Quotientenkriterium. Wir setzen zunächst $x_n = e^n/n$ für $n \in \mathbb{N}$.

(α) Wegen $\lim_n x_n = +\infty$ ist das notwendige Konvergenzkriterium verletzt, denn $(x_n)_n$ ist keine Nullfolge. Somit ist die Reihe divergent.

(β) Wegen $\lim_n n/(n+1) = 1$ folgt

$$\limsup_{n \to +\infty} \left| \frac{x_{n+1}}{x_n} \right| = \limsup_{n \to +\infty} \frac{e^{n+1}n}{e^n(n+1)} = e \limsup_{n \to +\infty} \frac{n}{n+1} = e.$$

Da $\limsup_n |x_{n+1}/x_n| > 1$ gilt, ist die Reihe gemäß dem Quotientenkriterium divergent.

Lösung Aufgabe 59

(a) Die Reihe konvergiert gemäß dem Quotientenkriterium. Wir setzen dazu $x_n = n!/n^n$ für $n \in \mathbb{N}_0$. Dann gilt

$$\frac{x_{n+1}}{x_n} = \frac{n^n(n+1)!}{(n+1)^{n+1}n!} = \left(\frac{n}{n+1} \right)^n = \left(1 - \frac{1}{n} \right)^n$$

für $n \in \mathbb{N}$, sodass wir insgesamt

$$\limsup_{n \to +\infty} \left| \frac{x_{n+1}}{x_n} \right| = \limsup_{n \to +\infty} \left(1 - \frac{1}{n} \right)^n = \frac{1}{e}$$

erhalten. Wegen $\limsup_n |x_{n+1}/x_n| < 1$ ist die Reihe somit nach dem Quotientenkriterium konvergent.

(b) Die Reihe konvergiert gemäß dem Quotienten- und Majorantenkriterium. Wir definieren dazu zunächst $x_n = (2n - 6)/(3^n(3n + 4))$ für $n \in \mathbb{N}$.

(α) Mit einer kleinen Rechnung folgt für jedes $n \in \mathbb{N}$

$$\frac{x_{n+1}}{x_n} = \frac{(2n - 4)(3n + 4)}{3(2n - 6)(3n + 7)}.$$

Wegen $\lim_n (2n - 4)/(2n - 6) = 1$ und $\lim_n (3n + 4)/(3n + 7) = 1$ folgt somit mit den Grenzwertsätzen für konvergente Folgen

$$\limsup_{n \to +\infty} \left| \frac{x_{n+1}}{x_n} \right| = \frac{1}{3} \limsup_{n \to +\infty} \frac{|2n - 4||3n + 4|}{|2n - 6||3n + 7|} = \frac{1}{3}.$$

Da $\limsup_n |x_{n+1}/x_n| < 1$ gilt, ist die Reihe gemäß dem Quotientenkriterium konvergent.

(β) Wir bemerken zunächst, dass für alle $n \in \mathbb{N}$ die Abschätzung

$$\frac{2n - 6}{3n + 4} < \frac{2n}{3n + 4} < \frac{2n}{3n} = \frac{2}{3}$$

gilt. Somit folgt $|x_n| < 2/3^{n+1}$ für $n \in \mathbb{N}$. Da die geometrische Reihe $\sum_{n=1}^{+\infty} 2/3^{n+1}$ konvergent ist, folgt aus dem Majorantenkriterium, dass auch die Reihe $\sum_{n=1}^{+\infty} x_n$ konvergent ist.

(c) Die Reihe divergiert gemäß dem Leibniz-Kriterium. Setzen wir $x_n = 1 - 1/n^2$ für $n \in \mathbb{N}$, so folgt direkt $\lim_n x_n = 1$. Damit ist die Folge $(x_n)_n$ keine Nullfolge und die Reihe $\sum_{n=1}^{+\infty} (-1)^n x_n$ somit nach dem Leibniz-Kriterium divergent.

(d) Die Reihe divergiert gemäß dem Minorantenkriterium. Setzen wir $x_n = 1/\ln(n)$ für $n \in \mathbb{N}$ und $n \geq 2$, so folgt direkt $1/n \leq x_n$ für $n \geq 2$. Da die Reihe $\sum_{n=2}^{+\infty} 1/n$ aber bekanntlich divergiert, divergiert auch die Reihe $\sum_{n=2}^{+\infty} x_n$ nach dem Minorantenkriterium.

Lösung Aufgabe 60 Wir definieren zunächst für $n \in \mathbb{N}$ die n-te Partialsumme der Reihe durch $s_n = \sum_{j=0}^{n} 1/j!$. Mit einer Indexverschiebung folgt

$$|s_m - s_n| = \left| \sum_{j=n+1}^{m} \frac{1}{j!} \right| = \sum_{j=1}^{m-n} \frac{1}{(n + j)!} = \frac{1}{n!} \sum_{j=1}^{m-n} \frac{1}{\prod_{k=n+1}^{n+j} k}$$

für alle $m, n \in \mathbb{N}$ mit $m > n$. Da aber

$$\frac{1}{\prod_{k=n+1}^{n+j} k} \leq \frac{1}{\prod_{k=n+1}^{n+j} 2} = \left(\frac{1}{2} \right)^j$$

für alle $j, n \in \mathbb{N}$ gilt, können wir wie folgt weiter abschätzen:

$$|s_m - s_n| \le \frac{1}{n!} \sum_{j=1}^{m-n} \left(\frac{1}{2}\right)^j \le \frac{1}{n!} \sum_{j=0}^{+\infty} \left(\frac{1}{2}\right)^j.$$

Bei der Reihe $\sum_{j=0}^{+\infty} (1/2)^j$ auf der linken Seite handelt es sich um eine geometrische Reihe, die absolut konvergiert und deren Reihenwert 2 ist. Sei nun $\varepsilon > 0$ beliebig gewählt. Dann gibt es nach dem Satz von Archimedes eine natürliche Zahl $N \in \mathbb{N}$ mit $1/N < \varepsilon$. Wir erhalten somit insgesamt für alle $m > n \ge 2N$ die Abschätzung

$$|s_m - s_n| = \left| \sum_{j=n+1}^{m} \frac{1}{j!} \right| \le \frac{1}{n!} \sum_{j=0}^{+\infty} \left(\frac{1}{2}\right)^j = \frac{2}{n!} \le \frac{2}{n} \le \frac{2}{2N} < \varepsilon.$$

Wir haben somit gezeigt, dass es möglich ist, zu jedem $\varepsilon > 0$ eine natürliche Zahl $N \in \mathbb{N}$ derart zu finden, dass $|s_m - s_n| < \varepsilon$ für alle $m > n \ge 2N$ gilt. Somit ist das Cauchy-Kriterium (vgl. Aufgabe 60) erfüllt und die Reihe $\sum_{n=0}^{+\infty} 1/n!$ konvergent.

Lösung Aufgabe 61

(a) Wir bemerken zunächst, dass sich die Reihe als Summe von zwei geometrischen Reihen schreiben lässt:

$$\sum_{n=0}^{+\infty} \left(\frac{1}{2^n} + \frac{(-1)^n}{3^n}\right) = \sum_{n=0}^{+\infty} \left(\frac{1}{2}\right)^n + \sum_{n=0}^{+\infty} \left(-\frac{1}{3}\right)^n.$$

Dabei müssen wir beachten, dass beide Reihen wegen $1/2 < 1$ und $1/3 < 1$ (absolut) konvergent sind, sodass der obige Schritt legitim ist. Mit der Formel für den Reihenwert einer geometrischen Reihe (vgl. die Lösung von Aufgabe 56) folgt somit wie gewünscht

$$\sum_{n=0}^{+\infty} \left(\frac{1}{2^n} + \frac{(-1)^n}{3^n}\right) = \frac{1}{1 - \frac{1}{2}} + \frac{1}{1 - \left(-\frac{1}{3}\right)} = 2 + \frac{3}{4} = \frac{11}{4}.$$

(b) Wir zerlegen zuerst den Bruch $(n+3)/(n(n+1)(n+2))$ für $n \in \mathbb{N}$ als Summe von drei Brüchen (Partialbruchzerlegung). Dazu machen wir den Ansatz

$$\frac{n+3}{n(n+1)(n+2)} = \frac{A}{n} + \frac{B}{n+1} + \frac{C}{n+2}, \tag{19.2}$$

wobei wir die Konstanten $A, B, C \in \mathbb{R}$ noch bestimmen müssen. Wir erweitern daher den Nenner des ersten Bruchs auf der rechten Seite mit $(n+1)(n+2)$, den des zweiten mit $n(n+2)$ und den des dritten mit $n(n+1)$, sodass alle drei Brüche auf der rechten Seite den gleichen Nenner $n(n+1)(n+2)$ besitzen. Es genügt damit also lediglich die Zähler der Brüche zu vergleichen. Diese liefern (nach der Erweiterung) gerade die Gleichung

$$n + 3 = A(n + 1)(n + 2) + Bn(n + 2) + Cn(n + 1).$$

Indem wir die rechte Seite ausmultiplizieren können wir einen sogenannten Koeffizientenvergleich durchführen. Wir sortieren die n-Potenzen und fassen diese wie folgt zusammen:

$$n + 3 = n^2(A + B + C) + n(3A + 2B + C) + 2A.$$

Nun vergleichen wir die Koeffizienten der n-Potenzen. Es ergibt sich demnach das Gleichungssystem

$$0 = A + B + C$$
$$1 = 3A + 2B + C$$
$$3 = 2A.$$

Die Unbekannte A kann man direkt aus der dritten Zeile ablesen. Subtraktion der ersten beiden Zeilen liefert B und man kann schließlich noch C bestimmen. Die Lösung des Gleichungssystems ist somit $A = 3/2$, $B = -2$ und $C = 1/2$. Insgesamt erhalten wir damit aus (19.2) gerade

$$\frac{n + 3}{n(n + 1)(n + 2)} = \frac{\frac{3}{2}}{n} + \frac{-2}{n + 1} + \frac{\frac{1}{2}}{n + 2}. \tag{19.3}$$

Wir betrachten nun die N-ten Partialsummen der Reihe $\sum_{n=1}^{+\infty}(n + 3)/(n(n + 1)(n + 2))$. Diese schreiben wir mit Hilfe von (19.3) für jedes $N \in \mathbb{N}$ als

$$\sum_{n=1}^{N}\left(\frac{\frac{3}{2}}{n} + \frac{-2}{n + 1} + \frac{\frac{1}{2}}{n + 2}\right) = \frac{1}{2}\sum_{n=1}^{N}\left(\frac{3}{n} - \frac{4}{n + 1} + \frac{1}{n + 2}\right).$$

Wir werden nun die Summe auf der rechten Seite in drei Summen zerlegen, Indexverschiebungen durchführen und feststellen, dass sich die Summen wie Teleskopsummen verhalten, das heißt, die Summanden heben sich paarweise auf. Es gilt zunächst für jedes $N \in \mathbb{N}$

$$\sum_{n=1}^{N}\left(\frac{3}{n} - \frac{4}{n + 1} + \frac{1}{n + 2}\right) = \sum_{n=1}^{N}\frac{3}{n} - \sum_{n=1}^{N}\frac{4}{n + 1} + \sum_{n=1}^{N}\frac{1}{n + 2}$$

$$= \sum_{n=0}^{N-1}\frac{3}{n + 1} - \sum_{n=1}^{N}\frac{4}{n + 1} + \sum_{n=2}^{N+1}\frac{1}{n + 1}.$$

Abspalten der ersten beziehungsweise letzten Summanden und Umsortieren liefert dann

$$
\sum_{n=0}^{N-1} \frac{3}{n+1} - \sum_{n=1}^{N} \frac{4}{n+1} + \sum_{n=2}^{N+1} \frac{1}{n+1}
$$

$$
= \frac{5}{2} - \frac{3}{N+1} + \frac{1}{N+2} + \sum_{n=2}^{N-1} \left(\frac{3}{n+1} - \frac{4}{n+1} + \frac{1}{n+1} \right)
$$

$$
= \frac{5}{2} - \frac{3}{N+1} + \frac{1}{N+2}.
$$

Wir erhalten somit wie gewünscht

$$
\sum_{n=1}^{+\infty} \frac{n+3}{n(n+1)(n+2)} = \lim_{N \to +\infty} \frac{1}{2} \sum_{n=1}^{N} \left(\frac{3}{n} - \frac{4}{n+1} + \frac{1}{n+2} \right)
$$

$$
= \lim_{N \to +\infty} \frac{1}{2} \left(\frac{5}{2} - \frac{3}{N+1} + \frac{1}{N+2} \right)
$$

$$
= \frac{5}{4}.
$$

(c) In dieser Aufgabe werden wir verwenden, dass

$$
e^x = \sum_{n=0}^{+\infty} \frac{x^n}{n!}
$$

für $x \in \mathbb{R}$ gilt. Wir schreiben daher geschickt

$$
\sum_{n=0}^{+\infty} \frac{(-1)^n 2^{n+2}}{n!} = 4 \sum_{n=0}^{+\infty} \frac{(-2)^n}{n!}
$$

und können somit direkt ablesen, dass der Reihenwert gerade $4/e^2$ beträgt.

(d) Zunächst ist die Reihe gemäß dem Wurzelkriterium konvergent, denn wegen $\lim_n \sqrt[n]{n} = 1$ gilt

$$
\limsup_{n \to +\infty} \sqrt[n]{\frac{n}{2^n}} = \limsup_{n \to +\infty} \frac{\sqrt[n]{n}}{2} = \frac{1}{2}.
$$

Daher ist der Reihenwert $S = \sum_{n=0}^{+\infty} n/2^n$ endlich. Es gilt dann

$$
S = \sum_{n=0}^{+\infty} \frac{n}{2^n} = \sum_{n=1}^{+\infty} \frac{n}{2^n} = \sum_{n=1}^{+\infty} \left(\frac{n-1}{2^n} + \frac{1}{2^n} \right) = \sum_{n=1}^{+\infty} \frac{n-1}{2^{n-1}} + \sum_{n=1}^{+\infty} \frac{1}{2^{n-1}}
$$

und somit mit einer weiteren Indexverschiebung

$$S = \sum_{n=1}^{+\infty} \frac{n-1}{2^{n-1}} + \sum_{n=1}^{+\infty} \frac{1}{2^{n-1}} = \frac{1}{2} \sum_{n=0}^{+\infty} \frac{n}{2^n} + \frac{1}{2} \sum_{n=0}^{+\infty} \frac{1}{2^n} = \frac{S}{2} + \frac{1}{2} \sum_{n=0}^{+\infty} \frac{1}{2^n}.$$

Bei der Reihe $\sum_{n=0}^{+\infty} 1/2^n$ handelt es sich jedoch um eine geometrische Reihe mit Reihenwert 2. Wir erhalten somit insgesamt

$$S = \frac{S}{2} + 1,$$

also wie gewünscht $S = 2$.

Lösung Aufgabe 62 Ist die Reihe $\sum_{n=1}^{+\infty} x_n$ konvergent, so ist die Folge der Partialsummen $(s_n)_n$ mit $s_n = \sum_{j=1}^{n} x_j$ nach Definition konvergent. Insbesondere ist diese Folge aber auch eine Cauchy-Folge (vgl. Aufgabe 46), das heißt, wir finden zu jedem $\varepsilon > 0$ einen Index $N \in \mathbb{N}$ mit $|s_{n+1} - s_n| < \varepsilon$ für alle $n \geq N$. Da aber gerade

$$|s_{n+1} - s_n| = \left| \sum_{j=1}^{n+1} x_j - \sum_{j=1}^{n} x_j \right| = |x_{n+1}|$$

für jedes $n \geq N$ gilt, haben wir somit zu einem beliebigen $\varepsilon > 0$ einen Index $N \in \mathbb{N}$ mit $|x_{n+1}| < \varepsilon$ für $n \geq N$ gefunden. Somit ist die Folge $(x_n)_n$ eine Nullfolge und das notwendige Konvergenzkriterium bewiesen.

Lösung Aufgabe 63 Konvergiert die komplexe Reihe $\sum_{n=1}^{+\infty} x_n$, dann bedeutet dies gerade, dass die Folge der Partialsummen $(s_n)_n$ mit $s_n = \sum_{j=1}^{n} x_j$ konvergiert. Da jedoch $\mathbb{C}$ vollständig ist, ist jede konvergente Folge aber insbesondere auch eine Cauchy-Folge (und umgekehrt). Somit gibt es zu jedem $\varepsilon > 0$ eine natürliche Zahl $N \in \mathbb{N}$ mit

$$|s_m - s_n| = \left| \sum_{j=n+1}^{m} x_j \right| < \varepsilon$$

für alle $m > n \geq N$. Wir haben somit die Äquivalenz der Aussagen (a) und (b) gezeigt.

Lösung Aufgabe 64

(a) Sind die Reihen $\sum_{n=1}^{+\infty} x_n$ und $\sum_{n=1}^{+\infty} y_n$ konvergent, so sind nach Definition die Folgen der Partialsummen $(s_n)_n$ und $(s_n')_n$ mit $s_n = \sum_{j=1}^{n} x_j$ und $s_n' = \sum_{j=1}^{n} y_j$

konvergent. Mit den Grenzwertsätzen für konvergente Folgen erhalten wir daher wie gewünscht

$$\sum_{n=1}^{+\infty} x_n + \sum_{n=1}^{+\infty} y_n = \lim_{n \to +\infty} s_n + \lim_{n \to +\infty} s'_n$$

$$= \lim_{n \to +\infty} (s_n + s'_n) = \lim_{n \to +\infty} \sum_{j=1}^{n} (x_j + y_j) = \sum_{n=1}^{+\infty} (x_n + y_n).$$

(b) Diese Aussage können wir ähnlich wie die in Teil (a) zeigen. Da $\sum_{n=1}^{+\infty} x_n$ konvergent ist, konvergiert die Folge der Partialsummen $(s_n)_n$ mit $s_n = \sum_{j=1}^{n} x_j$. Da somit für jedes $\lambda \in \mathbb{C}$ auch die Folge $(\lambda s_n)_n$ konvergiert, erhalten wir

$$\lambda \sum_{n=1}^{+\infty} x_n = \lambda \lim_{n \to +\infty} s_n = \lim_{n \to +\infty} \lambda s_n = \lim_{n \to +\infty} \sum_{j=1}^{n} \lambda x_j = \sum_{n=1}^{+\infty} \lambda x_n.$$

Lösung Aufgabe 65

(a) Sei $\sum_{n=1}^{+\infty} x_n$ eine absolut konvergente Reihe. Das bedeutet also gerade, dass die Reihe $\sum_{n=1}^{+\infty} |x_n|$ konvergent ist. Mit der verallgemeinerten Dreiecksungleichung folgt dann

$$\left| \sum_{n=1}^{+\infty} x_n \right| = \left| \lim_{N \to +\infty} \sum_{n=1}^{N} x_n \right| = \lim_{N \to +\infty} \left| \sum_{n=1}^{N} x_n \right| \leq \lim_{N \to +\infty} \sum_{n=1}^{N} |x_n| = \sum_{n=1}^{+\infty} |x_n|.$$

Wir sehen also, dass die Reihe $\sum_{n=1}^{+\infty} x_n$ auf der linken Seite gemäß dem Majorantenkriterium konvergiert.

(b) Die Reihe $\sum_{n=1}^{+\infty} (-1)^n / n$ ist gemäß dem Leibniz-Kriterium konvergent. Dies folgt sofort aus dem Fakt, dass die Folge $(x_n)_n$ mit $x_n = 1/n$ eine monoton fallende Nullfolge ist. Hingegen ist die Reihe nicht absolut konvergent, denn dazu müsste die Reihe $\sum_{n=1}^{+\infty} 1/n$ konvergieren, was bekanntlich nicht der Fall ist.

Lösung Aufgabe 66

(a) Die Reihe $\sum_{n=1}^{+\infty} (-1)^n / \sqrt{n+1}$ ist nach dem Leibniz-Kriterium konvergent, denn die Folge $(x_n)_n$ mit $x_n = 1/\sqrt{n+1}$ ist offensichtlich monoton fallend und konvergiert gegen Null. Weiter ist die Reihe bedingt konvergent, da $\sum_{n=1}^{+\infty} 1/\sqrt{n+1}$ divergiert. Das folgt direkt aus dem Minorantenkriterium, denn für alle $n \in \mathbb{N}$ gilt $\sqrt{n+1} \leq n+1$, sodass die Reihe $\sum_{n=1}^{+\infty} 1/(n+1)$ eine divergente Minorante für $\sum_{n=1}^{+\infty} 1/\sqrt{n+1}$ darstellt.

(b) Wir bestimmen nun das Cauchy-Produkt der Reihe $\sum_{n=1}^{+\infty}(-1)^n/\sqrt{n+1}$ mit sich selbst. Mit dem Satz über das Cauchy-Produkt gilt

$$\left(\sum_{n=1}^{+\infty}\frac{(-1)^n}{\sqrt{n+1}}\right)\left(\sum_{n=1}^{+\infty}\frac{(-1)^n}{\sqrt{n+1}}\right) = \sum_{n=1}^{+\infty}c_n,$$

wobei

$$c_n = \sum_{k=1}^{n}\frac{(-1)^k}{\sqrt{k}}\frac{(-1)^{n-k}}{\sqrt{n-k}}$$

für $n \in \mathbb{N}$. Die Glieder der Produkt-Reihe können wir für jedes $n \in \mathbb{N}$ wie folgt nach unten abschätzen:

$$|c_n| = \left|\sum_{k=1}^{n}\frac{(-1)^k}{\sqrt{k}}\frac{(-1)^{n-k}}{\sqrt{n-k}}\right| = \sum_{k=1}^{n}\frac{1}{\sqrt{k}\sqrt{n-k}}$$

$$\geq \sum_{k=1}^{n}\frac{2}{k+(n-k)} = \sum_{k=1}^{n}\frac{2}{n} = 2.$$

Dabei haben wir die Ungleichung $\sqrt{x}\sqrt{y} \leq (x+y)/2$ für $x, y \in [0, +\infty)$ genutzt, die man leicht mit Hilfe der binomischen Formel herleiten kann. Wir haben somit gezeigt, dass $c_n \geq 2$ für alle $n \in \mathbb{N}$ gilt. Dies bedeutet aber gerade, dass die Folge $(c_n)_n$ keine Nullfolge sein kann. Somit divergiert die Reihe $\sum_{n=1}^{+\infty}c_n$, da das notwendige Konvergenzkriterium aus Aufgabe 62 verletzt ist.

Lösung Aufgabe 67

(a) Wir überlegen uns zunächst, dass beide Reihen absolut konvergent sind. Wir setzen dazu $x_n = (-1)^n x^{2n+1}/(2n+1)!$ und $y_n = (-1)^n x^{2n}/(2n)!$ für $n \in \mathbb{N}_0$ und $x \in \mathbb{R}$. Dann folgen mit einer kleinen Rechnung

$$\left|\frac{x_{n+1}}{x_n}\right| = \frac{|x|^{2n+2}(2n+1)!}{|x|^{2n+1}(2n+2)!} = \frac{|x|}{2n+2}$$

sowie

$$\left|\frac{y_{n+1}}{y_n}\right| = \frac{|x|^{2n+1}(2n)!}{|x|^{2n}(2n+1)!} = \frac{|x|}{2n+1}.$$

Damit erhalten wir $\limsup_n |x_{n+1}/x_n| = 0$ und $\limsup_n |y_{n+1}/y_n| = 0$, sodass beide Reihen nach dem Quotientenkriterium absolut konvergieren.

(b) Sei nun $x \in \mathbb{R}$ beliebig. Wegen Teil (a) wissen wir, dass das Cauchy-Produkt der Sinus- und Kosinusreihe mit sich selbst konvergent ist. Mit der Cauchy-Produktformel folgen zunächst für jedes $x \in \mathbb{R}$

$$\sin^2(x) = \left(\sum_{n=0}^{+\infty} (-1)^n \frac{x^{2n+1}}{(2n+1)!} \right)^2$$

$$= \sum_{n=0}^{+\infty} \sum_{k=0}^{n} (-1)^{n-k} \frac{x^{2(n-k)+1}}{(2(n-k)+1)!} (-1)^k \frac{x^{2k+1}}{(2k+1)!}$$

$$= \sum_{n=1}^{+\infty} x^{2n} \sum_{k=0}^{n-1} \frac{(-1)^n}{(2(n-k)+1)!(2k+1)!}$$

sowie

$$\cos^2(x) = \left(\sum_{n=0}^{+\infty} (-1)^n \frac{x^{2n}}{(2n)!} \right)^2$$

$$= \sum_{n=0}^{+\infty} \sum_{k=0}^{n} (-1)^{n-k} \frac{x^{2(n-k)}}{(2(n-k))!} (-1)^k \frac{x^{2k+1}}{(2k)!}$$

$$= 1 + \sum_{n=1}^{+\infty} x^{2n} \sum_{k=0}^{n} \frac{(-1)^n}{(2(n-k))!(2k)!}.$$

Wir haben somit die Identität $\sin^2(x) + \cos^2(x) = 1$ für $x \in \mathbb{R}$ gezeigt, falls wir nachweisen können, dass für alle $n \in \mathbb{N}$

$$\sum_{k=0}^{n} \frac{1}{(2(n-k))!(2k)!} - \sum_{k=0}^{n-1} \frac{1}{(2(n-k)+1)!(2k+1)!} = 0$$

gilt. Jedoch folgt mit einer Indexverschiebung und dem binomischen Lehrsatz wie gewünscht

$$\sum_{k=0}^{n} \frac{1}{(2(n-k))!(2k)!} - \sum_{k=0}^{n-1} \frac{1}{(2(n-k)+1)!(2k+1)!}$$

$$= \sum_{k=0}^{2n} \frac{(-1)^k}{(2n-k)k!} = \frac{1}{(2n)!} \sum_{k=0}^{2n} \binom{2n}{k} (-1)^k = \frac{(1-1)^{2n}}{(2n)!} = 0$$

für $n \in \mathbb{N}$. Wir haben somit die trigonometrische Identität nachgewiesen.

(c) Seien erneut $x, y \in \mathbb{R}$ beliebig gewählt. Mit Teil (a) wissen wir, dass das Cauchy-Produkt der Sinus- und/oder Kosinusreihen konvergiert. Mit der Produktformel von Cauchy gilt zunächst

$$\sin(x)\cos(y) = \left(\sum_{n=0}^{+\infty}(-1)^n \frac{x^{2n+1}}{(2n+1)!}\right)\left(\sum_{n=0}^{+\infty}(-1)^n \frac{y^{2n}}{(2n)!}\right)$$

$$= \sum_{n=0}^{+\infty}\sum_{k=0}^{n}(-1)^k \frac{x^{2k+1}}{(2k+1)!}(-1)^{n-k}\frac{y^{2(n-k)}}{(2(n-k))!}.$$

Analog erhalten wir

$$\cos(x)\sin(y) = \left(\sum_{n=0}^{+\infty}(-1)^n \frac{x^{2n}}{(2n)!}\right)\left(\sum_{n=0}^{+\infty}(-1)^n \frac{y^{2n+1}}{(2n+1)!}\right)$$

$$= \sum_{n=0}^{+\infty}\sum_{k=0}^{n}(-1)^k \frac{x^{2k}}{(2k)!}(-1)^{n-k}\frac{y^{2(n-k)+1}}{(2(n-k)+1)!}.$$

Für die Summe der beiden Produktreihen folgt somit

$$\sin(x)\cos(y) + \cos(x)\sin(y)$$

$$= \sum_{n=0}^{+\infty}(-1)^n \sum_{k=0}^{n}\left(\frac{x^{2k+1}y^{2(n-k)}}{(2k+1)!(2(n-k))!} + \frac{x^{2k}y^{2(n-k)+1}}{(2k)!(2(n-k)+1)!}\right)$$

$$= \sum_{n=0}^{+\infty}(-1)^n \sum_{k=0}^{2n+1}\frac{x^k y^{2n+1-k}}{k!(2n+1-k)!}$$

$$= \sum_{n=0}^{+\infty}\frac{(-1)^n}{(2n+1)!} \sum_{k=0}^{2n+1}\frac{(2n+1)!}{k!(2n+1-k)!}x^k y^{2n+1-k}$$

$$= \sum_{n=0}^{+\infty}\frac{(-1)^n}{(2n+1)!} \sum_{k=0}^{2n+1}\binom{2n+1}{k}x^k y^{2n+1-k}$$

$$= \sum_{n=0}^{+\infty}(-1)^n \frac{(x+y)^{2n+1}}{(2n+1)!}$$

$$= \sin(x+y)$$

für $x, y \in \mathbb{R}$. Dabei haben wir im vorletzten Schritt den binomischen Lehrsatz verwendet.

Lösung Aufgabe 68 Wir werden zeigen, dass die Doppelreihe konvergent ist. Zunächst gilt für jedes $n \in \mathbb{N}$ mit $n \geq 2$

$$\sum_{m=1}^{+\infty} \frac{(-1)^n}{n^m} = (-1)^n \sum_{m=1}^{+\infty} \left(\frac{1}{n}\right)^m = (-1)^n \left(\frac{1}{1 - \frac{1}{n}} - 1\right) = \frac{(-1)^n}{n-1},$$

wobei wir im vorletzten Schritt den Wert der geometrischen Reihe $\sum_{m=1}^{+\infty} (1/n)^m$ bestimmt haben. Wir erhalten somit

$$\sum_{n=2}^{+\infty} \sum_{m=1}^{+\infty} \frac{(-1)^n}{n^m} = \sum_{n=2}^{+\infty} \frac{(-1)^n}{n-1}.$$

Die Reihe auf der rechten Seite ist aber gemäß dem Leibniz-Kriterium konvergent, denn die Folge $(x_n)_n$ mit $x_n = 1/(n-1)$ ist eine monoton fallende Nullfolge. Somit konvergiert auch die Doppelreihe.

Lösung Aufgabe 69 Um zu zeigen, dass die Doppelreihe summierbar ist müssen wir

$$\sup_{k \in \mathbb{N}} \sum_{n=1}^{k} \sum_{m=1}^{k} \frac{1}{n^3 + m^3} < +\infty$$

zeigen. Mit der binomischen Formel folgt zunächst

$$2n^{\frac{3}{2}} m^{\frac{3}{2}} \leq n^3 + m^3$$

für alle $n, m \in \mathbb{N}$. Damit können wir die Partialsummen der Doppelreihe abschätzen. Wir erhalten für jedes $k \in \mathbb{N}$

$$\sum_{n=1}^{k} \sum_{m=1}^{k} \frac{1}{n^3 + m^3} \leq \sum_{n=1}^{k} \sum_{m=1}^{k} \frac{1}{2n^{\frac{3}{2}} m^{\frac{3}{2}}}$$

$$= \left(\sum_{n=1}^{k} \frac{1}{2n^{\frac{3}{2}}}\right) \left(\sum_{m=1}^{k} \frac{1}{m^{\frac{3}{2}}}\right) \leq \left(\sum_{n=1}^{+\infty} \frac{1}{2n^{\frac{3}{2}}}\right) \left(\sum_{m=1}^{+\infty} \frac{1}{m^{\frac{3}{2}}}\right).$$

Da die beiden Reihen auf der rechten Seite konvergent sind und die Reihenwerte unabhängig von k sind, folgt direkt die Summierbarkeit der Doppelreihe.

Lösung Aufgabe 70 In dieser Aufgabe werden wir verwenden, dass sich der Konvergenzradius $r \in \mathbb{R} \cup \{+\infty\}$ einer Potenzreihe $\sum_{n=1}^{+\infty} a_n (x - x_0)^n$ mit $x_0 \in \mathbb{C}$ und $a_n \in \mathbb{C}$ für $n \in \mathbb{N}$ entweder durch

$$r = \frac{1}{\limsup\limits_{n \to +\infty} \sqrt[n]{|a_n|}} \qquad \text{oder} \qquad r = \lim_{n \to +\infty} \left|\frac{a_n}{a_{n+1}}\right|$$

bestimmen lässt. Die erste Formel ist die sogenannte Formel von Cauchy-Hadamard. Im Folgenden werden wir die gängige Konvention $r = 0$, falls $\limsup_n \sqrt[n]{|a_n|} = +\infty$ beziehungsweise $r = +\infty$, falls $\limsup_n \sqrt[n]{|a_n|} = 0$ nutzen.

(a) Die Potenzreihe besitzt den Entwicklungspunkt $x_0 = 1$ und die Koeffizientenfolge $(a_n)_n$ mit $a_n = 1/(n2^n)$.

(α) Mit der Cauchy-Hadamard-Formel folgt wegen $\lim_n \sqrt[n]{n} = 1$ und $\sqrt[n]{|a_n|} = 1/(2\sqrt[n]{n})$ für $n \in \mathbb{N}$ gerade

$$r = \frac{1}{\displaystyle\limsup_{n \to +\infty} \sqrt[n]{|a_n|}} = \frac{1}{\displaystyle\limsup_{n \to +\infty} \frac{1}{2\sqrt[n]{n}}} = \frac{2}{\displaystyle\limsup_{n \to +\infty} \frac{1}{\sqrt[n]{n}}} = 2.$$

Damit ist der Konvergenzradius $r = 2$, das heißt, für alle $x \in \mathbb{R}$ mit $|x - 1| < 2$ oder äquivalent $x \in (-1, 3)$ ist die Potenzreihe absolut konvergent.

(β) Mit einer kleinen Rechnung folgt für jedes $n \in \mathbb{N}$

$$\frac{a_n}{a_{n+1}} = \frac{(n+1)2^{n+1}}{n2^n} = 2\left(1 + \frac{1}{n}\right).$$

Wir sehen somit sofort $r = \lim_n |a_n/a_{n+1}| = 2$.

(b) Der Entwicklungspunkt der Potenzreihe lautet $x_0 = 1/2$. Die konstante Folge der Koeffizienten ist $(a_n)_n$ mit $a_n = 1$.

(α) Mit der Cauchy-Hadamard-Formel folgt somit sofort

$$r = \frac{1}{\displaystyle\limsup_{n \to +\infty} \sqrt[n]{|a_n|}} = \frac{1}{\displaystyle\limsup_{n \to +\infty} \sqrt[n]{1}} = 1.$$

Damit beträgt der Konvergenzradius $r = 1$, das heißt, für alle $x \in \mathbb{R}$ mit $|x - 1/2| < 1$ ist die Potenzreihe absolut konvergent.

(β) Wegen $|a_n/a_{n+1}| = 1$ für $n \in \mathbb{N}$ folgt sofort

$$r = \lim_{n \to +\infty} \left|\frac{a_n}{a_{n+1}}\right| = \lim_{n \to +\infty} 1 = 1.$$

(c) Zunächst schreiben wir die Potenzreihe wie folgt um:

$$\sum_{n=1}^{+\infty} \frac{2^n}{n}(4x - 8)^n = \sum_{n=1}^{+\infty} \frac{2^n}{n}(4(x - 2))^n = \sum_{n=1}^{+\infty} \frac{8^n}{n}(x - 2)^n.$$

Der Entwicklungspunkt sowie die Koeffizientenfolge der Reihe sind daher $x_0 = 2$ und $(a_n)_n$ mit $a_n = 8^n/n$.

(α) Somit folgt wegen $\sqrt[n]{|a_n|} = 8/\sqrt[n]{n}$ für $n \in \mathbb{N}$ gerade

$$r = \frac{1}{\limsup\limits_{n\to+\infty} \sqrt[n]{|a_n|}} = \frac{1}{\limsup\limits_{n\to+\infty} \frac{8}{\sqrt[n]{n}}} = \frac{1}{8},$$

wobei wir erneut $\lim_n \sqrt[n]{n} = 1$ verwendet haben. Damit beträgt der Konvergenzradius $r = 1/8$, das heißt, für alle $x \in \mathbb{R}$ mit $|x - 2| < 1/8$ ist die Potenzreihe absolut konvergent.

(β) Mit der zweiten Formel folgt sofort

$$r = \lim_{n\to+\infty}\left|\frac{a_n}{a_{n+1}}\right| = \lim_{n\to+\infty}\frac{(n+1)8^n}{n8^{n+1}} = \lim_{n\to+\infty}\frac{1}{8}\left(1+\frac{1}{n}\right) = \frac{1}{8}.$$

(d) Wir schreiben die Potenzreihe zunächst wie folgt um:

$$\sum_{n=2}^{+\infty}\frac{1}{n+(-1)^n}\left(\frac{x}{2}\right)^n = \sum_{n=2}^{+\infty}\frac{1}{2^n(n+(-1)^n)}x^n.$$

Damit sind $x_0 = 0$ der Entwicklungspunkt sowie $(a_n)_n$ mit $a_n = 1/(2^n(n+(-1)^n))$ die Folge der Koeffizienten.

(α) Zunächst gilt für jedes $n \in \mathbb{N}$ mit $n \geq 2$

$$\frac{1}{2\sqrt[n]{n+1}} \leq \sqrt[n]{|a_n|} \leq \frac{1}{2\sqrt[n]{n-1}}.$$

Da die linke und rechte Seite der obigen Ungleichung aber für $n \to +\infty$ gegen $1/2$ konvergiert, folgt mit dem Sandwich-Kriterium für Folgen gerade $\lim_n \sqrt[n]{|a_n|} = 1/2$. Mit der Cauchy-Hadamard-Formel erhalten wir daher

$$r = \frac{1}{\limsup\limits_{n\to+\infty} \sqrt[n]{|a_n|}} = 2.$$

(β) Für jedes $n \in \mathbb{N}$ mit $n \geq 2$ gilt zunächst

$$\left|\frac{a_n}{a_{n+1}}\right| = \frac{2^{n+1}(n+1+(-1)^{n+1})}{2^n(n+(-1)^n)} = \frac{2(n+1+(-1)^{n+1})}{n+(-1)^n}.$$

Mit dem Sandwich-Kriterium zeigt man leicht

$$\lim_{n\to+\infty}\frac{n+1+(-1)^{n+1}}{n+(-1)^n} = 1,$$

sodass wir insgesamt

$$r = \lim_{n \to +\infty} \left| \frac{a_n}{a_{n+1}} \right| = \lim_{n \to +\infty} \frac{2(n + 1 + (-1)^{n+1})}{n + (-1)^n} = 2$$

erhalten.

(e) Der Entwicklungspunkt und die Koeffizientenfolge der Potenzreihe sind $x_0 = 0$ sowie $(a_n)_n$ mit $a_n = n!$.

(α) Da $\lim_n \sqrt[n]{n!} = +\infty$ gilt, erhalten wir mit der Cauchy-Hadamard-Formel gerade

$$r = \frac{1}{\displaystyle\limsup_{n \to +\infty} \sqrt[n]{|a_n|}} = \frac{1}{\displaystyle\limsup_{n \to +\infty} \sqrt[n]{n!}} = 0.$$

Da der Konvergenzradius $r = 0$ beträgt, ist die Potenzreihe lediglich im Punkt $x = 0$ absolut konvergent.

(β) Genauso folgt

$$r = \lim_{n \to +\infty} \left| \frac{a_n}{a_{n+1}} \right| = \lim_{n \to +\infty} \frac{n!}{(n + 1)!} = \lim_{n \to +\infty} \frac{1}{n + 1} = 0.$$

(f) Hierbei handelt es sich um die Potenzreihe der Exponentialfunktion. Diese besitzt den Entwicklungspunkt $x_0 = 0$ sowie die Koeffizientenfolge $(a_n)_n$ mit $a_n = 1/n!$.

(α) Wegen $\lim_n \sqrt[n]{n!} = +\infty$ folgt mit der Cauchy-Hadamard-Formel

$$r = \frac{1}{\displaystyle\limsup_{n \to +\infty} \sqrt[n]{|a_n|}} = \frac{1}{\displaystyle\limsup_{n \to +\infty} \frac{1}{\sqrt[n]{n!}}} = +\infty.$$

Da der Konvergenzradius $r = +\infty$ beträgt, ist die Potenzreihe für jedes $x \in \mathbb{R}$ absolut konvergent.

(β) Mit der zweiten Formel für den Konvergenzradius erhalten wir ebenfalls

$$r = \lim_{n \to +\infty} \left| \frac{a_n}{a_{n+1}} \right| = \lim_{n \to +\infty} \frac{(n + 1)!}{n!} = \lim_{n \to +\infty} (n + 1) = +\infty.$$

Lösung Aufgabe 71 Wir setzen $a_n = (2^n + 3^n)/6^n$ für $n \in \mathbb{N}_0$.

(a) Wir bemerken zunächst, dass wegen $3^n \leq 2^n + 3^n \leq 2 \cdot 3^n$ gerade

$$\frac{1}{2} = \sqrt[n]{\frac{3^n}{6^n}} \leq \sqrt[n]{|a_n|} \leq \sqrt[n]{2 \cdot \frac{3^n}{6^n}} = \frac{\sqrt[n]{2}}{2}$$

für $n \in \mathbb{N}_0$ gilt. Da aber bekanntlich $\lim_n \sqrt[n]{2} = 1$ gilt, folgt somit mit dem Sandwich-Kriterium für Folgen $\lim_n \sqrt[n]{|a_n|} = 1/2$. Der Konvergenzradius $r \in \mathbb{R} \cup \{+\infty\}$ der Potenzreihe lässt sich nun wie folgt mit der Formel von Cauchy-Hadamard berechnen:

$$r = \frac{1}{\limsup\limits_{n \to +\infty} \sqrt[n]{|a_n|}} = \frac{1}{\frac{1}{2}} = 2.$$

Die Potenzreihe ist somit für jedes $x \in (-2, 2)$ konvergent.

(b) Da die Potenzreihe wegen Teil (a) für $x \in (-2, 2)$ absolut konvergent ist, können wir diese wie folgt in zwei geometrische Reihen zerlegen, deren Reihenwerte wir explizit berechnen können:

$$\sum_{n=0}^{+\infty} \frac{2^n + 3^n}{6^n} x^n = \sum_{n=0}^{+\infty} \left(\frac{x}{3}\right)^n + \sum_{n=0}^{+\infty} \left(\frac{x}{2}\right)^n = \frac{1}{1 - \frac{x}{3}} + \frac{1}{1 - \frac{x}{2}} = \frac{12 - 5x}{(x - 2)(x - 3)}.$$

Hingegen divergiert die Potenzreihe in allen Randpunkten des Konvergenzbereichs, das heißt, für $|x| = 2$, da das notwendige Konvergenzkriterium (vgl. Aufgabe 62) nicht erfüllt ist. Es gilt nämlich

$$\lim_{n \to +\infty} \frac{2^n + 3^n}{6^n} |x|^n = \lim_{n \to +\infty} \frac{4^n + 6^n}{6^n} = 1 + \lim_{n \to +\infty} \left(\frac{2}{3}\right)^n = 1,$$

was zeigt, dass die Folge der Glieder keine Nullfolge ist.

Lösung Aufgabe 72

(a) Wir untersuchen hier zwei verschiedene Möglichkeiten, die Potenzreihenentwicklung der Funktion f zu bestimmen:

(α) Wegen $e^x = \sum_{n=0}^{+\infty} x^n/n!$ für $x \in \mathbb{R}$ können wir den Ansatz

$$(1 - x) \sum_{n=0}^{+\infty} a_n x^n = e^x = \sum_{n=0}^{+\infty} \frac{x^n}{n!}$$

machen, wobei die Koeffizienten $a_n \in \mathbb{R}$ für $n \in \mathbb{N}_0$ zu bestimmen sind. Für die linke Seite folgt

$$(1 - x) \sum_{n=0}^{+\infty} a_n x^n = \sum_{n=0}^{+\infty} a_n (x^n - x^{n+1}) = \sum_{n=0}^{+\infty} a_n x^n - \sum_{n=0}^{+\infty} a_n x^{n+1}.$$

Indem wir in der zweiten Reihe auf der rechten Seite eine Indexverschiebung durchführen, erhalten wir weiter

$$\sum_{n=0}^{+\infty} a_n x^n - \sum_{n=0}^{+\infty} a_n x^{n+1} = a_0 + \sum_{n=1}^{+\infty} (a_n - a_{n-1}) x^n.$$

Ein Koeffizientenvergleich mit der Exponentialreihe $\sum_{n=0}^{+\infty} x^n/n! = 1 + \sum_{n=1}^{+\infty} x^n/n!$ liefert somit gerade $a_0 = 1$ sowie $a_n - a_{n-1} = 1/n!$ für $n \in \mathbb{N}$. Wir zeigen nun mit vollständiger Induktion, dass $a_n = \sum_{j=0}^{n} 1/j!$ für jedes $n \in \mathbb{N}_0$ gilt. Der Induktionsanfang ist dabei für $n = 0$ offensichtlich erfüllt. Der Induktionsschritt lautet wie folgt:

$$a_{n+1} = \frac{1}{(n+1)!} + a_n \overset{\text{IV}}{=} \frac{1}{(n+1)!} + \sum_{j=0}^{n} \frac{1}{j!} = \sum_{j=0}^{n+1} \frac{1}{j!}.$$

Wir haben somit die gewünschte Darstellung der Koeffizienten nachgewiesen.

(β) Dieser Teil lässt sich alternativ mit der Cauchy-Produktformel lösen. Wir erinnern zunächst daran, dass für $|x| < 1$ gerade $\sum_{n=0}^{+\infty} x^n = 1/(1 - x)$ gilt (geometrische Reihe). Somit folgt mit der Potenzreihenentwicklung der Exponentialfunktion für jedes $|x| < 1$

$$f(x) = \frac{1}{1-x} e^x = \left(\sum_{n=0}^{+\infty} x^n \right) \left(\sum_{n=0}^{+\infty} \frac{x^n}{n!} \right) = \sum_{n=0}^{+\infty} c_n,$$

wobei die Koeffizienten des Cauchy-Produkts nach Definition gerade

$$c_n = \sum_{j=0}^{n} x^j \frac{x^{n-j}}{(n-j)!} = x^n \sum_{j=0}^{n} \frac{1}{(n-j)!} = x^n \sum_{j=0}^{n} \frac{1}{j!}$$

für $n \in \mathbb{N}_0$ sind. Wir können also erneut wegen

$$f(x) = \sum_{n=0}^{+\infty} c_n = \sum_{n=0}^{+\infty} \left(\sum_{j=0}^{n} \frac{1}{j!} \right) x^n$$

wie gewünscht $a_n = \sum_{j=0}^{n} 1/j!$ für jedes $n \in \mathbb{N}_0$ ablesen.

(b) Mit der Darstellung der Koeffizienten aus Teil (a) und den Grenzwertsätzen für konvergente Folgen erhalten wir wie gewünscht

$$r = \lim_{n \to +\infty} \left| \frac{a_n}{a_{n+1}} \right| = \lim_{n \to +\infty} \frac{\sum_{j=0}^{n} \frac{1}{j!}}{\sum_{j=0}^{n+1} \frac{1}{j!}} = \frac{\lim_{n \to +\infty} \sum_{j=0}^{n} \frac{1}{j!}}{\lim_{n \to +\infty} \sum_{j=0}^{n+1} \frac{1}{j!}} = \frac{e}{e} = 1.$$

Lösung Aufgabe 73 Wir wählen zunächst $x_0 \in \mathbb{R}$ beliebig. Um nachzuweisen, dass die Funktion f im Punkt x_0 stetig ist, vereinfachen wir für $x \in \mathbb{R}$ zunächst den Ausdruck

$$|f(x) - f(x_0)| = |4x + 5 - (4x_0 + 5)| = 4|x - x_0|.$$

Nun wählen wir $\varepsilon > 0$ beliebig und setzen $\delta = \varepsilon/4 > 0$. Dann folgt für alle $x \in \mathbb{R}$ mit $|x - x_0| < \delta$ gerade

$$|f(x) - f(x_0)| = 4|x - x_0| < 4\delta = 4 \cdot \frac{\varepsilon}{4} = \varepsilon,$$

das heißt, es gilt $|f(x) - f(x_0)| < \varepsilon$. Wir haben somit gezeigt, dass die Funktion f in x_0 stetig ist. Da der Punkt aber beliebig gewählt war ist f in jedem Punkt aus $\mathbb{R}$ stetig.

Lösung Aufgabe 74 Sei $x_0 \in \mathbb{R}$ beliebig gewählt. Im Folgenden überlegen wir uns, dass die Funktion f in x_0 stetig ist. Zunächst gilt mit einer kleinen Rechnung für alle $x \in \mathbb{R}$

$$
\begin{aligned}
|f(x) - f(x_0)| &= \left| \frac{1}{1 + x^2} - \frac{1}{1 + x_0^2} \right| \\
&= \left| \frac{1 + x_0^2 - (1 + x^2)}{(1 + x^2)(1 + x_0^2)} \right| = \frac{|x_0^2 - x^2|}{(1 + x^2)(1 + x_0^2)}.
\end{aligned}
$$

Den Zähler auf der rechten Seiten können wir wie folgt mit der Dreiecksungleichung nach oben abschätzen:

$$|x_0^2 - x^2| = |x_0 - x||x_0 + x| \leq |x_0 - x|\big(|x_0| + |x|\big).$$

Aber auch $1/((1 + x^2)(1 + x_0^2))$ lässt sich auf zwei verschiedene Weisen nach oben abschätzen, indem wir den Nenner geschickt verkleinern:

$$\frac{1}{(1 + x^2)(1 + x_0^2)} \leq \frac{1}{1 + x^2} \quad \text{und} \quad \frac{1}{(1 + x^2)(1 + x_0^2)} \leq \frac{1}{1 + x_0^2}.$$

Mit den drei Abschätzungen erhalten wir für jedes $x \in \mathbb{R}$

$$
\begin{aligned}
|f(x) - f(x_0)| &\leq \frac{|x_0 - x|\big(|x_0| + |x|\big)}{(1 + x^2)(1 + x_0^2)} \\
&= |x_0 - x| \left(\frac{|x_0|}{(1 + x^2)(1 + x_0^2)} + \frac{|x|}{(1 + x^2)(1 + x_0^2)} \right) \\
&\leq |x_0 - x| \left(\frac{|x_0|}{1 + x_0^2} + \frac{|x|}{1 + x^2} \right).
\end{aligned}
$$

Da aber $|x|/(1 + x^2) \leq 1$ für alle $x \in \mathbb{R}$ gilt, erhalten wir insgesamt die Abschätzung

$$|f(x) - f(x_0)| \leq 2|x - x_0|.$$

Sei nun $\varepsilon > 0$ beliebig. Wählen wir $\delta = \varepsilon/2 > 0$, dann folgt für alle $x \in \mathbb{R}$ mit $|x - x_0| < \delta$ mit all den Vorüberlegungen wie gewünscht

$$|f(x) - f(x_0)| \leq 2|x - x_0| < 2\delta = 2 \cdot \frac{\varepsilon}{2} = \varepsilon,$$

also gerade $|f(x) - f(x_0)| < \varepsilon$. Wir haben somit gezeigt, dass die Funktion f im Punkt x_0 stetig ist. Da dieser aber beliebig gewählt war, ist f in ganz $\mathbb{R}$ stetig.

Lösung Aufgabe 75 Wir wählen zunächst $\varepsilon > 0$ beliebig. Setzen wir $\delta = \varepsilon^2$, dann folgt wegen der Monotonie der Wurzelfunktion f und $f(0) = 0$ gerade

$$|f(x) - f(0)| = f(x) = \sqrt{x} < \sqrt{\delta} = \varepsilon$$

für alle $x \in [0, +\infty)$ mit $|x| < \delta$, das heißt, die Wurzelfunktion ist im Nullpunkt stetig.

Lösung Aufgabe 76 Wir überlegen uns, dass die Funktion f im Punkt $x_0 = 0$ unstetig ist. Dazu müssen wir nachweisen, dass es $\varepsilon > 0$ so gibt, dass zu jedem $\delta > 0$ ein Punkt $x \in \mathbb{R}$ mit $|x - x_0| < \delta$ und $|f(x) - f(x_0)| \geq \varepsilon$ existiert (vgl. die

Lösung von Aufgabe 4). Wir setzen zunächst $\varepsilon = 1$ und wählen $\delta > 0$ beliebig. Für $x = x_0 + \delta/2$ gilt dann offensichtlich $|x - x_0| = \delta/2 < \delta$. Wegen $x > 0$ folgt mit $f(x_0) = 0$ gerade

$$|f(x) - f(x_0)| = f(x) = 1 + \frac{\delta}{2} > \varepsilon.$$

Die obigen Überlegungen zeigen, dass die Funktion f im Nullpunkt unstetig ist.

Lösung Aufgabe 77 In dieser Aufgabe werden wir die sogenannte umgekehrte Dreiecksungleichung $||x| - |y|| \leq |x - y|$ für $x, y \in \mathbb{R}$ verwenden. Um zu zeigen, dass die Betragsfunktion stetig ist, wählen wir zunächst $x_0 \in \mathbb{R}$ beliebig. Sei nun weiter $(x_n)_n$ eine Folge mit $\lim_n x_n = x_0$. Mit der umgekehrten Dreiecksungleichung erhalten wir für jedes $n \in \mathbb{N}$

$$\left||f(x_n)| - |f(x_0)|\right| = \left||x_n| - |x_0|\right| \leq |x_n - x_0|.$$

Da die Folge $(x_n)_n$ aber gegen x_0 konvergiert gilt $\lim_n |x_n - x_0| = 0$. Wir können somit in der obigen Ungleichung zum Grenzwert übergehen und erhalten wie gewünscht

$$\lim_{n \to +\infty} \left||f(x_n)| - |f(x_0)|\right| = \lim_{n \to +\infty} \left||x_n| - |x_0|\right| \leq \lim_{n \to +\infty} |x_n - x_0| = 0,$$

also $\lim_n f(x_n) = f(x_0)$. Somit ist die Funktion f im Punkt x_0 Folgen-stetig und folglich wegen Aufgabe 83 im Punkt x_0 stetig.

Lösung Aufgabe 78 Im Folgenden werden wir uns überlegen, dass die Abrundungsfunktion $f : \mathbb{R} \to \mathbb{R}$ mit $f(x) = [x]$ in jedem Punkt aus $\mathbb{R} \setminus \mathbb{Z}$ stetig und in allen Punkten aus $\mathbb{Z}$ unstetig ist. Zur Übersicht unterteilen wir den Beweis:

(a) Sei $x_0 \in \mathbb{R} \setminus \mathbb{Z}$ beliebig gewählt. Weiter sei $\varepsilon > 0$ beliebig und $\delta = \min\{x_0 - [x_0], [x_0 + 1] - x_0\}$. Da x_0 keine ganze Zahl ist, gelten $[x_0] \neq x_0$ und $[x_0 + 1] \neq x_0$, das heißt, es gilt $\delta > 0$. Da für jedes $x \in \mathbb{R}$ mit $|x - x_0| < \delta$ bereits $f(x) = [x] = [x_0]$ gilt, erhalten wir schließlich

$$0 = |f(x_0) - f(x_0)| = |f(x) - f(x_0)| < \varepsilon.$$

Wir haben somit gezeigt, dass die Funktion f in x_0 stetig ist.

(b) Sei nun $x_0 \in \mathbb{Z}$ beliebig. Nach Definition von f gilt daher $f(x_0) = [x_0] = x_0$. Für $\varepsilon = 1/2$ und $\delta > 0$ beliebig folgt jedoch für $x = x_0 - \delta/2$ gerade $f(x) < f(x_0)$. Da f aber nur ganzzahlige Werte annimmt, erhalten wir schließlich $f(x_0) - f(x) \geq 1$ und daher

$$f(x_0) - f(x) \geq 1 > \varepsilon.$$

Somit ist die Funktion f im Punkt x_0 unstetig.

Lösung Aufgabe 79 Sei $k \in \mathbb{N}$ eine beliebig gewählte natürliche Zahl. Wir sehen, dass die Funktion $f_k : \mathbb{R} \to \mathbb{R}$ bereits als Produkt und Verknüpfung stetiger Funktionen in ganz $\mathbb{R} \setminus \{0\}$ stetig ist. Wir müssen also lediglich die Stetigkeit von f_k im Punkt $x_0 = 0$ nachweisen. Dazu sei $(x_n)_n$ eine beliebige Nullfolge mit $\lim_n x_n = x_0$. Wegen $|\sin(x)| \leq 1$ für $x \in \mathbb{R}$ erhalten wir wegen $f_k(x_0) = 0$ zunächst für jedes $n \in \mathbb{N}$ die Abschätzung

$$|f_k(x_n) - f_k(x_0)| = \left| x_n^k \right| \left| \sin\left(\frac{1}{x_n} \right) \right| \leq |x_n|^k.$$

Indem wir in der obigen Ungleichung zum Grenzwert übergehen, folgt mit den Grenzwertsätzen für konvergente Folgen wie gewünscht

$$\lim_{n \to +\infty} |f_k(x_n) - f_k(x_0)| \leq \lim_{n \to +\infty} |x_n|^k = 0,$$

also gerade $\lim_n f_k(x_n) = f_k(x_0)$. Damit ist die Funktion f_k im Nullpunkt stetig (vgl. Aufgabe 83). Wir haben somit gezeigt, dass f_k in ganz $\mathbb{R}$ stetig ist

Lösung Aufgabe 80 Wir nutzen Aufgabe 83 um zu zeigen, dass die Dirichlet-Funktion $f : \mathbb{R} \to \mathbb{R}$ in keinem Punkt Folgen-stetig ist. Dazu unterscheiden wir die folgenden Fälle:

(a) Sei zunächst $x_0 \in \mathbb{Q}$ beliebig. Definieren wir die Folge $(x_n)_n$ durch $x_n = x_0 + \sqrt{2}/n$, so sehen wir $\lim_n x_n = x_0$. Da aber $\sqrt{2} \in \mathbb{R} \setminus \mathbb{Q}$ gilt (vgl. Aufgabe 6), folgt insbesondere auch $x_n \in \mathbb{R} \setminus \mathbb{Q}$ und daher $f(x_n) = 1$ für alle $n \in \mathbb{N}$. Wir erhalten somit insgesamt

$$\lim_{n \to +\infty} f(x_n) = 1 \neq 0 = f(x_0),$$

das heißt, die Funktion f ist in keinem Punkt aus $\mathbb{Q}$ Folgen-stetig.

(b) Sei nun $x_0 \in \mathbb{R} \setminus \mathbb{Q}$ beliebig. Da $\mathbb{Q}$ dicht in $\mathbb{R}$ ist, gibt es eine Folge $(x_n)_n \subseteq \mathbb{Q}$ mit $\lim_n x_n = x_0$. Insbesondere gilt also gemäß der Definition der Dirichlet-Funktion $f(x_n) = 0$ für alle $n \in \mathbb{N}$. Wir erhalten somit

$$\lim_{n \to +\infty} f(x_n) = 0 \neq 1 = f(x_0),$$

was zeigt, dass f in ganz $\mathbb{R} \setminus \mathbb{Q}$ nicht Folgen-stetig sein kann.

Aus den Teilen (a) und (b) folgt, dass die Funktion f in keinem Punkt aus $\mathbb{R}$ stetig ist.

Lösung Aufgabe 81 Im Folgenden werden wir uns überlegen, dass die Funktion $f : \mathbb{R} \to \mathbb{R}$ im Nullpunkt nicht Folgen-stetig ist. Dazu werden wir eine Nullfolge $(x_n)_n$ mit $\lim_n x_n = 0$ derart konstruieren, dass $\lim_n f(x_n) \neq f(0)$ gilt (vgl. Aufgabe 83). Da die Sinusfunktion 2π-periodisch ist und $\sin(\pi/2) = 1$ gilt, folgt insbesondere

$\sin(\pi/2 + 2\pi n) = 1$ für jedes $n \in \mathbb{N}$. Betrachten wir nun die Folge $(x_n)_n$ mit $x_n = 1/(\pi/2 + 2\pi n)$, so folgt mit unseren Vorüberlegungen gerade $f(x_n) = 1$ für jedes $n \in \mathbb{N}$. Dies impliziert aber gerade $\lim_n f(x_n) = 1$ und da nach Definition $f(0) = 0$ gilt, haben wir somit nachgewiesen, dass die Funktion f nicht im Nullpunkt stetig ist.

Lösung Aufgabe 82

(a) Seien $x_0 \in [0, 1] \cap (\mathbb{R} \setminus \mathbb{Q})$ und $\varepsilon > 0$ beliebig. Nach dem Satz von Archimedes (vgl. Aufgabe 28) finden wir dann eine natürliche Zahl $N \in \mathbb{N}$ mit $1/N < \varepsilon$. Weiter gibt es Zahlen $x_1, \dots, x_N \in \mathbb{N}$ mit

$$0 < \frac{x_j}{j} < x_0 < \frac{x_j + 1}{j}$$

für $j = 1, \dots, N$. Definieren wir weiter

$$\delta = \min_{1 \le j \le N} \min \left\{ \left| x_0 - \frac{x_j}{j} \right|, \left| x_0 - \frac{x_j + 1}{j} \right| \right\},$$

so sehen wir, dass die rationalen Zahlen x_j/j und $(x_j + 1)/j$ für $j = 1, \dots, N$ nicht im offenen Intervall $(x_0 - \delta, x_0 + \delta)$ liegen, womit insbesondere $\delta > 0$ folgt. Sei nun $x \in \mathbb{Q} \cap (x_0 - \delta, x_0 + \delta)$ beliebig mit $x = p/q$ und $p, q \in \mathbb{N}$ teilerfremd. Insbesondere gilt wegen $|x - x_0| < \delta$ gerade $q > N$ und somit

$$|f(x) - f(x_0)| = f(x) = \frac{1}{q} < \frac{1}{N} < \varepsilon,$$

wobei wir $f(x_0) = 0$ verwendet haben. Gilt hingegen $x \in (\mathbb{R} \setminus \mathbb{Q}) \cap (x_0 - \delta, x_0 + \delta)$, so folgt nach Definition der Funktion f gerade $f(x) = f(x_0) = 0$, als

$$0 = |f(x) - f(x_0)| < \varepsilon.$$

Wir haben somit gezeigt, dass die Thomaesche Funktion f in ganz $[0, 1] \cap (\mathbb{R} \setminus \mathbb{Q})$ stetig ist.

(b) Wir zeigen nun, dass die Thomaesche Funktion f in jedem Punkt aus $[0, 1] \cap \mathbb{Q}$ unstetig ist. Sei dazu $x_0 \in [0, 1] \cap \mathbb{Q}$ beliebig gewählt sowie $p, q \in \mathbb{N}$ teilerfremde Zahlen mit $x_0 = p/q$. Nach Definition von f gilt somit $f(x_0) = 1/q$. Wir betrachten weiter die Folge $(x_n)_n$ mit $x_n = x_0 + \sqrt{2}/n$. Da jedes Folgenglied x_n wegen Aufgabe 6 irrational ist, folgt $f(x_n) = 0$ und somit

$$|x_n - x_0| = \frac{\sqrt{2}}{n} \quad \text{und} \quad |f(x_n) - f(x_0)| = \frac{1}{q}$$

für jedes $n \in \mathbb{N}$. Sei nun $\delta > 0$ beliebig und $n \in \mathbb{N}$ so groß, dass $\sqrt{2}/n < \delta$ gilt. Dann folgt für $\varepsilon = 1/q > 0$ also gerade $|f(x_n) - f(x_0)| \geq \varepsilon$ und $|x_n - x_0| < \delta$. Wir haben somit wie gewünscht nachgewiesen, dass die Funktion f im Punkt $x_0 \in [0, 1] \cap \mathbb{Q}$ unstetig ist.

Lösung Aufgabe 83   Zur Übersicht unterteilen wir den Beweis in zwei Teile:

(a) Sei zuerst die Funktion $f : D \to \mathbb{R}$ im Punkt $x_0 \in D$ stetig und $(x_n)_n \subseteq D$ eine beliebige Folge mit $\lim_n x_n = x_0$. Sei weiter $\varepsilon > 0$ beliebig gewählt. Da die Funktion f in x_0 stetig ist, gibt es $\delta > 0$ so, dass für alle $x \in D$ mit $|x - x_0| < \delta$ gerade $|f(x) - f(x_0)| < \varepsilon$ folgt. Da die Folge $(x_n)_n$ gegen x_0 konvergiert, gibt es nach Definition eine natürliche Zahl $N \in \mathbb{N}$ mit $|x_n - x_0| < \delta$ für alle $n \geq N$. Insgesamt folgt somit $|f(x_n) - f(x_0)| < \varepsilon$ für alle $n \geq N$. Da $\varepsilon > 0$ beliebig gewählt war zeigt dies aber gerade, dass die Bildfolge $(f(x_n))_n$ gegen $f(x_0)$ konvergiert. Somit ist die Funktion f wie gewünscht im Punkt x_0 Folgen-stetig.

(b) Die umgekehrte Implikation beweisen wir mit einem Widerspruchsbeweis. Wir nehmen dazu an, dass die Funktion f in x_0 unstetig ist und zeigen dann, dass f ebenso im Punkt x_0 Folgen-unstetig ist. Sei also f in $x_0 \in D$ unstetig. Dann existiert $\varepsilon > 0$ so, dass es zu jedem $\delta > 0$ ein Punkt $x_\delta \in D$ mit $|x_\delta - x_0| < \delta$ und $|f(x_\delta) - f(x_0)| \geq \varepsilon$ gibt. Wir werden nun eine Folge $(x_n)_n \subseteq D$ mit $\lim_n x_n = x_0$ und $\lim_n f(x_n) \neq f(x_0)$ konstruieren. Aus den vorherigen Überlegungen wissen wir, dass es zu jedem Wert $\delta = 1/n$ mit $n \in \mathbb{N}$ ein Element $x_\delta = x_n$ in D mit $|x_n - x_0| < 1/n$ und $|f(x_n) - f(x_0)| \geq \varepsilon$ gibt. Wir haben also gezeigt, dass für alle $n \in \mathbb{N}$ die Ungleichungen

$$|x_n - x_0| < \frac{1}{n} \quad \text{und} \quad |f(x_n) - f(x_0)| \geq \varepsilon$$

erfüllt sind. Somit sehen wir, dass die Folge $(x_n)_n$ gegen x_0 konvergiert, denn bekanntlich gilt $\lim_n 1/n = 0$ (vgl. Aufgabe 36). Aus der zweiten Ungleichung sehen wir aber weiter, dass die Bildfolge $(f(x_n))_n$ nicht gegen $f(x)$ konvergieren kann (vgl. auch die Lösung von Aufgabe 4). Das bedeutet aber gerade, dass die Funktion f nicht Folgen-stetig in x_0 ist.

Lösung Aufgabe 84   Seien $x_0 \in D$ und $\varepsilon > 0$ beliebig gewählt. Da die Funktion f nach Voraussetzung stetig ist, gibt es zu $\varepsilon/4 > 0$ eine Zahl $\delta_f > 0$ derart, dass für alle $x \in D$ mit $|x - x_0| < \delta_f$ gerade $|f(x) - f(x_0)| < \varepsilon/4$ folgt. Analog gibt es aber auch wegen der Stetigkeit von g zu $\varepsilon/6 > 0$ eine Zahl $\delta_g > 0$ so, dass aus $x \in D$ und $|x - x_0| < \delta_g$ gerade $|f(x) - f(x_0)| < \varepsilon/6$ folgt. Mit der Dreiecksungleichung erhalten wir für alle $x \in D$

$$\begin{aligned}
|(2f + 3g)(x) - (2f + 3g)(x_0)| &= |2(f(x) - f(x_0)) + 3(g(x) - g(x_0))| \\
&\leq 2|f(x) - f(x_0)| + 3|g(x) - g(x_0)|.
\end{aligned}$$

Setzen wir $\delta = \min\{\delta_f, \delta_g\} > 0$, so erhalten wir mit den Vorüberlegen für alle $x \in D$ mit $|x - x_0| < \delta$ wie gewünscht

$$|(2f + 3g)(x) - (2f + 3g)(x_0)| \leq 2|f(x) - f(x_0)| + 3|g(x) - g(x_0)| < \varepsilon.$$

Wir haben somit gezeigt, dass die Funktion $2f + 3g$ im Punkt x_0 stetig ist.

Lösung Aufgabe 85 Sei $x_0 \in \mathbb{R}$ beliebig gewählt. Im Folgenden überlegen wir uns, dass die Funktion f im Punkt x_0 Folgen-stetig ist. Dazu sei $(x_n)_n$ eine beliebige Folge mit $\lim_n x_n = x_0$. Aus den Grenzwertsätzen für konvergente Folgen wissen wir aber auch, dass jede Linearkombination sowie das Produkt der Folge $(x_n)_n$ wieder konvergent ist. Die Grenzwertsätze implizieren also gerade

$$\lim_{n \to +\infty} f(x_n) = \lim_{n \to +\infty} \sum_{j=0}^{k} a_j x_n^j = \sum_{j=0}^{k} a_j \left(\lim_{n \to +\infty} x_n^j \right) = \sum_{j=0}^{k} a_j x_0^j = f(x_0),$$

das heißt, die Funktion f ist im Punkt x_0 Folgen-stetig. Da $x_0 \in \mathbb{R}$ beliebig gewählt war, folgt die Stetigkeit des Polynoms in ganz $\mathbb{R}$.

Lösung Aufgabe 86 Wir bemerken zuerst, dass für $x = 0$ aus der Ungleichung bereits $f(0) = 0$ folgt. Sei nun $(x_n)_n \subseteq \mathbb{R}$ eine beliebige Folge mit $\lim_n x_n = 0$. Dann folgt $|f(x_n)| \leq |x_n|$ für alle $n \in \mathbb{N}$ und somit

$$\lim_{n \to +\infty} |f(x_n)| \leq \lim_{n \to +\infty} |x_n| = 0,$$

also wie gewünscht $\lim_n f(x_n) = f(0)$. Dies zeigt aber gerade die Stetigkeit der Funktion f im Nullpunkt (vgl. Aufgabe 83).

Lösung Aufgabe 87 Seien $x_0 \in \mathbb{Z}$ und $\varepsilon > 0$ beliebig. Wählen wir $\delta = 1$, so folgt für $x \in \mathbb{Z}$ aus $|x - x_0| < \delta$ gerade $x = x_0$ und somit $f(x) = f(x_0)$. Wir erhalten folglich

$$0 = |f(x_0) - f(x_0)| = |f(x) - f(x_0)| < \varepsilon,$$

was zeigt, dass die Funktion $f : \mathbb{Z} \to \mathbb{R}$ im Punkt x_0 stetig ist. Da x_0 beliebig gewählt war, folgt die Stetigkeit von f in ganz $\mathbb{Z}$.

Lösung Aufgabe 88 Wir untersuchen die Stetigkeit der Funktion $f : [-1, 1] \to \mathbb{R}$ in allen Punkten aus $[-1, 1]$ und betrachten dazu die folgenden drei Fälle:

(a) Es gilt $x_0 \in [-1, 0)$. Sei weiter $\varepsilon > 0$ beliebig. Da die Funktion g nach Voraussetzung in x_0 stetig ist, gibt es $\delta_g > 0$ so, dass für alle $x \in [-1, 0]$ mit

$|x - x_0| < \delta_g$ gerade $|g(x) - g(x_0)| < \varepsilon$ folgt. Da aber f auf $[-1, 0]$ mit g übereinstimmt, folgt somit auch

$$|f(x) - f(x_0)| = |g(x) - g(x_0)| < \varepsilon$$

für alle $x \in [-1, 0]$ mit $|x - x_0| < \delta_g$. Da x_0 beliebig aus $[-1, 0)$ gewählt war, haben wir somit gezeigt, dass die Funktion f in $[-1, 0)$ stetig ist.

(b) Es gilt $x_0 \in (0, 1]$. Sei weiter $\varepsilon > 0$ beliebig. Dieser Teil lässt sich ähnlich wie (a) zeigen: Da h nach Voraussetzung in x_0 stetig ist, existiert $\delta_h > 0$ so, dass für alle $x \in [0, 1]$ mit $|x - x_0| < \delta_h$ schon $|h(x) - h(x_0)| < \varepsilon$ folgt. Da aber f in ganz $[0, 1]$ mit h übereinstimmt, folgt somit

$$|f(x) - f(x_0)| = |h(x) - h(x_0)| < \varepsilon$$

für alle $x \in [0, 1]$ mit $|x - x_0| < \delta_h$. Damit haben wir gezeigt, dass die Funktion f in $(0, 1]$ stetig ist.

(c) Es gilt $x_0 = 0$. Wir wählen erneut $\varepsilon > 0$ beliebig. Da g im Nullpunkt stetig ist, gibt es $\delta_g > 0$ derart, dass $x \in [-1, 0]$ und $|x| < \delta_g$ gerade $|g(x)| < \varepsilon$ impliziert. Analog gibt es $\delta_h > 0$ derart, dass aus $x \in [0, 1]$ und $|x| < \delta_h$ die Ungleichung $|h(x)| < \varepsilon$ folgt. Setzen wir $\delta = \min\{\delta_g, \delta_h\} > 0$, dann können wir wie folgt zusammenfassen: Für alle $x \in [-1, 1]$ mit $|x| < \delta$ folgt $|f(x)| < \varepsilon$. Da aber wegen $g(0) = h(0) = 0$ auch $f(0) = 0$ folgt, haben wir gezeigt, dass die Funktion f im Nullpunkt stetig ist.

Lösung Aufgabe 89

(a) Mit einer Fallunterscheidung sehen wir leicht, dass

$$(f \wedge g)(x) = \frac{1}{2}\big(f(x) + g(x) - |f(x) - g(x)|\big)$$

für alle $x \in D$ gilt. Wir zeigen nun, dass die Funktion $f \wedge g : D \to \mathbb{R}$ in einem beliebig gewählten Punkt $x_0 \in D$ stetig ist. Dazu sei $(x_n)_n \subseteq D$ eine Folge mit $\lim_n x_n = x_0$. Da die Betragsfunktion stetig ist (vgl. Aufgabe 77) folgt mit den Grenzwertsätzen für konvergente Folgen

$$\begin{aligned}
\lim_{n \to +\infty} (f \wedge g)(x_n) &= \lim_{n \to +\infty} \frac{1}{2}\big(f(x_n) + g(x_n) - |f(x_n) - g(x_n)|\big) \\
&= \frac{1}{2}\big(f(x_0) + g(x_0) - |f(x_0) - g(x_0)|\big) \\
&= (f \wedge g)(x_0).
\end{aligned}$$

Wir haben somit gezeigt, dass die Minimumfunktion $f \wedge g$ im Punkt x_0 und somit in ganz $\mathbb{R}$ stetig ist (vgl. Aufgabe 83).

(b) Wegen

$$(f \vee g)(x) = -((-f) \wedge (-g))(x)$$

für $x \in D$ folgt die Stetigkeit der Maximumfunktion $f \vee g$ direkt aus Teil (a) dieser Aufgabe.

Lösung Aufgabe 90

(a) Sei zuerst $x \in D$ mit $f(x) \geq 0$. Nach Definition des Positiv- und Negativteils folgt dann $f^+(x) - f^-(x) = f(x) - 0 = f(x)$. Analog gilt für jedes $x \in D$ mit $f(x) < 0$ gerade $f^+(x) - f^-(x) = 0 - (-f(x)) = f(x)$. Wir haben somit wie gefordert $f = f^+ - f^-$ nachgewiesen. Die zweite Identität lässt sich analog zeigen.

(b) Wir überlegen uns nun, dass die Funktion f genau dann stetig ist, wenn der Positiv- und Negativteil stetig ist. Sei dazu zuerst f stetig. Wegen $f^+ = \max\{f, 0\}$ und $f^- = \max\{-f, 0\}$ folgt mit Aufgabe 89, dass auch f^+ und f^- stetig sind. Sind nun umgekehrt f^+ und f^- stetig, dann ist auch die Differenz $f = f^+ - f^-$ (vgl. Teil (a) dieser Aufgabe) eine stetige Funktion, womit die Aussage bewiesen ist.

Lösung Aufgabe 91 Wir nehmen ohne Einschränkung an, dass die Funktion $f : [a, b] \to \mathbb{R}$ monoton wachsend ist. Für jeden Punkt $x_0 \in [a, b]$ bezeichnen wir mit

$$f_-(x_0) = \lim_{x \to x_0^-} f(x) \quad \text{und} \quad f_+(x_0) = \lim_{x \to x_0^+} f(x)$$

den links- und rechtsseitigen Grenzwert der Funktion f im Punkt x_0. Die Grenzwerte existieren, da f monoton (wachsend) ist. Wir zeigen nun, dass die Menge der Unstetigkeitsstellen von f

$$U(f) = \left\{ x_0 \in [a, b] \mid f \text{ ist unstetig in } x_0 \right\}$$

abzählbar ist. Sei dazu $x_0 \in U(f)$ beliebig. Da x_0 eine Unstetigkeitsstelle von f ist, gilt $f_-(x_0) < f_+(x_0)$, womit insbesondere das Intervall $(f_-(x_0), f_+(x_0)) \subseteq [a, b]$ nichtleer ist. Ist nun $x_0' \in [a, b]$ eine weitere Unstetigkeitsstelle mit $x_0 < x_0'$, dann folgt aus der Monotonie von f gerade

$$f_-(x_0) < f_+(x_0) < f_-(x_0') < f_+(x_0').$$

Wir sehen somit, dass die Intervalle $(f_-(x_0), f_+(x_0))$ und $(f_-(x_0'), f_+(x_0'))$ disjunkt sind. Wir können somit die Funktion $g : U(f) \to \mathbb{Q}$ wie folgt erklären: Für jedes $x \in U(f)$ sei $g(x)$ eine beliebige rationale Zahl im Intervall $(f_-(x), f_+(x))$. Mit unseren Vorüberlegungen ist die Abbildung g streng monoton wachsend und daher insbesondere injektiv. Mit dem Satz von Cantor-Bernstein-Schröder kann der Definitionsbereich $U(f)$ somit keine höhere Mächtigkeit als $\mathbb{Q}$ haben, das heißt, die

Menge der Unstetigkeitsstellen von f ist entweder endlich oder abzählbar endlich. Damit ist die Behauptung bewiesen.

Lösung Aufgabe 92 Zunächst sehen wir, dass für $x = y = 0$ gerade $f(0) = f(0) + f(0)$, also $f(0) = 0$ folgt. Weiter erhalten wir für jedes $x \in \mathbb{R}$ und $y = -x$ aus der Funktionalgleichung aber auch

$$0 = f(0) = f(x + (-x)) = f(x) + f(-x),$$

also $f(x) = -f(-x)$. Wir zeigen nun die Stetigkeit der Funktion f. Sei dazu $x_0 \in \mathbb{R}$ ein beliebiger Punkt und $(x_n)_n \subseteq \mathbb{R}$ eine Folge mit $\lim_n x_n = x_0$. Mit unseren Vorüberlegungen folgt dann

$$|f(x_n) - f(x_0)| = |f(x_n) - f(-(-x_0))| = |f(x_n) + f(-x_0)| = |f(x_n - x_0)|$$

für alle $n \in \mathbb{N}$, wobei wir im letzten Schritt die Funktionalgleichung verwendet haben. Da die Funktion $f : \mathbb{R} \to \mathbb{R}$ nach Voraussetzung im Nullpunkt stetig ist und $\lim_n (x_n - x_0) = 0$ gilt, erhalten wir beim Grenzübergang

$$\lim_{n \to +\infty} |f(x_n) - f(x_0)| = \lim_{n \to +\infty} |f(x_n - x_0)|$$
$$= \left| f\left(\lim_{n \to +\infty} (x_n - x_0) \right) \right| = |f(0)| = 0,$$

also $\lim_n f(x_n) = f(x_0)$. Wir haben somit wie gewünscht gezeigt, dass die Funktion f in x_0 und damit in ganz $\mathbb{R}$ stetig ist.

Lösung Aufgabe 93 Zur Übersicht unterteilen wir den Beweis in mehrere Teile.

(a) Wir zeigen zuerst, dass $f(0) = 0$ und

$$f(x) = -f(-x) \tag{20.1}$$

für alle $x \in \mathbb{R}$ gelten. Aus der Funktionalgleichung folgt direkt $f(0) = f(0) + f(0)$, das heißt, $f(0) = 0$. Damit folgt für $x \in \mathbb{R}$

$$0 = f(0) = f(x + (-x)) = f(x) + f(-x),$$

also wie gewünscht $f(x) = -f(-x)$.
(b) Wir weisen nun

$$f(z) = z f(1)$$

für alle $z \in \mathbb{Z}$ nach. Zunächst folgt für jedes $x \in \mathbb{R}$ aus der Cauchy-Funktionalgleichung

$$f(2x) = f(x+x) \overset{(4.1)}{=} f(x) + f(x) = 2f(x),$$

$$f(3x) = f(x+2x) \overset{(4.1)}{=} f(x) + f(2x) = f(x) + f(x) + f(x) = 3f(x).$$

Induktiv erhält man also

$$f(nx) = nf(x) \tag{20.2}$$

für alle $x \in \mathbb{R}$ und $n \in \mathbb{N}$. Sei nun $z \in \mathbb{Z}$ und $z \geq 0$. Dann gilt

$$f(z) = f\left(\sum_{j=1}^{z} 1\right) \overset{(20.2)}{=} zf(1)$$

und für $z \in \mathbb{Z}$ mit $z \leq 0$ gilt analog

$$f(z) = f\left(\sum_{j=1}^{|z|} -1\right) \overset{(20.2)}{=} |z|f(-1) \overset{(20.1)}{=} (-z)(-f(1)) = zf(1).$$

(c) Wir beweisen nun im dritten Schritt

$$f(q) = qf(1) \tag{20.3}$$

für alle $q \in \mathbb{Q}$. Sei also $q \in \mathbb{Q}$ beliebig mit $q = m/n$, wobei $m \in \mathbb{Z}$ und $n \in \mathbb{Z} \setminus \{0\}$. Es gilt

$$f(m) = f\left(n \cdot \frac{m}{n}\right) \overset{(20.2)}{=} nf\left(\frac{m}{n}\right).$$

Dies liefert dann wie gewünscht

$$f(q) = f\left(\frac{m}{n}\right) = \frac{1}{n}f(m) \overset{(20.2)}{=} \frac{m}{n}f(1) = qf(1).$$

(d) Zum Schluss zeigen wir, dass

$$f(x) = xf(1)$$

für alle $x \in \mathbb{R}$ gilt. Sei dazu $x \in \mathbb{R}$ beliebig. Da $\mathbb{Q}$ dicht in $\mathbb{R}$ liegt, gibt es eine Folge $(q_n)_n \subseteq \mathbb{Q}$ mit $\lim_n q_n = x$. Da die Funktion f nach Voraussetzung stetig ist folgt somit

$$f(x) = f\left(\lim_{n \to +\infty} q_n\right) = \lim_{n \to +\infty} f(q_n) \overset{(20.3)}{=} \lim_{n \to +\infty} q_n f(1) = xf(1).$$

Dies zeigt, dass alle stetigen Funktionen $f : \mathbb{R} \to \mathbb{R}$, die der Cauchy-Funktionalgleichung (4.1) genügen, von der Form $f(x) = ax$ mit $a \in \mathbb{R}$ sind.

Lösung Aufgabe 94   Sei $x_0 \in \mathbb{R}$ beliebig. Wir werden Aufgabe 83 nutzen, um zu zeigen, dass die Funktion $f : \mathbb{R} \to \mathbb{R}$ im Punkt x_0 stetig ist. Dazu sei $(x_n)_n \subseteq \mathbb{R}$ eine beliebige Folge mit $\lim_n x_n = x_0$. Insbesondere folgt aus den Grenzwertsätzen $\lim_n (x_n - x_0) = 0$. Ungleichung (4.2) impliziert weiter

$$|f(x_n) - f(x_0)| \le g(|x_n - x_0|)$$

für alle $n \in \mathbb{N}$. Da die Funktion $g : \mathbb{R} \to [0, +\infty)$ nach Voraussetzung stetig ist, können wir auf der rechten Seite der Ungleichung zum Grenzwert übergehen:

$$\lim_{n \to +\infty} g(|x_n - x_0|) = g\left(\lim_{n \to +\infty} |x_n - x_0| \right) = g(0) = 0.$$

Wir sehen somit $\lim_n |f(x_n) - f(x_0)| = 0$ beziehungsweise $\lim_n f(x_n) = f(x_0)$, das heißt, die Funktion f ist in x_0 stetig.

Lösung Aufgabe 95   Da die Funktion $f : \mathbb{R} \to \mathbb{R}$ insbesondere im Punkt x_0 stetig ist, gibt es zu $\varepsilon = f(x_0)/2 > 0$ eine Zahl $\delta > 0$ derart, dass für alle $x \in \mathbb{R}$ mit $|x - x_0| < \delta$ gerade $|f(x) - f(x_0)| < \varepsilon$ folgt. Insbesondere folgt damit aus der Definition der Betragsfunktion

$$-\big(f(x) - f(x_0)\big) < \frac{f(x_0)}{2},$$

also $f(x_0)/2 < f(x)$. Somit ist die Funktion f in der Umgebung $U(x_0) = \{x \in \mathbb{R} \mid |x - x_0| < \delta\}$ des Punktes x_0 strikt positiv.

Lösung Aufgabe 96   Wir definieren zunächst die Hilfsfunktion $h : [0, 1] \to \mathbb{R}$ mit $h(x) = f(x)$. Dann ist h als Einschränkung einer stetigen Funktion selbst stetig. Da das Intervall $[0, 1]$ kompakt ist, wissen wir aus dem Satz über Minimum und Maximum, dass die Funktion h ihr Minimum und Maximum in $[0, 1]$ annimmt. Wegen der 1-Periodizität von f und h folgt für alle $x \in \mathbb{R}$

$$f(x) = f(x - [x] + [x]) = f(x - [x]) = h(x - [x])$$

(vgl. die Lösung von Aufgabe 117). Dabei ist zu beachten, das $x - [x] \in [0, 1]$ für $x \in \mathbb{R}$ gilt, sodass wir insgesamt

$$\min_{x \in \mathbb{R}} f(x) = \min_{x \in \mathbb{R}} h(x - [x]) = \min_{x \in [0,1]} h(x)$$

und

$$\max_{x \in \mathbb{R}} f(x) = \max_{x \in \mathbb{R}} h(x - [x]) = \max_{x \in [0,1]} h(x)$$

erhalten. Dies zeigt, dass die Funktion $f : \mathbb{R} \to \mathbb{R}$ ihr Minimum und Maximum annimmt.

Lösung Aufgabe 97 Offensichtlich ist jede Nullstelle der Funktion $h : [a, b] \to \mathbb{R}$ mit $h(x) = f(x) - x$ ein Fixpunkt von f und umgekehrt. Wir werden mit dem Zwischenwertsatz (beziehungsweise mit dem Satz von Bolzano) zeigen, dass die Hilfsfunktion h eine Nullstelle besitzt. Zunächst ist h als Differenz der stetigen Funktionen $x \mapsto f(x)$ und $x \mapsto x$ stetig. Da f das Intervall $[a, b]$ auf $[a, b]$ abbildet, gilt $a \leq f(x) \leq b$ für alle $x \in [a, b]$. Damit folgen

$$h(a) = f(a) - a \geq 0 \quad \text{und} \quad h(b) = f(b) - b \leq 0,$$

das heißt, die Funktion h hat einen Vorzeichenwechsel im Intervall $[a, b]$. Mit dem Zwischenwertsatz finden wir somit eine Stelle $\xi \in [a, b]$ mit $h(\xi) = 0$, also $f(\xi) = \xi$.

Lösung Aufgabe 98 Wir zeigen, dass die Funktion $h : [0, 2] \to \mathbb{R}$ mit $h(x) = f(x + 1) - f(x)$ eine Nullstelle in $[0, 2]$ besitzt. Dabei ist h stetig, da die Funktion $f : [0, 2] \to \mathbb{R}$ nach Voraussetzung stetig ist. Weiter gilt $h(0) = f(1) - f(0)$ und $h(1) = f(2) - f(1)$. Da aber nach Voraussetzung $f(0) = f(2)$ gilt, folgt

$$h(0) = f(1) - f(0) = f(1) - f(2) = -(f(2) - f(1)) = -h(1). \qquad (20.4)$$

Gilt bereits $h(0) = 0$, dann ist 0 eine Nullstelle von h, womit $f(1) = f(0)$ gilt. Ist hingegen $h(0) \neq 0$, dann zeigt (20.4), dass die Funktion h einen Vorzeichenwechsel in $[0, 2]$ besitzt. Mit dem Zwischenwertsatz folgt somit die Existenz einer Nullstelle $\xi \in [0, 2]$ mit $h(\xi) = f(\xi + 1) - f(\xi) = 0$.

Lösung Aufgabe 99 Wir definieren zunächst die Hilfsfunktion $h : [0, 2] \to \mathbb{R}$ mit $h(x) = x f(x) - 1$. Offensichtlich erfüllt jede Nullstelle $\xi \in [0, 2]$ von h, das heißt es gilt $h(\xi) = \xi f(\xi) - 1 = 0$, gerade $f(\xi) = 1/\xi$. Wir zeigen nun mit dem Satz von Bolzano, dass h eine Nullstelle besitzt. Wegen

$$h(0) = -1 \quad \text{und} \quad h(2) = 2 f(2) - 1 = 2 \cdot 1 - 1 = 1$$

besitzt die Funktion h im Intervall $[0, 2]$ einen Vorzeichenwechsel. Da h als Differenz und Produkt der stetigen Funktionen $x \mapsto x$, $x \mapsto f(x)$ und $x \mapsto 1$ ebenfalls stetig ist, folgt mit dem Nullstellensatz von Bolzano wie gewünscht die Existenz einer Stelle $\xi \in [0, 2]$ mit $h(\xi) = 0$.

Lösung Aufgabe 100 Wir untersuchen die Hilfsfunktion $h : [a, b] \to \mathbb{R}$ mit $h(x) = p f(a) + q f(b) - (p + q) f(x)$ und zeigen mit dem Zwischenwertsatz die Existenz einer Nullstelle $\xi \in [a, b]$ mit $h(\xi) = 0$. Zunächst ist die Funktion h als Differenz der stetigen Funktionen $x \mapsto p f(a) + q f(b)$ und $x \mapsto (p + q) f(x)$ selbst stetig. Weiter gelten

$$h(a) = p f(a) + q f(b) - (p + q) f(a) = q(f(b) - f(a))$$

und

$$h(b) = pf(a) + qf(b) - (p + q)f(b) = -p(f(b) - f(a)).$$

Da aber p und q echt positiv sind, folgt damit, je nachdem ob $f(b) - f(a) \leq 0$ oder $f(b) - f(a) \geq 0$ gilt, entweder $h(a) \leq 0 \leq h(b)$ oder $h(b) \leq 0 \leq h(a)$. Es liegt damit aber in jedem Fall ein Vorzeichenwechsel vor, womit der Zwischenwertsatz die Existenz einer Stelle $\xi \in [a, b]$ mit

$$h(\xi) = pf(a) + qf(b) - (p + q)f(\xi) = 0$$

beziehungsweise äquivalent

$$\frac{pf(a) + qf(b)}{p + q} = f(\xi)$$

liefert.

Lösung Aufgabe 101 Wir definieren zunächst die Funktion $h : [a, b] \to \mathbb{R}$ mit $h(x) = f(x) - g(x)$. Da f und g stetig auf $[a, b]$ sind, ist auch h auf ganz $[a, b]$ stetig. Wegen

$$h(a) = f(a) - g(a) \leq 0 \qquad \text{und} \qquad h(b) = f(b) - g(b) \geq 0$$

besitzt die Hilfsfunktion h einen Vorzeichenwechsel. Mit dem Satz von Bolzano schließen wir somit, dass h eine Nullstelle $x_0 \in [a, b]$ besitzt. Somit gilt also $h(x_0) = 0$ und daher wie gewünscht $f(x_0) = g(x_0)$.

Lösung Aufgabe 102 Angenommen es gibt eine stetige Funktion $f : \mathbb{R} \to \mathbb{R} \setminus \mathbb{Q}$, die nicht konstant ist. Da die Funktion f nicht konstant ist, gibt es zwei (verschiedene) Stellen $x, y \in \mathbb{R}$ mit $x < y$ und $f(x) \neq f(y)$. Wir nehmen dabei ohne Einschränkung an, dass $f(x) < f(y)$ gilt. Da $\mathbb{Q}$ dicht in $\mathbb{R}$ ist, können wir $q \in \mathbb{Q}$ mit $f(x) < q < f(y)$ finden. Mit dem Zwischenwertsatz existiert somit eine Stelle $z \in [x, y]$ mit $f(z) = q$. Das ist aber nicht möglich, da die Funktion f so einen rationalen Wert angenommen hat. Somit ist jede stetige Funktion von $\mathbb{R}$ nach $\mathbb{R} \setminus \mathbb{Q}$ konstant.

Lösung Aufgabe 103 Wir untersuchen die Hilfsfunktion $h : \mathbb{R} \to \mathbb{R}$ mit $h(x) = f(x + \pi) - f(x)$, denn jede Nullstelle $x_0 \in \mathbb{R}$ von h erfüllt wie gewünscht $f(x_0 + \pi) = f(x_0)$. Da f stetig und 1-periodisch ist, ist auch h stetig und 1-periodisch. Aus Aufgabe 96 wissen wir, dass die Funktion f ihr Minimum und Maximum an zwei Stellen x_m (Minimum) und x_M (Maximum) annimmt. Damit gilt insbesondere

$$f(x_m) \leq f(x_m + \pi) \qquad \text{und} \qquad f(x_M) \geq f(x_m + \pi).$$

Das bedeutet aber gerade, dass $h(x_m) \geq 0$ und $h(x_M) \leq 0$ gilt. Wegen $0 \in [h(x_M), h(x_m)]$ gibt es somit wegen dem Zwischenwertsatz eine Stelle $x_0 \in \mathbb{R}$ mit $h(x_0) = f(x_0 + \pi) - f(x_0) = 0$.

Lösung Aufgabe 104 Das Polynom f ist gemäß Aufgabe 85 eine in ganz $\mathbb{R}$ stetige Funktion. Da $f(1) = -2 < 0$ und $f(2) = 146.810 > 0$ gilt, enthält das Intervall $[f(1), f(2)]$ die Null. Daher gibt es wegen dem Zwischenwertsatz eine Stelle $\xi \in [1, 2]$ mit

$$f(\xi) = \xi^{17} + 2\xi^{13} - 5\xi^7 + \xi^2 - 1 = 0,$$

das heißt, die Polynomfunktion besitzt eine Nullstelle.

Lösung Aufgabe 105 Die Idee dieses Beweises ist es, ähnlich wie in Aufgabe 104, zwei Stelle $x_1, x_2 \in \mathbb{R}$ mit $f(x_2) < 0 < f(x_1)$ zu konstruieren. Da Polynome stetig sind, liefert der Zwischenwertsatz dann die Existenz einer Nullstelle. Sei $f : \mathbb{R} \to \mathbb{R}$ ein Polynom mit ungeradem Grad $n \in \mathbb{N}$. Dann gibt es $a_0, \ldots, a_n$, wobei $a_n \neq 0$, mit

$$f(x) = \sum_{j=0}^{n} a_j x^j.$$

Wir können nun ohne Einschränkung $a_n = 1$ annehmen, da jede Nullstelle von f insbesondere eine Nullstelle von $a_n^{-1} f$ und umgekehrt ist. Somit können wir das normierte Polynom als

$$f(x) = x^n + \sum_{j=0}^{n-1} a_j x^j = x^n \left(1 + \sum_{j=0}^{n-1} a_j x^{j-n} \right)$$

für $x \in \mathbb{R}$ schreiben. Definieren wir also weiter $g : \mathbb{R} \to \mathbb{R}$ durch $g(x) = 1 + \sum_{j=0}^{n-1} a_j x^{j-n}$, dann gilt $f(x) = x^n g(x)$ für alle $x \in \mathbb{R} \setminus \{0\}$. Im Folgenden werden wir zwei Stellen x_1 und x_2 in $\mathbb{R}$ mit $g(x_1) > 0$ und $g(x_2) < 0$ konstruieren. Wir setzen $M = \max\{1, 2n|a_0|, \ldots, 2n|a_{n-1}|\}$. Dann gilt für $x \geq M$

$$|g(x) - 1| = \left| \sum_{j=0}^{n-1} a_j x^{j-n} \right| \leq \sum_{j=0}^{n-1} |a_j| \left| x^{j-n} \right| \leq \sum_{j=0}^{n-1} \frac{1}{2n} = \frac{1}{2},$$

wobei die letzte Ungleichung aus

$$|a_j| \left| x^{j-n} \right| \leq |a_j| |x|^{j-n} \leq |a_j| |x|^{-1} \leq \frac{|a_j|}{M} \leq \frac{|a_j|}{2n|a_j|} = \frac{1}{2n}$$

für alle $x \geq M$ und $j \in \{0, \ldots, n-1\}$ folgt. Insgesamt haben wir damit $-1/2 \leq g(x) - 1 \leq 1/2$ für alle $x \geq M$, also wegen der ersten Ungleichung insbesondere

$$\frac{1}{2} \leq g(x)$$

für alle $x \geq M$. Wir setzen nun $x_1 = M + 1 > 0$. Es gilt also $x_1 > M$ und mit der vorherigen Ungleichung folgt

$$0 < \frac{x_1^n}{2} \leq x_1^n g(x_1) = f(x_1).$$

Da die natürliche Zahl n nach Voraussetzung ungerade ist, gilt für $x_2 = -x_1 < 0$ gerade $x_2^n/2 < 0$, also

$$0 > \frac{x_2^n}{2} > x_2^n g(x_2) = f(x_2).$$

Wir haben damit wie gewünscht gezeigt, dass es zwei Stellen $x_1, x_2 \in \mathbb{R}$ mit

$$f(x_2) < 0 < f(x_1)$$

gibt. Da die Funktion f stetig ist (vgl. Aufgabe 85), gibt es gemäß dem Zwischenwertsatz eine Stelle $\xi \in [x_2, x_1]$ mit $f(\xi) = 0$.

Lösung Aufgabe 106 Im Folgenden werden wir mit dem Zwischenwertsatz (beziehungsweise mit dem Satz von Bolzano) zeigen, dass die Funktion $f : [0, 3] \to \mathbb{R}$ mit

$$f(x) = \frac{x-1}{x^2+2} - \frac{3-x}{x+1}$$

eine Nullstelle $\xi \in [0, 3]$ besitzt. Wir untersuchen daher f (beispielsweise) an den Stellen 0 und 3. Es gilt mit einer kleinen Rechnung $f(0) = -7/2$ und $f(3) = 2/11$. Insbesondere sehen wir $f(3) < 0 < f(0)$, sodass aus dem Zwischenwertsatz die Existenz einer Stelle $\xi \in [0, 3]$ mit $f(\xi) = 0$ folgt. Diese Stelle ist aber wie gewünscht eine Lösung der Gleichung.

Lösung Aufgabe 107 Wir zerlegen zunächst den Definitionsbereich $[0, +\infty)$ der Funktion $f : [0, +\infty) \to \mathbb{R}$ in die Intervalle $[0, 2]$ und $(1, +\infty)$. Da die Funktion f stetig und $[0, 2]$ kompakt ist, wissen wir bereits aus Aufgabe 113, dass f auf $[0, 2]$ gleichmäßig stetig ist. Wir zeigen nun, dass f auch auf dem zweiten Intervall $(1, +\infty)$ gleichmäßig stetig ist, denn dann garantiert Aufgabe 114 die gleichmäßige Stetigkeit auf $[0, +\infty) = [0, 2] \cup (1, +\infty)$. Seien also $x, x_0 \in (1, +\infty)$ beliebig. Dann gilt

$$|f(x) - f(x_0)| = \left|\sqrt{x} - \sqrt{x_0}\right| = \left|\sqrt{x} - \sqrt{x_0}\right| \frac{\left|\sqrt{x} + \sqrt{x_0}\right|}{\left|\sqrt{x} + \sqrt{x_0}\right|} = \frac{|x - x_0|}{\left|\sqrt{x} + \sqrt{x_0}\right|},$$

wobei wir im letzten Schritt die dritte binomische Formel genutzt haben. Wegen $x, x_0 > 1$ gilt $|\sqrt{x} + \sqrt{x_0}| > 2$, sodass wir insgesamt

$$|f(x) - f(x_0)| < \frac{1}{2}|x - x_0|$$

erhalten. Sind nun also $\varepsilon > 0$ und $x_0 \in (1, +\infty)$ beliebig, dann können wir $\delta = 2\varepsilon > 0$ wählen und erhalten für alle $x \in (1, +\infty)$ mit $|x - x_0| < \delta$ gerade $|f(x) - f(x_0)| < \varepsilon$. Da x_0 eine beliebige Zahl aus $(1, +\infty)$ war, ist die Wurzelfunktion f auf $(1, +\infty)$ gleichmäßig stetig. Insgesamt wissen wir nun, dass die Funktion f auf den Intervallen $[0, 2]$ und $(1, +\infty)$ gleichmäßig stetig ist, sodass mit Aufgabe 114 die gleichmäßige Stetigkeit auf ganz $[0, +\infty)$ folgt.

Lösung Aufgabe 108 Bevor wir zeigen, dass der natürliche Logarithmus $f : [1, +\infty) \to \mathbb{R}$ mit $f(x) = \ln(x)$ gleichmäßig stetig ist, werden wir eine nützliche Ungleichung herleiten. Seien dazu $x, y \in [1, +\infty)$ beliebig. Mit der Dreiecksungleichung folgt zunächst $x = (x - y) + y \leq |x - y| + y$, sodass wir wegen $y \geq 1$

$$\frac{x}{y} < \frac{|x - y|}{y} + \frac{y}{y} < |x - y| + 1$$

erhalten. Wir zeigen nun, dass die Funktion f gleichmäßig stetig ist. Seien also $\varepsilon > 0$ und $x_0 \in [1, +\infty)$ beliebig. Wählen wir $\delta = \exp(\varepsilon) - 1 > 0$, so folgt für alle $x \in [1, +\infty)$ mit $|x - x_0| < \delta$ aus der obigen Ungleichung gerade

$$|f(x) - f(x_0)| = |\ln(x) - \ln(x_0)| = \left|\ln\left(\frac{x}{x_0}\right)\right| < \ln(|x - x_0| + 1),$$

wobei wir im letzten Schritt ausgenutzt haben, dass die Logarithmusfunktion monoton wachsend ist. Der Term auf der rechten Seite lässt sich weiter nach oben abschätzen

$$\ln(|x - x_0| + 1) < \ln(\delta + 1) = \ln(\exp(\varepsilon) - 1 + 1) = \varepsilon,$$

sodass wir insgesamt $|f(x) - f(x_0)| < \varepsilon$ erhalten. Wir haben somit gezeigt, dass die Funktion f gleichmäßig stetig ist.

Lösung Aufgabe 109 Zur Übersicht unterteilen wir die Lösung dieser Aufgabe.

(a) Wir überlegen uns zuerst, dass die Funktion $f : (0, +\infty) \to \mathbb{R}$ stetig ist. Seien dazu $x_0 \in (0, +\infty)$ beliebig sowie $(x_n)_n$ eine Folge mit $\lim_n x_n = x_0$. Mit den Grenzwertsätzen für konvergente Folgen erhalten wir dann

$$\lim_{n \to +\infty} f(x_n) = \lim_{n \to +\infty} \frac{1}{x_n} = \frac{1}{\displaystyle\lim_{n \to +\infty} x_n} = \frac{1}{x_0} = f(x_0),$$

also ist f in x_0 stetig. Da $x_0 \in (0, +\infty)$ beliebig gewählt war, ist die Funktion f wie gewünscht stetig.

(b) Im Folgenden überlegen wir uns auf zwei verschiedenen Weisen, dass die Funktion f nicht gleichmäßig stetig ist.

(α) Wir widerlegen nun die gleichmäßige Stetigkeit mit Hilfe der Definition. Wir setzen dazu $\varepsilon = 1$. Für $\delta > 0$ beliebig gewählt definieren wir weiter $x_0 = \min\{\delta, 1\} > 0$. Somit folgt für $x = x_0/2$ gerade

$$|x - x_0| = \frac{x_0}{2} \leq \frac{\delta}{2} < \delta,$$

aber

$$|f(x) - f(x_0)| = \left| \frac{1}{x} - \frac{1}{x_0} \right| = \left| \frac{2}{x_0} - \frac{1}{x_0} \right| = \frac{1}{x_0} \geq 1 = \varepsilon.$$

Somit kann die Funktion f nicht gleichmäßig stetig auf $(0, +\infty)$ sein.

(β) Alternativ können wir aber auch die Charakterisierung aus Aufgabe 111 verwenden um nachzuweisen, dass die Funktion f nicht gleichmäßig stetig ist. Dazu konstruieren wir zwei Folgen $(x_n)_n, (y_n)_n \subseteq (0, +\infty)$ mit $\lim_n |x_n - y_n| = 0$ und $\lim_n |f(x_n) - f(y_n)| > 0$. Wir überlegen uns nun, dass die Folgen $(x_n)_n$ und $(y_n)_n$ mit $x_n = 1/n$ und $y_n = 1/(n + 1)$ das Gewünschte leisten. Zunächst gilt

$$\lim_{n \to +\infty} |x_n - y_n| = \lim_{n \to +\infty} \left| \frac{1}{n} - \frac{1}{n + 1} \right| = \lim_{n \to +\infty} \frac{1}{n(n + 1)} = 0.$$

Weiter folgt aber auch

$$\lim_{n \to +\infty} |f(x_n) - f(y_n)| = \lim_{n \to +\infty} \left| \frac{1}{x_n} - \frac{1}{y_n} \right|$$
$$= \lim_{n \to +\infty} |n - (n + 1)| = 1 > 0,$$

was zeigt, dass die Funktion f nicht gleichmäßig stetig sein kann.

Lösung Aufgabe 110 Die Funktion kann nicht gleichmäßig stetig sein, da sie nicht einmal stetig ist. In der Tat ist f im Nullpunkt unstetig, was wir wie folgt einsehen können. Wir betrachten die Folge $(x_n)_n \subseteq [-1, 1]$ mit $x_n = 1/n$. Dann gilt offensichtlich $\lim x_n = 0$, aber

$$\lim_{n \to +\infty} f(x_n) = \lim_{n \to +\infty} 1 = 1 \neq 0 = f(0),$$

was zeigt, dass die Funktion f im Nullpunkt unstetig ist.

Lösung Aufgabe 111

(a) Sei die Funktion $f : D \to \mathbb{R}$ zunächst gleichmäßig stetig. Seien weiter $\varepsilon > 0$ sowie $(x_n)_n$ und $(y_n)_n$ beliebige Folgen mit $\lim_n |x_n - y_n| = 0$. Somit gibt es zu jedem $\delta > 0$ eine natürliche Zahl $N \in \mathbb{N}$ mit $|x_n - y_n| < \delta$ für alle $n \geq N$. Da die Funktion f aber nach Voraussetzung gleichmäßig stetig ist, impliziert dies gerade $|f(x_n) - f(y_n)| < \varepsilon$ für alle Indizes $n \geq N$. Da wir $\varepsilon > 0$ beliebig gewählt haben, haben wir somit wie gewünscht $\lim_n |f(x_n) - f(y_n)| = 0$ nachgewiesen.

(b) Wir zeigen nun die umgekehrte Implikation mit einem Widerspruchsbeweis. Angenommen die Funktion $f : D \to \mathbb{R}$ ist nicht gleichmäßig stetig. Nach Definition bedeutet dies, dass wir $\varepsilon > 0$ so finden, dass es zu jedem $\delta > 0$ zwei Elemente $x, y \in \mathbb{R}$ mit $|x - y| < \delta$ und $|f(x) - f(y)| \geq \varepsilon$ finden. Sei nun $n \in \mathbb{N}$ beliebig. Mit unser Vorüberlegung gibt es also zu $\delta = 1/n$ Elemente x_n und y_n mit

$$|x_n - y_n| \leq \frac{1}{n} \quad \text{und} \quad |f(x_n) - f(y_n)| \geq \varepsilon.$$

Wegen $\lim_n 1/n = 0$ folgt aus dem Sandwich-Kriterium $\lim_n |x_n - y_n| = 0$. Da aber wegen $|f(x_n) - f(y_n)| \geq \varepsilon$ für alle $n \in \mathbb{N}$ insbesondere $\lim_n |f(x_n) - f(y_n)| > 0$ gilt, führt dies zum gewünschten Widerspruch, womit wir gezeigt haben, dass die Funktion f gleichmäßig stetig ist.

Lösung Aufgabe 112 Sei $(x_n)_n$ eine Cauchy-Folge in $\mathbb{R}$. Damit existiert zu jedem $\delta > 0$ eine natürliche Zahl $N \in \mathbb{N}$ mit $|x_n - x_m| < \delta$ für alle $m > n \geq N$. Sei nun $\varepsilon > 0$ beliebig. Da die Funktion $f : D \to \mathbb{R}$ gleichmäßig stetig ist, folgt aus $|x_n - x_m| < \delta$ für $m > n \geq N$ gerade $|f(x_n) - f(x_m)| < \varepsilon$ für alle $m > n \geq N$. Wir haben also gezeigt, dass wir zu jedem $\varepsilon > 0$ einen Index $N \in \mathbb{N}$ finden können, so dass $|f(x_n) - f(x_m)| < \varepsilon$ für alle $n > m \geq N$ gilt. Das bedeutet aber gerade, dass $(f(x_n))_n$ eine Cauchyfolge ist.

Lösung Aufgabe 113 Wir nehmen an, dass die Funktion $f : D \to \mathbb{R}$ stetig aber nicht gleichmäßig stetig ist. Aufgrund der Charakterisierung aus Aufgabe 111 existieren daher $\varepsilon > 0$ und Folgen $(x_n)_n, (y_n)_n \subseteq D$ mit

$$\lim_{n \to +\infty} |x_n - y_n| = 0 \quad \text{und} \quad \lim_{n \to +\infty} |f(x_n) - f(y_n)| \geq \varepsilon. \tag{20.5}$$

Insbesondere gilt $|f(x_n) - f(y_n)| \geq \varepsilon$ für alle $n \in \mathbb{N}$. Da die Folgen $(x_n)_n$ und $(y_n)_n$ in der kompakten Menge D liegen, gibt es $x, y \in D$ sowie Teilfolgen $(x_{n_j})_j$ und $(y_{n_j})_j$ mit $\lim_j x_{n_j} = x$ und $\lim_j y_{n_j} = y$. Wir zeigen nun, dass die Folge $(y_{n_j})_j$ ebenfalls gegen x konvergiert. Mit der Dreiecksungleichung folgt für alle $j \in \mathbb{N}$

$$|x - y_{n_j}| = |x - x_{n_j} + x_{n_j} - y_{n_j}| \leq |x - x_{n_j}| + |x_{n_j} - y_{n_j}|.$$

Da aber $(x_{n_j})_j$ gegen x konvergiert, gilt $\lim_j |x - x_{n_j}| = 0$, sodass wir mit Unglei-chung (20.5) gerade $\lim_j |x - y_{n_j}| = 0$, also $\lim_j y_{n_j} = x$ erhalten. Da die Funk-tion f nach Voraussetzung stetig ist, konvergieren die Bildfolgen $(f(x_{n_j}))_j$ und $(f(y_{n_j}))_j$ jeweils gegen $f(x)$. Wir finden daher einen Index $k \in \mathbb{N}$ mit

$$|f(x_{n_k}) - f(x)| < \frac{\varepsilon}{2} \quad \text{und} \quad |f(y_{n_k}) - f(x)| < \frac{\varepsilon}{2}.$$

Dies führt aber zum Widerspruch

$$\varepsilon \leq |f(x_{n_k}) - f(y_{n_k})| \leq |f(x_{n_k}) - x| + |f(y_{n_k}) - x| < \varepsilon.$$

Wir haben somit wie gewünscht nachgewiesen, dass die Funktion f gleichmäßig stetig ist.

Lösung Aufgabe 114 Sei zunächst $\varepsilon > 0$ beliebig gewählt. Da die Funktion $f :$ $\mathbb{R} \to \mathbb{R}$ nach Voraussetzung in I gleichmäßig stetig ist, finden wir zu $\varepsilon/2 > 0$ eine Zahl $\delta_I > 0$ derart, dass für alle $x, y \in I$ mit $|x - y| < \delta_I$ gerade $|f(x) - f(y)| < \varepsilon/2$ folgt. Analog gibt es aber auch $\delta_J > 0$ so, dass für alle $x, y \in J$ mit $|x - y| < \delta_J$ die Ungleichung $|f(x) - f(y)| < \varepsilon/2$ erfüllt ist, denn f ist ebenfalls in J gleichmäßig stetig. Wir setzen nun $\delta = \min\{\delta_I, \delta_J\} > 0$. Um zu zeigen, dass die Funktion f ebenfalls in $I \cup J$ gleichmäßig stetig ist, wählen wir zunächst $x, y \in I \cup J$ beliebig. Wir müssen dabei die folgenden drei Fälle unterscheiden: (a) $x, y \in I$, (b) $x, y \in J$ sowie (c) $x \in I, x \notin J$ und $y \in J, y \notin I$. In den Fällen (a) und (b) können wir jedoch direkt die gleichmäßige Stetigkeit in I beziehungsweise J verwenden, sodass wir lediglich noch den letzten Fall untersuchen müssen, das heißt, wir nehmen an es gilt $x \in I, x \notin J$ und $y \in J, y \notin I$. Sei nun $z \in I \cap J$ ein beliebig gewähltes Element. Wegen $x, z \in I$ und $y, z \in J$ gilt für $|x - y| < \delta$ mit Hilfe der beiden obigen Ungleichungen gerade

$$|f(x) - f(y)| \leq |f(x) - f(z)| + |f(z) - f(y)| < \frac{\varepsilon}{2} + \frac{\varepsilon}{2}.$$

Wir haben somit wie gewünscht nachgewiesen, dass es zu jedem beliebig gewählten $\varepsilon > 0$ stets möglich ist eine Zahl $\delta > 0$ derart zu finden, dass für alle $x, y \in I \cup J$ mit $|x - y| < \delta$ die Ungleichung $|f(x) - f(y)| < \varepsilon$ erfüllt ist. Das bedeutet aber gerade, dass die Funktion f in $I \cup J$ gleichmäßig stetig ist.

Lösung Aufgabe 115 Da die Menge C beschränkt ist finden wir reelle Zahlen $m', m'' \in \mathbb{R}$ mit

$$m' \leq \frac{f(x) - f(y)}{x - y} \leq m''$$

für alle $x, y \in D$ mit $x \neq y$. Setzen wir nun $M = \max\{|m'|, |m''|\} + 1$, dann folgt weiter

$$-M < m' \leq \frac{f(x) - f(y)}{x - y} \leq m'' < M$$

für alle $x, y \in D$ mit $x \neq y$. Dies impliziert aber gerade die folgende Ungleichung:

$$\left| \frac{f(x) - f(y)}{x - y} \right| < M$$

für alle $x, y \in D$ mit $x \neq y$. Wir zeigen nun, dass die Funktion $f : D \to \mathbb{R}$ gleichmäßig stetig ist. Sei dazu $\varepsilon > 0$ und definiere $\delta = \varepsilon/M$. Dann gilt für alle $x, y \in D$ mit $|x - y| < \delta$ gerade

$$|f(x) - f(y)| \leq M|x - y| < M\delta = M \cdot \frac{\varepsilon}{M} = \varepsilon,$$

womit wir gezeigt haben, dass die Funktion f gleichmäßig stetig ist.

Lösung Aufgabe 116 Seien $(x_n)_n$ und $(y_n)_n$ beliebige Folgen in D mit $\lim_n |x_n - y_n| = 0$. Da die Funktion $g : [0, +\infty) \to [0, +\infty)$ nach Voraussetzung stetig ist, folgt wegen $g(0) = 0$ gerade

$$\lim_{n \to +\infty} g(|x_n - y_n|) = g\left(\lim_{n \to +\infty} |x_n - y_n| \right) = g(0) = 0$$

und somit

$$\lim_{n \to +\infty} |f(x_n) - f(y_n)| \leq \lim_{n \to +\infty} g(|x_n - y_n|) = 0.$$

Mit der Charakterisierung aus Aufgabe 111 folgt nun wie gewünscht die gleichmäßige Stetigkeit der Funktion f.

Lösung Aufgabe 117 Wir untersuchen zunächst die stetige Hilfsfunktion $h : [0, 2] \to \mathbb{R}$ mit $h(x) = f(x)$. Die Funktion h ist also gerade die Einschränkung von f auf das Intervall $[0, 2]$. Da $[0, 2]$ kompakt ist, wissen wir bereits aus Aufgabe 113, dass h gleichmäßig stetig ist. Wir werden nun die 1-Periodizität von f beziehungsweise h nutzen, um die gleichmäßige Stetigkeit von $[0, 2]$ auf ganz $\mathbb{R}$ zu übertragen. Dazu werden wir folgende Beziehung zwischen den Funktionen f und h nutzen:

$$f(x + z) = h(x) \tag{20.6}$$

für alle $x \in [0, 2]$ und $z \in \mathbb{Z}$. Die obige Beziehung bedeutet gerade $f(x+n) = h(x)$ und $f(x-n) = h(x)$ für alle $x \in [0, 2]$ und $n \in \mathbb{N}_0$. Den ersten Teil erhalten wir dabei induktiv mit Hilfe des folgenden Zusammenhangs: Für $x \in [0, 2]$ gilt $f(x) = h(x)$. Da die Funktion f aber 1-periodisch ist, gilt weiter $f(x + 1) = f(x) = h(x)$, also $f(x+1) = h(x)$. Genauso folgt $f(x+2) = f(x+1) = h(x)$, also $f(x+2) = h(x)$ und so weiter. Den zweiten Teil zeigt man analog. Wir haben uns bereits überlegt, dass h gleichmäßig stetig ist. Damit gibt es zu jedem $\varepsilon > 0$ eine Zahl $\tilde{\delta} > 0$ so, dass $|h(\tilde{x}) - h(\tilde{y})| < \varepsilon$ für alle $\tilde{x}, \tilde{y} \in [0, 2]$ mit $|\tilde{x} - \tilde{y}| < \tilde{\delta}$. Um nun zu zeigen, dass die Funktion f ebenfalls gleichmäßig stetig ist sei $\varepsilon > 0$ beliebig gewählt. Wir müssen nun eine Zahl $\delta > 0$ derart finden, dass für alle $x, y \in \mathbb{R}$ aus $|x - y| < \delta$ gerade $|f(x) - f(y)| < \varepsilon$ folgt. Wir werden nun zeigen, dass wir $\delta = \tilde{\delta}$ nutzen können. In der Tat, sind $x, y \in \mathbb{R}$ reelle Zahlen mit $|x - y| < \tilde{\delta}$, dann gibt es stets Zahlen $\tilde{x}, \tilde{y} \in [0, 2]$ mit $|\tilde{x} - \tilde{y}| < \tilde{\delta}$ und $x - \tilde{x}, y - \tilde{y} \in \mathbb{Z}$. Man kann zum Beispiel $\tilde{x} = x - [x]$ und $\tilde{y} = y - [x]$ wählen, wobei $[\cdot]$ die Abrundungsfunktion aus Aufgabe 78 ist. Mit der Beziehung (20.6) folgt somit

$$|f(x) - f(y)| = |f(\tilde{x} + (x - \tilde{x})) - f(\tilde{y} + (y - \tilde{y}))| = |h(\tilde{x}) - h(\tilde{y})| < \varepsilon.$$

Wir haben somit wie gewünscht nachgewiesen, dass die Funktion f gleichmäßig stetig ist.

Lösung Aufgabe 118 Sei $f : \mathbb{R} \to \mathbb{R}$ eine Lipschitz-stetige Funktion. Dann existiert nach Definition eine Konstante $L > 0$ mit

$$|f(x) - f(y)| \leq L|x - y|$$

für alle $x, y \in \mathbb{R}$. Sei nun $\varepsilon > 0$ beliebig gewählt. Setzen wir $\delta = \varepsilon/L$, so folgt für alle $x, y \in \mathbb{R}$ mit $|x - y| < \delta$ gerade

$$|f(x) - f(y)| \leq L|x - y| \leq L \cdot \delta = L \cdot \frac{\varepsilon}{L} = \varepsilon$$

womit wir gezeigt haben, dass die Funktion f gleichmäßig stetig ist.

Lösung Aufgabe 119 Seien $x, y \in M$ beliebig. Dann folgt mit der Dreiecksungleichung für alle $z \in M$

$$|x - z| = |x - y + (y - z)| \leq |x - y| + |y - z|.$$

In der obigen Ungleichung können wir zum Infimum übergehen, womit wir wegen

$$\inf_{z \in M} |x - z| \leq \inf_{z \in M} \{|x - y| + |y - z|\} = |x - y| + \inf_{z \in M} |y - z|$$

gerade $f_M(x) \leq |x - y| + f_M(y)$ und somit $f_M(x) - f_M(y) \leq |x - y|$ erhalten. Genauso können wir aber auch $f_M(y) - f_M(x) \leq |x - y|$ nachweisen, sodass wir insgesamt

$$|f_M(x) - f_M(y)| \leq |x - y|$$

erhalten. Die obige Ungleichung zeigt, dass die Funktion f_M Lipschitz-stetig mit Lipschitz-Konstante $L = 1$ ist.

Lösung Aufgabe 120 Für alle $x, y \in \mathbb{R}$ gilt die trigonometrische Identität

$$|\sin(x) - \sin(y)| = 2 \left| \cos\left(\frac{x + y}{2}\right) \sin\left(\frac{x - y}{2}\right) \right|.$$

Mit den bekannten Abschätzungen $|\cos(x)| \leq 1$ und $|\sin(x)| \leq |x|$ für $x \in \mathbb{R}$ folgt somit aus der obigen Ungleichung

$$|f(x) - f(y)| = |\sin(x) - \sin(y)| \leq 2\left|\sin\left(\frac{x-y}{2}\right)\right| \leq 2\left|\frac{x-y}{2}\right| = |x - y|.$$

Die Ungleichung zeigt, dass die Sinusfunktion $f : \mathbb{R} \to \mathbb{R}$ Lipschitz-stetig mit Lipschitz-Konstante $L = 1$ ist.

Lösung Aufgabe 121 Alle Funktionen sind als Komposition, Summe, Produkt beziehungsweise Quotient differenzierbarer Funktionen selbst differenzierbar.

(a) Für $x \in \mathbb{R}$ gilt $f'(x) = 7x^6 + 15x^4 + 22x$.

(b) Wir definieren zunächst die Funktionen $g_1 : (\ln(2), +\infty) \to \mathbb{R}$ und $g_2 : (2, +\infty) \to \mathbb{R}$ mit $g_1(x) = g_2(x) = \ln(x)$, sodass wir die Funktion f geschickt als $f = g_1 \circ g_2$ umschreiben können. Wegen $g'_1(x) = g'_2(x) = 1/x$ für $x > 2$ folgt mit der Kettenregel für $x > 2$

$$f'(x) = (g_1 \circ g_2)'(x) = (g'_1 \circ g_2)(x)\, g'_2(x) = \frac{1}{x \ln(x)}.$$

(c) Wir führen zunächst die differenzierbaren Funktionen $g, h : \mathbb{R} \to \mathbb{R}$ mit $g(x) = \sin(x^2 + 1)$ und $h(x) = \cos(x^2 - 1)$ ein. Wegen $\sin'(x) = \cos(x)$, $\cos'(x) = -\sin(x)$ und $(x^2 \pm 1)' = 2x$ für $x \in \mathbb{R}$ folgen mit der Kettenregel für $x \in \mathbb{R}$

$$g'(x) = \sin'(x^2 + 1)2x = 2x \cos(x^2 + 1),$$
$$h'(x) = \cos'(x^2 - 1)2x = -2x \sin(x^2 - 1).$$

Mit der Produktregel folgt somit für jedes $x \in \mathbb{R}$

$$f'(x) = g'(x)h(x) + g(x)h'(x)$$
$$= 2x \cos(x^2 + 1) \cos(x^2 - 1) - 2x \sin(x^2 + 1) \sin(x^2 - 1).$$

© Der/die Autor(en), exklusiv lizenziert durch Springer-Verlag GmbH, DE, ein Teil von Springer Nature 2022
N. Hebestreit, *Übungsbuch Analysis I*,
https://doi.org/10.1007/978-3-662-64569-7_21

(d) Wir definieren die differenzierbaren Funktionen $g, h : \mathbb{R} \to \mathbb{R}$ mit $g(x) = 1 - x^2$ und $h(x) = 1 + x^2$. Für $x \in \mathbb{R}$ gelten $g'(x) = -2x$ und $h'(x) = 2x$. Mit der Quotientenregel folgt somit für jedes $x \in \mathbb{R}$ gerade

$$f'(x) = \frac{g'(x)h(x) - g(x)h'(x)}{h^2(x)}$$
$$= \frac{-2x(1 + x^2) - 2x(1 - x^2)}{(1 + x^2)^2} = -\frac{4x}{(1 + x^2)^2}.$$

Lösung Aufgabe 122 Sei $x_0 \in \mathbb{R}$ beliebig. Mit einer kleinen Rechnung können wir uns schnell davon überzeugen, dass $x^3 - x_0^3 = (x - x_0)(x^2 + xx_0 + x_0^2)$ sowie $x^2 - x_0^2 = (x - x_0)(x + x_0)$ für $x \in \mathbb{R}$ gelten. Zunächst erhalten wir durch Einsetzen

$$f'(x_0) = \lim_{x \to x_0} \frac{f(x) - f(x_0)}{x - x_0} = \lim_{x \to x_0} \frac{2x^3 + 7x^2 + 3x - (2x_0^3 + 7x_0^2 + 3x_0)}{x - x_0}.$$

Indem wir den Zähler der rechten Seite geschickt umordnen, folgt mit unseren Vorüberlegungen

$$\lim_{x \to x_0} \frac{2x^3 + 7x^2 + 3x - (2x_0^3 + 7x_0^2 + 3x_0)}{x - x_0}$$
$$= 2 \lim_{x \to x_0} \frac{x^3 - x_0^3}{x - x_0} + 7 \lim_{x \to x_0} \frac{x^2 - x_0^2}{x - x_0} + 3 \lim_{x \to x_0} \frac{x - x_0}{x - x_0}$$
$$= 2 \lim_{x \to x_0} \left(x^2 + xx_0 + x_0^2\right) + 7 \lim_{x \to x_0} (x + x_0) + 3 \lim_{x \to x_0} 1$$
$$= 6x_0^2 + 14x_0 + 3,$$

das heißt, wir haben $f'(x_0) = 6x_0^2 + 14x_0 + 3$ nachgewiesen. Wir haben somit gezeigt, dass f an der Stelle x_0 differenzierbar ist. Da die Stelle aber beliebig gewählt war folgt, dass die Funktion f differenzierbar ist.

Lösung Aufgabe 123 Ist $f : \mathbb{R} \to \mathbb{R}$ eine konstante Funktion, so gibt es eine Konstante $c \in \mathbb{R}$ mit $f(x) = c$ für alle $x \in \mathbb{R}$. Wir zeigen nun, dass die Funktion f in jedem Punkt $x_0 \in \mathbb{R}$ differenzierbar ist. Sei dazu $x_0 \in \mathbb{R}$ beliebig. Gemäß Definition ist f in x_0 differenzierbar mit Ableitung $f'(x_0)$ falls der Grenzwert

$$f'(x_0) = \lim_{x \to x_0} \frac{f(x) - f(x_0)}{x - x_0}$$

existiert. Da f konstant ist, gilt bereits $f(x) = f(x_0) = c$ für alle $x \in \mathbb{R}$. Damit folgt

$$f'(x_0) = \lim_{x \to x_0} \frac{f(x) - f(x_0)}{x - x_0} = \lim_{x \to x_0} \frac{c - c}{x - x_0} = 0,$$

das heißt, wir haben $f'(x_0) = 0$ nachgewiesen. Da $x_0 \in \mathbb{R}$ beliebig gewählt war, ist die Funktion f somit in ganz $\mathbb{R}$ differenzierbar.

Lösung Aufgabe 124 Seien immer $x_0 \in \mathbb{R}$ und $n \in \mathbb{N}$ eine natürliche Zahl.

(a) Mit vollständiger Induktion zeigt man leicht

$$x^n - x_0^n = (x - x_0) \sum_{j=0}^{n-1} x^j x_0^{n-1-j} \tag{21.1}$$

für alle $x \in \mathbb{R}$. Man kann aber auch alternativ die rechte Seite der Gleichung ausmultiplizieren und zu $x^n - x_0^n$ vereinfachen, um die obige Identität zu beweisen. Mit der obigen Identität folgt sofort

$$f'(x_0) = \lim_{x \to x_0} \frac{f(x) - f(x_0)}{x - x_0} = \lim_{x \to x_0} \frac{x^n - x_0^n}{x - x_0} \overset{(21.1)}{=} \lim_{x \to x_0} \sum_{j=0}^{n-1} x^j x_0^{n-1-j}$$

$$= \sum_{j=0}^{n-1} x_0^j x_0^{n-1-j} = \sum_{j=0}^{n-1} x_0^{n-1} = n x_0^{n-1},$$

das heißt, es gilt $f'(x_0) = n x_0^{n-1}$.

(b) Wir setzen $m_{x_0} = f'(x_0) = n x_0^{n-1}$. Dann gilt wie gewünscht

$$\lim_{x \to x_0} \frac{f(x) - f(x_0) - m_{x_0}(x - x_0)}{x - x_0}$$

$$= \lim_{x \to x_0} \frac{x^n - x_0^n - n x_0^{n-1}(x - x_0)}{x - x_0} = \lim_{x \to x_0} \left(\frac{x^n - x_0^n}{x - x_0} - n x_0^{n-1} \right) \overset{(a)}{=} 0.$$

Dabei haben wir im letzten Schritt Teil (a) dieser Aufgabe genutzt.

(c) Wir definieren die Funktion $r : \mathbb{R} \to \mathbb{R}$ mit

$$r(x) = -n x_0^{n-1} + \sum_{j=0}^{n-1} x^j x_0^{n-1-j}.$$

Diese ist in ganz $\mathbb{R}$ stetig und wir sehen direkt, dass $r(x_0) = 0$ gilt. Setzen wir wieder $m_{x_0} = n x_0^{n-1}$, dann folgt für alle $x \in \mathbb{R}$

$$f(x_0) + m_{x_0}(x - x_0) + r(x)(x - x_0)$$

$$= x_0^n + n x_0^{n-1}(x - x_0) + \left(-n x_0^{n-1} + \sum_{j=0}^{n-1} x^j x_0^{n-1-j} \right)(x - x_0)$$

$$\overset{(21.1)}{=} x_0^n + n x_0^{n-1}(x - x_0) + (x - x_0)\left(-n x_0^{n-1} + \frac{x^n - x_0^n}{x - x_0} \right)$$

$$= x^n,$$

das heißt, wir haben wie gewünscht $f(x) = f(x_0) + m_{x_0}(x - x_0) + r(x)(x - x_0)$ für alle $x \in \mathbb{R}$ nachgewiesen.

(d) Wir definieren die Funktion $g : \mathbb{R} \to \mathbb{R}$ mit $g(x) = x_0^n + n x_0^{n-1}(x - x_0)$. Offensichtlich gilt $g(x_0) = f(x_0)$. Da die Betragsfunktion stetig ist (vgl. Aufgabe 77) folgt

$$\lim_{x \to x_0} \frac{|f(x) - g(x)|}{|x - x_0|} = \lim_{x \to x_0} \frac{|x^n - x_0^n - n x_0^{n-1}(x - x_0)|}{|x - x_0|}$$

$$= \left| \lim_{x \to x_0} \left(\frac{x^n - x_0^n}{x - x_0} - n x_0^{n-1} \right) \right| \overset{(a)}{=} 0.$$

Lösung Aufgabe 125 Die Betragsfunktion $f : \mathbb{R} \to \mathbb{R}$ mit $f(x) = |x|$ ist im Punkt $x_0 = 0$ nicht differenzierbar, falls wir nachweisen können, dass der Grenzwert

$$f'(0) = \lim_{x \to 0} \frac{f(x) - f(0)}{x - x_0} = \lim_{x \to 0} \frac{|x|}{x} \tag{21.2}$$

nicht existiert. Wir überlegen uns daher, dass der rechts- und linksseitige Grenzwert unterschiedlich ist:

$$f'_-(0) = \lim_{x \to 0^-} \frac{|x|}{x} = \lim_{x \to 0^+} -\frac{x}{x} = -1, \quad f'_+(0) = \lim_{x \to 0^+} \frac{|x|}{x} = \lim_{x \to 0^+} \frac{x}{x} = 1.$$

Wegen $f'_-(0) \neq f'_+(0)$ existiert somit der Grenzwert (21.2) nicht, das heißt, wir haben gezeigt, dass die Betragsfunktion im Nullpunkt nicht differenzierbar ist.

Lösung Aufgabe 126 Wir bemerken zunächst, dass wir die Funktion $f : \mathbb{R} \to \mathbb{R}$ mit $f(x) = x|x|$ äquivalent schreiben können als

$$f(x) = \begin{cases} x^2, & x \geq 0 \\ -x^2, & x < 0. \end{cases}$$

Da aber $x \mapsto x^2$ und $x \mapsto -x^2$ in ganz $\mathbb{R}$ differenzierbar sind (vgl. Aufgabe 124), müssen wir die Funktion f lediglich im Punkt $x_0 = 0$ auf Differenzierbarkeit untersuchen. Mit einer kleinen Rechnung folgen wegen $f(0) = 0$ zunächst

$$f'_-(0) = \lim_{x \to 0^-} \frac{f(x) - f(0)}{x - 0} = \lim_{x \to 0^-} -\frac{x^2}{x} = \lim_{x \to 0^-} -x = 0$$

und

$$f'_+(0) = \lim_{x \to 0^+} \frac{f(x) - f(0)}{x - 0} = \lim_{x \to 0^+} \frac{x^2}{x} = \lim_{x \to 0^+} x = 0.$$

Da der links- und rechtsseitige Grenzwert übereinstimmt, folgt $f'_-(0) = f'_+(0) = f'(0)$, das heißt, wir haben gezeigt, dass die Funktion f im Nullpunkt differenzierbar mit Ableitung $f'(0) = 0$ ist.

Lösung Aufgabe 127

(a) Die Funktion $f : \mathbb{R} \to \mathbb{R}$ ist als Produkt und Komposition von stetigen Funktionen in $\mathbb{R} \setminus \{0\}$ stetig. Wir müssen f somit nur noch im Nullpunkt auf Stetigkeit untersuchen. Wegen $|\sin(x)| \leq 1$ für $x \in \mathbb{R}$ folgt wegen $f(0) = 0$ gerade

$$|f(x) - f(0)| = |x| \left| \sin\left(\frac{1}{x}\right) \right| \leq |x|$$

für alle $x \in \mathbb{R} \setminus \{0\}$. Damit erhalten wir weiter

$$\lim_{x \to 0} |f(x) - f(0)| \leq \lim_{x \to 0} |x| = 0,$$

womit wir gezeigt haben, dass die Funktion f im Nullpunkt stetig ist. Insgesamt folgt somit die Stetigkeit von f in ganz $\mathbb{R}$.

(b) Wir werden zeigen, dass die Funktion f im Nullpunkt nicht differenzierbar ist. Dazu werden wir nachweisen, dass der Grenzwert

$$\lim_{x \to 0} \frac{f(x) - f(0)}{x - 0} = \lim_{x \to 0} \sin\left(\frac{1}{x}\right)$$

nicht existiert. Wir betrachten die Nullfolgen $(x_n)_n$ und $(y_n)_n$ mit $x_n = 1/(2\pi n + \pi/2)$ und $y_n = 1/(2n\pi)$. Wegen $\sin(1/x_n) = \sin(2\pi n + \pi/2) = 1$ sowie $\sin(1/y_n) = \sin(2n\pi) = 0$ für jedes $n \in \mathbb{N}$ folgen offensichtlich $\lim_n \sin(1/x_n) = 1$ und $\lim_n \sin(1/y_n) = 0$, was zeigt, dass der obige Grenzwert nicht existiert. Somit ist die Funktion f im Nullpunkt nicht differenzierbar.

Lösung Aufgabe 128 Sei $n \in \mathbb{N}$ beliebig gewählt. Wir sehen sofort, dass die Funktion $f_{n,\alpha} : \mathbb{R} \to \mathbb{R}$ für alle $\alpha \in \mathbb{R}$ in $(-\infty, 0)$ sowie $(0, +\infty)$ differenzierbar ist. Wir müssen somit nur noch die Differenzierbarkeit von $f_{n,\alpha}$ im Nullpunkt untersuchen. Mit einer kleinen Rechnung folgen zunächst

$$f'_+(0) = \lim_{x \to 0^+} \frac{f_{n,\alpha}(x) - f_{n,\alpha}(0)}{x - 0} = \lim_{x \to 0^+} \frac{x^{n+1} - 0}{x - 0} = \lim_{x \to 0^+} x^n = 0$$

und

$$f'_-(0) = \lim_{x \to 0^-} \frac{f_{n,\alpha}(x) - f_{n,\alpha}(0)}{x - 0} = \lim_{x \to 0^-} \frac{\alpha - 0}{x - 0}.$$

Damit die Funktion $f_{n,\alpha}$ im Nullpunkt differenzierbar ist, müssen der rechts- und linksseitige Differenzenquotient übereinstimmen. Somit muss zwingend

$\lim_{x \to 0^-} \alpha/x = 0$ gelten, was lediglich für $\alpha = 0$ möglich ist. Wir haben damit gezeigt, dass für alle $n \in \mathbb{N}$ und $\alpha = 0$ die Funktion $f_{n,\alpha}$ differenzierbar ist.

Lösung Aufgabe 129

(a) Zunächst ist die Funktion $f : \mathbb{R} \to \mathbb{R}$ als Produkt und Komposition von differenzierbaren Funktionen in ganz $\mathbb{R} \setminus \{0\}$ differenzierbar. Wir zeigen nun, dass f auch im Nullpunkt differenzierbar ist. Es gilt

$$f'(0) = \lim_{x \to 0} \frac{f(x) - f(0)}{x - 0} = \lim_{x \to 0} x \cos\left(\frac{1}{x}\right) = 0.$$

Dabei haben wir im letzten Schritt die Ungleichung $-1 \leq \cos(1/x) \leq 1$ für $x \in \mathbb{R} \setminus \{0\}$ genutzt. Somit ist die Funktion f in ganz $\mathbb{R}$ differenzierbar mit Ableitung

$$f'(x) = \begin{cases} \sin\left(\frac{1}{x}\right) + 2x \cos\left(\frac{1}{x}\right), & x \neq 0 \\ 0, & x = 0. \end{cases}$$

(b) Die Ableitungsfunktion ist im Nullpunkt unstetig, denn dafür müsste

$$\lim_{x \to 0} f'(x) = f'(0)$$

gelten. Aus Aufgabe 127 wissen wir jedoch, dass $\lim_{x \to 0} \sin(1/x)$ nicht existiert, sodass der obige Grenzwert ebenfalls nicht existieren kann.

Lösung Aufgabe 130   Zur Übersicht unterteilen wir die Lösung dieser Aufgabe in zwei Teile.

(a) Im Folgenden überlegen wir uns, dass

$$f^{(n)}(x) = \begin{cases} P_n\left(\frac{1}{x}\right) \exp\left(-\frac{1}{x^2}\right), & x \neq 0 \\ 0, & x = 0, \end{cases}$$

für jedes $n \in \mathbb{N}_0$ gilt, wobei $P_n : \mathbb{R} \to \mathbb{R}$ ein Polynom ist. Wir betrachten zunächst den Fall $x \neq 0$. Der Induktionsanfang für $n = 0$ ist dabei offensichtlich erfüllt, wenn wir $P_0(x) = 1$ für $x \in \mathbb{R}$ setzen. Nun zeigen wir den Induktionsschritt von n nach $n + 1$. Für $x \neq 0$ folgt mit der Produkt- und Kettenregel gerade

$$f^{(n+1)}(x) = \left(P_n\left(\frac{1}{x}\right) \exp\left(-\frac{1}{x^2}\right) \right)'$$

$$\overset{\text{IV}}{=} \left(-\frac{1}{x^2} P_n'\left(\frac{1}{x}\right) + \frac{2}{x^3} P_n\left(\frac{1}{x}\right) \right) \exp\left(-\frac{1}{x^2}\right)$$

$$= P_{n+1}\left(\frac{1}{x}\right) \exp\left(-\frac{1}{x^2}\right),$$

wobei wir $P_{n+1}(x) = -1/x^2 P_n'(1/x) + 2/x^3 P_n(1/x)$ gesetzt haben. Dabei ist zu beachten, dass die Ableitung eines Polynoms wieder eine Polynomfunktion ist. Wir haben somit wie gewünscht den Induktionsschritt gezeigt, was insbesondere bedeutet, dass die Funktion f in $\mathbb{R} \setminus \{0\}$ beliebig oft differenzierbar ist.

(b) Wir zeigen nun, dass die Funktion f auch im Nullpunkt beliebig oft differenzierbar ist. Der Fall $n = 0$ ist dabei trivialer Weise erfüllt. Sei also nun $n \in \mathbb{N}$ derart, dass $f^{(n)}(0) = 0$ gilt (Induktionsvoraussetzung). Dann folgt

$$f^{(n+1)}(0) = \lim_{x \to 0} \frac{f^{(n)}(x) - f^{(n)}(0)}{x - 0} \overset{\text{IV}}{=} \lim_{x \to 0} \frac{1}{x} P_n\left(\frac{1}{x}\right) \exp\left(-\frac{1}{x^2}\right)$$

$$= \lim_{y \to \pm\infty} \frac{y P_n(y)}{\exp(y^2)} = 0,$$

wobei wir im letzten Schritt (mehrfach) den Satz von l'Hospital verwendet haben. Alternativ kann man aber auch nutzen, dass das exponentielle Wachstum stärker als polynomiales Wachstum ist.

Wir haben in den Teilen (a) und (b) wie gewünscht gezeigt, dass die Funktion beliebig oft in allen Punkten aus $\mathbb{R}$ differenzierbar (glatt) ist.

Lösung Aufgabe 131 Die Funktion $f : \mathbb{R} \to \mathbb{R}$ ist als Produkt der differenzierbaren Funktionen $x \mapsto x$ und $x \mapsto \sin(x)$ ebenfalls differenzierbar. Die Ableitung können wir daher mit der Produktregel für jedes $x \in \mathbb{R}$ wie folgt bestimmen: $f'(x) = \sin(x) + x\cos(x)$. Einsetzen in die Differentialgleichung liefert somit wie gewünscht

$$x f'(x) - f(x) = x(\sin(x) + x\cos(x)) - x\sin(x) = x^2 \cos(x)$$

für jedes $x \in \mathbb{R}$. Wir haben somit gezeigt, dass die Funktion f eine Lösung der Differentialgleichung ist.

Lösung Aufgabe 132 Sei $x_0 \in (a, b)$ beliebig gewählt. Zunächst gilt mit einer kleinen Rechnung

$$\lim_{x \to x_0} \frac{(f + g)(x) - (f + g)(x_0)}{x - x_0} = \lim_{x \to x_0} \frac{f(x) - f(x_0) + g(x) - g(x_0)}{x - x_0}$$

$$= \lim_{x \to x_0} \left(\frac{f(x) - f(x_0)}{x - x_0} + \frac{g(x) - g(x_0)}{x - x_0} \right).$$

Da die Funktionen f und g in x_0 differenzierbar sind, existieren (nach Definition) die Grenzwerte

$$f'(x_0) = \lim_{x \to x_0} \frac{f(x) - f(x_0)}{x - x_0} \quad \text{und} \quad g'(x_0) = \lim_{x \to x_0} \frac{g(x) - g(x_0)}{x - x_0}.$$

Mit den Grenzwertsätzen folgt daher

$$\lim_{x \to x_0} \left(\frac{f(x) - f(x_0)}{x - x_0} + \frac{g(x) - g(x_0)}{x - x_0} \right) = \lim_{x \to x_0} \frac{f(x) - f(x_0)}{x - x_0} + \lim_{x \to x_0} \frac{g(x) - g(x_0)}{x - x_0}$$

und insgesamt

$$(f + g)'(x_0) = \lim_{x \to x_0} \frac{(f + g)(x) - (f + g)(x_0)}{x - x_0} = f'(x_0) + g'(x_0).$$

Wir haben somit gezeigt, dass die Funktion $f + g : (a, b) \to \mathbb{R}$ im Punkt x_0 differenzierbar ist. Da x_0 beliebig gewählt war, folgt, dass $f + g$ in ganz (a, b) differenzierbar mit Ableitung $(f + g)'(x_0) = f'(x_0) + g'(x_0)$ ist.

Lösung Aufgabe 133 Sei $x_0 \in \mathbb{R}$ beliebig. Dann gilt zunächst für alle $x \in \mathbb{R}$ mit $x \neq x_0$

$$f(x) - f(x_0) = \frac{f(x) - f(x_0)}{x - x_0}(x - x_0).$$

Da die Funktion $f : (a, b) \to \mathbb{R}$ in x_0 differenzierbar ist, existiert (nach Definition) der Grenzwert

$$f'(x_0) = \lim_{x \to x_0} \frac{f(x) - f(x_0)}{x - x_0}.$$

Wegen $\lim_{x \to x_0}(x - x_0) = 0$ erhalten wir somit mit den Grenzwertsätzen wie gewünscht

$$\lim_{x \to x_0} |f(x) - f(x_0)| = \left(\lim_{x \to x_0} \left| \frac{f(x) - f(x_0)}{x - x_0} \right| \right) \left(\lim_{x \to x_0} |x - x_0| \right) = f'(x_0) \cdot 0 = 0$$

und somit $\lim_{x \to x_0} f(x) = f(x_0)$. Dies zeigt dass die Funktion f im Punkt x_0 stetig ist.

Lösung Aufgabe 134 Wegen $f(0) = 0$ gilt

$$f'(0) = \lim_{x \to 0} \frac{f(x) - f(0)}{x - 0} = \lim_{x \to 0} \frac{xg(x)}{x} = \lim_{x \to 0} g(x) = g\left(\lim_{x \to 0} x \right) = g(0).$$

Dabei haben wir im vorletzten Schritt die Stetigkeit der Funktion g genutzt. Insgesamt zeigt uns die obige Rechnung wie gewünscht, dass die Funktion f im Nullpunkt differenzierbar ist mit Ableitung $f'(0) = g(0)$.

Lösung Aufgabe 135 Wir bemerken zuerst, dass aus Ungleichung (5.1) sofort

$$\left| \frac{f(x) - f(y)}{x - y} \right| \leq |x - y|$$

für alle $x, y \in \mathbb{R}$ mit $x \neq y$ folgt. Wir zeigen nun, dass die Funktion f differenzierbar ist. Sei dazu $x_0 \in \mathbb{R}$ beliebig gewählt. Dann folgt mit der obigen Ungleichung

$$0 \leq |f'(x_0)| = \lim_{x \to x_0} \left| \frac{f(x) - f(x_0)}{x - x_0} \right| \leq \lim_{x \to x_0} |x - x_0| = 0,$$

das heißt, wir haben $f'(x_0) = 0$ gezeigt. Somit ist die Funktion f an der Stelle x_0 differenzierbar mit verschwindender Ableitung. Da aber $x_0 \in \mathbb{R}$ beliebig war, folgt $f'(x) = 0$ für alle $x \in \mathbb{R}$. Mit dem Konstanzkriterium aus Aufgabe 148 erhalten wir schließlich, dass die Funktion f konstant ist.

Lösung Aufgabe 136 Die Idee des Beweises ist es zu zeigen, dass die Funktion $h : \mathbb{R} \to \mathbb{R}$ mit $h(x) = f(x) \exp(-\lambda x)$ konstant ist. Damit gibt es dann eine Konstante $c \in \mathbb{R}$ mit $h(x) = f(x) \exp(-\lambda x) = c$ für alle $x \in \mathbb{R}$, was gerade $f(x) = c \exp(\lambda x)$ für $x \in \mathbb{R}$ bedeutet. Wir berechnen zunächst die Ableitung der differenzierbaren Funktion h mit der Produkt- und Kettenregel. Es gilt

$$h'(x) = f'(x) \exp(-\lambda x) + f(x)(-\lambda) \exp(-\lambda x)$$
$$\overset{(5.2)}{=} \lambda f(x) \exp(-\lambda x) + f(x)(-\lambda) \exp(-\lambda x),$$

also $h'(x) = 0$ für alle $x \in \mathbb{R}$. Mit Aufgabe 148 folgt schließlich, dass h konstant ist, was die Behauptung zeigt.

Lösung Aufgabe 137 Im Folgenden sei immer $x \in D$ beliebig gewählt. Wir zeigen die Leibniz-Formel mit vollständiger Induktion. Der Induktionsanfang für $n = 1$ ergibt sich wegen $\binom{1}{0} = \binom{1}{1} = 1$ und der Produktregel für differenzierbare Funktionen wie folgt:

$$(fg)'(x) = f'(x)g(x) + f(x)g'(x) = \sum_{j=0}^{1} \binom{1}{j} f^{(1-j)}(x) g^{(j)}(x).$$

Die Induktionsvoraussetzung lautet: Es gibt eine natürliche Zahl $n \in \mathbb{N}$ derart, dass

$$(fg)^{(n)}(x) = \sum_{j=0}^{n} \binom{n}{j} f^{(n-j)}(x) g^{(j)}(x)$$

gilt. Für den Induktionsschritt von n nach $n + 1$ gehen wir wie folgt vor: Zunächst gilt wegen der Induktionsvoraussetzung

$$(fg)^{(n+1)}(x) = \left((fg)^{(n)} \right)'(x) \overset{\text{IV}}{=} \left(\sum_{j=0}^{n} \binom{n}{j} f^{(n-j)}(x) g^{(j)}(x) \right)'.$$

Da Differentiation eine lineare Operation ist (vgl. auch Aufgabe 132), folgt weiter
mit der Produktregel

$$\left(\sum_{j=0}^{n} \binom{n}{j} f^{(n-j)}(x) g^{(j)}(x) \right)' = \sum_{j=0}^{n} \binom{n}{j} \left(f^{(n-j)} g^{(j)} \right)'(x)$$

$$= \sum_{j=0}^{n} \binom{n}{j} \left(f^{(n-j+1)}(x) g^{(j)}(x) + f^{(n-j)}(x) g^{(j+1)}(x) \right)$$

$$= \sum_{j=0}^{n} \binom{n}{j} f^{(n-j+1)}(x) g^{(j)}(x) + \sum_{j=0}^{n} \binom{n}{j} f^{(n-j)}(x) g^{(j+1)}(x).$$

Mit einer Indexverschiebung in der zweiten Summe erhalten wir dann weiter

$$\sum_{j=0}^{n} \binom{n}{j} f^{(n-j+1)}(x) g^{(j)}(x) + \sum_{j=0}^{n} \binom{n}{j} f^{(n-j)}(x) g^{(j+1)}(x)$$

$$= \sum_{j=0}^{n} \binom{n}{j} f^{(n-j+1)}(x) g^{(j)}(x) + \sum_{j=1}^{n+1} \binom{n}{j-1} f^{(n-j)}(x) g^{(j)}(x)$$

$$= f^{(n+1)}(x) g(x) + f(x) g^{(n+1)}(x) + \sum_{j=1}^{n} \left[\binom{n}{j} + \binom{n}{j-1} \right] f^{(n-j)}(x) g^{(j)}(x),$$

wobei wir im letzten Schritt den ersten beziehungsweise den letzten Summanden
der ersten beziehungsweise zweiten Summe abgespalten haben. Mit der rekursiven
Darstellung der Binomialkoeffizienten (Pascalsche Dreieck) erhalten wir schließlich

$$f^{(n+1)}(x) g(x) + f(x) g^{(n+1)}(x) + \sum_{j=1}^{n} \left[\binom{n}{j} + \binom{n}{j-1} \right] f^{(n-j)}(x) g^{(j)}(x)$$

$$= f^{(n+1)}(x) g(x) + f(x) g^{(n+1)}(x) + \sum_{j=1}^{n} \binom{n+1}{j} f^{(n-j)}(x) g^{(j)}(x)$$

$$= \sum_{j=0}^{n+1} \binom{n+1}{j} f^{(n-j)}(x) g^{(j)}(x),$$

was den Induktionsschritt zeigt. Damit ist die Leibniz-Formel bewiesen.

Lösung Aufgabe 138 Wir zeigen äquivalent für jedes $n \in \mathbb{N}$ und $x \in D$ mit Hilfe
von vollständiger Induktion die Identität

$$(f_1 \cdot \ldots \cdot f_n)'(x) = (f_1 \cdot \ldots \cdot f_n)(x) \sum_{j=1}^{n} \frac{f_j'(x)}{f_j(x)}$$

$$= \sum_{j=1}^{n} f_j'(x) (f_1 \cdot \ldots \cdot f_{j-1} \cdot f_{j+1} \cdot \ldots \cdot f_n)(x).$$

Sei im Folgenden $x \in D$ beliebig gewählt. Der Induktionsanfang für $n = 1$ ist trivialerweise erfüllt, denn es gilt

$$f_1'(x) = f_1(x) \frac{f_1'(x)}{f_1(x)} = \sum_{j=1}^{1} f_1'(x).$$

Sei nun $n \in \mathbb{N}$ derart, dass

$$(f_1 \cdot \ldots \cdot f_n)'(x) = \sum_{j=1}^{n} f_j'(x)(f_1 \cdot \ldots \cdot f_{j-1} \cdot f_{j+1} \cdot \ldots \cdot f_n)(x).$$

Wir zeigen nun den Induktionsschritt von n nach $n + 1$. Mit der Produktregel für differenzierbare Funktionen, angewandt auf die Faktoren $f_1 \cdot \ldots \cdot f_n$ und f_{n+1}, folgt

$$\begin{aligned}
&(f_1 \cdot \ldots \cdot f_{n+1})'(x) \\
&= ((f_1 \cdot \ldots \cdot f_n) \cdot f_{n+1})'(x) \\
&= (f_1 \cdot \ldots \cdot f_n)'(x) f_{n+1}(x) + (f_1 \cdot \ldots \cdot f_n)(x) f_{n+1}'(x) \\
&\overset{\text{IV}}{=} \sum_{j=1}^{n} f_j'(x)(f_1 \cdot \ldots \cdot f_{j-1} \cdot f_{j+1} \cdot \ldots \cdot f_n \cdot f_{n+1})(x) + (f_1 \cdot \ldots \cdot f_n)(x) f_{n+1}'(x) \\
&= \sum_{j=1}^{n+1} f_j'(x)(f_1 \cdot \ldots \cdot f_{j-1} \cdot f_{j+1} \cdot \ldots \cdot f_{n+1})(x),
\end{aligned}$$

was die Behauptung zeigt.

Lösung Aufgabe 139 Die Funktion $f : (0, +\infty) \to \mathbb{R}$ mit $f(x) = x^n \mathrm{e}^{-x}$ ist für jedes $n \in \mathbb{N}$ als Produkt differenzierbarer Funktionen selbst differenzierbar. Mit der Produktregel erhalten wir zunächst

$$f'(x) = n x^{n-1} \mathrm{e}^{-x} - x^n \mathrm{e}^{-x} = \left(n x^{n-1} - x^n \right) \mathrm{e}^{-x}$$

für $x > 0$. Da jedoch $\mathrm{e}^x > 0$ für alle $x \in \mathbb{R}$ gilt, folgt aus der notwendigen Bedingung $f'(x) = 0$ bereits $n x^{n-1} - x^n = 0$, also $x = n$. Die zweite Ableitung von f ergibt sich für $x > 0$ wie folgt:

$$\begin{aligned}
f''(x) &= \left(\left(n x^{n-1} - x^n \right) \mathrm{e}^{-x} \right)' \\
&= \left(n(n-1) x^{n-2} - n x^{n-1} \right) \mathrm{e}^{-x} - \left(n x^{n-1} - x^n \right) \mathrm{e}^{-x} \\
&= \left(n(n-1) x^{n-2} - 2n x^{n-1} + x^n \right) \mathrm{e}^{-x}.
\end{aligned}$$

Damit folgt

$$f''(n) = \left((n-1) n^{n-2} - 2n^n + n^n \right) \mathrm{e}^{-n} < 0,$$

da $(n-1)n^{n-2} - n^n < 0$ für alle $n \in \mathbb{N}$ gilt. Wir haben somit auch die hinreichende Bedingung nachgewiesen, das heißt, die Funktion f besitzt an der Stelle $x = n$ ein Maximum.

Lösung Aufgabe 140

(a) Für $x > 0$ können wir die Funktion $f : (0, +\infty) \to \mathbb{R}$ mit den Logarithmusgesetzen schreiben als

$$f(x) = \exp\left(\ln\left(x^x\right)\right) = \exp(x\ln(x)).$$

Somit ist f als Produkt und Komposition differenzierbarer Funktionen ebenfalls differenzierbar mit Ableitung (Ketten- und Produktregel)

$$f'(x) = (\ln(x) + 1)\exp(x\ln(x)) = (\ln(x) + 1)f(x)$$

für $x > 0$.

(b) Wegen $f(x) > 0$ für $x > 0$ folgt aus der notwendigen Bedingung $f'(x) = 0$ gerade $\ln(x) = -1$ und somit $x = 1/e$. Die zweite Ableitung von f berechnet sich mit der Produktregel zu

$$f''(x) = f(x)\left(\frac{1}{x} + (\ln(x) + 1)^2\right)$$

für $x > 0$. Wegen $f''(1/e) > 0$ liegt an der Stelle $x = 1/e$ ein Minimum vor, das heißt, es gilt $f(x) \geq f(1/e)$ für alle $x > 0$.

(c) Wir überlegen uns nun, dass die Funktion $f^* : [0, +\infty) \to \mathbb{R}$ mit

$$f^*(x) = \begin{cases} f(x), & x > 0 \\ 1, & x = 0 \end{cases}$$

eine stetige Fortsetzung von f ist. Dafür genügt es zu zeigen, dass $\lim_{x \to 0^+} f^*(x) = 1$ gilt, denn damit wäre f^* im Nullpunkt stetig. Mit dem Satz von l'Hospital folgt zunächst

$$\lim_{x \to 0^+} x\ln(x) = \lim_{x \to 0^+} \frac{\ln(x)}{\frac{1}{x}} \overset{\text{l' Hosp.}}{=} \lim_{x \to 0^+} -\frac{\frac{1}{x}}{\frac{1}{x^2}} = -\lim_{x \to 0^+} x = 0.$$

Da die Exponentialfunktion stetig ist, erhalten wir somit wie gewünscht

$$\lim_{x \to 0^+} f^*(x) = \lim_{x \to 0^+} \exp(x\ln(x)) = \exp\left(\lim_{x \to 0^+} x\ln(x)\right) = \exp(0) = 1.$$

Wir haben somit gezeigt, dass die Funktion f^* eine stetige Fortsetzung von f im Nullpunkt ist.

Lösung Aufgabe 141 Im Folgenden bestimmen wir das Minimum der Funktion $f : \mathbb{R} \to \mathbb{R}$ mit $f(x) = \sum_{j=1}^{n} (x - a_j)^2$ und $a_1, \ldots, a_n \in \mathbb{R}$. Die Funktion ist offensichtlich differenzierbar und es gelten

$$f'(x) = 2 \sum_{j=1}^{n} (x - a_j) = 2nx - 2 \sum_{j=1}^{n} a_j$$
$$f''(x) = 2n$$

für $x \in \mathbb{R}$. Aus der notwendigen Bedingung $f'(x) = 0$ können wir direkt $x = 1/n \sum_{j=1}^{n} a_j$ ablesen. An dieser Stelle hat f ein Minimum, denn es gilt $f''(x) = 2n > 0$.

Lösung Aufgabe 142 Wir bemerken zunächst, dass die Funktion $h : \mathbb{R} \to \mathbb{R}$ als Verknüpfung differenzierbarer Funktionen ebenfalls zweimal differenzierbar ist. Für $x \in \mathbb{R}$ können wir die ersten beiden Ableitungen von h wie folgt mit der Ketten- und Quotientenregel bestimmen:

$$h'(x) = \frac{f'(x)}{f(x)} \quad \text{und} \quad h''(x) = \frac{f''(x)}{f^2(x)}. \tag{21.3}$$

Liegt nun an der Stelle $x_0 \in \mathbb{R}$ ein Minimum von f vor, so gelten $f'(x_0) = 0$ sowie $f''(x_0) > 0$ (notwendige und hinreichende Bedingung). Wegen $f(x) \neq 0$ für alle $x \in \mathbb{R}$ ist dies aber wegen (21.3) genau dann der Fall, wenn $h'(x_0) = 0$ und $h''(x_0) > 0$ gelten. Ist hingegen x_0 ein Maximum von f, so können wir analog argumentieren, womit die Behauptung bewiesen ist.

Lösung Aufgabe 143 In dieser Aufgabe werden wir das nützliche Resultat aus Aufgabe 142 verwenden. Anstatt das Maximum von L zu bestimmen werden wir nämlich die Funktion $\hat{L} : (0, +\infty) \to \mathbb{R}$ mit $\hat{L}(\lambda) = \ln(L(\lambda))$ untersuchen. Zunächst folgt für $\lambda > 0$ mit den Logarithmusgesetzen

$$\hat{L}(\lambda) = \ln \left(\frac{1}{\prod_{j=1}^{n} x_j} \lambda^{\sum_{j=1}^{n} x_j} \exp(-n\lambda) \right) = \ln \left(\frac{1}{\prod_{j=1}^{n} x_j} \right) + \ln(\lambda) \sum_{j=1}^{n} x_j - n\lambda.$$

Da der erste Summand auf der rechten Seite nicht von λ abhängt, folgen direkt

$$\hat{L}'(\lambda) = \frac{1}{\lambda} \sum_{j=1}^{n} x_j - n \quad \text{und} \quad \hat{L}''(\lambda) = -\frac{1}{\lambda^2} \sum_{j=1}^{n} x_j$$

für $\lambda > 0$. Aus der notwendigen Bedingung $\hat{L}'(\lambda) = 0$ erhalten wir also gerade $\lambda^* = 1/n \sum_{j=1}^{n} x_j$, sodass wir wegen $\hat{L}''(\lambda^*) = -n / \sum_{j=1}^{n} x_j < 0$ schließlich gezeigt haben, dass die Funktion $\hat{L}$ an der Stelle λ^* ein Maximum besitzt. Mit Aufgabe 142 liegt an dieser Stelle aber auch ein Maximum der Funktion L vor.

Lösung Aufgabe 144

(a) Die Behauptung ist gezeigt, falls wir beweisen können, dass die Hilfsfunktion
$h : [a, b] \to \mathbb{R}$ mit

$$h(x) = f(x) - \frac{f(b) - f(a)}{g(b) - g(a)}\big(g(x) - g(a)\big)$$

eine Nullstelle besitzt. Wir werden dafür den Satz von Rolle nutzen. Da die Funktionen f und g nach Voraussetzung in $[a, b]$ stetig sowie in (a, b) differenzierbar sind, besitzt auch h diese Eigenschaften. Mit einer kleinen Rechnung sehen wir $h(a) = h(b) = 0$. Somit gibt es nach dem Satz von Rolle eine Stelle $\xi \in (a, b)$ mit $h'(\xi) = 0$, also

$$h'(\xi) = f'(\xi) - \frac{f(b) - f(a)}{g(b) - g(a)} g'(\xi) = 0.$$

Durch Umstellen der obigen Gleichung folgt die Behauptung.

(b) Definieren wir die Funktion $g : [a, b] \to \mathbb{R}$ durch $g(x) = x$, so folgt aus dem verallgemeinerten Mittelwertsatz der (klassische) Mittelwertsatz.

Lösung Aufgabe 145 Im Folgenden werden wir eine stärkere Aussage beweisen, mit der wir diese Aufgabe direkt lösen können:

Sei $n \in \mathbb{N}_0$ eine natürliche Zahl. Dann besitzt für jedes $j \in \{0, \ldots, n\}$ das j-te Legendre-Polynom $P_j : \mathbb{R} \to \mathbb{R}$ mit

$$P_j(x) = \frac{1}{2^n n!} \left(\frac{\mathrm{d}}{\mathrm{d}x} \right)^j (x^2 - 1)^n$$

in $x = \pm 1$ jeweils eine Nullstelle der Vielfachheit $n - j$. Außerdem liegen im Intervall $(-1, 1)$ zusätzlich noch j verschiedene Nullstellen.

Seien nun $n \in \mathbb{N}_0$ sowie $j \in \{0, \ldots, n\}$ beliebig. Wir werden die obige Aussage mit Hilfe von vollständiger Induktion nach j beweisen. Für $j = 0$ gilt zunächst $P_0(x) = 1/(2^n n!)(x^2 - 1)^n$ für $x \in \mathbb{R}$. Diese Funktion hat also in $x = \pm 1$ offensichtlich jeweils Nullstellen der Vielfachheit n. Da P_0 ein Polynom vom Grad $2n$ ist, kann P_0 nach dem Fundamentalsatz der Algebra keine weiteren Nullstellen besitzen. Somit ist der Induktionsanfang gezeigt. Gelte nun die Behauptung für ein $j \in \mathbb{N}_0$ mit $j < n$, das heißt, P_j besitzt in $x = \pm 1$ jeweils eine Nullstelle der Vielfachheit $n - j$ und weitere j verschiedene Nullstellen im offenen Intervall $(-1, 1)$ (Induktionsvoraussetzung). Wir bezeichnen die j verschiedenen Nullstellen von P_j mit $\xi_1, \ldots, \xi_j$ und nehmen weiter ohne Einschränkung $\xi_1 < \ldots < \xi_j$ an. Zudem setzen wir $\xi_0 = -1$ sowie $\xi_{j+1} = 1$. Für $k \in \{0, \ldots, j\}$ gilt somit

$$P_j(\xi_k) = 0 = P_j(\xi_{k+1}).$$

Da P_j als Komposition differenzierbarer Funktionen ebenfalls differenzierbar ist, existiert nach dem Satz von Rolle zu jedem $k \in \{0, \ldots, j\}$ eine Zwischenstelle $\rho_k \in (\xi_k, \xi_{k+1})$ mit $P_j'(\rho_k) = 0$. Wir haben somit die Existenz von insgesamt $j + 1$ verschiedenen Nullstellen von $P_j' = P_{j+1}$ nachgewiesen, Weiter sind die Nullstellen $\rho_0, \ldots, \rho_k$ verschieden und liegen in $(-1, 1)$, denn die Intervalle $(\xi_k, \xi_{k+1}) \subseteq (-1, 1)$ sind für jedes $k \in \{0, \ldots, j\}$ disjunkt. Es bleibt also noch zu zeigen, dass P_{j+1} in $x = \pm 1$ jeweils Nullstellen der Vielfachheit $n - (j + 1)$ besitzt. Dies zeigt dann die Behauptung, denn P_{j+1} ist offensichtlich ein Polynom vom Grad $2n - (j + 1)$ und dann würde P_{j+1} insgesamt $j + 1 + 2(n - (j + 1)) = 2n - (j + 1)$ Nullstellen besitzen. Wir überlegen uns noch zuvor, dass für jedes $j \in \{0, \ldots, n - 1\}$ ein Polynom $Q_j : \mathbb{R} \to \mathbb{R}$ so existiert, dass $P_j(x) = (x^2 - 1)^{n-j} Q_j(x)$ für $x \in \mathbb{R}$ gilt. Dies können wir uns ebenfalls mit vollständiger Induktion überlegen. Für $j = 0$ wählen wir $Q_j(x) = 1/(2^n n!)$ für $x \in \mathbb{R}$, und für den Induktionsschritt schreiben mit Hilfe der Produktregel

$$P_{j+1}(x) = P_j'(x) \overset{\text{IV}}{=} \left((x^2 - 1)^{n-j} Q_j(x)\right)' = (x^2 - 1)^{n-(j+1)} Q_{j+1}(x),$$

wobei wir $Q_{j+1}(x) = 2(n - j) Q_j(x) + Q_j'(x)(x^2 - 1)$ für $x \in \mathbb{R}$ setzen. Nun können wir direkt sehen, dass P_{j+1} in $x = \pm 1$ Nullstellen der Vielfachheit $n - (j + 1)$ besitzt, denn es gilt mit der Vorüberlegung gerade $P_{j+1}(x) = (x^2 - 1)^{n-(j+1)} Q_{j+1}(x)$ für $x \in \mathbb{R}$ und die Funktion $x \mapsto (x^2 - 1)^{n-(j+1)}$ verschwindet in $x = \pm 1$ jeweils genau $n - (j + 1)$ mal. Wir haben also gezeigt, dass P_{j+1} insgesamt $2n - (j + 1)$ Nullstellen besitzt von denen $j + 1$ im Intervall $(-1, 1)$ und jeweils $n - (j + 1)$ viele Nullstellen in $x = -1$ und $x = 1$ liegen. Wir haben somit den Induktionsschritt von j nach $j + 1$ gezeigt und die Behauptung der obigen Aussage bewiesen. Insbesondere folgt mit der Hilfsaussage, dass das Legendre-Polynom P_n in $x = \pm 1$ jeweils genau n Nullstellen besitzt.

Lösung Aufgabe 146 Wir untersuchen die Differenzfunktion $h : [-a, a] \to \mathbb{R}$ mit $h(x) = f(x) - x$, von der wir zeigen werden, dass sie konstant Null ist. Zunächst ist die Funktion h in ganz $[-a, a]$ stetig und in $(-a, a)$ differenzierbar mit Ableitung $h'(x) = f'(x) - 1 \leq 0$ für $x \in (-a, a)$. Sei nun $x \in (-a, a)$ beliebig. Indem wir den Mittelwertsatz auf h, eingeschränkt auf das Intervall $[-a, x]$, anwenden, finden wir eine Stelle $\xi \in (-a, x)$ mit

$$h'(\xi) = \frac{h(x) - h(-a)}{x - (-a)} = \frac{h(x)}{x + a} \leq 0. \tag{21.4}$$

Dabei haben wir $h(-a) = f(-a) - (-a) = 0$ genutzt. Indem wir nun den Mittelwertsatz auf h, eingeschränkt auf $[x, a]$, anwenden, können wir analog eine Stelle $\eta \in (x, a)$ mit

$$h'(\eta) = \frac{h(a) - h(x)}{a - x} = \frac{-h(x)}{a - x} = \frac{h(x)}{x - a} \leq 0 \tag{21.5}$$

finden, wobei wir $h(a) = f(a) - a = 0$ verwendet haben. Wegen $x + a \geq 0$ und $x - a \leq 0$ folgen aus (21.4) und (21.5) gerade $h(x) \leq 0$ und $h(x) \geq 0$, also $h(x) = 0$ für alle $x \in (-a, a)$. Da aber auch $h(-a) = h(a) = 0$ gilt, haben wir gezeigt, dass h auf ganz $[-a, a]$ konstant Null ist. Somit gilt $f(x) = x$ für alle $x \in [-a, a]$.

Lösung Aufgabe 147 Seien $u, v \in [a, b]$ beliebig gewählt mit $u \leq v$. Um zu zeigen, dass die Funktion $f : [a, b] \rightarrow \mathbb{R}$ monoton wachsend ist, müssen wir $f(u) \leq f(v)$ nachweisen. Da f insbesondere im offenen Intervall (u, v) differenzierbar ist, finden wir gemäß dem Mittelwertsatz der Differentialrechnung eine Stelle $\xi \in (u, v)$ mit

$$f(u) - f(v) = f'(\xi)(u - v).$$

Da die Ableitung von f aber nach Voraussetzung positiv ist, erhalten wir wegen $f'(\xi) \geq 0$ und $u - v \leq 0$ wie gewünscht $f(u) - f(v) \leq 0$, das heißt, die Funktion f ist monoton wachsend.

Lösung Aufgabe 148 Wir wählen zunächst $u, v \in [a, b]$ beliebig mit $u \neq v$. Um zu beweisen, dass die Funktion f konstant ist, müssen wir $f(u) = f(v)$ nachweisen. Da f in (u, v) differenzierbar ist, finden wir eine Stelle $\xi \in \mathbb{R}$, die zwischen u und v liegt und (Mittelwertsatz)

$$f(u) - f(v) = f'(\xi)(u - v)$$

erfüllt. Da jedoch nach Voraussetzung $f'(\xi) = 0$ gilt, schließen wir aus der obigen Gleichung gerade $f(u) - f(v) = 0$, also $f(u) = f(v)$. Dies zeigt wie gewünscht, dass die Funktion f konstant ist.

Lösung Aufgabe 149 Wir untersuchen die stetige Funktion $h : [a, b] \rightarrow \mathbb{R}$ mit $h(x) = f(x) - g(x)$, die in (a, b) differenzierbar ist. Da die Ableitungen von f und g in (a, b) übereinstimmen, erhalten wir $h'(x) = f'(x) - g'(x) = 0$ für $x \in (a, b)$. Mit Aufgabe 148 folgt somit, dass h konstant ist. Somit finden wir wie gewünscht eine Konstante $c \in \mathbb{R}$ mit $h(x) = c$, also $f(x) = g(x) + c$ für alle $x \in [a, b]$.

Lösung Aufgabe 150 Zunächst seien $u, v \in \mathbb{R}$ beliebig gewählt, wobei wir $u < v$ annehmen. Da die Funktion f differenzierbar ist, garantiert der Mittelwertsatz der Differentialrechnung die Existenz einer Stelle $\xi \in (u, v)$ mit $f(u) - f(v) = f'(\xi)(u - v)$. Da aber nach Voraussetzung $|f'(\xi)| \leq M$ gilt, erhalten wir aus der vorherigen Gleichung gerade

$$|f(u) - f(v)| \leq M|u - v|,$$

das heißt, wir haben wie gewünscht gezeigt, dass die Funktion f Lipschitz-stetig mit Lipschitz-Konstanten $L = M$ ist.

Lösung Aufgabe 151 Seien $u, v \in \mathbb{R}$ beliebig gewählt, wobei wir ohne Einschränkung $u < v$ annehmen. Da die Sinusfunktion differenzierbar ist mit $\sin'(x) = \cos(x)$

für $x \in \mathbb{R}$, finden wir gemäß dem Mittelwertsatz der Differentialrechnung eine Stelle $\xi \in (u, v)$ mit

$$\sin(u) - \sin(v) = \cos(\xi)(u - v).$$

Wegen $-1 \le \cos(\xi) \le 1$ erhalten wir somit wie gewünscht

$$|\sin(u) - \sin(v)| \le |u - v|,$$

das heißt, wir haben gezeigt, dass die Sinusfunktion Lipschitz-stetig mit Lipschitz-Konstante $L = 1$ ist. Alternativ folgt die Lipschitz-Stetigkeit der Sinusfunktion aber auch direkt aus Aufgabe 150.

Lösung Aufgabe 152 Wir untersuchen die differenzierbare Hilfsfunktion f : $(0, +\infty) \to \mathbb{R}$ mit $f(x) = \arctan(x) + \arctan(1/x)$. Zunächst folgt wegen $\arctan'(x) = 1/(1 + x^2)$ für $x \in \mathbb{R}$ mit Hilfe der Kettenregel

$$f'(x) = \frac{1}{1 + x^2} - \frac{1}{x^2 \left(1 + \frac{1}{x^2}\right)} = 0,$$

also $f'(x) = 0$ für alle $x \in (0, +\infty)$. Mit Aufgabe 148 schließen wir somit, dass f konstant ist. Daher gibt es eine Zahl $c \in \mathbb{R}$ mit $f(x) = c$ für alle $x \in (0, +\infty)$. Insbesondere gilt die Gleichung aber auch speziell für $x = 1$. Damit folgt $f(1) = \arctan(1) + \arctan(1) = \pi/2$, also $c = \pi/2$. Wir haben somit gezeigt, dass für alle $x \in (0, +\infty)$ die Identität $\arctan(x) + \arctan(1/x) = \pi/2$ gilt.

Lösung Aufgabe 153 Wir bemerken zunächst, dass die Ungleichung für $x = 0$ trivialer Weise erfüllt ist. Sei nun $x \in \mathbb{R}$ beliebig. Im Fall $x > 0$ betrachten wir die differenzierbare Funktion $f : [0, x] \to \mathbb{R}$ mit $f(t) = \exp(t)$. Gemäß dem Mittelwertsatz der Differentialrechnung finden wir eine Stelle $\xi \in (0, x)$ mit $\exp(x) - \exp(0) = \exp(\xi)(x - 0)$. Da die Exponentialfunktion streng monoton wachsend ist, folgt aus $\xi > 0$ gerade $\exp(\xi) > \exp(0) = 1$, sodass wir wie gewünscht $\exp(x) - 1 > x$, also $\exp(x) > 1 + x$, erhalten. Den Fall $x < 0$ können wir analog zeigen. Dazu untersuchen wir die Funktion $f : [x, 0] \to \mathbb{R}$ mit $f(t) = \exp(t)$. Wieder finden wir mit dem Mittelwertsatz eine Stelle $\xi \in (x, 0)$ mit $\exp(0) - \exp(x) = \exp(\xi)(0 - x)$. Weiter folgt wegen $\xi < 0$ gerade $\exp(\xi) < \exp(0) = 1$, sodass wir $1 - \exp(x) < -x$ beziehungsweise $\exp(x) > 1 + x$ erhalten. Damit ist die behauptete Ungleichung bewiesen.

Lösung Aufgabe 154 Sei $n \in \mathbb{N}$ beliebig gewählt. Wir untersuchen die Funktion $f : [n, n + 1] \to \mathbb{R}$ mit $f(x) = \sqrt{x}$. Da f offensichtlich stetig und in $(n, n + 1)$ differenzierbar ist, finden wir gemäß dem Mittelwertsatz der Differentialrechnung eine Stelle $\xi \in (n, n + 1)$ mit

$$f(n + 1) - f(n) = f'(\xi)(n + 1 - n) = f'(\xi).$$

Wegen $f'(\xi) = 1/(2\sqrt{\xi})$ bedeutet dies

$$\sqrt{n+1} - \sqrt{n} = \frac{1}{2\sqrt{\xi}}.$$

Da die Wurzelfunktion aber streng monoton wachsend ist, erhalten wir wegen $n < \xi < n+1$ gerade $1/(2\sqrt{n+1}) < 1/(2\sqrt{\xi}) < 1/(2\sqrt{n})$ und daher wie gewünscht

$$\frac{1}{2\sqrt{n+1}} < \sqrt{n+1} - \sqrt{n} < \frac{1}{2\sqrt{n}}.$$

Lösung Aufgabe 155

(a) Wir zerlegen $[1, +\infty)$ in die disjunkten Intervalle $[n, n+1)$ mit $n \in \mathbb{N}$. Der Mittelwertsatz der Differentialrechnung liefert dann zu jeder natürlichen Zahl $n \in \mathbb{N}$ die Existenz einer Stelle $\xi_n \in (n, n+1)$ mit

$$f'(\xi_n) = \frac{f(n+1) - f(n)}{n+1-n} = f(n+1) - f(n).$$

Wegen $n < \xi_n$ für alle $n \in \mathbb{N}$ ist die Folge $(\xi_n)_n$ unbeschränkt, also gilt $\lim_n \xi_n = +\infty$. Aufgrund von (5.4) können wir in der obigen Gleichung zum Grenzwert übergehen und erhalten

$$\lim_{x \to +\infty} f'(x) = \lim_{n \to +\infty} f'(\xi_n) = \lim_{n \to +\infty} \big(f(n+1) - f(n)\big)$$
$$= \lim_{n \to +\infty} f(n+1) - \lim_{n \to +\infty} f(n) = 0.$$

Dabei ist wichtig zu bemerken, dass wir im vorletzten Schritt den Grenzwert nur zerlegen konnten, weil $\lim_{x \to +\infty} f'(x)$ endlich ist.

(b) Die Aussage in der Aufgabe gilt nicht, wenn der Grenzwert $\lim_{x \to +\infty} f'(x)$ nicht existiert. Wir betrachten dazu die Funktion $f : [1, +\infty) \to \mathbb{R}$ mit $f(x) = \sin(x^2)/x$. Da $|f(x)| \leq 1/|x|$ für alle $x \geq 1$ gilt, folgt

$$\lim_{x \to +\infty} f(x) = \lim_{x \to +\infty} \frac{\sin(x^2)}{x} = 0.$$

Weiter ist die Funktion f offensichtlich differenzierbar mit $f'(x) = 2\cos(x^2) - \sin(x^2)/x$ für $x \geq 1$. Jedoch existiert der Grenzwert

$$\lim_{x \to +\infty} 2\cos(x^2) - \frac{\sin(x^2)}{x}$$

nicht. Dazu reicht es zu zeigen, dass $\lim_{x \to +\infty} \cos(x^2)$ nicht existiert. Wir führen dazu die Folgen $(x_n)_n, (y_n)_n \subseteq [1, +\infty)$ mit $x_n = \sqrt{2n\pi}$ und $y_n = \sqrt{(2n+1)\pi}$ ein. Wegen $\cos(2n\pi) = 1$ und $\cos((2n+1)\pi) = -1$ für jedes $n \in \mathbb{N}$ folgen

$$\lim_{n \to +\infty} \cos(x_n^2) = 1 \quad \text{und} \quad \lim_{n \to +\infty} \cos(y_n^2) = -1,$$

was schließlich zeigt, dass der Grenzwert $\lim_{x \to +\infty} \cos(x^2)$ nicht existiert.

Lösung Aufgabe 156 Sei zuerst $n \in \mathbb{N}$ beliebig gewählt und gelte weiter ohne Einschränkung $x_n < x_{n+1}$. Da die Funktion $f : \mathbb{R} \to \mathbb{R}$ nach Voraussetzung insbesondere im offenen Intervall (x_n, x_{n+1}) differenzierbar ist, finden wir gemäß dem Mittelwertsatz der Differentialrechnung eine Stelle $\xi_n \in (x_n, x_{n+1})$ mit $f(x_{n+1}) - f(x_n) = f'(\xi_n)(x_{n+1} - x_n)$. Wegen $f(x_{n+1}) = x_{n+2}$ und $f(x_n) = x_{n+1}$ erhalten wir somit gerade

$$|x_{n+2} - x_{n+1}| = |f'(\xi_n)||x_{n+1} - x_n| \le \lambda |x_{n+1} - x_n|,$$

wobei wir im letzten Schritt die Ungleichung $|f'(\xi_n)| \le \lambda$ verwendet haben. Induktiv erhalten wir mit Hilfe der obigen Ungleichung

$$|x_{n+2} - x_{n+1}| \le \lambda |x_{n+1} - x_n| \le \lambda^2 |x_n - x_{n-1}| \le \dots \le \lambda^n |x_2 - x_1|.$$

Im Folgenden werden wir uns ähnlich wie in Aufgabe 47 überlegen, dass die Folge $(x_n)_n$ eine Cauchy-Folge ist. Dazu seien $\varepsilon > 0$ sowie $m, n \in \mathbb{N}$ mit $m > n$ beliebig gewählt. Dann folgt mit der obigen Ungleichungskette zunächst

$$|x_m - x_n| = \left| \sum_{j=n}^{m-1} (x_{j+1} - x_j) \right| \le \sum_{j=n}^{m-1} |x_{j+1} - x_j| \le \sum_{j=n}^{m-1} \lambda^{j-1} |x_2 - x_1|.$$

Mit einer Indexverschiebung und der geometrischen Summenformel aus Aufgabe 32 (f) können wir weiter

$$\sum_{j=n}^{m-1} \lambda^{j-1} |x_2 - x_1| = \lambda^{n-1} |x_2 - x_1| \sum_{j=0}^{m-n-1} \lambda^j = |x_2 - x_1| \frac{\lambda^{n-1}(1 - \lambda^{m-n})}{1 - \lambda}$$

zeigen. Wegen $\lambda^{m-n} < 1$ erhalten wir insgesamt die Abschätzung

$$|x_m - x_n| \le \frac{\lambda^{n-1}}{1 - \lambda} |x_2 - x_1|.$$

Da $\lim_n \lambda^{n-1}/(1 - \lambda)|x_2 - x_1| = 0$ gilt, gibt es somit einen Index $N \in \mathbb{N}$ derart, dass $|x_m - x_n| < \varepsilon$ für alle $m > n \ge N$ folgt. Wir haben also gezeigt, dass die rekursive Folge $(x_n)_n$ eine Cauchy-Folge ist. Da die reellen Zahlen vollständig sind, wissen wir, dass die Folge insbesondere konvergent ist. Bezeichnen wir also mit x den Grenzwert von $(x_n)_n$, dann folgt wegen der Stetigkeit der Funktion f (vgl. Aufgabe 133) gerade

$$x = \lim_{n \to +\infty} x_{n+1} = \lim_{n \to +\infty} f(x_n) = f\left(\lim_{n \to +\infty} x_n\right) = f(x),$$

also wie gewünscht $f(x) = x$.

Lösung Aufgabe 157

(a) Dieser Grenzwert (und auch viele andere) lassen sich auf unterschiedliche Weisen berechnen:

(α) Wir definieren zunächst die Funktionen $f, g : (0, 1) \to \mathbb{R}$ mit $f(x) = x^3 + x^2 - x - 1$ und $g(x) = x - 1$. Dann gelten offensichtlich $\lim_{x \to 1} f(x) = 0$ sowie $\lim_{x \to 1} g(x) = 0$, das heißt, der Grenzwert $\lim_{x \to 1}(x^3 + x^2 - x - 1)/(x - 1)$ ist von der Form $-\infty/+\infty$. Die Funktionen f und g sind offensichtlich differenzierbar mit Ableitungen $f'(x) = 3x^2 + 2x - 1$ und $g'(x) = 1$ für $x \in \mathbb{R}$. Da der Grenzwert

$$\lim_{x \to 1} \frac{f'(x)}{g'(x)} = \lim_{x \to 1} \left(3x^2 + 2x - 1\right) = 4$$

existiert, folgt mit dem Satz von l'Hospital

$$\lim_{x \to 1} \frac{f(x)}{g(x)} \overset{\text{l' Hosp.}}{=} \lim_{x \to 1} \frac{f'(x)}{g'(x)},$$

also

$$\lim_{x \to 1} \frac{x^3 + x^2 - x - 1}{x - 1} = 4.$$

(β) Wegen $x^3 + x^2 - x - 1 = (x + 1)^2(x - 1)$ für $x \in \mathbb{R}$ erhalten wir direkt

$$\lim_{x \to 1} \frac{x^3 + x^2 - x - 1}{x - 1} = \lim_{x \to 1} \frac{(x + 1)^2(x - 1)}{x - 1} = \lim_{x \to 1} (x + 1)^2 = 4.$$

(γ) Die Funktion $f : \mathbb{R} \to \mathbb{R}$ mit $f(x) = x^3 + x^2 - x$ ist offensichtlich differenzierbar. Weiter gelten $f(1) = 1$ sowie $f'(1) = 4$, sodass wir erneut

$$4 = f'(1) = \lim_{x \to 1} \frac{f(x) - f(1)}{x - 1} = \lim_{x \to 1} \frac{x^3 + x^2 - x - 1}{x - 1}$$

erhalten.

(b) Der Grenzwert hat die Form $0/0$. Mit dem Satz von l'Hospital folgt

$$\lim_{x \to 0} \frac{1 - \sqrt{1 - x^2}}{x^2} \overset{\text{l' Hosp.}}{=} \lim_{x \to 0} \frac{x(1 - x^2)^{-\frac{1}{2}}}{2x} = \lim_{x \to 0} \frac{1}{2\sqrt{1 - x^2}} = \frac{1}{2}.$$

(c) Wegen $\sin(0) = 0$ ist der Grenzwert von der Form $0/0$. Wir erhalten somit mit dem Satz von l'Hospital

$$\lim_{x \to 0} \frac{\sin(x)}{x} \overset{\text{l' Hosp.}}{=} \lim_{x \to 0} \frac{\cos(x)}{1} = \lim_{x \to 0} \cos(x) = 1,$$

wobei wir im letzten Schritt die Stetigkeit des Kosinus sowie $\cos(0) = 1$ verwendet haben.

(d) Der Grenzwert hat die Form $0/0$. Mit dem Satz von l'Hospital folgt

$$\lim_{x \to 0} \frac{3x - 1 + \cos(x)}{2x} \overset{\text{l' Hosp.}}{=} \lim_{x \to 0} \frac{3 - \sin(x)}{2} = \frac{3}{2}.$$

Lösung Aufgabe 158

(a) Wegen $\ln(1) = 0$ hat der Grenzwert die Form $0/0$. Mit dem Satz von l'Hospital folgt somit wegen $(x^x)' = x^x(1 + \ln(x))$ für $x > 0$ (vgl. Aufgabe 140 (a))

$$\lim_{x \to 1} \frac{x^x - x}{1 - x + \ln(x)} \overset{\text{l' Hosp.}}{=} \lim_{x \to 1} \frac{x^x(1 + \ln(x)) - 1}{\frac{1}{x} - 1}.$$

Da dieser Grenzwert ebenfalls vom Typ $0/0$ ist, liefert eine erneute Anwendung des Satzes von l'Hospital schließlich

$$\lim_{x \to 1} \frac{x^x(1 + \ln(x)) - 1}{\frac{1}{x} - 1} \overset{\text{l' Hosp.}}{=} \lim_{x \to 1} \frac{x^x(1 + \ln(x))^2 + x^{x-1}}{-\frac{1}{x^2}} = -\frac{1 + 1}{1} = -2,$$

wobei wir im letzten Schritt $1^0 = 1$ verwendet haben.

(b) Offensichtlich ist der Grenzwert vom Typ $0/0$, sodass mit dem Satz von l'Hospital

$$\lim_{x \to 1} \frac{x - 1}{x^7 - 1} \overset{\text{l' Hosp.}}{=} \lim_{x \to 1} \frac{1}{7x^6} = \frac{1}{7}$$

folgt.

(c) Wir schreiben den Grenzwert zunächst als $\lim_{x \to 0^+} \ln(x)/(1/\sqrt{x})$, sodass dieser von der Form $-\infty/+\infty$ ist. Wegen $\ln'(x) = 1/x$ und $(1/\sqrt{x})' = -1/(2x^{3/2})$ für $x > 0$ folgt mit dem Satz von l'Hospital

$$\lim_{x \to 0^+} \sqrt{x}\ln(x) = \lim_{x \to 0^+} \frac{\ln(x)}{\frac{1}{\sqrt{x}}} \overset{\text{l' Hosp.}}{=} \lim_{x \to 0^+} -\frac{\frac{1}{x}}{\frac{1}{2x^{\frac{3}{2}}}} = \lim_{x \to 0^+} -2\sqrt{x} = 0.$$

(d) Der Grenzwert ist von der Form $+\infty/+\infty$. Wegen $\ln'(x) = 1/x$ und $(\ln \circ \ln)'(x) = 1/(x\ln(x))$ für $x > 1$ folgt mit dem Satz von l'Hospital

$$\lim_{x \to +\infty} \frac{\ln(\ln(x))}{\ln(x)} \overset{\text{l' Hosp.}}{=} \lim_{x \to +\infty} \frac{\frac{1}{x\ln(x)}}{\frac{1}{x}} = \lim_{x \to +\infty} \frac{1}{\ln(x)} = 0.$$

Dabei haben wir im letzten Schritt den bekannten Grenzwert $\lim_{x \to +\infty} \ln(x) = +\infty$ verwendet.

Lösung Aufgabe 159

(a) Der Grenzwert ist offensichtlich von der Form $0/0$. Wegen $a^x = \exp(x\ln(a))$ für $x \in \mathbb{R}$ folgt mit der Kettenregel $(a^x)' = a^x \ln(a)$ für $x \in \mathbb{R}$ (vgl. Aufgabe 161). Mit dem Satz von l'Hospital erhalten wir somit

$$\lim_{x \to a} \frac{x^a - a^x}{a^x - a^a} \overset{\text{l' Hosp.}}{=} \lim_{x \to a} \frac{ax^{a-1} - a^x \ln(a)}{a^x \ln(a)} = \frac{aa^{a-1} - a^a \ln(a)}{a^a \ln(a)} = \frac{1 - \ln(a)}{\ln(a)}.$$

(b) Mit dem Satz von l'Hospital folgt wegen $b > 0$

$$\lim_{x \to +\infty} \frac{\ln(x)}{x^b} \overset{\text{l' Hosp.}}{=} \lim_{x \to +\infty} \frac{\frac{1}{x}}{bx^{b-1}} = \lim_{x \to +\infty} \frac{1}{bx^b} = 0.$$

(c) Der Grenzwert ist von der Form $+\infty/+\infty$. Durch n-fache Anwendung des Satzes von l'Hospital erhalten wir somit

$$\lim_{x \to +\infty} \frac{x^n}{e^x} \overset{\text{l' Hosp.}}{=} \lim_{x \to +\infty} \frac{nx^{n-1}}{e^x}$$
$$\overset{\text{l' Hosp.}}{=} \lim_{x \to +\infty} \frac{n(n-1)x^{n-2}}{e^x} \overset{\text{l' Hosp.}}{=} \dots \overset{\text{l' Hosp.}}{=} \lim_{x \to +\infty} \frac{n!}{e^x} = 0.$$

(d) Wir überlegen uns zuerst, dass für $x > 0$ gerade

$$(1-x)^{\ln(x)} = \exp\left(\ln\left((1-x)^{\ln(x)}\right)\right) = \exp\left(\ln(x)\ln(1-x)\right) = \exp\left(\frac{\ln(x)}{\frac{1}{\ln(1-x)}}\right)$$

gilt. Mit dem Satz von l'Hospital erhalten wir dann

$$\lim_{x \to 1^-} \frac{\ln(x)}{\frac{1}{\ln(1-x)}} \overset{\text{l' Hosp.}}{=} \lim_{x \to 1^-} \frac{\frac{1}{x}}{\frac{1}{(1-x)\ln^2(1-x)}} = \lim_{x \to 1^-} \frac{(1-x)\ln^2(1-x)}{x} = 0.$$

Da die Exponentialfunktion stetig ist, folgt insgesamt

$$\lim_{x \to 1^-} (1-x)^{\ln(x)} = \exp\left(\lim_{x \to 1^-} \frac{\ln(x)}{\frac{1}{\ln(1-x)}}\right) = \exp(0) = 1.$$

Lösung Aufgabe 160 Sei $x_0 \in \mathbb{R}$ beliebig gewählt. Da die Funktion $f : \mathbb{R} \to \mathbb{R}$ zweimal im Punkt x_0 differenzierbar ist, finden wir eine Zahl $\delta > 0$ derart, dass f' im offenen Intervall $(x_0 - \delta, x_0 + \delta)$ existiert und in x_0 stetig ist. Wir betrachten nun die Hilfsfunktionen $g, h : (0, \delta) \to \mathbb{R}$ mit $g(x) = f(x_0 + x) - 2f(x_0) + f(x_0 - x)$ und $h(x) = x^2$. Offensichtlich sind g und h zweimal im Punkt x_0 differenzierbar, da die Funktion f nach Voraussetzung zweimal differenzierbar in x_0 ist. Wir sehen weiter, dass der Grenzwert $\lim_{x \to 0^+} g(x)/h(x)$ von der Form $0/0$ ist. Mit dem Satz von l'Hospital folgt also gerade

$$\lim_{x \to 0^+} \frac{g(x)}{h(x)} \overset{\text{l' Hosp.}}{=} \lim_{x \to 0^+} \frac{g'(x)}{h'(x)}, \tag{21.6}$$

sofern der Grenzwert auf der rechten Seite existiert. Jedoch gilt wegen $g'(x) = f'(x_0 - x) - f'(x_0 - x)$ für $x \in (0, \delta)$ (Summen- und Kettenregel für differenzierbare Funktionen) gerade

$$
\begin{aligned}
\lim_{x \to 0^+} \frac{g'(x)}{h'(x)} &= \lim_{x \to 0^+} \frac{f'(x_0 + x) - f'(x_0 - x)}{2x} \\
&= \lim_{x \to 0^+} \left(\frac{1}{2} \frac{f'(x_0 + x) - f'(x_0)}{x} + \frac{1}{2} \frac{f'(x_0) - f'(x_0 - x)}{x} \right) \\
&= \frac{1}{2} f''(x_0) + \frac{1}{2} f''(x_0) \\
&= f''(x_0),
\end{aligned}
$$

sodass wir wegen (21.6)

$$f''(x_0) = \lim_{x \to 0^+} \frac{g(x)}{h(x)} = \lim_{h \to 0^+} \frac{f(x_0 + h) - 2f(x_0) + f(x_0 - h)}{2h}$$

erhalten. Analog können wir aber auch zeigen, dass

$$f''(x_0) = \lim_{h \to 0^-} \frac{f(x_0 + h) - 2f(x_0) + f(x_0 - h)}{2h}$$

gilt, indem wir die obige Argumentation wiederholen und die zweimal differenzierbaren Funktionen $\tilde{g}, \tilde{h} : (-\delta, 0) \to \mathbb{R}$ mit $\tilde{g}(x) = f(x_0 + x) - 2f(x_0) + f(x_0 - x)$ und $\tilde{h}(x) = x^2$ betrachten.

Lösung Aufgabe 161 Ähnlich wie in Aufgabe 140 schreiben wir den Grenzwert zunächst wie folgt um:

$$\lim_{x \to 0} \left(\frac{1}{n} \sum_{j=1}^{n} a_j^x \right)^{\frac{1}{x}} = \lim_{x \to 0} \exp\left(\frac{1}{x} \ln\left(\frac{1}{n} \sum_{j=1}^{n} a_j^x \right) \right).$$

Da die Exponentialfunktion stetig ist, genügt es somit lediglich den Grenzwert

$$\lim_{x \to 0} \frac{1}{x} \ln\left(\frac{1}{n}\sum_{j=1}^{n} a_j^x\right) = \lim_{x \to 0} \frac{\ln\left(\frac{1}{n}\sum_{j=1}^{n} a_j^x\right)}{x} \tag{21.7}$$

zu bestimmen. Da der natürliche Logarithmus und die Funktion $x \mapsto \sum_{j=1}^{n} a_j^x$ ebenfalls stetig sind, erhalten wir

$$\lim_{x \to 0} \ln\left(\frac{1}{n}\sum_{j=1}^{n} a_j^x\right) = \ln\left(\frac{1}{n}\sum_{j=1}^{n} \lim_{x \to 0} a_j^x\right) = \ln\left(\frac{1}{n}\sum_{j=1}^{n} 1\right) = \ln(1) = 0.$$

Somit ist der Grenzwert (21.7) von der Form 0/0. Wegen $(a^x)' = a^x \ln(a)$ für $a > 0$ und $x \in \mathbb{R}$ erhalten wir $(1/n \sum_{j=1}^{n} a_j^x)' = 1/n \sum_{j=1}^{n} a_j^x \ln(a_j)$ und somit mit der Kettenregel

$$\left(\ln\left(\frac{1}{n}\sum_{j=1}^{n} a_j^x\right)\right)' = \frac{\frac{1}{n}\sum_{j=1}^{n} a_j^x \ln(a_j)}{\frac{1}{n}\sum_{j=1}^{n} a_j^x}$$

für jedes $x \in \mathbb{R}$. Mit dem Satz von l'Hospital folgt dann

$$\lim_{x \to 0} \frac{1}{x} \ln\left(\frac{1}{n}\sum_{j=1}^{n} a_j^x\right) \overset{\text{l' Hosp.}}{=} \lim_{x \to 0} \frac{\frac{1}{n}\sum_{j=1}^{n} a_j^x \ln(a_j)}{\frac{1}{n}\sum_{j=1}^{n} a_j^x} = \frac{\frac{1}{n}\sum_{j=1}^{n} \ln(a_j)}{\frac{1}{n}\sum_{j=1}^{n} 1} = \frac{1}{n}\sum_{j=1}^{n} \ln(a_j),$$

wobei wir im vorletzten Schritt die Konvention $a_j^0 = 1$ für $j = 1, \ldots, n$ verwendet haben. Insgesamt erhalten wir somit wie gewünscht

$$\lim_{x \to 0}\left(\frac{1}{n}\sum_{j=1}^{n} a_j^x\right)^{\frac{1}{x}} = \lim_{x \to 0} \exp\left(\frac{1}{x} \ln\left(\frac{1}{n}\sum_{j=1}^{n} a_j^x\right)\right)$$

$$= \exp\left(\lim_{x \to 0}\frac{1}{x} \ln\left(\frac{1}{n}\sum_{j=1}^{n} a_j^x\right)\right) = \exp\left(\frac{1}{n}\sum_{j=1}^{n} \ln(a_j)\right)$$

und (mit den Rechengesetzen des Logarithmus)

$$\exp\left(\frac{1}{n}\sum_{j=1}^{n} \ln(a_j)\right) = \exp\left(\sum_{j=1}^{n} \ln\left(a_j^{\frac{1}{n}}\right)\right) = \exp\left(\ln\left(\prod_{j=1}^{n} a_j^{\frac{1}{n}}\right)\right) = \sqrt[n]{\prod_{j=1}^{n} a_j}.$$

Lösung Aufgabe 162

(a) Wir überlegen uns zunächst, dass die Funktion $f : \mathbb{R} \to \mathbb{R}$ eine Bijektion zwischen $\mathbb{R}$ und $\mathbb{R}$ ist. Die Polynomfunktion ist offensichtlich differenzierbar und es gilt $f'(x) = 3x^2 + 3$ für $x \in \mathbb{R}$. Somit sehen wir direkt, dass f streng monoton wachsend und somit injektiv ist, denn es gilt $f'(x) > 0$ für alle $x \in \mathbb{R}$ (vgl. Aufgabe 147). Weiter ist die Funktion f aber auch surjektiv und damit bijektiv, denn ist $y \in \mathbb{R}$ beliebig, dann besitzt die Gleichung $f(x) = y$ stets eine Lösung $x \in \mathbb{R}$. Indem wir nämlich $f(x) - y = 0$ schreiben und bemerken, dass $x \mapsto f(x) - y$ für jedes $y \in \mathbb{R}$ ein Polynom von ungeradem Grad ist, finden wir mit Aufgabe 105 stets eine Lösung der Gleichung.

(b) Da wir in Teil (a) gezeigt haben, dass die Funktion f bijektiv und differenzierbar mit $f'(1) \neq 0$ ist, wissen wir wegen dem Satz über die Differenzierbarkeit der Umkehrfunktion, dass die Umkehrfunktion $f^{-1} : \mathbb{R} \to \mathbb{R}$ an der Stelle $f(1) = 5$ differenzierbar ist mit

$$(f^{-1})'(5) = \frac{1}{(f' \circ f^{-1})(5)} = \frac{1}{f'(f^{-1}(5))} = \frac{1}{f'(1)} = \frac{1}{6},$$

wobei wir im vorletzten Schritt $f^{-1}(5) = 1$ verwendet haben. Wir bemerken weiter, dass die Funktion $(f^{-1})'$ ebenfalls differenzierbar ist, da sie Quotient und Komposition differenzierbarer Funktionen ist. Mit der Kettenregel und dem Satz über die Differenzierbarkeit der Umkehrfunktion erhalten wir

$$(f^{-1})''(x) = \left(\frac{1}{f' \circ f^{-1}}\right)'(x) = -\frac{(f^{-1})'(x)(f'' \circ f^{-1})(x)}{[(f' \circ f^{-1})(x)]^2} = -\frac{(f'' \circ f^{-1})(x)}{[(f' \circ f^{-1})(x)]^3}$$

für $x \in \mathbb{R}$. Wegen $f''(x) = 6x$ für jedes $x \in \mathbb{R}$ und $f^{-1}(5) = 1$ folgt mit den obigen Rechnungen gerade

$$(f^{-1})''(5) = -\frac{(f'' \circ f^{-1})(5)}{[(f' \circ f^{-1})(5)]^3} = -\frac{f''(1)}{[f'(1)]^3} = -\frac{6}{6^3} = -\frac{1}{36}.$$

Lösung Aufgabe 163 Der Arkustangens $f : \mathbb{R} \to (-\pi/2, \pi/2)$ mit $f(x) = \arctan(x)$ ist bekanntlich eine bijektive und differenzierbare Funktion mit $f'(x) = 1/(1 + x^2)$ für $x \in \mathbb{R}$. Die Umkehrfunktion des Arkustangens ist $f^{-1} : (-\pi/2, \pi/2) \to \mathbb{R}$ mit $f^{-1}(x) = \tan(x)$. Da die Ableitung von f in keinem Punkt verschwindet, folgt mit dem Satz über die Differenzierbarkeit der Umkehrfunktion, dass die Umkehrfunktion f^{-1} differenzierbar ist mit Ableitung

$$(f^{-1})'(x) = \frac{1}{(f' \circ f^{-1})(x)} = \frac{1}{f'(f^{-1}(x))} = 1 + (f^{-1}(x))^2 = 1 + \tan^2(x)$$

für $x \in (-\pi/2, \pi/2)$. Ohne den obigen Satz zu verwenden, kann man aber alternativ auch die Darstellung $\tan(x) = \sin(x)/\cos(x)$ für $x \in (-\pi/2, \pi/2)$ nutzen. Mit der Quotientenregel folgt dann

$$(f^{-1})'(x) = \tan'(x) = \left(\frac{\sin(x)}{\cos(x)}\right)' = \frac{\sin^2(x) + \cos^2(x)}{\cos^2(x)} = 1 + \tan^2(x)$$

für jedes $x \in (-\pi/2, \pi/2)$.

Lösung Aufgabe 164

(a) Zunächst ist die Funktion $f : \mathbb{R} \to \mathbb{R}$ mit $f(x) = \ln(x + \sqrt{x^2 + 1})$ wohldefiniert, denn es gilt $x + \sqrt{x^2 + 1} \geq 1$ für alle $x \in \mathbb{R}$. Weiter ist f als Komposition differenzierbarer Funktionen ebenfalls differenzierbar, sodass wir mit der Kettenregel die Ableitung von f für jedes $x \in \mathbb{R}$ wie folgt bestimmen können:

$$f'(x) = \frac{1}{(x + \sqrt{x^2 + 1})(1 + \frac{1}{2}(x^2 + 1)^2)}.$$

Da der Nenner stets strikt positiv ist, folgt $f'(x) > 0$ für alle $x \in \mathbb{R}$. Mit Aufgabe 147 schließen wir daher, dass die Funktion f streng monoton wachsend und somit insbesondere injektiv ist. Weiter ist f aber auch surjektiv, denn f ist als Komposition stetiger Funktionen ebenfalls stetig und es gilt $\lim_{x \to \pm\infty} f(x) = \pm\infty$. Wir haben somit gezeigt, dass $f : \mathbb{R} \to \mathbb{R}$ eine wohldefinierte, stetige, differenzierbare, streng monoton wachsende und bijektive Abbildung ist.

(b) Wir betrachten zunächst die beiden Hilfsfunktionen $g : (0, +\infty) \to \mathbb{R}$ und $h : \mathbb{R} \to \mathbb{R}$ mit $g(x) = \ln(x)$ sowie $h(x) = x + \sqrt{x^2 + 1}$. Ähnlich wie in Teil (a) dieser Aufgabe kann man leicht zeigen, dass g und h bijektive Funktionen sind. Die Umkehrfunktion von g ist bekanntlich die Exponentialfunktion. Um weiter die Umkehrfunktion von h zu bestimmen, betrachten wir die Gleichung $x \in \mathbb{R}$: $y = x + \sqrt{x^2 + 1}$, wobei $y > 0$ beliebig aber fest ist. Indem wir beide Seiten quadrieren und danach nach x auflösen, erhalten wir $x = (y^2 - 1)/(2y)$, das heißt, die Umkehrfunktion $h^{-1} : \mathbb{R} \to \mathbb{R}$ von h lautet $h^{-1}(x) = (x^2 - 1)/(2x)$. Insgesamt erhalten wir somit für alle $x \in \mathbb{R}$

$$f^{-1}(x) = (g \circ h)^{-1}(x) = h^{-1}(x) \circ g^{-1}(x) = \frac{\exp^2(x) - 1}{2\exp(x)}.$$

Lösung Aufgabe 165 Sei $n \in \mathbb{N}$ eine beliebige natürliche Zahl. Dann ist das n-te Taylorpolynom der Exponentialfunktion $f : \mathbb{R} \to \mathbb{R}$ mit $f(x) = \exp(x)$ an der Stelle $x_0 = 0$ nach Definition $T_n(x) = \sum_{j=0}^{n} f^{(j)}(x_0)/j!(x - x_0)^j$ für $x \in \mathbb{R}$. Da aber $f^{(j)}(x) = f(x) = \exp(x)$ für $x \in \mathbb{R}$ sowie $f^{(j)}(0) = 1$ für jedes $j \in \mathbb{N}_0$ gelten, folgt schließlich

$$T_n(x) = \sum_{j=0}^{n} \frac{f^{(j)}(x_0)}{j!}(x - x_0)^j = \sum_{j=0}^{n} \frac{x^j}{j!}$$

für $x \in \mathbb{R}$. Insbesondere erhalten wir wegen $0! = 1$ und $1! = 1$ gerade $T_1(x) = 1 + x$, $T_2(x) = 1 + x + x^2/2$ sowie $T_3(x) = 1 + x + x^2/2 + x^3/6$ für jedes $x \in \mathbb{R}$.

Lösung Aufgabe 166 Wir bemerken zunächst, dass die Funktion $f : \mathbb{R} \to \mathbb{R}$ mit $f(x) = \exp(x)\sin(x)$ als Produkt beliebig oft differenzierbarer Funktionen ebenfalls beliebig oft differenzierbar ist. Um das dritte Taylorpolynom aufstellen zu können, benötigen wir die ersten drei Ableitungen von f. Diese bestimmen wir für $x \in \mathbb{R}$ wie folgt mit der Produktregel für differenzierbare Funktionen:

$$f'(x) = \exp(x)\sin(x) + \exp(x)\cos(x) = \exp(x)(\sin(x) + \cos(x)),$$
$$f''(x) = \exp(x)(\sin(x) + \cos(x)) + \exp(x)(\cos(x) - \sin(x)) = 2\exp(x)\cos(x),$$
$$f'''(x) = -2\exp(x)\sin(x) + 2\exp(x)\cos(x) = 2\exp(x)(\cos(x) - \sin(x)).$$

Mit einer kleinen Rechnung folgen weiter $f(0) = 0$, $f'(0) = 1$, $f''(0) = 2$ und $f'''(0) = 2$. Wir erhalten daher wegen $x_0 = 0$ für das dritte Taylorpolynom

$$T_3(x) = \sum_{j=0}^{3} \frac{f^{(j)}(x_0)}{j!}(x - x_0)^j = x + x^2 + \frac{x^3}{3}$$

für $x \in \mathbb{R}$. Um schließlich die Ungleichung zu zeigen müssen wir wegen $f(x) = T_3(x) + R_3(x)$ für $x \in \mathbb{R}$ das Restglied R_3 der Ordnung 3 nach oben abschätzen. Zunächst gilt (Restglieddarstellung nach Lagrange)

$$R_3(x) = \frac{f^{(4)}(\xi)}{4!}(x - x_0)^4$$

für $x \in \mathbb{R}$, wobei $\xi \in \mathbb{R}$ eine Stelle zwischen x und x_0 ist. Mit der Produktregel für die Ableitung folgt

$$f^{(4)}(x) = 2\exp(x)(\cos(x) - \sin(x)) + 2\exp(x)(-\sin(x) - \cos(x))$$
$$= -4\exp(x)\sin(x)$$

für jedes $x \in \mathbb{R}$. Wegen $-1 \leq \sin(x) \leq 1$ für $x \in \mathbb{R}$ erhalten wir weiter für $x_0 = 0$

$$|R_3(x)| = |f(x) - T_3(x)| = \frac{|f^{(4)}(\xi)|}{4!}|x|^4 \leq \frac{|\exp(\xi)|}{6}|x|^4 \leq \frac{\exp(|\xi|)}{6}|x|^4$$

für $x \in \mathbb{R}$. Gilt hingegen $x \in (-1/2, 1/2)$, so folgt ebenfalls $\xi \in (-1/2, 1/2)$, sodass wir wie gewünscht die Abschätzung

$$|R_3(x)| = |f(x) - T_3(x)| \leq \frac{\exp(|\xi|)}{6}|x|^4 \leq \frac{\exp\left(\frac{1}{2}\right)}{6}\left(\frac{1}{2}\right)^4$$

für das Restglied erhalten, was die behauptete Ungleichung beweist.

Lösung Aufgabe 167 Zur Übersicht unterteilen wir die Lösung dieser Aufgabe in mehrere Teile.

(a) Wir bemerken zunächst, dass die Funktion $f : (-1/2, 1/2) \to \mathbb{R}$ mit $f(x) = \ln(x + 1)$ beliebig oft differenzierbar ist. Wir bestimmen nun die ersten drei Ableitungen von f für jedes $x \in (-1/2, 1/2)$ mit Hilfe der Kettenregel:

$$f'(x) = \frac{1}{1+x}, \quad f''(x) = -\frac{1}{(1+x)^2}, \quad f'''(x) = \frac{2}{(1+x)^3}.$$

Anhand der ersten Ableitungen lässt sich vermuten, dass für alle $j \in \mathbb{N}$ und $x \in (-1/2, 1/2)$

$$f^{(j)}(x) = \frac{(-1)^{j-1}(j-1)!}{(1+x)^j}$$

gilt. Wir beweisen nun unsere Beobachtung mit Hilfe von vollständiger Induktion. Der Induktionsanfang für $j = 1$ ist dabei offensichtlich erfüllt. Für den Induktionsschritt von j nach $j+1$ erhalten wir mit der Kettenregel wie gewünscht

$$f^{(j+1)}(x) \overset{\text{IV}}{=} \frac{\mathrm{d}}{\mathrm{d}x} \frac{(-1)^{j-1}(j-1)!}{(1+x)^j} = \frac{(-j)(-1)^{j-1}(j-1)!}{(1+x)^{j+1}} = \frac{(-1)^j j!}{(1+x)^{j+1}}$$

für $x \in (-1/2, 1/2)$. Somit lautet für jedes $n \in \mathbb{N}$ das n-te Taylorpolynom von f im Entwicklungspunkt $x_0 = 0$ wegen $f(0) = \ln(1) = 0$ gerade

$$T_n(x) = \sum_{j=0}^{n} \frac{f^{(j)}(x_0)}{j!}(x - x_0)^j = f(0) + \sum_{j=1}^{n} \frac{f^{(j)}(0)}{j!} x^j = \sum_{j=1}^{n} \frac{(-1)^{j-1}}{j} x^j$$

für $x \in (-1/2, 1/2)$.

(b) Sei erneut $n \in \mathbb{N}$ beliebig gewählt. Mit dem Satz von Taylor und Teil (a) dieser Aufgabe folgt

$$\ln(1 + x) = \sum_{j=1}^{n} \frac{(-1)^{j-1}}{j} x^j + R_n(x),$$

wobei das Restglied R_n für $|x| < 1/2$ der Abschätzung

$$|R_n(x)| \leq \frac{1}{(n-1)!} \sup_{t \in (0,1)} \left| f^{(n)}(x_0 + t(x - x_0)) - f^{(n)}(x_0) \right| |x - x_0|^n$$

$$= \sup_{t \in (0,1)} \left| \frac{1}{1 + tx} - 1 \right| |x|^n$$

genügt. Wegen $|1 + tx| \geq 1 - |x| \geq 1/2$ für $|x| < 1/2$ und $t \in [0, 1]$ erhalten wir weiter

$$\left| \frac{1}{1 + tx} - 1 \right| \leq \frac{1}{(1 - |x|)^n} + 1 \leq 2^n + 1 \leq 2^{n+1}.$$

Somit folgt für jedes $|x| < 1/2$ wie gewünscht $|R_n(x)| \leq 2(2|x|)^n$ und daher $\lim_n R_n(x) = 0$. Wir haben somit

$$\ln(1 + x) = \sum_{j=1}^{+\infty} \frac{(-1)^{j-1}}{j} x^j$$

für $|x| < 1/2$ nachgewiesen.

Lösung Aufgabe 168 Aus Aufgabe 167 wissen wir bereits, dass

$$\ln(1 + x) = \sum_{j=1}^{+\infty} \frac{(-1)^{j-1}}{j} x^j = x - \frac{x^2}{2} + \sum_{j=3}^{+\infty} \frac{(-1)^{j-1}}{j} x^j$$

für $|x| < 1/2$ gilt. Insbesondere folgt somit wegen $\lim_{x \to 0} x^j/x^2 = 0$ für $j \geq 3$ gerade

$$\ln(1 + x) = T_2(x) + \mathcal{O}(x^2) = x - \frac{x^2}{2} + \mathcal{O}(x^2) \quad \text{für} \quad x \to 0,$$

sodass wir direkt $a = 1$ und $b = -1/2$ ablesen können.

Lösung Aufgabe 169 Zur Übersicht unterteilen wir die Lösung dieser Aufgabe in zwei Teile:

(a) Bekanntlich ist die Sinusfunktion $f : \mathbb{R} \to \mathbb{R}$ mit $f(x) = \sin(x)$ beliebig oft differenzierbar. Für die ersten Ableitungen gilt $f(0) = 0$, $f'(0) = \cos(0) = 1$, $f''(0) = -\sin(0) = 0$, $f'''(0) = -\cos(0) = -1$ und $f^{(4)}(0) = \sin(0) = 0$. Wir sehen somit leicht, dass $f^{(2j)}(0) = 0$ und $f^{(2j+1)}(0) = (-1)^j$ für $j \in \mathbb{N}_0$ gelten. Somit lautet für jedes $n \in \mathbb{N}$ das $2n$-te Taylorpolynom T_{2n} im Entwicklungspunkt $x_0 = 0$ gerade

$$T_{2n}(x) = \sum_{j=0}^{2n} \frac{f^{(j)}(x_0)}{j!} (x - x_0)^j = \sum_{j=0}^{2n} \frac{(-1)^j}{(2j+1)!} x^{2j+1}$$

für $x \in \mathbb{R}$, da alle Ableitungen von f mit einer geraden Ordnung im Nullpunkt verschwinden. Wegen $|\cos(x)| \leq 1$ für $x \in \mathbb{R}$ können wir das Restglied (Restglieddarstellung nach Lagrange) für jedes $x \in \mathbb{R}$ wie folgt abschätzen, wobei $\xi \in \mathbb{R}$ zwischen 0 und x liegt:

$$|R_{2n+1}(x)| = \frac{|f^{(2n+1)}(\xi)|}{(2n+1)!} |x^{2n+1}| \leq \frac{|x|^{2n+1}}{(2n+1)!}.$$

Wir sehen somit direkt, dass $\lim_n R_n(x) = 0$ für jedes $x \in \mathbb{R}$ gilt. Daher lautet die Taylorreihe der Sinusfunktion im Entwicklungspunkt $x_0 = 0$ gerade

$$\sin(x) = \sum_{n=0}^{+\infty} \frac{(-1)^n}{(2n+1)!} x^{2n+1}.$$

(b) Die Taylorreihe der Kosinusfunktion $f : \mathbb{R} \to \mathbb{R}$ mit $f(x) = \cos(x)$ lässt sich analog zu der der Sinusfunktion bestimmen (vgl. Teil (a) dieser Aufgabe). Wegen $f(0) = 1$, $f'(0) = -\sin(0) = 0$, $f''(0) = -\cos(0) = -1$, $f'''(0) = \sin(0) = 0$ und $f^{(4)}(0) = f(0) = 1$ folgen induktiv $f^{(2j+1)}(0) = 0$ sowie $f^{(2j)}(0) = (-1)^j$ für $j \in \mathbb{N}_0$. Damit lautet für jedes $n \in \mathbb{N}$ das $2n$-te Taylorpolynom im Entwicklungspunkt $x_0 = 0$ gerade

$$T_{2n}(x) = \sum_{j=0}^{2n} \frac{f^{(j)}(x_0)}{j!} (x - x_0)^j = \sum_{j=0}^{2n} \frac{(-1)^j}{(2j)!} x^{2j}$$

für $x \in \mathbb{R}$. Da aber auch $|\sin(x)| \leq 1$ für jedes $x \in \mathbb{R}$ gilt, folgt analog zum Teil (a) dieser Aufgabe $\lim_n R_{2n+1}(x) = 0$ für $x \in \mathbb{R}$. Damit lautet die Taylorreihe der Kosinusfunktion im Entwicklungspunkt $x_0 = 0$ also gerade

$$\cos(x) = \sum_{n=0}^{+\infty} \frac{(-1)^n}{(2n)!} x^{2n}$$

für jedes $x \in \mathbb{R}$.

Lösung Aufgabe 170

(a) Zunächst überlegen wir uns, dass die Funktion $f : \mathbb{R} \to \mathbb{R}$ beliebig oft differenzierbar ist. Nach Definition gilt für beliebiges $x_0 \in \mathbb{R}$

$$f'''(x_0) = \lim_{x \to x_0} \frac{f''(x) - f''(x_0)}{x - x_0} = \lim_{x \to x_0} \frac{-f(x) - (-f(x_0))}{x - x_0}$$

$$= -\lim_{x \to x_0} \frac{f(x) - f(x_0)}{x - x_0} = -f'(x_0),$$

wobei wir im zweiten Schritt verwendet haben, dass $f''(x) = -f(x)$ für jedes $x \in \mathbb{R}$ gilt. Wir haben somit gezeigt, dass f dreimal differenzierbar ist und induktiv sehen wir leicht, dass die Funktion f beliebig oft differenzierbar ist.

Wir können symbolisch einige der ersten Ableitungen wie folgt bestimmen:

$$f'' = -f,$$
$$f''' = (f'')' = (-f)' = -f',$$
$$f^{(4)} = (f''')' = (-f')' = -f'' = f,$$
$$f^{(5)} = (f^{(4)})' = f',$$
$$f^{(6)} = (f^{(5)})' = (f')' = f'' = -f,$$
$$f^{(7)} = (f^{(6)})' = (-f)' = -f',$$
$$f^{(8)} = (f^{(7)})' = (-f')' = -f'' = f.$$

Somit erhalten wir für jedes $n \in \mathbb{N}_0$ und $x \in \mathbb{R}$ gerade

$$f^{(n)}(x) = \begin{cases} f(x), & n = 4k \\ f'(x), & n = 4k + 1 \\ -f(x), & n = 4k + 2 \\ -f'(x), & n = 4k + 3, \end{cases}$$

was wir ebenfalls leicht mit Hilfe von vollständiger Induktion beweisen können.

(b) Mit Teil (a) dieser Aufgabe können wir für jedes $n \in \mathbb{N}$ das $(4n + 3)$-te Taylorpolynom T_{4n+3} im Entwicklungspunkt $x_0 = 0$ wie folgt für jedes $x \in \mathbb{R}$ bestimmen:

$$\begin{aligned} T_{4n+3}(x) &= \sum_{j=0}^{4n+3} \frac{f^{(j)}(x_0)}{j!}(x - x_0)^j \\ &= \sum_{k=0}^{n} \frac{f^{(4k)}(0)}{(4k)!} x^{4k} + \sum_{k=0}^{n} \frac{f^{(4k+1)}(0)}{(4k+1)!} x^{4k+1} \\ &\quad + \sum_{k=0}^{n} \frac{f^{(4k+2)}(0)}{(4k+2)!} x^{4k+2} + \sum_{k=0}^{n} \frac{f^{(4k+3)}(0)}{(4k+3)!} x^{4k+3} \\ &= f(0) \sum_{k=0}^{n} \frac{x^{4k}}{(4k)!} + f'(0) \sum_{k=0}^{n} \frac{x^{4k+1}}{(4k+1)!} \\ &\quad - f(0) \sum_{k=0}^{n} \frac{x^{4k+2}}{(4k+2)!} - f'(0) \sum_{k=0}^{n} \frac{x^{4k+3}}{(4k+3)!}. \end{aligned}$$

Indem wir nun sowohl die beiden Summen mit geraden als auch ungeraden Potenzen von x zusammenfassen, erhalten wir

$$T_{4n+3}(x) = f(0) \sum_{j=0}^{4n+3} \frac{(-1)^j x^{2j}}{(2j)!} - f'(0) \sum_{j=0}^{4n+3} \frac{(-1)^j x^{2j+1}}{(2j+1)!}$$

für $x \in \mathbb{R}$. Mit Hilfe von Aufgabe 169 schließen wir somit, dass die Taylorreihe von f für $x \in \mathbb{R}$ gerade

$$T(x) = f(0) \sum_{j=0}^{+\infty} \frac{(-1)^j x^{2j}}{(2j)!} - f'(0) \sum_{j=0}^{+\infty} \frac{(-1)^j x^{2j+1}}{(2j+1)!}$$

$$= f(0)\cos(x) - f'(0)\sin(x)$$

ist. Somit folgt wie gewünscht $f(x) = f(0)\cos(x) - f'(0)\sin(x)$ für alle $x \in \mathbb{R}$.

Lösung Aufgabe 171

(a) Aus Aufgabe 169 wissen wir bereits, dass

$$\sin(x) = x - \frac{x^3}{3!} + \mathcal{O}(|x|^5) \quad \text{und} \quad \cos(x) = 1 - \frac{x^2}{2!} + \mathcal{O}(|x|^4)$$

für $x \to 0$ gelten. Dabei sagen wir, dass für $p \geq 0$ eine Funktion $f : \mathbb{R} \to \mathbb{R}$ in $\mathcal{O}(|x|^p)$ liegt, falls es $r > 0$ und $C > 0$ gibt mit $|f(x)| \leq C|x|^p$ für alle $x \in (0, r)$. Somit folgen

$$1 - \cos(2x) = 1 - \left(1 - \frac{(2x)^2}{2!} + \mathcal{O}(|x|^4)\right) = 2x^2 + \mathcal{O}(|x|^4)$$

und

$$x\sin(x) = x\left(x - \frac{x^3}{3!} + \mathcal{O}(|x|^5)\right) = x^2 - \frac{x^4}{3!} + \mathcal{O}(|x|^6)$$

für $x \to 0$. Dabei haben wir verwendet, dass für zwei Funktionen $f, g : \mathbb{R} \to \mathbb{R}$ mit $f \in \mathcal{O}(|x|^p)$ und $g \in \mathcal{O}(|x|^q)$ für $x \to 0$, wobei $p, q \in \mathbb{R}$, auch $fg \in \mathcal{O}(|x|^{p+q})$ für $x \to 0$ folgt. Wir erhalten somit durch erneute Anwendung dieser nützlichen Rechenregel

$$\lim_{x\to 0} \frac{1 - \cos(2x)}{x\sin(x)} = \lim_{x\to 0} \frac{2x^2 + \mathcal{O}(|x|^4)}{x^2 - \frac{x^4}{3!} + \mathcal{O}(|x|^6)} = \lim_{x\to 0} \frac{2 + \mathcal{O}(|x|^2)}{1 - \frac{x^2}{3!} + \mathcal{O}(|x|^4)} = \frac{2}{1} = 2.$$

Alternativ hätten wir aber auch die geometrische Identität $1 - \cos(2x) = \sin^2(x)$ für $x \in \mathbb{R}$ verwenden können. Damit folgt nämlich

$$\lim_{x\to 0} \frac{1 - \cos(2x)}{x\sin(x)} = 2\lim_{x\to 0} \frac{\sin(x)}{x} = 2\lim_{x\to 0} \frac{x - \frac{x^3}{3!} + \mathcal{O}(|x|^5)}{x}$$

$$= 2\lim_{x\to 0}\left(1 - \frac{x^2}{3!} + \mathcal{O}(|x|^4)\right) = 2 \cdot 1 = 2.$$

(b) Erneut folgen aus Aufgabe 169 die wichtigen Beziehungen

$$\sin(x) = x - \mathcal{O}(|x|^3) \quad \text{und} \quad \cos(x) = 1 - \frac{x^2}{2!} + \mathcal{O}(|x|^4)$$

und somit

$$1 - \cos(x^2) = 1 - \left(1 - \frac{x^4}{2!} + \mathcal{O}(|x|^8)\right) = \frac{x^4}{2!} + \mathcal{O}(|x|^8)$$

sowie

$$\frac{1}{\sin(x^3)} = \frac{1}{x^3 - \mathcal{O}(|x|^9)} = \frac{1}{x^3} \frac{1}{1 - \mathcal{O}(|x|^6)}$$

für $x \to 0$. Mit der Formel für den Reihenwert der geometrischen Reihe $\sum_{n=0}^{+\infty} x^n = 1/(1 - x)$ für $|x| < 1$ folgt $1/(1 - x) = 1 + x + \mathcal{O}(|x|^2)$ und somit

$$\frac{1}{1 - \mathcal{O}(|x|^6)} = 1 + \mathcal{O}(|x|^6) + \mathcal{O}(\mathcal{O}(|x|^6)^2) = 1 + \mathcal{O}(|x|^6).$$

Insgesamt erhalten wir damit

$$
\begin{aligned}
\lim_{x \to 0} \frac{1 - \cos(x^2)}{x \sin(x^3)} &= \lim_{x \to 0} \frac{1 + \mathcal{O}(|x|^6)}{x^3} \left(\frac{x^4}{2!} + \mathcal{O}(|x|^8)\right) \\
&= \lim_{x \to 0} \left(\frac{1}{|x|^3} + \mathcal{O}(|x|^3)\right) \left(\frac{x^4}{2!} + \mathcal{O}(|x|^8)\right) \\
&= \lim_{x \to 0} \left(\frac{1}{2} + \frac{x^3}{2!} \mathcal{O}(|x|^3) + \frac{\mathcal{O}(|x|^7)}{x^3} + \mathcal{O}(|x|^3)\mathcal{O}(|x|^6)\right) \\
&= \frac{1}{2},
\end{aligned}
$$

wobei wir im letzten Schritt die drei Grenzwertbeziehungen

$$\lim_{x \to 0} \frac{x^3}{2!} \mathcal{O}(|x|^3) = 0, \quad \lim_{x \to 0} \frac{\mathcal{O}(|x|^7)}{x^3} = 0 \quad \text{und} \quad \lim_{x \to 0} \mathcal{O}(|x|^3)\mathcal{O}(|x|^6) = 0$$

verwendet haben

Lösung Aufgabe 172 Zur Übersicht unterteilen wir die Lösung dieser Aufgabe in drei Teile.

(a) Wir überlegen uns zuerst mit einem Widerspruchsbeweis, dass es genau eine Funktion $f : \mathbb{R} \to (0, +\infty)$ gibt, die Lösung des Anfangswertproblems

$$f'(x) = bf(x)$$
$$f(0) = a$$

(21.8)

ist, wobei $a, b \in \mathbb{R}$ mit $a > 0$ beliebig aber fest sind. Angenommen es gibt zwei (verschiedene) Funktionen $f, g : \mathbb{R} \to (0, +\infty)$, die das Anfangswertproblem (21.8) lösen. Wir definieren weiter die differenzierbare Hilfsfunktion $h : \mathbb{R} \to \mathbb{R}$ mit $h(x) = \ln(f(x)) - \ln(g(x))$. Mit der Kettenregel erhalten wir für alle $x \in \mathbb{R}$ gerade

$$h'(x) = \frac{f'(x)}{f(x)} - \frac{g'(x)}{g(x)} \overset{(21.8)}{=} b - b = 0.$$

Mit Aufgabe 148 folgt jedoch, dass h konstant ist. Wegen $f(0) = g(0) = a$ bedeutet dies

$$h(0) = \ln(f(0)) - \ln(g(0)) = \ln(a) - \ln(a) = 0.$$

Somit gilt $h(x) = 0$, also $\ln(f(x)) = \ln(g(x))$ für alle $x \in \mathbb{R}$. Da der natürliche Logarithmus injektiv ist, erhalten wir schließlich $f(x) = g(x)$ für alle $x \in \mathbb{R}$, was nicht möglich ist, da wir angenommen haben, dass f und g verschieden sind. Damit besitzt das Anfangswertproblem (21.8) eine eindeutige Lösung.

(b) Bevor wir die Taylorreihe der Funktion $f : \mathbb{R} \to (0, +\infty)$ bestimmen können, die das Anfangswertproblem (21.8) löst, müssen wir uns überlegen, dass f beliebig oft differenzierbar ist. Wir werden dazu mit Hilfe von vollständiger Induktion nachweisen, dass $f^{(n)}(x) = b^n f(x)$ für alle $n \in \mathbb{N}$ und $x \in \mathbb{R}$ gilt. Der Induktionsanfang für $n = 1$ ist dabei offensichtlich wegen (21.8) bereits erfüllt. Sei also $n \in \mathbb{N}$ derart, dass $f^{(n)}(x) = b^n f(x)$ für alle $x \in \mathbb{R}$ gilt (Induktionsvoraussetzung). Den Induktionsschritt von n nach $n + 1$ erhalten wir dann wie folgt, wobei $x_0 \in \mathbb{R}$ beliebig ist:

$$f^{(n+1)}(x_0) = \lim_{x \to x_0} \frac{f^{(n)}(x) - f^{(n)}(x_0)}{x - x_0} \overset{IV}{=} \lim_{x \to x_0} \frac{b^n f(x) - b^n f(x_0)}{x - x_0}.$$

Da auf der rechten Seite gerade die Definition der ersten Ableitung von f im Punkt x_0 steht, erhalten wir wie gewünscht

$$f^{(n+1)}(x_0) = \lim_{x \to x_0} \frac{b^n f(x) - b^n f(x_0)}{x - x_0} = b^n f'(x_0) \overset{(21.8)}{=} b^{n+1} f(x_0).$$

(c) Sei nun f ein Lösung von (21.8). Wir entwickeln die Funktion f in eine Taylor-reihe T mit dem Entwicklungspunkt $x_0 = 0$. Es gilt mit Teil (b) dieser Aufgabe

$$T(x) = \sum_{n=0}^{+\infty} \frac{f^{(n)}(x_0)}{n!}(x - x_0)^n = \sum_{n=0}^{+\infty} \frac{f^{(n)}(0)}{n!}x^n \overset{(b)}{=} f(0) \sum_{n=0}^{+\infty} \frac{b^n}{n!}x^n$$

$$\overset{(21.8)}{=} a \sum_{n=0}^{+\infty} \frac{b^n}{n!}x^n.$$

Die Potenzreihe besitzt den Konvergenzradius $r = +\infty$, denn für die Koeffizientenfolge $(a_n)_n$ mit $a_n = b^n/n!$ folgt wie gewünscht

$$r = \lim_{n \to +\infty} \left| \frac{a_n}{a_{n+1}} \right| = \lim_{n \to +\infty} \frac{n+1}{b} = +\infty.$$

Weiter gilt aber auch wegen der Potenzreihenentwicklung der Exponentialfunktion

$$T(x) = a \sum_{n=0}^{+\infty} \frac{b^n}{n!}x^n = a \sum_{n=0}^{+\infty} \frac{(bx)^n}{n!} = a \exp(bx)$$

für $x \in \mathbb{R}$, das heißt, um den Beweis zu vervollständigen müssen wir lediglich noch nachweisen, dass das Restglied des n-ten Taylorpolynoms $T_n(x) = \sum_{j=0}^{n} f^{(j)}(x_0)/j!(x - x_0)^j$ gegen 0 konvergiert. Wir schätzen dazu das Restglied R_n für jedes $x \in \mathbb{R}$ wie folgt ab:

$$|R_n(x)| \leq \sup_{t \in (0,1)} \left| f^{(n)}(tx) - f^{(n)}(0) \right| \frac{|x|^n}{(n-1)!}$$

$$\overset{(21.8)}{=} \frac{|bx|^n}{(n-1)!} \sup_{t \in (0,1)} |f(tx) - a|$$

$$\leq M|bx| \frac{|bx|^{n-1}}{(n-1)!}.$$

Dabei haben wir in der letzten Ungleichung $M > 0$ derart gewählt, dass $|f(z) - a| < M$ für alle $z \in [0, |x|]$ gilt. Mit der vorherigen Ungleichungskette folgt $\lim_n R_n(x) = 0$ für alle $x \in \mathbb{R}$, das heißt, die Taylorreihe stellt die Funktion f auf ganz $\mathbb{R}$ dar und es gilt wie gewünscht $f(x) = T(x) = a \exp(bx)$ für $x \in \mathbb{R}$.

Lösung Aufgabe 173 Seien $a, b \in \mathbb{R}$ und $t \in (0, 1)$ beliebig gewählt. Um zu zeigen, dass die Funktion $f : \mathbb{R} \to \mathbb{R}$ mit $f(x) = x^2$ konvex ist, müssen wir

$$f((1-t)a + tb) \leq (1-t)f(a) + tf(b),$$

also gerade

$$((1-t)a + tb)^2 \leq (1-t)a^2 + tb^2$$

nachweisen. Mit einer kleinen Rechnung erhalten wir zunächst

$$
\begin{aligned}
&(1-t)a^2 + tb^2 - ((1-t)a + tb)^2 \\
&= (1-t)a^2 + tb^2 - (1-t)^2a^2 + 2t(1-t)ab - t^2b^2 \\
&= t(1-t)a^2 + t(1-t)b^2 + 2t(1-t)ab \\
&= t(1-t)(a-b)^2.
\end{aligned}
$$

Wegen $t \in (0, 1)$ folgt $t(1-t) \geq 0$ und daher insbesondere $t(1-t)(a-b)^2 \geq 0$. Wir haben somit gezeigt, dass die Funktion f konvex ist.

Lösung Aufgabe 174 In dieser Aufgabe werden wir die folgende Charakterisierung für die Konvexität (beziehungsweise Konkavität) einer zweimal differenzierbaren Funktion $f : \mathbb{R} \to \mathbb{R}$ nutzen: Die Funktion f ist genau dann konvex (beziehungsweise konkav), wenn $f''(x) \geq 0$ (beziehungsweise $f''(x) \leq 0$) für alle $x \in \mathbb{R}$ gilt (vgl. auch Aufgabe 180).

N. Hebestreit, *Übungsbuch Analysis I*,
https://doi.org/10.1007/978-3-662-64569-7_22

(a) Es gilt $f''(x) = 6x$ für alle $x \in \mathbb{R}$. Damit ist die Funktion f weder konvex noch konkav, da weder $f''(x) \geq 0$ noch $f''(x) \leq 0$ für alle $x \in \mathbb{R}$ gilt.

(b) Für $x \in \mathbb{R}$ gilt $f''(x) = a(a-1)x^{a-2}$. Wegen $a(a-1) \geq 0$ für $a \geq 1$ und $a \leq 0$ gilt $f''(x) \geq 0$ für alle $x > 0$. Somit ist die Funktion f in diesen beiden Fällen konvex. Hingegen gilt für $a \in (0, 1)$ gerade $a(a-1) < 0$, sodass die Funktion f für $a \in (0, 1)$ konkav ist.

(c) Wegen $f''(x) = f(x) = \exp(x) > 0$ für $x \in \mathbb{R}$ ist die Exponentialfunktion konvex.

(d) Für $x > 0$ gilt $f'(x) = 1/x$ und $f''(x) = -1/x^2 < 0$. Somit ist der natürliche Logarithmus konkav.

Lösung Aufgabe 175 Für $x > 0$ können wir die Funktion $f : (0, +\infty) \to \mathbb{R}$ mit $f(x) = x^{\ln(x)}$ zunächst geschickt als

$$f(x) = \exp\left(\ln(x^{\ln(x)})\right) = \exp(\ln^2(x))$$

schreiben. Mit der Ketten- und Produktregel für differenzierbare Funktionen folgen dann mit einer kleinen Rechnung

$$f'(x) = \frac{2\ln(x)}{x}x^{\ln(x)} \quad \text{und} \quad f''(x) = \frac{2 - 2\ln(x) + 4\ln^2(x)}{x^2}x^{\ln(x)}$$

für $x > 0$. Um zu entscheiden, in welchen Bereichen die Funktion f konvex beziehungsweise konkav ist, müssen wir das Vorzeichen der zweiten Ableitung untersuchen (vgl. Aufgabe 174). Dieses wird maßgeblich durch das Vorzeichen von $x \mapsto 2 - 2\ln(x) + 4\ln^2(x)$ bestimmt. Setzen wir $u = \ln(x)$ für $x > 0$, so folgt mit einer quadratischen Ergänzung

$$2 - 2u + 4u^2 = 4\left(u^2 - \frac{1}{2}u + \frac{1}{16}\right) + \frac{7}{4} = 4\left(u - \frac{1}{4}\right)^2 + \frac{7}{4} \geq 0.$$

Dies zeigt aber gerade $f''(x) \geq 0$ für $x > 0$, sodass die Funktion f gemäß Aufgabe 180 in ganz $(0, +\infty)$ konvex ist.

Lösung Aufgabe 176 Wir zeigen die Äquivalenz der Aussagen mit einem Ringschluss. Im Folgenden seien $a, b \in D$ mit $a < b$ und $x \in (a, b)$ beliebig.

(α) Wir zeigen die Implikation (a) $\Longrightarrow$ (b). Setzen wir $t = (x - a)/(b - a)$, dann folgen mit einer kleinen Rechnung $t \in (0, 1)$ und $x = (1 - t)a + tb$. Da die Funktion $f : D \to \mathbb{R}$ nach Voraussetzung konvex ist, erhalten wir somit wie gewünscht

$$f(x) \overset{(a)}{\leq} (1 - t)f(a) + tf(b) = \left(1 - \frac{x - a}{b - a}\right)f(a) + \frac{x - a}{b - a}f(b)$$

$$= f(a) + \frac{f(b) - f(a)}{b - a}(x - a).$$

(β) Wir zeigen die Implikation (b) $\Longrightarrow$ (c). Das erste Ungleichungszeichen in (c) folgt direkt aus (b) durch Umstellen. Aus (b) folgt aber auch

$$
f(b) - f(x) \overset{(b)}{\geq} f(b) - f(a) - \frac{f(b) - f(a)}{b - a}(x - a)
$$
$$
= \frac{f(b) - f(a)}{b - a}(b - a) - \frac{f(b) - f(a)}{b - a}(x - a)
$$
$$
= \frac{f(b) - f(a)}{b - a}(b - x),
$$

was durch Umstellen der linken und rechten Seite zu

$$
\frac{f(b) - f(a)}{b - a} \leq \frac{f(b) - f(x)}{b - x}
$$

äquivalent ist.

(γ) Wir zeigen die Implikation (c) $\Longrightarrow$ (d). Dies Implikation ist trivialerweise erfüllt.

(δ) Wir zeigen die Implikation (d) $\Longrightarrow$ (a). Sei $t \in (0, 1)$ beliebig. Setzen wir $x = (1 - t)a + tb$ so folgt $x \in (a, b)$ und somit wegen (d) gerade

$$
\frac{f(x) - f(a)}{x - a} \leq \frac{f(b) - f(x)}{b - x}.
$$

Indem wir die obige Ungleichung umstellen und $t = (x - a)/(b - a)$ nutzen, erhalten wir schließlich wie gewünscht

$$
f((1 - t)a + tb) = f(x) \leq \frac{b - x}{b - a}f(a) + \frac{x - a}{b - a}f(b) = (1 - t)f(a) + tf(b).
$$

Wir haben somit gezeigt, dass die Funktion f konvex ist.

Da wir in den obigen vier Schritten den Ringschluss

$$
\text{(a)} \quad \Longrightarrow \quad \text{(b)} \quad \Longrightarrow \quad \text{(c)} \quad \Longrightarrow \quad \text{(d)} \quad \Longrightarrow \quad \text{(a).}
$$

gezeigt haben, folgt wie gewünscht die Äquivalenz der Aussagen (a), (b), (c) und (d).

Lösung Aufgabe 177

(a) Wir zeigen, dass die Summe von zwei konvexen Funktionen wieder konvex ist. Dazu wählen wir $a, b \in D$ und $t \in (0, 1)$ beliebig. Dann gilt

$$
(f + g)((1 - t)a + tb) = f((1 - t)a + tb) + g((1 - t)a + tb)
$$
$$
\leq (1 - t)f(a) + tf(b) + (1 - t)g(a) + tg(b),
$$

wobei wir im letzten Schritt die Konvexität von f und g genutzt haben. Umsortieren und Zusammenfassen der rechten Seite liefert somit wie gewünscht

$$(f+g)((1-t)a+tb) \leq (1-t)(f(a)+g(b))+t(f(b)+g(b))$$
$$= (1-t)(f+g)(a)+t(f+g)(b).$$

Wir haben somit die Konvexität von $f+g$ nachgewiesen.

(b) Die Aussage ist im Allgemeinen falsch. Wir betrachten dazu als Gegenbeispiel die Funktionen $f, g : \mathbb{R} \to \mathbb{R}$ mit $f(x) = x$ und $g(x) = -x$. Diese sind offensichtlich konvex, was wir beispielsweise direkt an der Definition für Konvexität überprüfen können. Hingegen ist die Funktion $fg : \mathbb{R} \to \mathbb{R}$ mit $(fg)(x) = -x^2$ nicht konvex, was wir wie folgt einsehen können. Wir wählen dazu $a = -1$, $b = 1$ und $t = 1/2$. Dann gilt $(fg)((1-t)a+tb) = (fg)(0) = 0$, aber $(1-t)(fg)(a)+t(fg)(b) = -1$, was zeigt, dass fg nicht konvex ist. Alternativ kann man aber auch Aufgabe 180 nutzen, um die Konvexität von fg zu widerlegen, denn es gilt $(fg)''(x) = -2$ für alle $x \in \mathbb{R}$.

Lösung Aufgabe 178 Angenommen die Funktion f wäre nicht monoton wachsend. Dann gibt es zwei Stellen $a, b \in [0, 1]$ mit $a < b$ und $f(a) > f(b)$. Da insbesondere $a < b \leq 1$ gilt, finden wir $t \in (0, 1]$ mit $b = (1-t)a + t \cdot 1$. Somit folgt wegen der Konkavität von f gerade

$$f(b) = f((1-t)a+t) \geq (1-t)f(a)+tf(1) > (1-t)f(b)+tf(1).$$

Indem wir auf beiden Seiten $(1-t)f(b)$ abziehen und anschließend durch t teilen, folgt schließlich $f(b) > f(1)$. Das ist aber nicht möglich, denn es gilt nach Voraussetzung $f(1) = \sup_{x \in [0,1]} f(x)$, also insbesondere $f(b) \leq f(1)$. Somit muss die Funktion f monoton wachsend sein.

Lösung Aufgabe 179 Zur Übersicht unterteilen wir den Beweis in zwei Teile.

(a) Wir wählen zunächst beliebige Elemente $a, b \in D$ mit $a < b$. Dann gibt es eine fallende Folge $(x_n)_n$ mit $\lim_n x_n = a$ sowie ein wachsende Folge $(y_n)_n$ mit $\lim_n y_n = b$. Wir nehmen weiter ohne Einschränkung $x_1 \leq y_1$ an. Mit Teil (c) aus Aufgabe 176 folgen dann

$$\frac{f(x_n)-f(a)}{x_n-a} \leq \frac{f(x_1)-f(a)}{x_1-a} \leq \frac{f(x_1)-f(y_1)}{x_1-y_1}$$

sowie

$$\frac{f(x_1)-f(y_1)}{x_1-y_1} \leq \frac{f(y_n)-f(y_1)}{y_n-y_1} \leq \frac{f(y_n)-f(b)}{y_n-b}.$$

Da die Funktion f insbesondere in a und b differenzierbar ist, erhalten wir beim Grenzübergang $n \to +\infty$ wegen

$$\lim_{n\to+\infty} \frac{f(x_n) - f(a)}{x_n - a} = \lim_{x\to a} \frac{f(x) - f(a)}{x - a} = f'(a)$$

und

$$\lim_{n\to+\infty} \frac{f(y_n) - f(b)}{y_n - b} = \lim_{x\to b} \frac{f(x) - f(b)}{x - b} = f'(b)$$

gerade $f'(a) \leq f'(b)$, das heißt, die Ableitungsfunktion f' ist monoton wachsend.

(b) Seien nun $a, b, x \in D$ mit $a < x < b$ beliebig. Da die Funktion $f : D \to \mathbb{R}$ in den offenen Intervallen (a, x) und (x, b) differenzierbar ist, liefert der Mittelwertsatz der Differentialrechnung die Existenz von zwei Stellen $\xi_1 \in (a, x)$ und $\xi_2 \in (x, b)$ mit

$$f'(\xi_1) = \frac{f(x) - f(a)}{x - a} \quad \text{und} \quad f'(\xi_2) = \frac{f(b) - f(x)}{b - x}.$$

Da aber wegen $a < b$ gerade $\xi_1 < \xi_2$ gilt und die Funktion f' nach Voraussetzung monoton wachsend ist, folgt $f'(\xi_1) \leq f'(\xi_2)$ und somit gerade

$$\frac{f(x) - f(a)}{x - a} \leq \frac{f(b) - f(x)}{b - x},$$

sodass wir mit Aufgabe 176 (d) wie gewünscht schließen, dass die Funktion f konvex ist.

Lösung Aufgabe 180 Aus Aufgabe 179 wissen bereits, dass die Funktion $f : D \to \mathbb{R}$ genau dann konvex ist, wenn die Ableitungsfunktion f' monoton wachsend ist. Wegen dem Monotoniekriterium aus Aufgabe 147 ist dies aber genau dann der Fall, wenn $f''(x) \geq 0$ für alle $x \in D$ gilt, was bereits die Behauptung zeigt.

Lösung Aufgabe 181 Wir können zunächst die drei Fälle $x = 0$, $y = 0$ sowie $x = y = 0$ ausschließen, da dann die linke Seite der Youngschen Ungleichung verschwindet und die rechte Seite (strikt) positiv ist. Wir untersuchen nun den verbleibenden Fall $x, y \in (0, +\infty)$. Zunächst folgt aus den Logarithmusgesetzen

$$\ln(xy) = \ln(x) + \ln(y) = \frac{1}{p} \ln\left(x^p\right) + \frac{1}{p'} \ln\left(y^{p'}\right).$$

Da der Logarithmus konkav ist (vgl. Aufgabe 174 (d)) und $1/p + 1/p' = 1$ gilt, folgt weiter

$$\ln(xy) = \frac{1}{p} \ln\left(x^p\right) + \frac{1}{p'} \ln\left(y^{p'}\right) \leq \ln\left(\frac{1}{p}x^p + \frac{1}{p'}y^{p'}\right).$$

Da die Exponentialfunktionen monoton wachsend und $\exp(\ln(x)) = x$ für $x > 0$ gilt, haben wir somit die Youngsche Ungleichung bewiesen.

Lösung Aufgabe 182

(a) Nach Definition des Integrals für Treppenfunktionen gilt

$$\int_{-1}^{1} \varphi(x)\, dx = 2 \cdot \left(-\frac{1}{2} - (-1)\right) + (-1) \cdot \left(\frac{1}{2} - \left(\frac{1}{2}\right)\right) + 0 \cdot \left(1 - \frac{1}{2}\right) = 0.$$

(b) Die Funktion $2\psi + 5\varphi : [-1, 1] \to \mathbb{R}$ ist gegeben durch

$$(2\psi + 5\varphi)(x) = \begin{cases} 2 \cdot (-1) + 5 \cdot 2, & x \in \left[-1, -\frac{1}{2}\right) \\ 2 \cdot (-1) + 5 \cdot (-1), & x \in \left[-\frac{1}{2}, 0\right) \\ 2 \cdot 1 + 5 \cdot (-1), & x \in \left[0, \frac{1}{2}\right) \\ 2 \cdot 1 + 5 \cdot 0, & x \in \left[\frac{1}{2}, 1\right] \end{cases}$$

$$= \begin{cases} 8, & x \in \left[-1, -\frac{1}{2}\right) \\ -7, & x \in \left[-\frac{1}{2}, 0\right) \\ -3, & x \in \left[0, \frac{1}{2}\right) \\ 2, & x \in \left[\frac{1}{2}, 1\right]. \end{cases}$$

Damit folgt

$$\int_{-1}^{1} 2\psi(x) + 5\varphi(x)\, dx = 8 \cdot \left(-\frac{1}{2} - (-1)\right) + (-7) \cdot \left(0 - \left(-\frac{1}{2}\right)\right)$$

$$+ (-3) \cdot \left(\frac{1}{2} - 0\right) + 2 \cdot \left(1 - \frac{1}{2}\right)$$

$$= 0.$$

© Der/die Autor(en), exklusiv lizenziert durch Springer-Verlag GmbH, DE,
ein Teil von Springer Nature 2022
N. Hebestreit, *Übungsbuch Analysis I*,
https://doi.org/10.1007/978-3-662-64569-7_23

(c) Wegen $|\psi(x)| = 1$ für alle $x \in [-1, 1]$ folgt sofort

$$\int_{-1}^{1} |\psi(x)| \, dx = \int_{-1}^{1} 1 \, dx = 1 \cdot (1 - (-1)) = 2.$$

(d) Ähnlich wie in Aufgabenteil (b) können wir die Treppenfunktion $\psi\varphi : [-1, 1] \to \mathbb{R}$ bestimmen. Für $x \in [-1, 1]$ gilt

$$(\psi\varphi)(x) = \begin{cases} -2, & x \in \left[-1, -\frac{1}{2}\right) \\ 1, & x \in \left[-\frac{1}{2}, 0\right) \\ -1, & x \in \left[0, \frac{1}{2}\right) \\ 0, & x \in \left[\frac{1}{2}, 1\right] \end{cases}$$

und somit mit einer kleinen Rechnung

$$\int_{-1}^{1} \psi(x)\varphi(x) \, dx = -1.$$

Lösung Aufgabe 183 Seien $\psi, \varphi : [a, b] \to \mathbb{R}$ zwei beliebige Treppenfunktionen sowie $\alpha, \beta \in \mathbb{R}$ reelle Zahlen. Wir nehmen der Einfachheit halber an, dass beide Treppenfunktionen die gemeinsamen Stützstellen $t_0, \ldots, t_n \in [a, b]$ mit $a = t_0 < t_1 < \ldots < t_{n-1} < t_n = b$ und $n \in \mathbb{N}$ besitzen. Des Weiteren gelte $\psi(x) = c_j$ und $\varphi(x) = d_j$ für $x \in (t_j, t_{j+1})$ und $j \in \{0, \ldots, n-1\}$. Wir sehen somit, dass auch $\alpha\psi + \beta\varphi$ eine Treppenfunktion mit Werten $\alpha c_j + \beta d_j$ für $j \in \{0, \ldots, n-1\}$ ist. Nach Definition des Integrals für Treppenfunktionen folgt daher wie gewünscht

$$\int_{a}^{b} \alpha\psi(x) + \beta\varphi(x) \, dx = \sum_{j=0}^{n-1} (\alpha c_j + \beta d_j)(t_{j+1} - t_j)$$

$$= \alpha \sum_{j=0}^{n-1} c_j(t_{j+1} - t_j) + \beta \sum_{j=0}^{n-1} d_j(t_{j+1} - t_j)$$

$$= \alpha \int_{a}^{b} \psi(x) \, dx + \beta \int_{a}^{b} \varphi(x) \, dx.$$

Lösung Aufgabe 184

(a) Die Graphen der Funktionen $f : [0, 1] \to \mathbb{R}$ (blau) und $\varphi_4 : [0, 1] \to \mathbb{R}$ (rot) sehen wie folgt aus:

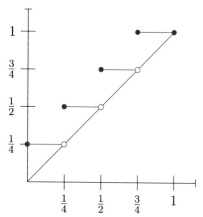

Graphen der Funktionen f (blau) und φ_4 (rot)

(b) Die Funktion $\varphi_n : [0, 1] \to \mathbb{R}$ ist für jedes $n \in \mathbb{N}$ nach Konstruktion eine Treppenfunktion. Weiter ist f eine Regelfunktion, denn f ist offensichtlich stetig. Alternativ kann man aber auch direkt mit Teil (c) argumentieren, dass f eine Regelfunktion ist, denn wir werden zeigen, dass $(\varphi_n)_n$ auf $[0, 1]$ gleichmäßig gegen f konvergiert.

(c) Wir zeigen nun, dass die Funktionenfolge $(\varphi_n)_n$ auf $[0, 1]$ gleichmäßig gegen f konvergiert. Seien dazu $n \in \mathbb{N}$, $j \in \mathbb{N}$ mit $1 \leq j \leq n$ und $I_j = [(j-1)/n, j/n]$. Dann gilt

$$\sup_{x \in I_j} |f(x) - \varphi_n(x)| = \sup_{x \in I_j} \left| x - \frac{j}{n} \right| = \left| \frac{j-1}{n} - \frac{j}{n} \right| = \frac{1}{n},$$

das heißt, die maximale Abweichung der Funktionswerte von f und φ_n ist auf jedem Teilintervall I_j gleich $1/n$. Damit folgt insbesondere auch

$$\|f - \varphi_n\|_\infty = \sup_{x \in [0,1]} |f(x) - \varphi_n(x)| = \frac{1}{n}$$

und somit $\lim_n \|f - \varphi_n\|_\infty = 0$. Dies zeigt die gleichmäßige Konvergenz von $(\varphi_n)_n$ gegen f.

(d) Sei $n \in \mathbb{N}$ beliebig gewählt. Wir bestimmen zunächst $\int_0^1 \varphi_n(x)\,dx$. Es gilt gemäß der Definition des Integrals für Treppenfunktionen

$$\int_0^1 \varphi_n(x)\,dx = \sum_{j=1}^n \frac{j}{n} \left(\frac{j}{n} - \frac{j-1}{n} \right) = \frac{1}{n^2} \sum_{j=1}^n j.$$

Mit Aufgabe 32 (a) folgt weiter

$$\frac{1}{n^2} \sum_{j=1}^{n} j = \frac{n(n+1)}{2n^2}$$

und schließlich

$$\lim_{n \to +\infty} \int_0^1 \varphi_n(x)\, dx = \lim_{n \to +\infty} \frac{n(n+1)}{2n^2} = \frac{1}{2}.$$

Das Ergebnis ist nicht überraschend, denn wegen Teilaufgabe (c) wissen wir, dass (nach Definition)

$$\int_0^1 f(x)\, dx = \lim_{n \to +\infty} \int_0^1 \varphi_n(x)\, dx$$

gilt und das Integral auf der linken Seite können wir direkt berechnen:

$$\lim_{n \to +\infty} \int_0^1 f(x)\, dx = \frac{1}{2}x^2 \Big|_0^1 = \frac{1}{2}.$$

Lösung Aufgabe 185

(a) Die Funktion $f_0 : [0,1] \to \mathbb{R}$ ist keine Regelfunktion, da der rechtsseitige Grenzwert in 0 nicht existiert. Um dies einzusehen betrachten wir die Folge $(x_n)_n \subseteq [0,1]$ mit $x_n = 1/(\pi n + \pi/2)$. Damit folgt $f_0(x_n) = \sin(\pi n + \pi/2) = (-1)^n$ für jedes $n \in \mathbb{N}$. Da die Bildfolge $(f_0(x_n))_n$ aber nicht konvergent ist (vgl. Aufgabe 37), existiert der Grenzwert $\lim_{x \to 0^+} f_0(x)$ nicht. Damit ist f_0 keine Regelfunktion.

(b) Wir überlegen uns, dass die Funktion f_1 stetig ist. Damit ist f_1 insbesondere eine Regelfunktion. Die Funktion f_1 ist in ganz $(0,1]$ bereits als Komposition stetiger Funktionen stetig. Da aber wegen $|\sin(x)| \leq 1$ für alle $x \in \mathbb{R}$ schon $|f_1(x)| \leq |x|$ für $x \in \mathbb{R}$ gilt, folgt mit Aufgabe 86 bereits, dass f_1 in 0 stetig und somit eine Regelfunktion ist.

Lösung Aufgabe 186

(a) Wir untersuchen zuerst das Integral $\int_0^\lambda x\, dx$. Seien $n \in \mathbb{N}$ und $\mathcal{Z}_n = \{x_0, \ldots, x_n\}$ eine Zerlegung des Intervalls $[0, \lambda]$ mit $x_j = \lambda j/n$ für $j \in \{0, \ldots, n\}$. Da der Integrand, das heißt die Funktion $f : \mathbb{R} \to \mathbb{R}$ mit $f(x) = x$, monoton wachsend ist, sehen wir sofort, dass

$$m_j = \inf_{x \in [x_{j-1}, x_j]} f(x) = x_{j-1} \quad \text{und} \quad M_j = \sup_{x \in [x_{j-1}, x_j]} f(x) = x_j$$

für jedes $j \in \{1, \ldots, n\}$ gilt. Somit lassen sich die Untersumme $\underline{S}(f, [0, \lambda], \mathcal{Z}_n)$ und die Obersumme $\overline{S}(f, [0, \lambda], \mathcal{Z}_n)$ wie folgt bestimmen:

$$\underline{S}(f, [0, \lambda], \mathcal{Z}_n) = \sum_{j=1}^{n} (x_j - x_{j-1}) m_j$$

$$= \sum_{j=1}^{n} (x_j - x_{j-1}) x_{j-1} = \frac{\lambda^2}{n^2} \sum_{j=1}^{n} (j-1)$$

und

$$\overline{S}(f, [0, \lambda], \mathcal{Z}_n) = \sum_{j=1}^{n} (x_j - x_{j-1}) M_j = \sum_{j=1}^{n} (x_j - x_{j-1}) x_j = \frac{\lambda^2}{n^2} \sum_{j=1}^{n} j.$$

Dabei haben wir ausgenutzt, dass die Zerlegung äquidistant ist, das heißt, die Länge der Teilintervalle $[x_{j-1}, x_j]$ beträgt λ/n für $j \in \{1, \ldots, n\}$. Die auftretenden Summen können wir mit der Gaußschen Summenformel (vgl. Aufgabe 32 (a)) noch weiter vereinfachen:

$$\underline{S}(f, [0, \lambda], \mathcal{Z}_n) = \frac{\lambda^2}{n^2} \sum_{j=1}^{n} (j-1) = \frac{\lambda}{n^2} \cdot \frac{n(n-1)}{2} = \frac{\lambda^2}{2} \cdot \frac{n(n-1)}{n^2}$$

$$\overline{S}(f, [0, \lambda], \mathcal{Z}_n) = \frac{\lambda^2}{n^2} \sum_{j=1}^{n} j = \frac{\lambda}{n^2} \cdot \frac{n(n+1)}{2} = \frac{\lambda^2}{2} \cdot \frac{n(n+1)}{n^2}.$$

Da aber

$$\lim_{n \to +\infty} \frac{n(n-1)}{n^2} = 1 \qquad \text{und} \qquad \lim_{n \to +\infty} \frac{n(n+1)}{n^2} = 1$$

gelten, können wir direkt folgern, dass sowohl $\lim_n \underline{S}(f, [0, \lambda], \mathcal{Z}_n) = \lambda^2/2$ als auch $\lim_n \overline{S}(f, [0, \lambda], \mathcal{Z}_n) = \lambda^2/2$ gilt. Wir erhalten somit

$$\int_0^\lambda x \, dx = \frac{\lambda^2}{2}.$$

(b) Nun untersuchen wir das Integral $\int_0^\lambda x^2 \, dx$. Wir nutzen erneut die äquidistante Zerlegung $\mathcal{Z}_n = \{x_0, \ldots, x_n\}$ des Intervalls $[0, \lambda]$ mit $x_j = \lambda j/n$ für $j \in \{0, \ldots, n\}$ und $n \in \mathbb{N}$. Da $f : \mathbb{R} \to \mathbb{R}$ mit $f(x) = x^2$ monoton wachsend ist, können wir direkt

$$m_j = \inf_{x \in [x_{j-1}, x_j]} f(x) = x_{j-1}^2 \qquad \text{und} \qquad M_j = \sup_{x \in [x_{j-1}, x_j]} f(x) = x_j^2$$

für jedes $j \in \{1, \ldots, n\}$ ablesen. Somit folgt für die Untersumme

$$\underline{S}(f, [0, \lambda], \mathcal{Z}_n) = \sum_{j=1}^{n} (x_j - x_{j-1}) \, m_j$$

$$= \sum_{j=1}^{n} (x_j - x_{j-1}) \, x_{j-1}^2 = \frac{\lambda^3}{n^3} \sum_{j=1}^{n} (j-1)^2.$$

Die Summe auf der rechten Seite können wir mit der Summenformel $\sum_{j=1}^{n} j^2 = n(n+1)(2n+1)/6$, die man zum Beispiel mit vollständiger Induktion beweisen kann, noch weiter vereinfachen:

$$\frac{\lambda^3}{n^3} \sum_{j=1}^{n} (j-1)^2 = \frac{\lambda^3}{n^3} \sum_{j=0}^{n-1} j^2$$

$$= \frac{\lambda^3}{n^3} \cdot \frac{n(n-1)(2n-2)}{6} = \frac{\lambda^3}{6} \cdot \frac{n(n-1)(2n-2)}{n^3}.$$

Mit einer ähnlichen Rechnung können wir auch die Obersumme bestimmen:

$$\overline{S}(f, [0, \lambda], \mathcal{Z}_n) = \frac{\lambda^3}{n^3} \sum_{j=1}^{n} j^2 = \frac{\lambda^3}{6} \cdot \frac{n(n+1)(2n+1)}{n^3}.$$

Da aber $\lim_n n(n-1)(2n-2)/n^3 = 1$ und $\lim_n n(n+1)(2n+1)/n^3 = 1$ gelten, liefern die obigen Rechnungen

$$\lim_{n \to +\infty} \underline{S}(f, [0, \lambda], \mathcal{Z}_n) = \frac{\lambda^3}{6} = \lim_{n \to +\infty} \overline{S}(f, [0, \lambda], \mathcal{Z}_n)$$

und somit

$$\int_0^{\lambda} x^2 \, dx = \frac{\lambda^3}{6}.$$

Lösung Aufgabe 187 Sei $\lambda > 0$. Die Exponentialfunktion ist integrierbar, da sie stetig ist. Da $\exp : \mathbb{R} \to \mathbb{R}$ insbesondere in 0 differenzierbar ist, gilt

$$\exp'(0) = \lim_{h \to 0} \frac{\exp(h) - 1}{h} = \exp(0) = 1.$$

Mit den Grenzwertsätzen kann man aber auch

$$\lim_{h \to 0} \frac{h}{\exp(h) - 1} = \left(\lim_{h \to 0} \frac{\exp(h) - 1}{h} \right)^{-1} = \exp(0)^{-1} = 1 \qquad (23.1)$$

zeigen. Seien nun $n \in \mathbb{N}$ und $\mathcal{Z}_n = \{x_0, \ldots, x_n\}$ eine äquidistante Zerlegung des Intervalls $[0, \lambda]$ mit $x_j = \lambda j / n$ für $j \in \{0, \ldots, n\}$. Da die Exponentialfunktion monoton wachsend ist, folgen

$$\inf_{x \in [x_{j-1}, x_j]} \exp(x) = \exp(x_{j-1}) \qquad \text{und} \qquad \sup_{x \in [x_{j-1}, x_j]} \exp(x) = \exp(x_j)$$

für jedes $j \in \{1, \ldots, n\}$. Das Infimum/Supremum wird also stets auf dem linken/rechten Rand des Intervalls angenommen. Wir bestimmen nun die Untersumme $\underline{S}(f, [0, \lambda], \mathcal{Z}_n)$ und die Obersumme $\overline{S}(f, [0, \lambda], \mathcal{Z}_n)$:

$$\underline{S}(f, [0, \lambda], \mathcal{Z}_n) = \sum_{j=1}^{n} \left(x_j - x_{j-1} \right) \inf_{x \in [x_{j-1}, x_j]} \exp(x)$$

$$= \sum_{j=1}^{n} \frac{\lambda}{n} \exp(x_{j-1})$$

$$= \frac{\lambda}{n} \sum_{j=0}^{n-1} \left(\exp\left(\frac{\lambda}{n} \right) \right)^j.$$

Mit der geometrischen Summenformel (vgl. Aufgabe 32 (f)) folgt somit

$$\frac{\lambda}{n} \sum_{j=0}^{n-1} \left(\exp\left(\frac{\lambda}{n} \right) \right)^j = \frac{\lambda}{n} \cdot \frac{1 - \left(\exp\left(\frac{\lambda}{n} \right) \right)^n}{1 - \exp\left(\frac{\lambda}{n} \right)} = \left(\exp(\lambda) - 1 \right) \cdot \frac{\frac{\lambda}{n}}{\exp\left(\frac{\lambda}{n} \right) - 1}.$$

Mit unseren Vorüberlegungen folgt daher

$$\lim_{n \to +\infty} \underline{S}(f, [0, \lambda], \mathcal{Z}_n) = \lim_{n \to +\infty} \left(\exp(\lambda) - 1 \right) \cdot \frac{\frac{\lambda}{n}}{\exp\left(\frac{\lambda}{n} \right) - 1}$$

$$= \left(\exp(\lambda) - 1 \right) \lim_{h \to 0} \frac{h}{\exp(h) - 1}$$

$$\overset{(23.1)}{=} \exp(\lambda) - 1.$$

Mit einer ähnlichen Rechnung können wir auch

$$\overline{S}(f, [0, \lambda], \mathcal{Z}_n) = \left(\exp(\lambda) - 1 \right) \cdot \frac{1}{\exp\left(\frac{\lambda}{n} \right)} \cdot \frac{\frac{\lambda}{n}}{\exp\left(\frac{\lambda}{n} \right) - 1}$$

zeigen. Wegen

$$\lim_{n \to +\infty} \frac{1}{\exp\left(\frac{\lambda}{n} \right)} \cdot \frac{\frac{\lambda}{n}}{\exp\left(\frac{\lambda}{n} \right) - 1} = \left(\lim_{h \to 0} \frac{1}{\exp(h)} \right) \cdot \left(\lim_{h \to 0} \frac{h}{\exp(h) - 1} \right)$$

$$\overset{(23.1)}{=} 1 \cdot 1 = 1$$

folgt also ebenfalls

$$\lim_{n \to +\infty} \overline{S}(f, [0, \lambda], \mathcal{Z}_n) = \exp(\lambda) - 1,$$

sodass wir insgesamt

$$\int_0^\lambda \exp(x)\, \mathrm{d}x = \exp(\lambda) - 1$$

erhalten.

Lösung Aufgabe 188 Die Dirichlet-Funktion $f : [0, 1] \to \mathbb{R}$ ist definiert als

$$f(x) = \begin{cases} 1, & x \in \mathbb{Q} \\ 0, & x \in \mathbb{R} \setminus \mathbb{Q}. \end{cases}$$

Im Folgenden werden wir eine Zerlegung $\mathcal{Z}_n$ des Intervalls $[0, 1]$ angeben, so dass der Abstand der Untersumme $\underline{S}(f, [0, 1], \mathcal{Z}_n)$ und der Obersumme $\overline{S}(f, [0, 1], \mathcal{Z}_n)$ für jedes $n \in \mathbb{N}$ gleich 1 ist (Integrabilitätskriterium, vgl. Aufgabe 189). Wir wählen dazu die Zerlegung $\mathcal{Z}_n = \{x_0, \ldots, x_n\}$ des Intervalls $[0, 1]$, wobei $n \in \mathbb{N}$ und $x_j = j/n$ für $j \in \{0, \ldots, n\}$. Man kann hier aber auch eine beliebige andere Zerlegung wählen. Da $\mathbb{Q}$ dicht in $\mathbb{R}$ liegt, gilt stets $\mathbb{Q} \cap [x_{j-1}, x_j] \neq \emptyset$ für $j \in \{1, \ldots, n\}$, das heißt, jedes Intervall $[x_{j-1}, x_j]$ enthält mindestens eine gebrochen-rationale Zahl. Da auch $(\mathbb{R} \setminus \mathbb{Q}) \cap [x_{j-1}, x_j] \neq \emptyset$ für $j \in \{1, \ldots, n\}$ gilt, können wir Infimum und Supremum von f über allen Intervallen $[x_{j-1}, x_j]$ bestimmen. Da die Funktion f aber nur zwei Werte annimmt – nämlich 0 und 1 – folgt sofort

$$\inf_{x \in [x_{j-1}, x_j]} f(x) = 0 \qquad \text{und} \qquad \sup_{x \in [x_{j-1}, x_j]} f(x) = 1$$

für $j \in \{1, \ldots, n\}$. Für die Untersumme erhalten wir somit

$$\underline{S}(f, [0, 1], \mathcal{Z}_n) = \sum_{j=1}^n \left(x_j - x_{j-1} \right) \inf_{x \in [x_{j-1}, x_j]} f(x) = 0$$

und die Obersumme berechnet sich zu

$$\overline{S}(f, [0, 1], \mathcal{Z}_n) = \sum_{j=1}^n \left(x_j - x_{j-1} \right) \sup_{x \in [x_{j-1}, x_j]} f(x) = \sum_{j=1}^n \left(x_j - x_{j-1} \right) = 1.$$

Dabei haben wir im letzten Schritt genutzt, dass $x_j - x_{j-1} = 1/n$ für alle $j \in \{1, \ldots, n\}$ gilt (äquidistante Zerlegung). Wir haben somit

$$\left| \overline{S}(f, [0, 1], \mathcal{Z}_n) - \underline{S}(f, [0, 1], \mathcal{Z}_n) \right| = 1$$

gezeigt, das heißt, die Funktion f ist gemäß dem Integrabilitätskriterium nicht Riemann-integrierbar.

Lösung Aufgabe 189 Im Folgenden nutzen wir das sogenannte Integrabilitätskriterium: Die Funktion $f : [a, b] \to \mathbb{R}$ ist genau dann Riemann-integrierbar, wenn es zu jedem $\varepsilon > 0$ eine Zerlegung $\mathcal{Z}$ von $[a, b]$ mit

$$|\overline{S}(f, [a, b], \mathcal{Z}) - \underline{S}(f, [a, b], \mathcal{Z})| < \varepsilon$$

gibt. Sei also $\varepsilon > 0$ beliebig gewählt. Wir betrachten die äquidistante Zerlegung $\mathcal{Z}_n = \{x_0, \ldots, x_n\}$ mit $x_j = a + j(b - a)/n$ für $j \in \{0, \ldots, n\}$ und nehmen ohne Einschränkung an, dass f monoton wachsend auf $[a, b]$ ist. Es gilt

$$\overline{S}(f, [a, b], \mathcal{Z}_n) - \underline{S}(f, [a, b], \mathcal{Z}_n)$$

$$= \sum_{j=1}^{n} (x_j - x_{j-1}) \left(\sup_{x \in [x_{j-1}, x_j]} f(x) - \inf_{x \in [x_{j-1}, x_j]} f(x) \right)$$

$$= \sum_{j=1}^{n} (x_j - x_{j-1})(f(x_j) - f(x_{j-1})),$$

wobei wir die Monotonie in der Form $f(x_{j-1}) \leq f(x) \leq f(x_j)$ für alle $x \in [x_{j-1}, x_j]$ mit $j \in \{0, \ldots, n\}$ genutzt haben. Weiter gilt (Teleskopsumme)

$$\sum_{j=1}^{n} (x_j - x_{j-1})(f(x_j) - f(x_{j-1})) = \sum_{j=1}^{n} \frac{b - a}{n} (f(x_j) - f(x_{j-1}))$$

$$= \frac{b - a}{n} (f(x_n) - f(x_0))$$

$$= \frac{1}{n} (f(b) - f(a))(b - a).$$

Wegen $\lim_n 1/n (f(b) - f(a))(b - a) = 0$, gibt es eine natürliche Zahl $N \in \mathbb{N}$ mit

$$\left| \overline{S}(f, [a, b], \mathcal{Z}_n) - \underline{S}(f, [a, b], \mathcal{Z}_n) \right| < \varepsilon$$

für alle $n \geq N$, das heißt, die Funktion f ist gemäß dem Integrabilitätskriterium Riemann-integrierbar.

Lösung Aufgabe 190 Wir bemerken zunächst, dass für eine Riemann-integrierbare Funktion $f : [a, b] \to \mathbb{R}$ der nützliche Zusammenhang

$$\int_a^b f(x)\,\mathrm{d}x = \lim_{n \to +\infty} \frac{b - a}{n} \sum_{j=1}^{n} f\left(a + \frac{j(b - a)}{n} \right) \qquad (23.2)$$

gilt, denn für jedes $n \in \mathbb{N}$ ist $\mathcal{Z}_n = \{x_0, \ldots, x_n\}$ mit $x_j = a + j(b - a)/n$ für $j \in \{1, \ldots, n\}$ eine (äquidistante) Zerlegung des Intervalls $[a, b]$.

(a) Die Funktion $f : [0, \pi] \to \mathbb{R}$ mit $f(x) = 1/\pi \sin(x)$ ist stetig und damit insbesondere Riemann-integrierbar. Setzen wir $a = 0$ und $b = \pi$, dann folgt aus (23.2) gerade

$$\lim_{n \to +\infty} \sum_{j=1}^{n} \frac{\sin\left(\frac{j\pi}{n}\right)}{n} = \lim_{n \to +\infty} \frac{\pi}{n} \sum_{j=1}^{n} \frac{1}{\pi} \sin\left(\frac{j\pi}{n}\right)$$

$$= \int_0^\pi \frac{1}{\pi} \sin(x)\, \mathrm{d}x = -\frac{1}{\pi} \cos(x) \Big|_0^\pi = \frac{2}{\pi}.$$

(b) Für jedes $n \in \mathbb{N}$ gilt

$$\sum_{j=1}^{n} \frac{n}{j^2 - 4n^2} = \sum_{j=1}^{n} \frac{n}{n^2 \left(\left(\frac{j}{n}\right)^2 - 4\right)} = \frac{1}{n} \sum_{j=1}^{n} \frac{1}{\left(\frac{j}{n}\right)^2 - 4}.$$

Da die Funktion $f : [0, 1] \to \mathbb{R}$ mit $f(x) = 1/(x^2 - 4)$ stetig und somit Riemann-integrierbar ist, folgt mit (23.2) gerade

$$\lim_{n \to +\infty} \sum_{j=1}^{n} \frac{n}{j^2 - 4n^2} = \lim_{n \to +\infty} \frac{1}{n} \sum_{j=1}^{n} \frac{1}{\left(\frac{j}{n}\right)^2 - 4} = \int_0^1 \frac{1}{x^2 - 4}\, \mathrm{d}x.$$

Wir bestimmen nun das Integral mit einer Partialbruchzerlegung. Die reellen Nullstellen des Nennerpolynoms $x \mapsto x^2 - 4$ sind -2 und 2, wobei die Nullstellen jeweils nur einfach auftreten. Wir machen daher den folgenden Ansatz, wobei $A, B \in \mathbb{R}$ zu ermitteln sind:

$$\frac{1}{x^2 - 4} = \frac{A}{x - 2} + \frac{B}{x + 2} = \frac{A(x + 2) + B(x - 2)}{x^2 - 4}$$

$$= \frac{(A + B)x + 2A - 2B}{x^2 - 4}.$$

Ein Koeffizientenvergleich der linken und rechten Seite liefert somit das folgende lineare Gleichungssystem:

$$0 = A + B$$
$$1 = 2A - 2B.$$

Das Gleichungssystem hat folgende Lösung: $A = 1/4$ und $B = -1/4$. Daher gilt

$$\int_0^1 \frac{1}{x^2 - 4}\, \mathrm{d}x = \frac{1}{4} \int_0^1 \frac{1}{x - 2}\, \mathrm{d}x - \frac{1}{4} \int_0^1 \frac{1}{x + 2}\, \mathrm{d}x$$

$$= \frac{1}{4} \left(\ln(|x - 2|) - \ln(|x + 2|) \right) \Big|_0^1 = -\frac{\ln(3)}{4},$$

das heißt, wir erhalten insgesamt

$$\lim_{n \to +\infty} \sum_{j=1}^{n} \frac{n}{j^2 - 4n^2} = -\frac{\ln(3)}{4}.$$

Lösung Aufgabe 191

(a) Wir zeigen, dass die Funktion $f : [0, \pi/2] \to \mathbb{R}$ stetig ist. Damit ist sie dann insbesondere Riemann-integrierbar. Auf $(0, \pi/2]$ ist die Funktion f als Komposition stetiger Funktionen selbst stetig. Mit dem Satz von l'Hospital sieht man die Stetigkeit von f im Nullpunkt wie folgt:

$$\lim_{x \to 0} f(x) = \lim_{x \to 0} \frac{\sin(x)}{x} \overset{\text{l' Hosp.}}{=} \lim_{x \to 0} \frac{\cos(x)}{1} = \lim_{x \to 0} \cos(x) = \cos(0) = 1 = f(0).$$

(b) Wir überlegen uns zuerst, dass f monoton fallend auf $(0, \pi/2)$ ist. Die Funktion f ist als Komposition differenzierbarer Funktionen in $(0, \pi/2)$ differenzierbar. Für $x \in (0, \pi/2)$ folgt also mit der Quotientenregel

$$f'(x) = \left(\frac{\sin(x)}{x} \right)' = \frac{x \cos(x) - \sin(x)}{x^2}$$

$$= \frac{\cos(x)}{x^2} \left(x - \frac{\sin(x)}{\cos(x)} \right) = \frac{\cos(x)}{x^2} (x - \tan(x)).$$

Da aber $x \leq \tan(x)$ und $\cos(x)/x^2 > 0$ für $x \in (0, \pi/2)$ gelten, folgt insgesamt $f'(x) < 0$ für alle $x \in (0, \pi/2)$. Damit ist die Funktion f auf $(0, \pi/2)$ streng monoton fallend (vgl. Aufgabe 147). Insbesondere gilt somit

$$\frac{2}{\pi} = f\left(\frac{\pi}{2} \right) < \frac{\sin(x)}{x} < f(0) = 1$$

für $x \in (0, \pi/2)$ und wir können wie folgt abschätzen:

$$1 = \frac{2}{\pi} \cdot \frac{\pi}{2} = \int_0^{\frac{\pi}{2}} \frac{2}{\pi} \, dx < \int_0^{\frac{\pi}{2}} \frac{\sin(x)}{x} \, dx < \int_0^{\frac{\pi}{2}} 1 \, dx = 1 \cdot \frac{\pi}{2} = \frac{\pi}{2}.$$

Lösung Aufgabe 192 Sei immer $c \in \mathbb{R}$ eine beliebige Integrationskonstante.

(a) Es gilt

$$\int_1^3 x^3 + 5x^2 + \frac{1}{x^2} + 7 \, dx$$

$$= \frac{1}{4}x^4 + \frac{5}{3}x^3 - \frac{1}{x} + 7x \, \Big|_1^3$$

$$= \frac{1}{4} \cdot 3^4 + \frac{5}{3} \cdot 3^3 - \frac{1}{3} + 7 \cdot 3 - \left(\frac{1}{4} \cdot 1^4 + \frac{5}{3} \cdot 1^3 - \frac{1}{1} + 7 \cdot 1 \right) = 78.$$

(b) Es gilt $\int 1/x \, dx = \ln(|x|) + c$.

(c) Es gilt $\int \cos(x) + \sin(x) \, dx = \sin(x) - \cos(x) + c$.

(d) Es gilt $\int_1^{10} 1 \, dx = x \, |_1^{10} = 10 - 1 = 9$.

Lösung Aufgabe 193 Im Folgenden sei $c \in \mathbb{R}$ eine beliebige Integrationskonstante.

(a) Mit Hilfe von partieller Integration gilt

$$\int x e^x \, dx = x e^x - \int 1 \cdot e^x = x e^x - e^x + c = e^x (x - 1) + c.$$

(b) Wir bemerken zunächst, dass $\ln(x) = 1 \cdot \ln(x)$ für $x > 0$ gilt. Partielle Integration liefert somit

$$\int 1 \cdot \ln(x) \, dx = x \cdot \ln(x) - \int x \cdot \frac{1}{x} \, dx$$
$$= x \ln(x) - x + c = x(\ln(x) - 1) + c.$$

(c) Wie auch in der vorherigen Aufgabe schreiben wir $\arctan(x)$ äquivalent als $1 \cdot \arctan(x)$ für $x \in \mathbb{R}$. Somit ergibt sich

$$\int_0^1 \arctan(x) \, dx = \int_0^1 1 \cdot \arctan(x) \, dx$$
$$= x \cdot \arctan(x) \Big|_0^1 - \int_0^1 x \cdot \frac{1}{1 + x^2} \, dx.$$

Weiter gilt

$$x \cdot \arctan(x) \Big|_0^1 = 1 \cdot \arctan(1) - 0 \cdot \arctan(0) = \frac{\pi}{4}.$$

Wir bestimmen nun das verbleibende Integral. Mit der Substitution $y(x) = 1 + x^2$ für $x \in \mathbb{R}$ und $dy = 2x \, dx$ erhalten wir

$$\int_0^1 \frac{x}{1 + x^2} \, dx = \frac{1}{2} \int_0^1 \frac{2x}{1 + x^2} \, dx = \frac{1}{2} \int_1^2 \frac{1}{y} \, dy = \frac{1}{2} (\ln(2) - \ln(1)) = \frac{\ln(2)}{2}.$$

Insgesamt folgt daher

$$\int_0^1 \arctan(x) \, dx = \frac{\pi}{4} - \frac{\ln(2)}{2}.$$

(d) Mit partieller Integration folgt

$$\int x^2 \ln(x)\,dx = \frac{1}{3}x^3 \cdot \ln(x) - \int \frac{1}{3}x^3 \cdot \frac{1}{x}\,dx$$

$$= \frac{1}{3}x^3 \cdot \ln(x) - \frac{1}{9}x^3 + c = \frac{1}{9}x^3\,(3\ln(x) - 1) + c.$$

Lösung Aufgabe 194 Im Folgenden sei $c \in \mathbb{R}$ eine beliebige Integrationskonstante.

(a) Die Substitution $y(x) = 2x - 3$ für $x \in \mathbb{R}$ ergibt $dy = 2\,dx$. Somit gilt

$$\int \frac{2}{(2x-3)^5}\,dx = \int \frac{1}{y^5}\,dy = -\frac{1}{4y^4} + c = -\frac{1}{4(2x-3)^4} + c.$$

(b) Die Substitution $y(x) = 3x + 7$ für $x \in \mathbb{R}$ ergibt $dy = 3\,dx$. Damit folgt wegen $y(0) = 7$ und $y(\pi) = 3\pi + 7$ gerade

$$\int_0^\pi \cos(3x + 7)\,dx = \frac{1}{3}\int_{y(0)}^{y(\pi)} \cos(y)\,dy$$

$$= -\frac{1}{3}\sin(y)\Big|_7^{3\pi+7} = -\frac{1}{3}(\sin(3\pi + 7) - \sin(7)) = -\frac{2\sin(7)}{3}.$$

(c) Die Substitution $y(x) = \ln(x)$ für $x > 0$ ergibt $dy = 1/x\,dx$. Wir erhalten somit

$$\int \frac{1}{x\ln^3(x)}\,dx = \int \frac{1}{y^3}\,dy = -\frac{1}{2y^2} + c = -\frac{1}{2\ln^2(x)} + c.$$

Damit folgt für das uneigentliche Integral

$$\int_e^{+\infty} \frac{1}{x\ln^3(x)}\,dx = \lim_{\beta \to +\infty} \int_e^\beta \frac{1}{x\ln^3(x)}\,dx = \lim_{\beta \to +\infty} -\frac{1}{2\ln^2(x)}\Big|_e^\beta$$

$$= \lim_{\beta \to +\infty} -\frac{1}{2\ln^2(\beta)} + \frac{1}{2\ln^2(e)} = \frac{1}{2},$$

wobei wir $\lim_{\beta \to +\infty} -1/(2\ln^2(\beta)) = 0$ verwendet haben.

(d) Wir nutzen die sogenannte Weierstraß-Substitution $y(x) = \tan(x/2)$ für $|x| < \pi$. Wegen

$$\cos(x) = \frac{1 - \tan^2\left(\frac{x}{2}\right)}{1 + \tan^2\left(\frac{x}{2}\right)} = \frac{1 - y^2}{1 + y^2}$$

für $|x| < \pi$ folgt $dy = (1 + x^2)/2\,dx$. Damit erhalten wir

$$\int \frac{1}{3 + \cos(x)}\,dx = \int \frac{1}{3 + \frac{1-y^2}{1+y^2}} \cdot \frac{2}{1+y^2}\,dy$$

$$= \int \frac{1}{3(1+y^2) + 1 - y^2}\,dy = \int \frac{1}{2 + y^2}\,dy.$$

Wegen

$$\frac{1}{2 + y^2} = \frac{1}{2} \cdot \frac{1}{1 + \left(\frac{y}{\sqrt{2}}\right)^2}$$

für $y \in \mathbb{R}$ bietet es sich nun an die Substitution $z(y) = y/\sqrt{2}$ für $y \in \mathbb{R}$ zu nutzen. Wegen $dz = 1/\sqrt{2}\,dy$ folgt

$$\int \frac{2}{2 + y^2}\,dy = \frac{1}{\sqrt{2}} \int \frac{1}{1 + z^2}\,dz = \frac{1}{\sqrt{2}} \arctan(z) + c.$$

Indem wir nun zweifach rücksubstituieren, erhalten wir schließlich

$$\int \frac{1}{3 + \cos(x)}\,dx = \frac{1}{\sqrt{2}} \arctan\left(\frac{y}{\sqrt{2}}\right) + c = \frac{1}{\sqrt{2}} \arctan\left(\frac{\tan\left(\frac{x}{2}\right)}{\sqrt{2}}\right) + c.$$

(e) Wegen $\sin^2(x) + \cos^2(x) = 1$ für $x \in \mathbb{R}$ (vgl. Aufgabe 67) gilt zunächst

$$\int_0^{\frac{\pi}{2}} \frac{\cos^3(x)}{1 + \sin(x)}\,dx = \int_0^{\frac{\pi}{2}} \frac{\cos^2(x)}{1 + \sin(x)} \cos(x)\,dx$$

$$= \int_0^{\frac{\pi}{2}} \frac{1 - \sin^2(x)}{1 + \sin(x)} \cos(x)\,dx.$$

Mit der binomischen Formel und der Substitution $y(x) = \sin(x)$ für $x \in \mathbb{R}$ folgt $dy = \cos(x)\,dx$ und somit

$$\int_0^{\frac{\pi}{2}} \frac{1 - \sin^2(x)}{1 + \sin(x)} \cos(x)\,dx = \int_0^{\frac{\pi}{2}} \frac{(1 - \sin(x))(1 + \sin(x))}{1 + \sin(x)} \cos(x)\,dx$$

$$= \int_0^{\frac{\pi}{2}} (1 - \sin(x)) \cos(x)\,dx$$

$$= \int_{y(0)}^{y(\frac{\pi}{2})} 1 - y\,dy = y - \frac{y^2}{2}\bigg|_0^1 = \frac{1}{2}.$$

(f) Die Substitution $y(x) = \pi - x$ für $x \in [0, \pi]$ ergibt $dy = -dx$. Somit folgt wegen $y(0) = -\pi$ und $y(\pi) = 0$ gerade

$$\int_0^\pi \frac{x \sin(x)}{1 + \cos^2(x)} \, dx = -\int_\pi^0 \frac{(\pi - y) \sin(\pi - y)}{1 + \cos^2(\pi - y)} \, dy$$
$$= \int_0^\pi \frac{(\pi - y) \sin(\pi - y)}{1 + \cos^2(\pi - y)} \, dy.$$

Wegen $\sin(\pi - y) = \sin(y)$ und $\cos^2(\pi - y) = \cos^2(y)$ für $y \in \mathbb{R}$ erhalten wir weiter

$$\int_0^\pi \frac{(\pi - y) \sin(\pi - y)}{1 + \cos^2(\pi - y)} \, dy = \int_0^\pi \frac{(\pi - y) \sin(y)}{1 + \cos^2(y)} \, dy$$
$$= \pi \int_0^\pi \frac{\sin(y)}{1 + \cos^2(y)} \, dy - \int_0^\pi \frac{y \sin(y)}{1 + \cos^2(y)} \, dy.$$

Wir wenden nun Aufgabe 199, wobei wir die Funktion $f : [0, 1] \to \mathbb{R}$ mit $f(x) = x/(1 + x^2)$ betrachten, auf das zweite Integral der rechten Seite an und erhalten somit

$$\pi \int_0^\pi \frac{\sin(y)}{1 + \cos^2(y)} \, dy - \int_0^\pi \frac{y \sin(y)}{1 + \cos^2(y)} \, dy$$
$$= \pi \int_0^\pi \frac{\sin(y)}{1 + \cos^2(y)} \, dy - \frac{\pi}{2} \int_0^\pi \frac{\sin(y)}{1 + \cos^2(y)} \, dy$$
$$= \frac{\pi}{2} \int_0^\pi \frac{\sin(y)}{1 + \cos^2(y)} \, dy.$$

Die Substitution $y(z) = \cos(z)$ für $z \in \mathbb{R}$ ergibt $dy = -\sin(z) \, dz$ und liefert wegen $y(0) = 1$ und $y(\pi) = -1$ gerade

$$\int_0^\pi \frac{x \sin(x)}{1 + \cos^2(x)} \, dx = \frac{\pi}{2} \int_0^\pi \frac{\sin(y)}{1 + \cos^2(y)y} \, dy$$
$$= -\frac{\pi}{2} \int_1^{-1} \frac{1}{1 + z^2} \, dy$$
$$= \frac{\pi}{2} \int_{-1}^1 \frac{1}{1 + z^2} \, dy = \frac{\pi}{2} \arctan(z) \Big|_{-1}^1$$
$$= \frac{\pi}{2} (\arctan(1) - \arctan(-1)) = \frac{\pi^2}{4}.$$

(g) Die Substitution $y(x) = x^7 + 2x^5 + 3x^2 + 11$ für $x \in \mathbb{R}$ ergibt $dy = 7x^6 + 10x^4 + 6x \, dx$. Somit gilt

$$\int \frac{14x^6 + 20x^4 + 12x}{x^7 + 2x^5 + 3x^2 + 11} \, dx$$
$$= \frac{1}{2} \int \frac{1}{y} \, dy = \frac{1}{2} \ln(|y|) + c = \ln(|x^7 + 2x^5 + 3x^2 + 11|) + c.$$

(h) Zunächst gilt

$$\int \frac{2x}{x^2 + 5x + 11}\, dx = \int \frac{2x + 5}{x^2 + 5x + 11}\, dx - 5 \int \frac{1}{x^2 + 5x + 11}\, dx.$$

Im ersten Integral substituieren wir $y(x) = x^2 + 5x + 11$ für $x \in \mathbb{R}$. Wegen $dy = 2x + 5\, dx$ erhalten wir somit ähnlich wie in Teil (g) dieser Aufgabe

$$\int \frac{2x + 5}{x^2 + 5x + 11}\, dx$$
$$= \int \frac{1}{y}\, dy = \ln(|y|) + c = \ln\left(x^2 + 5x + 11\right) + c.$$

Das zweite Integral können wir wegen $a^2 < 4b$ mit $a = 5$ und $b = 11$ (vgl. Aufgabe 201) wie folgt berechnen:

$$5 \int \frac{1}{x^2 + 5x + 11}\, dx = \frac{10}{\sqrt{19}} \arctan\left(\frac{2x + 5}{\sqrt{19}}\right) + c.$$

Insgesamt folgt somit

$$\int \frac{2x}{x^2 + 5x + 11}\, dx = \ln\left(x^2 + 5x + 11\right) - \frac{10}{\sqrt{19}} \arctan\left(\frac{2x + 5}{\sqrt{19}}\right) + c.$$

Lösung Aufgabe 195 Im Folgenden sei $c \in \mathbb{R}$ eine beliebige Integrationskonstante.

(a) Die reellen und einfachen Nullstellen des Nenners sind 0 und 1. Wir machen daher den folgenden Ansatz, wobei $A, B \in \mathbb{R}$ zu ermitteln sind:

$$\frac{x + 1}{x(x - 1)} = \frac{A}{x} + \frac{B}{x - 1}.$$

Indem wir die Brüche auf der rechten Seite auf den (bereits bekannten) Hauptnenner $x(x - 1)$ bringen, erhalten wir

$$\frac{x + 1}{x(x - 1)} = \frac{A}{x} + \frac{B}{x - 1} = \frac{A(x - 1)}{x(x - 1)} + \frac{Bx}{x(x - 1)} = \frac{(A + B)x - A}{x(x - 1)}.$$

Durch einen Koeffizientenvergleich zwischen dem Zähler der linken und rechten Seite, ergeben sich die folgenden Gleichungen für die unbekannten Parameter:

$$1 = A + B$$
$$1 = -A.$$

Das Gleichungssystem hat also folgende Lösung: $A = -1$ und $B = 2$. Einsetzen der Werte liefert schließlich

$$\frac{x+1}{x(x-1)} = -\frac{1}{x} + \frac{2}{x-1}.$$

Damit folgt

$$\int \frac{x+1}{x(x-1)}\, dx = -\int \frac{1}{x}\, dx + \int \frac{2}{x-1}\, dx$$
$$= 2\ln(|x-1|) - \ln(|x|) + c.$$

(b) Die reellen Nullstellen des Nenners sind 0 und 2, wobei die Nullstelle 2 doppelt auftritt. Wir machen daher den folgenden Ansatz, wobei $A, B, C \in \mathbb{R}$ zu ermitteln sind:

$$\frac{x+2}{x(x-2)^2} = \frac{A}{x} + \frac{B}{x-2} + \frac{C}{(x-2)^2}.$$

Wir bringen die Brüche der rechten Seite nun auf den Hauptnenner $x(x-2)^2$. Dies führt zu

$$\frac{A}{x} + \frac{B}{x-2} + \frac{C}{(x-2)^2} = \frac{A(x-2)^2}{x(x-2)^2} + \frac{Bx(x-2)}{x(x-2)^2} + \frac{Cx}{x(x-2)^2}$$
$$= \frac{(A+B)x^2 + (-4A - 2B + C)x + 4A}{x(x-2)^2},$$

also

$$\frac{x+2}{x(x-2)^2} = \frac{0x^2 + 1x + 2}{x(x-2)^2} = \frac{(A+B)x^2 + (-4A - 2B + C)x + 4A}{x(x-2)^2}.$$

Durch einen Koeffizientenvergleich erhalten wir somit die folgenden Gleichungen:

$$0 = A + B$$
$$1 = -4A - 2B + C$$
$$2 = 4A.$$

Das Gleichungssystem hat folgende Lösung: $A = 1/2$, $B = -1/2$ und $C = 2$. Damit folgt also gerade

$$\frac{x+2}{x(x-2)^2} = \frac{1}{2x} - \frac{1}{2(x-2)} + \frac{2}{(x-2)^2}$$

und somit

$$\int \frac{x+2}{x(x-2)^2}\,dx = \frac{1}{2}\int \frac{1}{x}\,dx - \frac{1}{2}\int \frac{1}{x-2}\,dx + \int \frac{2}{(x-2)^2}\,dx$$
$$= \frac{1}{2}\ln(|x|) - \frac{1}{2}\ln(|x-2|) - \frac{2}{x-2} + c.$$

(c) Die komplexen Nullstellen von $x \mapsto (x^2+1)(x^2+2)$ sind $x_1 = i$, $x_2 = \overline{x_1} = -i$, $x_3 = i\sqrt{2}$ und $x_4 = \overline{x_3} = -i\sqrt{2}$. Wir machen daher den folgenden Ansatz, wobei $A, B, C, D \in \mathbb{R}$ zu ermitteln sind:

$$\frac{1}{(x^2+1)(x^2+2)} = \frac{Ax+B}{x^2+1} + \frac{Cx+D}{x^2+2}$$
$$= \frac{(Ax+B)(x^2+2)}{(x^2+1)(x^2+2)} + \frac{(Cx+D)(x^2+1)}{(x^2+1)(x^2+2)}$$
$$= \frac{(A+C)x^3 + (B+D)x^2 + (2A+C)x + 2B+D}{(x^2+1)(x^2+2)}.$$

Ein Koeffizientenvergleich der Zähler ergibt, dass A, B, C und D dem folgenden Gleichungssystem genügen:

$$0 = A + C$$
$$0 = B + D$$
$$0 = 2A + C$$
$$1 = 2B + D.$$

Die Lösung des Gleichungssystems ist $A = 0$, $B = 1$, $C = 0$ und $D = -1$. Damit folgt

$$\frac{1}{(x^2+1)(x^2+2)} = \frac{1}{x^2+1} - \frac{1}{x^2+2}$$

und somit

$$\int \frac{1}{(x^2+1)(x^2+2)}\,dx = \int \frac{1}{x^2+1}\,dx - \int \frac{1}{x^2+2}\,dx.$$

Das zweite Integral auf der rechten Seite können wir entweder mit der Substitution $y(x) = x/\sqrt{2}$ (vgl. die Lösung von 194 (d)) oder mit Hilfe von Aufgabe 201 lösen. Damit erhalten wir insgesamt

$$\int \frac{1}{(x^2+1)(x^2+2)}\,dx = \arctan(x) - \frac{1}{\sqrt{2}}\arctan\left(\frac{x}{\sqrt{2}}\right) + c.$$

(d) Die Nennerfunktion $x \mapsto (x^2 + 1)^2$ besitzt die komplexen Nullstellen i und $-$i, die jeweils zweifach auftreten. Wir machen daher den folgenden Ansatz, wobei $A, B, C, D \in \mathbb{R}$ zu ermitteln sind:

$$\frac{x^2 + x + 1}{(x^2 + 1)^2} = \frac{Ax + B}{x^2 + 1} + \frac{Cx + D}{(x^2 + 1)^2}.$$

Indem wir die Nenner der rechten Seite auf den Hauptnenner $(x^2 + 1)^2$ bringen, erhalten wir

$$\begin{aligned}
\frac{x^2 + x + 1}{(x^2 + 1)^2} &= \frac{(Ax + B)(x^2 + 1) + Cx + D}{(x^2 + 1)^2} \\
&= \frac{Ax^3 + Bx^2 + (A + C)x + B + D}{(x^2 + 1)^2}.
\end{aligned}$$

Ein Koeffizientenvergleich liefert somit das folgende Gleichungssystem:

$$\begin{aligned}
0 &= A \\
1 &= B \\
1 &= A + C \\
1 &= B + D.
\end{aligned}$$

Die Lösung ist $A = 0$, $B = 1$, $C = 1$ und $D = 0$, womit wir

$$\frac{x^2 + x + 1}{(x^2 + 1)^2} = \frac{1}{x^2 + 1} + \frac{x}{(x^2 + 1)^2}$$

und folglich

$$\int_2^3 \frac{x^2 + x + 1}{(x^2 + 1)^2}\, dx = \int_2^3 \frac{1}{x^2 + 1}\, dx + \int_2^3 \frac{x}{(x^2 + 1)^2}\, dx$$

erhalten. Für das erste Integral folgt direkt

$$\int_2^3 \frac{1}{x^2 + 1}\, dx = \arctan(x)\,\Big|_2^3 = \arctan(3) - \arctan(2).$$

Wir bestimmen nun noch das zweite Integral auf der rechten Seite. Dazu substituieren wir $y(x) = x^2 + 1$ für $x \in \mathbb{R}$. Wegen $dy = 2x\, dx$ sowie $y(2) = 5$ und $y(3) = 10$ folgt

$$\int_2^3 \frac{x}{(x^2 + 1)^2}\, dx = \frac{1}{2} \int_5^{10} \frac{1}{y^2}\, dy = -\frac{1}{2y}\,\Big|_5^{10} = -\frac{1}{20} + \frac{1}{10} = \frac{1}{20}.$$

Insgesamt erhalten wir also

$$\int_2^3 \frac{x^2 + x + 1}{(x^2 + 1)^2}\, dx = \arctan(3) - \arctan(2) + \frac{1}{20}.$$

Lösung Aufgabe 196 In den Aufgabenteilen (a) bis (c) werden wir die folgenden elementaren Zusammenhänge nutzen:

$$\int \sin(x)\,dx = -\cos(x) + c, \qquad \int \cos(x)\,dx = \sin(x) + c,$$

$$\sin'(x) = \cos(x), \qquad \cos'(x) = -\sin(x).$$

(a) Mit partieller Integration folgt (vgl. auch Aufgabe 193)

$$\int_0^{2\pi} \sin(x)\cos(x)\,dx = -\cos^2(x)\Big|_0^{2\pi} - \int_0^{2\pi} \cos(x)\sin(x)\,dx.$$

Da das gesuchte Integral wieder auf der rechten Seite auftritt, folgt wegen $\cos(0) = 1$ und $\cos(\pi) = -1$ gerade

$$\int_0^{2\pi} \sin(x)\cos(x)\,dx = -\frac{1}{2}\cos^2(x)\Big|_0^{2\pi} = -\frac{1}{2}\left(\cos^2(\pi) - \cos^2(0)\right) = 0.$$

(b) Wir integrieren wieder partiell. Es gilt

$$\int_0^{2\pi} \sin^2(x)\,dx = -\cos(x)\sin(x)\Big|_0^{2\pi} + \int_0^{2\pi} \cos^2(x)\,dx. \qquad (23.3)$$

Da $\sin^2(x) + \cos^2(x) = 1$ für alle $x \in \mathbb{R}$ gilt (vgl. Aufgabe 67) folgt

$$\int_0^{2\pi} \sin^2(x)\,dx = -\cos(x)\sin(x)\Big|_0^{2\pi} + \int_0^{2\pi} 1\,dx - \int_0^{2\pi} \sin^2(x)\,dx$$

und somit

$$\int_0^{2\pi} \sin^2(x)\,dx = -\frac{1}{2}\left(\cos(x)\sin(x) + x\right)\Big|_0^{2\pi} = \pi.$$

(c) Aus Gleichung (23.3) können wir wegen $\sin(0) = \sin(2\pi) = 0$ direkt

$$\int_0^{2\pi} \sin^2(x)\,dx = \int_0^{2\pi} \cos^2(x)\,dx$$

ablesen. Mit Teil (b) folgt daher $\int_0^{2\pi} \cos^2(x)\,dx = \pi$.

Lösung Aufgabe 197 Sei stets $c \in \mathbb{R}$ eine beliebige Integrationskonstante.

(a) Mit der Substitution $y(x) = \ln(x)$ für $x > 0$ und $dy = 1/x\,dx$ erhalten wir

$$\int \frac{\cos(\ln(x))}{x}\,dx = \int \cos(y)\,dy = \sin(y) + c = \sin(\ln(x)) + c.$$

(b) Wir integrieren zunächst partiell und erhalten

$$\int e^x \cos(x)\,dx = e^x \sin(x) - \int e^x \sin(x)\,dx.$$

Erneute partielle Integration liefert dann

$$\int e^x \sin(x)\,dx = -e^x \cos(x) + \int e^x \cos(x)\,dx,$$

sodass wir durch Einsetzen

$$\int e^x \cos(x)\,dx = e^x \sin(x) + e^x \cos(x) - \int e^x \cos(x)\,dx,$$

also gerade

$$\int e^x \cos(x)\,dx = \frac{1}{2}\left(e^x \sin(x) + e^x \cos(x)\right) + c$$

erhalten.

(c) Wegen $\sin^2(x) + \cos^2(x) = 1$ für $x \in \mathbb{R}$ können wir zunächst

$$\int \tan^3(x)\,dx = \int \frac{\sin^3(x)}{\cos^3(x)}\,dx$$

$$= \int \frac{\sin^2(x)}{\cos^3(x)}\sin(x)\,dx = \int \frac{1 - \cos^2(x)}{\cos^3(x)}\sin(x)\,dx$$

schreiben. Mit der Substitution $y(x) = \cos(x)$ für $x \in \mathbb{R}$ und $dy = -\sin(x)\,dx$ folgt dann

$$\int \frac{1 - \cos^2(x)}{\cos^3(x)}\sin(x)\,dx = \int \frac{y^2 - 1}{y^3}\,dy = \int \left(\frac{1}{y} - \frac{1}{y^3}\right)\,dy$$

und somit

$$\int \tan^3(x)\,dx = \int \left(\frac{1}{y} - \frac{1}{y^3}\right)\,dy$$

$$= \ln(|y|) + \frac{1}{2y^2} + c = \ln(|\cos(x)|) + \frac{1}{2\cos^2(x)} + c.$$

Insgesamt erhalten wir

$$\int_0^{\frac{\pi}{4}} \tan^3(x)\,dx = \ln(|\cos(x)|) + \frac{1}{2\cos^2(x)}\bigg|_0^{\frac{\pi}{4}} = \ln\left(\frac{1}{\sqrt{2}}\right) + \frac{1}{2},$$

wobei wir $\cos(\pi/4) = 1/\sqrt{2}$ verwendet haben.

(d) Da die Grade des Zähler- und Nennerpolynoms gleich sind, schreiben wir zunächst

$$\int \frac{x^2}{x^2-1}\,dx = \int \frac{(x^2-1)+1}{x^2-1}\,dx = \int 1\,dx + \int \frac{1}{x^2-1}\,dx.$$

Die Nullstellen von $x \mapsto x^2-1$ sind -1 und 1. Wir machen daher den Ansatz

$$\frac{1}{x^2-1} = \frac{A}{x-1} + \frac{B}{x+1},$$

wobei wir $A, B \in \mathbb{R}$ bestimmen wollen. Indem wir beide Seiten der obigen Gleichung auf den gleichen Nenner bringen, folgt

$$\frac{1}{x^2-1} = \frac{A(x+1)}{x^2-1} + \frac{B(x-1)}{x^2-1} = \frac{(A+B)x + A - B}{x^2-1}.$$

Das Gleichungssystem

$$0 = A + B$$
$$1 = A - B$$

besitzt die Lösung $A = 1/2$ und $B = -1/2$. Wir erhalten daher

$$\int \frac{1}{x^2-1}\,dx = \frac{1}{2}\int \frac{1}{x-1}\,dx - \frac{1}{2}\int \frac{1}{x+1}\,dx$$

und somit

$$\int_2^3 \frac{x^2}{x^2-1}\,dx = \int_2^3 1\,dx + \frac{1}{2}\int_2^3 \frac{1}{x-1}\,dx - \frac{1}{2}\int_2^3 \frac{1}{x+1}\,dx$$

$$= x + \frac{1}{2}\ln(|x-1|) - \frac{1}{2}\ln(|x+1|)\Big|_2^3$$

$$= 1 + \frac{1}{2}\left(\ln(2) - \ln\left(\frac{4}{3}\right)\right).$$

Lösung Aufgabe 198

(a) Wir zerlegen zunächst das Integral um die Betragsfunktion im Exponenten vereinfachen zu können:

$$\int_{-\infty}^{+\infty} e^{-|x|}\,dx = \int_{-\infty}^0 e^{-|x|}\,dx + \int_0^{+\infty} e^{-|x|}\,dx$$

$$= \int_{-\infty}^0 e^{x}\,dx + \int_0^{+\infty} e^{-x}\,dx.$$

Weiter gilt

$$\int_{-\infty}^{0} e^x \, dx + \int_{0}^{+\infty} e^{-x} \, dx = \lim_{\alpha \to -\infty} \int_{\alpha}^{0} e^x \, dx + \lim_{\beta \to +\infty} \int_{0}^{\beta} e^{-x} \, dx$$

$$= \lim_{\alpha \to -\infty} e^x \Big|_{\alpha}^{0} - \lim_{\beta \to +\infty} e^{-x} \Big|_{0}^{\beta}$$

$$= 2,$$

das heißt, es folgt $\int_{-\infty}^{+\infty} e^{-|x|} \, dx = 2$.

(b) Mit der Substitution $y(x) = e^x$ für $x \in \mathbb{R}$ und $dy = e^x \, dx$ folgt zunächst

$$\int \frac{2}{e^x + e^{-x}} \, dx = 2 \int \frac{e^x}{e^{2x} + 1} \, dx$$

$$= 2 \int \frac{1}{y^2 + 1} \, dy = 2 \arctan\left(e^x\right) + c,$$

wobei $c \in \mathbb{R}$ eine beliebige Integrationskonstante ist. Somit erhalten wir wegen $\lim_{\alpha \to -\infty} e^\alpha = 0$ und $\arctan(0) = 0$ gerade

$$\int_{-\infty}^{+\infty} \frac{2}{e^x + e^{-x}} \, dx = \lim_{\beta \to +\infty} 2 \arctan\left(e^\beta\right) - \lim_{\alpha \to -\infty} 2 \arctan\left(e^\alpha\right)$$

$$= \pi.$$

Lösung Aufgabe 199 Wir nutzen die Substitution $y(x) = \pi - x$ für $x \in \mathbb{R}$. Somit folgen $dy = -dx$, $y(0) = \pi$ und $y(\pi) = 0$. Wir erhalten

$$\int_{0}^{\pi} x f(\sin(x)) \, dx = -\int_{\pi}^{0} (\pi - y) f(\sin(\pi - y)) \, dy.$$

Wegen $\sin(\pi - y) = \sin(y)$ für $y \in \mathbb{R}$ folgt weiter

$$-\int_{\pi}^{0} (\pi - y) f(\sin(\pi - y)) \, dy = \int_{0}^{\pi} (\pi - y) f(\sin(y)) \, dy.$$

Damit erhalten wir

$$\int_{0}^{\pi} x f(\sin(x)) \, dx = \int_{0}^{\pi} (\pi - y) f(\sin(y)) \, dy$$

$$= \int_{0}^{\pi} \pi f(\sin(y)) \, dy - \int_{0}^{\pi} y f(\sin(y)) \, dy,$$

also folgt wie gewünscht

$$\int_{0}^{\pi} y f(\sin(y)) \, dy = \frac{\pi}{2} \int_{0}^{\pi} f(\sin(y)) \, dy.$$

Lösung Aufgabe 200

(a) Es gilt

$$J(1) = \int_0^{\frac{\pi}{2}} \sin(x)\,dx = -\int_0^{\frac{\pi}{2}} \cos(x)\,dx = -\cos(x)\Big|_0^{\frac{\pi}{2}} = 1.$$

Das Integral $J(2)$ bestimmen wir wie folgt mit Hilfe von partieller Integration:

$$J(2) = \int_0^{\frac{\pi}{2}} \sin^2(x)\,dx = -\cos(x)\sin(x)\Big|_0^{\frac{\pi}{2}} + \int_0^{\frac{\pi}{2}} \cos^2(x)\,dx.$$

Wegen $\cos(\pi/2) = \sin(0) = 0$ und $\sin^2(x) + \cos^2(x) = 1$ für $x \in \mathbb{R}$ erhalten wir weiter

$$J(2) = \int_0^{\frac{\pi}{2}} \cos^2(x)\,dx = \int_0^{\frac{\pi}{2}} 1 - \sin^2(x)\,dx$$

$$= \int_0^{\frac{\pi}{2}} 1\,dx - J(2) = \frac{\pi}{2} - J(2).$$

Dies bedeutet also gerade $J(2) = \pi/4$.

(b) Sei nun $n \in \mathbb{N}$ mit $n \geq 3$ beliebig gewählt. Wir integrieren erneut partiell und erhalten wegen $\sin^2(x) + \cos^2(x) = 1$ für $x \in \mathbb{R}$

$$J(n) = \int_0^{\frac{\pi}{2}} \sin(x)\sin^{n-1}(x)\,dx$$

$$= -\cos(x)\sin^{n-1}(x)\Big|_0^{\frac{\pi}{2}} + \int_0^{\frac{\pi}{2}} \cos^2(x)(n-1)\sin^{n-2}(x)\,dx$$

$$= \int_0^{\frac{\pi}{2}} \cos^2(x)(n-1)\sin^{n-2}(x)\,dx$$

$$= \int_0^{\frac{\pi}{2}} (1 - \sin^2(x))(n-1)\sin^{n-2}(x)\,dx$$

$$= \int_0^{\frac{\pi}{2}} (n-1)\sin^{n-2}(x)\,dx - \int_0^{\frac{\pi}{2}} (n-1)\sin^n(x)\,dx$$

$$= (n-1)J(n-2) - (n-1)J(n)$$

und somit

$$J(n) = \frac{n-1}{n}J(n-2).$$

Wegen $J(1) = 1$ (vgl. Teil (a)) folgen daher

$$J(3) = \frac{2}{3} \cdot J(1) = \frac{2}{3}, \quad J(5) = \frac{4}{5} \cdot J(3) = \frac{4}{5} \cdot \frac{2}{3},$$
$$J(7) = \frac{6}{7} \cdot J(5) = \frac{6}{7} \cdot \frac{4}{5} \cdot \frac{2}{3}.$$

Wir erhalten somit

$$J(99) = \frac{98!!}{99!!} = \frac{98}{99} \cdot \frac{96}{97} \cdot \frac{94}{95} \cdot \ldots \cdot \frac{6}{7} \cdot \frac{4}{5} \cdot \frac{2}{3} \approx 0,1256,$$

wobei !! die sogenannte Doppelfakultät bezeichnet.

Lösung Aufgabe 201 Für $a = 0$ und $b = 1$ wird das Integral bekanntermaßen zu $\int 1/(x^2 + 1)\,dx = \arctan(x) + c$, wobei $c \in \mathbb{R}$ eine beliebige Integrationskonstante ist. Wir werden nun zeigen, dass sich das allgemeine Integral $\int 1/(x^2 + ax + b)\,dx$ auf diesen Spezialfall zurückführen lässt, indem wir den Nenner geschickt umschreiben. Zunächst gilt mit einer quadratischen Ergänzung für jedes $x \in \mathbb{R}$

$$x^2 + ax + b = x^2 + ax + \left(\frac{a}{2}\right)^2 + b - \left(\frac{a}{2}\right)^2 = \left(x + \frac{a}{2}\right)^2 + b - \left(\frac{a}{2}\right)^2$$

und somit wegen $4b - a^2 > 0$

$$\int \frac{1}{x^2 + ax + b}\,dx = \int \frac{1}{\left(x + \frac{a}{2}\right)^2 + b - \left(\frac{a}{2}\right)^2}\,dx$$
$$= \frac{1}{b - \left(\frac{a}{2}\right)^2} \int \frac{1}{\left(\frac{x + \frac{a}{2}}{\sqrt{b - \left(\frac{a}{2}\right)^2}}\right)^2 + 1}\,dx.$$

Wir substituieren daher

$$y(x) = \frac{x + \frac{a}{2}}{\sqrt{b - \left(\frac{a}{2}\right)^2}}$$

für $x \in \mathbb{R}$. Wegen $dy = 1/\sqrt{b - (a/2)^2}\,dx$ folgt somit

$$\frac{1}{b - \left(\frac{a}{2}\right)^2} \int \frac{1}{\left(\frac{x + \frac{a}{2}}{\sqrt{b - \left(\frac{a}{2}\right)^2}}\right)^2 + 1}\,dx = \frac{1}{\sqrt{b - \left(\frac{a}{2}\right)^2}} \int \frac{1}{y^2 + 1}\,dy$$

$$= \frac{1}{\sqrt{b - \left(\frac{a}{2}\right)^2}} \arctan\left(\frac{x + \frac{a}{2}}{\sqrt{b - \left(\frac{a}{2}\right)^2}}\right) + c.$$

Indem wir schließlich noch $\sqrt{b - (a/2)^2}$ umschreiben als $1/2\sqrt{4b - a^2}$, erhalten wir das gewünschte Ergebnis.

Lösung Aufgabe 202 Wir zeigen zuerst

$$\lim_{t \to 0^+} \int_{-1}^{1} \frac{t f(0)}{t^2 + x^2}\, dx = \pi f(0).$$

Sei zunächst $t > 0$ beliebig. Mit der Substitution $y(x) = x/t$ für $x \in \mathbb{R}$ und $dy = 1/t\, dx$ folgt

$$\int_{-1}^{1} \frac{t f(0)}{t^2 + x^2}\, dx = \int_{-1}^{1} \frac{\frac{1}{t} f(0)}{1 + \left(\frac{x}{t}\right)^2}\, dx$$

$$= \int_{-\frac{1}{t}}^{\frac{1}{t}} \frac{f(0)}{1 + y^2}\, dy$$

$$= f(0) \arctan(y)\Big|_{-\frac{1}{t}}^{\frac{1}{t}} = f(0)\left(\arctan\left(\frac{1}{t}\right) - \arctan\left(-\frac{1}{t}\right)\right)$$

$$= 2 f(0) \arctan\left(\frac{1}{t}\right)$$

und somit wie gewünscht

$$\lim_{t \to 0^+} \int_{-1}^{1} \frac{t f(0)}{t^2 + x^2}\, dx = 2 f(0) \lim_{t \to 0^+} \arctan\left(\frac{1}{t}\right)$$

$$= 2 f(0) \lim_{x \to +\infty} \arctan(x)$$

$$= \pi f(0).$$

Da die Funktion $f : \mathbb{R} \to \mathbb{R}$ nach Voraussetzung stetig ist, ist für jedes $t > 0$ die Funktion $f_t : \mathbb{R} \to \mathbb{R}$ mit $f_t(x) = f(tx)$ ebenfalls stetig. Daher gibt es zu jedem $\varepsilon > 0$ eine Zahl $\delta_t > 0$ mit $|f_t(x) - f_t(0)| < \varepsilon$ für alle $x \in \mathbb{R}$ mit $x \in (-\delta_t, \delta_t)$. Somit folgt mit der Substitution $y(x) = x/t$ für $x \in \mathbb{R}$ und $dy = 1/t\, dx$

$$\int_{-1}^{1} \frac{t f(x)}{t^2 + x^2}\, dx = \int_{-\frac{1}{t}}^{\frac{1}{t}} \frac{f(ty)}{1 + y^2}\, dy = \int_{-\frac{1}{t}}^{\frac{1}{t}} \frac{f(ty) - f(0)}{1 + y^2}\, dy + \int_{-\frac{1}{t}}^{\frac{1}{t}} \frac{f(0)}{1 + y^2}\, dy.$$

Für $|y| < \delta_t$ können wir das erste Integral auf der rechten Seite wie folgt abschätzen:

$$\left| \int_{-\frac{1}{t}}^{\frac{1}{t}} \frac{f(ty) - f(0)}{1 + y^2}\, dy \right| \leq \int_{-\frac{1}{t}}^{\frac{1}{t}} \frac{|f(ty) - f(0)|}{1 + y^2}\, dy$$

$$< \int_{-\frac{1}{t}}^{\frac{1}{t}} \frac{\varepsilon}{1 + y^2}\, dy \leq \varepsilon \int_{-\infty}^{+\infty} \frac{1}{1 + y^2}\, dy = \varepsilon \pi.$$

Damit erhalten wir insgesamt wie gewünscht

$$\lim_{t \to 0^+} \int_{-1}^{1} \frac{t f(x)}{t^2 + x^2} \, dx = \lim_{t \to 0^+} \int_{-\frac{1}{t}}^{\frac{1}{t}} \frac{f(ty) - f(0)}{1 + y^2} \, dy + \lim_{t \to 0^+} \int_{-\frac{1}{t}}^{\frac{1}{t}} \frac{f(0)}{1 + y^2} \, dy$$

$$= 0 + \pi f(0) = \pi f(0).$$

Lösung Aufgabe 203 Seien $a, b \in \mathbb{R}$ mit $0 < a < b < +\infty$ und $x > 0$ beliebig gewählt. Mit Hilfe von partieller Integration folgt

$$\int_a^b t^x e^{-t} \, dt = -t^x e^{-t} \Big|_a^b + x \int_a^b t^{x-1} e^{-t} \, dt.$$

Wegen

$$\lim_{t \to 0} t^x e^{-t} = 0 \quad \text{und} \quad \lim_{t \to +\infty} t^x e^{-t} = 0$$

erhalten wir somit

$$\Gamma(x + 1) = \lim_{\substack{a \to 0^+ \\ b \to +\infty}} \int_a^b t^x e^{-t} \, dt$$

$$= \lim_{\substack{a \to 0^+ \\ b \to +\infty}} \left(-t^x e^{-t} \Big|_a^b + x \int_a^b t^{x-1} e^{-t} \, dt \right)$$

$$= \lim_{\substack{a \to 0^+ \\ b \to +\infty}} -t^x e^{-t} \Big|_a^b + x \int_0^{+\infty} t^{x-1} e^{-t} \, dt$$

$$= x \Gamma(x).$$

Insbesondere folgt induktiv

$$\Gamma(n + 1) = n \Gamma(n) = n(n - 1) \Gamma(n - 1) = \ldots = n! \Gamma(1) = n!$$

wobei

$$\Gamma(1) = \int_0^{+\infty} e^{-t} \, dt = -e^{-t} \Big|_0^{+\infty} = \lim_{b \to +\infty} -e^{-b} + 1 = 0 + 1 = 1.$$

Lösung Aufgabe 204 Da $|\sin(x)| \leq 1$ für alle $x \in \mathbb{R}$ gilt, können wir das Integral wie folgt abschätzen:

$$\int_0^{+\infty} e^{-x} |\sin(x)| \, dx \leq \int_0^{+\infty} e^{-x} \, dx.$$

Das Integral auf der rechten Seite ist aber endlich, denn es gilt

$$\int_0^{+\infty} e^{-x}\, dx = -e^{-x}\Big|_0^{+\infty} = \lim_{b\to+\infty} -e^{-b} + 1 = 1.$$

Mit dem Majorantenkriterium für Integrale folgt somit, dass das Integral $I = \int_0^{+\infty} e^{-x}|\sin(x)|\, dx$ existiert. Wir bestimmen nun den Wert I des Integrals. Mit zweifacher partieller Integration folgt zunächst

$$\int e^{-x}\sin(x)\, dx = -e^{-x}\sin(x) + \int e^{-x}\cos(x)\, dx$$

$$= -e^{-x}\sin(x) + \left(-e^{-x}\cos(x) - \int e^{-x}\sin(x)\, dx\right)$$

und somit

$$\int e^{-x}\sin(x)\, dx = -\frac{1}{2}e^{-x}\left(\sin(x) + \cos(x)\right).$$

Weiter gilt für jedes $j \in \mathbb{N}$

$$\int_{j\pi}^{(j+1)\pi} (-1)^j e^{-x}\sin(x)\, dx = \frac{(-1)^{j+1}}{2} e^{-x}\left(\sin(x) + \cos(x)\right)\Big|_{j\pi}^{(j+1)\pi}$$

$$= \frac{1}{2}\left(e^{-(j+1)\pi} + e^{-j\pi}\right).$$

Damit vereinfacht sich das Integral zu

$$\int_0^{+\infty} e^{-x}|\sin(x)|\, dx = \frac{1}{2}\sum_{j=0}^{+\infty}\left(e^{-(j+1)\pi} + e^{-j\pi}\right).$$

Mit einer Indexverschiebung gilt dann

$$\frac{1}{2}\sum_{j=0}^{+\infty}\left(e^{-(j+1)\pi} + e^{-j\pi}\right) = \frac{1}{2} + \frac{1}{2}\left(\sum_{j=0}^{+\infty} e^{-(j+1)\pi} + \sum_{j=1}^{+\infty} e^{-j\pi}\right)$$

$$= \frac{1}{2} + \frac{1}{2}\left(\sum_{j=1}^{+\infty} e^{-j\pi} + \sum_{j=1}^{+\infty} e^{-j\pi}\right) = \frac{1}{2} + \sum_{j=1}^{+\infty} e^{-j\pi}.$$

Da $e^{-\pi} < 1$ gilt, handelt es sich bei der Reihe $\sum_{j=1}^{+\infty} e^{-j\pi}$ um eine geometrische Reihe, deren Reihenwert gerade $e^{-\pi}/(1 - e^{-\pi})$ beträgt. Insgesamt folgt somit

$$I = \int_0^{+\infty} e^{-x}|\sin(x)|\, dx = \frac{1}{2} + \sum_{j=1}^{+\infty} e^{-j\pi} = \frac{1}{2} + \frac{e^{-\pi}}{1 - e^{-\pi}} = \frac{1}{2}\cdot\frac{1 + e^{-\pi}}{1 - e^{-\pi}}.$$

Lösung Aufgabe 205

(a) Wegen $|\cos(x)| \leq 1$ für $x \in \mathbb{R}$ können wir zunächst wie folgt abschätzen:

$$\int_1^{+\infty} \frac{\cos(x)}{x^2} \, dx \leq \int_1^{+\infty} \frac{1}{x^2} \, dx.$$

Weiter gilt

$$\int_1^{+\infty} \frac{1}{x^2} \, dx = -\frac{1}{x} \Big|_1^{+\infty} = 1,$$

womit $\int_1^{+\infty} 1/x^2 \, dx$ eine konvergente Majorante für das Ausgangsintegral $\int_1^{+\infty} \cos(x)/x^2 \, dx$ darstellt. Mit dem Majorantenkriterium folgt somit, dass $\int_1^{+\infty} \cos(x)/x^2 \, dx$ existiert.

(b) Da die Funktion $x \mapsto \sin(x)$ in $[0, 1]$ konkav ist, gilt für $x \in [0, 1]$

$$\sin(x) \geq (1 - x)\sin(0) + x\sin(1) = x\sin(1)$$

und wir erhalten für den Integranden die Abschätzung

$$0 \leq \frac{\sqrt{x}}{\sin(x)} \leq \frac{\sqrt{x}}{x\sin(1)} = \frac{1}{\sqrt{x}\sin(1)}.$$

Weiter gilt

$$\int_0^1 \frac{1}{\sqrt{x}\sin(1)} \, dx = \frac{2}{\sin(1)} \sqrt{x} \Big|_0^1 = \frac{2}{\sin(1)}.$$

Da $\int_0^1 1/(\sqrt{x}\sin(1)) \, dx$ endlich ist, folgt aus dem Majorantenkriterium, dass das Integral $\int_0^1 \sqrt{x}/\sin(x) \, dx$ ebenfalls endlich ist.

Lösung Aufgabe 206 Wir überlegen uns zuerst, dass sich der Integrand $x \mapsto \sin(x)/x$ an der Stelle $x = 0$ stetig fortsetzen lässt. Mit dem Satz von l'Hospital und der Stetigkeit des Kosinus folgt zunächst

$$\lim_{x \to 0} \frac{\sin(x)}{x} \overset{\text{l' Hosp.}}{=} \lim_{x \to 0} \frac{\cos(x)}{1} = \cos\left(\lim_{x \to 0} x\right) = \cos(0) = 1.$$

Somit ist die Funktion $f : [0, 1] \to \mathbb{R}$ mit

$$f(x) = \begin{cases} \frac{\sin(x)}{x}, & x \in (0, 1] \\ 1, & x = 0 \end{cases}$$

eine stetige Fortsetzung mit $\int_0^1 f(x)\,dx = \int_0^1 \sin(x)/x\,dx$. Da f stetig und $[0,1]$ kompakt ist, ist das Integral $\int_0^1 f(x)\,dx$ endlich. Wir müssen somit lediglich zeigen, dass auch $\int_1^{+\infty} \sin(x)/x\,dx$ endlich ist. Mit partieller Integration erhalten wir zunächst

$$\int_1^{+\infty} \frac{\sin(x)}{x}\,dx = -\frac{\cos(x)}{x}\Bigg|_1^{+\infty} - \int_1^{+\infty} \frac{\cos(x)}{x^2}\,dx.$$

Wegen $-1 \le \cos(x) \le 1$ für $x \in \mathbb{R}$ folgen

$$-\frac{\cos(x)}{x}\Bigg|_1^{+\infty} = \cos(1) - \lim_{\alpha \to +\infty} \frac{\cos(\alpha)}{\alpha} = \cos(1)$$

sowie

$$\int_1^{+\infty} \left|\frac{\cos(x)}{x^2}\right|\,dx \le \int_1^{+\infty} \frac{1}{x^2}\,dx = -\frac{1}{x}\Bigg|_1^{+\infty} = 1 - \lim_{\alpha \to +\infty} \frac{1}{\alpha} = 1.$$

Somit ist auch $\int_1^{+\infty} \sin(x)/x\,dx$ und damit gerade das ursprüngliche Integral $\int_0^{+\infty} \sin(x)/x\,dx$ endlich.

Lösung Aufgabe 207

(a) Sei $\alpha > 0$ beliebig gewählt. Wir untersuchen das Integral

$$J(\alpha) = \int_2^{+\infty} \frac{1}{x \ln^\alpha(x)}\,dx.$$

Dabei sehen wir sofort, dass der Integrand $f_\alpha : [2, +\infty) \to \mathbb{R}$ mit $f_\alpha(x) = 1/(x \ln^\alpha(x))$ sowohl positiv als auch stetig ist. Wir müssen uns noch weiter überlegen, dass f_α eine monoton fallende Funktion ist. Dazu werden wir das Monotoniekriterium (vgl. Aufgabe 147) nutzen, weshalb wir zunächst für $x \ge 2$ die Ableitung von f_α mit Hilfe der Kettenregel bestimmen:

$$f_\alpha'(x) = -\frac{\ln^\alpha(x) + \alpha \ln^{\alpha-1}(x)}{(x \ln^\alpha(x))^2} = -\frac{\ln(x) + \alpha}{x^2 \ln^{\alpha+1}(x)}.$$

Wegen $\ln(x) \ge 0$ für $x \ge 2$ folgt somit $f_\alpha'(x) \le 0$, das heißt, die Funktion f_α ist monoton fallend. Gemäß dem Integralvergleichskriterium konvergiert damit die Reihe $\sum_{n=2}^{+\infty} 1/(n \ln^\alpha(n))$ genau dann, wenn das Integral $J(\alpha)$ konvergent ist. Mit der Substitution $y(x) = \ln(x)$ für $x \ge 2$ und $dy = 1/x\,dx$ erhalten wir für $\alpha \ne 1$ gerade

$$J(\alpha) = \int_{\ln(2)}^{+\infty} \frac{1}{y^\alpha}\,dy = \frac{y^{1-\alpha}}{1-\alpha}\Bigg|_{\ln(2)}^{+\infty} = \lim_{\beta \to +\infty} \frac{\beta^{1-\alpha}}{1-\alpha} - \frac{\ln^{1-\alpha}(2)}{1-\alpha}.$$

Da der Grenzwert auf der rechten Seite genau dann endlich ist, wenn $1 - \alpha < 0$, also $\alpha > 1$ gilt, konvergiert $J(\alpha)$ genau dann, wenn $\alpha > 1$. Wir betrachten zum Schluss noch den Fall $\alpha = 1$ gilt. Mit der Substitution $y(x) = \ln(x)$ für $x \geq 2$ und $dy = 1/x\, dx$ folgt

$$J(1) = \int_{\ln(2)}^{+\infty} \frac{1}{y}\, dy = \ln(|y|) \Big|_{\ln(2)}^{+\infty} = \lim_{\beta \to +\infty} \ln(\beta) - \ln(\ln(2)).$$

Da der natürliche Logarithmus jedoch unbeschränkt ist, ist $J(1)$ nicht konvergent. Insgesamt haben wir somit gezeigt, dass die Reihe $\sum_{n=2}^{+\infty} 1/(n \ln^{\alpha}(n))$ für $\alpha > 1$ konvergiert.

(b) Um die Konvergenz der Reihe zu untersuchen, betrachten wir das Integral

$$J = \int_3^{+\infty} \frac{1}{x \ln(x) \ln(\ln(x))}\, dx.$$

sloppyDamit wir das Integralvergleichskriterium anwenden können, müssen wir uns überlegen, dass der Integrand $f : [3, +\infty) \to \mathbb{R}$ mit $f(x) = 1/(x \ln(x) \ln(\ln(x)))$ positiv, stetig und monoton fallend ist. Die Stetigkeit und Positivität von f ist offensichtlich. Für die Monotonie nutzen wir erneut Aufgabe 147, weshalb wir die erste Ableitung von f für $x \geq 3$ mit der Kettenregel bestimmen:

$$f'(x) = -\frac{1 + (\ln(x) + 1) \ln(\ln(x))}{(x \ln(x) \ln(\ln(x)))^2}.$$

Wegen $\ln(x) \geq 0$ und $\ln(\ln(x)) \geq 0$ für $x \geq 3$ folgt somit $f'(x) \leq 0$ für $x \geq 3$, das heißt, f ist monoton fallend. Zur Berechnung des Integrals nutzen wir die Substitution $y(x) = \ln(\ln(x))$ für $x \geq 3$. Wegen $dy = 1/(x \ln(x))\, dx$ erhalten wir

$$J = \int_{\ln(\ln(3))}^{+\infty} \frac{1}{y}\, dy = \ln(y) \Big|_{\ln(\ln(3))}^{+\infty} = \lim_{\beta \to +\infty} \ln(\beta) - \ln(\ln(\ln(3))).$$

Jedoch ist die Logarithmusfunktion unbeschränkt, womit der Grenzwert auf der rechten Seite nicht existiert. Damit ist das Integral und somit auch die Reihe $\sum_{n=3}^{+\infty} 1/(n \ln(n) \ln(\ln(n)))$ gemäß dem Integralvergleichskriterium divergent.

Lösung Aufgabe 208 Wir untersuchen zunächst die Hilfsfunktion $h : [1, +\infty) \to \mathbb{R}$ mit $h(x) = \int_1^x \ln(t)\, dt$. Diese ist nach dem Hauptsatz der Differential- und Integralrechnung differenzierbar und es gilt $h'(x) = \ln(x)$ für $x \geq 1$. Führen wir weiter die Funktion $g : \mathbb{R} \to \mathbb{R}$ mit $g(x) = \exp(x^2)$ ein, so folgt

$$f(x) = \int_1^{\exp(x^2)} \ln(t)\, dt = h(g(x))$$

für alle $x \in \mathbb{R}$. Wegen $g'(x) = 2x \exp(x^2)$ für $x \in \mathbb{R}$ folgt schließlich aus der Kettenregel

$$f'(x) = h'(g(x)) \cdot g'(x) = \ln\left(\exp(x^2)\right) \cdot 2x \exp(x^2) = 2x^3 \exp(x^2).$$

Lösung Aufgabe 209 Im Folgenden stellen wir zwei alternative Beweise vor:

(a) Wir untersuchen die Funktion $F : [a, b] \to \mathbb{R}$ mit $F(x) = \int_a^x f(t)\,dt$. Da f positiv ist, gilt für alle $x, y \in [a, b]$ mit $x \le y$ gerade $\int_x^y f(t)\,dt \ge 0$ und somit

$$F(x) = \int_a^x f(t)\,dt \le \int_a^x f(t)\,dt + \int_x^y f(t)\,dt = \int_a^y f(t)\,dt = F(y),$$

das heißt, die Funktion F ist monoton wachsend. Insbesondere gilt daher auch

$$0 = F(a) \le F(x) \le F(b) = 0$$

für alle $x \in [a, b]$. Damit folgt $F(x) = 0$ für alle $x \in [a, b]$, das heißt, F ist die Nullfunktion. Mit dem Hauptsatz der Differential- und Integralrechnung folgt schließlich $0 = F'(x) = f(x)$ für alle $x \in [a, b]$.

(b) Angenommen, die Aussage wäre falsch, das heißt f ist nicht die Nullfunktion. Ohne Einschränkung gibt es dann eine Stelle $x_0 \in [a, b]$ mit $f(x_0) > 0$. Da f stetig ist, gibt es $\delta > 0$ und eine Umgebung $U(x_0) = (x_0 - \delta, x_0 + \delta)$ mit $f(x) \ge \frac{1}{2} f(x_0)$ für alle $x \in U(x_0)$ (vgl. Aufgabe 95). Dies führt aber zu einem Widerspruch, denn es gilt wegen $f(x) \ge 0$ für alle $x \in [a, b]$ gerade

$$0 = \int_a^b f(x)\,dx = \underbrace{\int_a^{x_0-\delta} f(x)\,dx}_{\ge 0} + \int_{x_0-\delta}^{x_0+\delta} f(x)\,dx + \underbrace{\int_{x_0+\delta}^b f(x)\,dx}_{\ge 0}$$

$$\ge \int_{x_0-\delta}^{x_0+\delta} f(x)\,dx \ge \int_{x_0-\delta}^{x_0+\delta} \frac{1}{2} f(x_0)\,dx = \delta f(x_0) > 0.$$

Das ist offensichtlich nicht möglich, also muss f die Nullfunktion sein.

Lösung Aufgabe 210 Seien $x, y \in [a, b]$ beliebig gewählt. Dann gilt

$$|F(x) - F(y)| = \left| \int_{x_0}^x f(t)\,dt - \int_{x_0}^y f(t)\,dt \right| = \left| \int_{\min\{x,y\}}^{\max\{x,y\}} f(t)\,dt \right|$$

$$\le |\max\{x,y\} - \min\{x,y\}| \, \|f\|_\infty = \|f\|_\infty |x - y|,$$

das heißt, die Funktion $F : [a, b] \to \mathbb{R}$ ist Lipschitz-stetig mit Lipschitz-Konstante $L = \|f\|_\infty$.

Lösung Aufgabe 211 Die stetige Funktion $f : [a, b] \to \mathbb{R}$ nimmt auf dem kompakten Intervall $[a, b]$ ihr Minimum und Maximum an (Satz über Minimum und

Maximum). Setzen wir $m = \min_{x \in [a,b]} f(x)$ und $M = \max_{x \in [a,b]} f(x)$, dann folgt also $m \leq f(x) \leq M$ für alle $x \in [a, b]$. Indem wir die Ungleichung über $[a, b]$ integrieren, erhalten wir

$$m(b-a) = \int_a^b m \, dx \leq \int_a^b f(x) \, dx \leq \int_a^b M \, dx \leq M(b-a).$$

Also gilt insbesondere

$$m \leq \frac{\int_a^b f(x) \, dx}{b - a} \leq M. \tag{23.4}$$

Die obige Ungleichung können wir noch weiter umschreiben: Dazu seien $x_m, x_M \in [a, b]$ zwei Stellen mit $f(x_m) = m$ und $f(x_M) = M$. Damit wird (23.4) zu $f(x_m) \leq 1/(b - a) \int_a^b f(x) \, dx \leq f(x_M)$. Indem wir nun den Zwischenwertsatz für stetige Funktionen auf f anwenden, erhalten wir die Existenz einer Zahl $\xi \in [a, b]$ mit

$$f(\xi) = \frac{1}{b - a} \int_a^b f(x) \, dx.$$

Lösung Aufgabe 212 Wir definieren die stetige Hilfsfunktion $f : [0, 2] \to \mathbb{R}$ mit $f(x) = 4x^3 - 2x - 6$. Offensichtlich ist jede Nullstelle von f eine Lösung der Gleichung $x \in \mathbb{R} : 4x^3 = 2x + 6$. Es gilt

$$\int_0^2 f(x) \, dx = \int_0^2 4x^3 - 2x - 6 \, dx = x^4 - x^2 - 6x \Big|_0^2 = 2^4 - 2^2 - 6 \cdot 2 = 0.$$

Nach dem Mittelwertsatz der Integralrechnung gibt es somit eine Stelle $\xi \in [0, 2]$ mit

$$0 = \int_0^2 f(x) \, dx = f(\xi)(2 - 0),$$

das heißt, ξ ist eine Nullstelle der Funktion f.

Lösung Aufgabe 213 Wir zeigen äquivalent, dass die Funktion $G : [a, b] \to \mathbb{R}$ mit

$$G(x) = \int_a^x f(t) \, dt - \int_x^b f(t) \, dt$$

eine Nullstelle in $[a, b]$ besitzt. Da f stetig ist, folgt aus dem Hauptsatz der Differential- und Integralrechnung, dass $F : [a, b] \to \mathbb{R}$ mit $F(x) = \int_a^x f(t) \, dt$ eine Stammfunktion von f ist. Wegen

$$G(x) = \int_a^x f(t) \, dt + \int_b^x f(t) \, dt = \int_a^x f(t) \, dt + \int_a^x f(t) \, dt - \int_a^b f(t) \, dt$$
$$= 2F(x) - F(b)$$

für $x \in [a, b]$ ist G als Komposition stetiger Funktionen selbst stetig. Weiter folgen wegen $F(a) = 0$

$$G(a) = 2F(a) - F(b) = -F(b) \quad \text{und} \quad G(b) = 2F(b) - F(b) = F(b),$$

also gerade $G(a) = -G(b)$, das heißt, die stetige Funktion G wechselt in den Punkten $x = a$ und $x = b$ das Vorzeichen. Gemäß dem Zwischenwertsatz besitzt G somit eine Nullstelle, das heißt, es existiert eine Stelle $\xi \in [a, b]$ mit

$$G(\xi) = \int_a^\xi f(t)\, dt - \int_\xi^b f(t)\, dt = 0.$$

Lösungen Funktionenfolgen

Lösung Aufgabe 214 Um zu zeigen, dass $(f_n)_n$ gleichmäßig gegen f konvergiert, werden wir $\lim_n \| f_n - f \|_\infty = 0$ zeigen. Dazu wählen wir uns zunächst eine beliebige natürliche Zahl $n \in \mathbb{N}$. Nach Definition der Supremumsnorm $\| \cdot \|_\infty$ gilt dann

$$\| f_n - f \|_\infty = \sup_{x \in [0,1]} |f_n(x) - f(x)| = \sup_{x \in [0,1]} \left| x + \frac{\sin(nx^2)}{n} - x \right| = \sup_{x \in [0,1]} \frac{|\sin(nx^2)|}{n}.$$

Wegen $|\sin(x)| \leq 1$ für $x \in [0, 1]$ können wir den obigen Ausdruck wie folgt weiter abschätzen:

$$\| f_n - f \|_\infty = \sup_{x \in [0,1]} \frac{|\sin(nx^2)|}{n} \leq \sup_{x \in [0,1]} \frac{1}{n} = \frac{1}{n}.$$

Da die rechte Seite aber für $n \to +\infty$ gegen 0 konvergiert, erhalten wir wie gewünscht $\lim_n \| f_n - f \|_\infty = 0$, das heißt, die Funktionenfolge $(f_n)_n$ konvergiert gleichmäßig auf $[0, 1]$ gegen die Grenzfunktion f.

Lösung Aufgabe 215 Wir bestimmen zunächst den punktweisen Grenzwert der Funktionenfolge. Sei dazu $x \in [0, 1)$ beliebig. Dann gilt

$$\lim_{n \to +\infty} f_n(x) = \lim_{n \to +\infty} x^n = 0.$$

Da $f_n(1) = 1$ für alle $n \in \mathbb{N}$ gilt, folgt $\lim_n f_n(1) = 1$, das heißt, die Funktionenfolge konvergiert punktweise gegen die Grenzfunktion $f : [0, 1] \to \mathbb{R}$ mit

$$f(x) = \begin{cases} 0, & x \in [0, 1) \\ 1, & x = 1. \end{cases}$$

© Der/die Autor(en), exklusiv lizenziert durch Springer-Verlag GmbH, DE, ein Teil von Springer Nature 2022
N. Hebestreit, *Übungsbuch Analysis I*,
https://doi.org/10.1007/978-3-662-64569-7_24

Da alle f_n im Punkt $x_0 = 0$ stetig sind und die Funktion f in diesem Punkt unstetig ist, liefert uns Aufgabe 220 direkt, dass die Funktionenfolge $(f_n)_n$ nicht gleichmäßig gegen f konvergiert.

Lösung Aufgabe 216

(a) Sei zunächst $x \in \mathbb{R}$ beliebig gewählt. Wegen $\lim_n 1/n = 0$ gilt

$$\lim_{n \to +\infty} f_n(x) = \lim_{n \to +\infty} \frac{1}{n} \arctan(x) = 0,$$

das heißt, die Funktionenfolge $(f_n)_n$ konvergiert punktweise gegen die Nullfunktion $f : \mathbb{R} \to \mathbb{R}$ mit $f(x) = 0$. Die Konvergenz ist aber auch gleichmäßig, denn wegen

$$\|f_n - f\|_\infty = \sup_{x \in \mathbb{R}} |f_n(x) - f(x)| = \frac{1}{n} \sup_{x \in \mathbb{R}} |\arctan(x)| = \frac{\pi}{2n}$$

und $\lim_n \pi/(2n) = 0$ folgt wie gewünscht $\lim_n \|f_n - f\|_\infty = 0$.

(b) Für jedes $x \in \mathbb{R}$ gilt $\lim_n x/n = 0$. Da der Arkustangens $\arctan : \mathbb{R} \to \mathbb{R}$ in ganz $\mathbb{R}$ stetig ist, folgt somit für $x \in \mathbb{R}$

$$\lim_{n \to +\infty} f_n(x) = \lim_{n \to +\infty} \arctan\left(\frac{x}{n}\right) = \arctan\left(\lim_{n \to +\infty} \frac{x}{n}\right) = \arctan(0) = 0.$$

Die obige Rechnung zeigt, dass $(f_n)_n$ punktweise gegen die Nullfunktion $f : \mathbb{R} \to \mathbb{R}$ mit $f(x) = 0$ konvergiert. Jedoch ist die Konvergenz nicht gleichmäßig, denn für alle $n \in \mathbb{N}$ gilt

$$\|f_n - f\|_\infty = \sup_{x \in \mathbb{R}} |f_n(x) - f(x)| = \sup_{x \in \mathbb{R}} \left|\arctan\left(\frac{x}{n}\right)\right| = \frac{\pi}{2},$$

womit insbesondere $\lim_n \|f_n - f\|_\infty > 0$ folgt.

(c) Wir werden zeigen, dass die Funktionenfolge $(f_n)_n$ mit $f_n : \mathbb{R} \to \mathbb{R}$ und $f_n(x) = n \arctan(x)$ nicht punktweise konvergiert. Damit kann die Konvergenz insbesondere auch nicht gleichmäßig sein. Für $x \neq 0$ gilt $\arctan(x) \neq 0$. Damit ist die reelle Folge $(f_n(x))_n$ für $x \neq 0$ unbeschränkt und daher nicht konvergent. $(f_n)_n$ kann somit weder punktweise noch gleichmäßig gegen eine Funktion $f : \mathbb{R} \to \mathbb{R}$ konvergieren.

(d) Wir bestimmen zunächst den punktweisen Grenzwert der Folge. Für $x = 0$ gilt für jedes $n \in \mathbb{N}$ gerade $f_n(0) = \arctan(0) = 0$. Insbesondere folgt somit $\lim_n f_n(0) = 0$. Für $x > 0$ gilt

$$\lim_{n \to +\infty} f_n(x) = \lim_{n \to +\infty} \arctan(nx) = \frac{\pi}{2}$$

und für $x < 0$ gilt

$$\lim_{n \to +\infty} f_n(x) = \lim_{n \to +\infty} \arctan(nx) = -\frac{\pi}{2}.$$

Mit den obigen Überlegungen haben wir gezeigt, dass die Funktionenfolge $(f_n)_n$ punktweise gegen die Funktion $f : \mathbb{R} \to \mathbb{R}$ mit

$$f(x) = \begin{cases} \frac{\pi}{2}, & x > 0 \\ 0, & x = 0 \\ -\frac{\pi}{2}, & x < 0 \end{cases}$$

konvergiert. Da die Funktion f offensichtlich nicht stetig ist, erhalten wir mit Aufgabe 220, dass die Konvergenz der Folge nicht gleichmäßig ist.

Lösung Aufgabe 217

(a) Wir untersuchen zuerst die Folge $(f_n)_n$ mit $f_n : (-1, 1] \to \mathbb{R}$ und $f_n(x) = \sum_{j=0}^{n} x^j (1 - x)$. Wegen $f_n(1) = 0$ für $n \in \mathbb{N}$ folgt direkt $\lim_n f_n(1) = 0$. Im Fall $x \in (-1, 1)$ erhalten wir mit der Formel für die geometrische Reihe (vgl. zum Beispiel die Lösung von Aufgabe 56) gerade

$$\lim_{n \to +\infty} f_n(x) = \lim_{n \to +\infty} \sum_{j=0}^{n} x^j (1 - x) = (1 - x) \sum_{j=0}^{+\infty} x^j = \frac{1 - x}{1 - x} = 1.$$

Wir haben damit gezeigt, dass die Funktionenfolge punktweise gegen die unstetige Grenzfunktion $f : (-1, 1] \to \mathbb{R}$ mit

$$f(x) = \begin{cases} 1, & x \in (-1, 1) \\ 0, & x = 1 \end{cases}$$

konvergiert. Mit Aufgabe 220 erhalten wir dann schließlich, dass die Konvergenz nicht gleichmäßig ist.

(b) Wir bemerken zunächst, dass $|\cos(j^2 x^2)| \leq 1$ für alle $j \in \mathbb{N}$ und $x \in \mathbb{R}$ gilt. Dies impliziert aber gerade $|g_n(x)| \leq \sum_{j=1}^{n} 1/j^2$ für $n \in \mathbb{N}$ und $x \in \mathbb{R}$. Da die Reihe $\sum_{j=1}^{+\infty} 1/j^2$ aber bekanntlich konvergent ist, konvergiert die Funktionenfolge gemäß dem Weierstraßschen Majorantenkriterium gleichmäßig.

Lösung Aufgabe 218

(a) Wir überlegen uns zuerst, dass die Funktionenfolge $(f_n)_n$ gleichmäßig gegen die Nullfunktion $f : \mathbb{R} \to \mathbb{R}$ mit $f(x) = 0$ konvergiert. Ähnlich wie in Aufgabe 214 folgt wegen $|\sin(x)| \leq 1$ für $x \in \mathbb{R}$ gerade

$$\|f_n - f\|_\infty = \sup_{x \in \mathbb{R}} |f_n(x) - f(x)| = \sup_{x \in \mathbb{R}} \frac{|\sin(nx)|}{n} \leq \frac{1}{n}$$

und somit $\lim_n \|f_n - f\|_\infty = 0$. Damit konvergiert $(f_n)_n$ gleichmäßig gegen f.

(b) Für $n \in \mathbb{N}$ und $x \in \mathbb{R}$ folgt aus der Kettenregel gerade $f_n'(x) = \cos(nx)$. Jedoch konvergiert die Funktionenfolge $(f_n')_n$ nicht punktweise und somit insbesondere auch nicht gleichmäßig, denn für $x = \pi$ erhalten wir $f_n'(\pi) = \cos(n\pi) = (-1)^n$ für $n \in \mathbb{N}$. Somit existiert der Grenzwert $\lim_n f_n'(\pi)$ nicht, sodass $(f_n')_n$ weder punktweise noch gleichmäßig konvergiert.

Lösung Aufgabe 219 Zur Übersicht unterteilen wir die Lösung dieser Aufgabe in zwei Teile.

(a) Zunächst überlegen wir uns, dass die Funktionenfolge $(f_n)_n$ punktweise aber nicht gleichmäßig konvergiert. Die Länge der Intervalle $[0, 1/n)$ und $[1/n, 2/n]$ geht für wachsendes $n \in \mathbb{N}$ offensichtlich gegen Null. Folglich konvergiert $(f_n)_n$ punktweise gegen die Nullfunktion $f : [0, 1] \to \mathbb{R}$ mit $f(x) = 0$. Um zu zeigen, dass die Konvergenz nicht gleichmäßig ist, wählen wir $n \in \mathbb{N}$ beliebig. Da die Funktion $f_n : [0, 1] \to \mathbb{R}$ in $(2/n, 1]$ verschwindet und sowohl $n^2 x < n$ für $x \in [0, 1/n)$ als auch $2n - n^2 x < n$ für $x \in [1/n, 2/n]$ gelten, erhalten wir schließlich

$$\|f_n - f\|_\infty = \sup_{x \in [0,1]} |f_n(x) - f(x)| = \sup_{x \in [0,2/n]} |f_n(x)| = n.$$

Wegen $\lim_n \|f_n - f\|_\infty = +\infty$ kann die Konvergenz der Funktionenfolge nicht gleichmäßig sein.

(b) Sei zunächst $n \in \mathbb{N}$ beliebig gewählt. Da die Funktion f_n im Intervall $(2/n, 1]$ konstant 0 ist, folgt

$$\int_0^1 f_n(x)\,dx = \int_0^{\frac{1}{n}} n^2 x\,dx + \int_{\frac{1}{n}}^{\frac{2}{n}} 2n - n^2 x\,dx$$

$$= \frac{n^2 x^2}{2} \Big|_0^{\frac{1}{n}} + \left(2nx - \frac{n^2 x^2}{2}\right) \Big|_{\frac{1}{n}}^{\frac{2}{n}}$$

$$= \frac{1}{2} + 4 - 2 - \left(2 - \frac{1}{2}\right)$$

$$= 1$$

und somit $\lim_n \int_0^1 f_n(x)\,dx = 1$. Wegen Teil (a) dieser Aufgabe folgt aber $\lim_n f_n(x) = 0$ für alle $x \in [0, 1]$, sodass wir $\int_0^1 (\lim_n f_n(x))\,dx = 0$ erhalten. Das obige Beispiel zeigt also, dass man bei lediglich punktweiser Konvergenz Integration und Grenzwertbildung im Allgemeinen nicht vertauschen kann, da

$$1 = \lim_{n \to +\infty} \int_0^1 f_n(x)\,\mathrm{d}x \neq \int_0^1 \left(\lim_{n \to +\infty} f_n(x) \right) \mathrm{d}x = 0$$

gilt.

Lösung Aufgabe 220 Wir werden zeigen, dass die Funktion $f : D \to \mathbb{R}$ im Punkt x_0 stetig ist. Dazu sei $\varepsilon > 0$ beliebig gewählt. Da die Funktionenfolge $(f_n)_n$ nach Voraussetzung gleichmäßig gegen die Grenzfunktion f konvergiert, gibt es zu $\varepsilon/3 > 0$ eine natürliche Zahl $N \in \mathbb{N}$ mit

$$|f_N(x) - f(x)| < \frac{\varepsilon}{3}$$

für alle $x \in D$. Da die Funktion $f_N : D \to \mathbb{R}$ nach Voraussetzung in x_0 stetig ist, existiert zu $\varepsilon/3 > 0$ eine Zahl $\delta > 0$ mit

$$|f_N(x) - f_N(x_0)| < \frac{\varepsilon}{3}$$

für alle $x \in D$ mit $|x - x_0| < \delta$. Insgesamt erhalten wir somit mit der Dreiecksungleichung und den beiden obigen Ungleichungen gerade

$$\begin{aligned} |f(x) - f(x_0)| &= |f(x) - f_N(x) + f_N(x) - f_N(x_0) + f_N(x_0) - f(x_0)| \\ &\leq |f_N(x) - f(x)| + |f_N(x) - f_N(x_0)| + |f_N(x_0) - f(x_0)| \\ &< \frac{\varepsilon}{3} + \frac{\varepsilon}{3} + \frac{\varepsilon}{3}, \end{aligned}$$

also $|f(x) - f(x_0)| < \varepsilon$ für alle $x \in D$ mit $|x - x_0| < \delta$. Dies zeigt die Stetigkeit der Funktion f im Punkt x_0.

Teil IV
Übungsklausuren

25.1 Übungsklausur

Die Bearbeitungszeit für die Klausur beträgt **105** Minuten. Es sind **keine** Hilfsmittel, das heißt, keine (programmierbaren) Taschenrechner, Computer, Aufzeichnungen der Vorlesung etc. erlaubt. Insgesamt können **40** Punkte und zusätzlich noch **2** Zusatzpunkte (vgl. Aufgabe 8) erreicht werden.

Aufgabe 1 (7 Punkte). Beweisen Sie für alle $n \in \mathbb{N}$ die Formel

$$\sum_{k=1}^{n} k(k+1)(k+2) = \frac{1}{4}n(n+1)(n+2)(n+3).$$

Aufgabe 2 (2 + 2 Punkte). Beweisen oder widerlegen Sie die folgenden Aussagen:

(a) Konvergiert die Folge $(|a_n|)_n \subseteq \mathbb{C}$, dann auch $(a_n)_n$.
(b) Ist die Reihe $\sum_{j=1}^{+\infty} a_j$ konvergent, dann konvergiert auch $\sum_{j=1}^{+\infty} |a_j|$.

Aufgabe 3 (3 + 3 Punkte). Welche der folgenden Reihen konvergiert beziehungsweise divergiert?

(a) $\displaystyle\sum_{n=1}^{+\infty} \frac{n^3 - 1}{n^4 + 1}$,

(b) $\displaystyle\sum_{n=2}^{+\infty} \frac{(n+1)!}{n^n}$.

Aufgabe 4 (5 Punkte). Sei $f : (a, b) \to \mathbb{R}$ eine stetige Funktion und $x_0 \in (a, b)$ eine Stelle mit $f(x_0) > 0$. Zeigen Sie, dass es eine Umgebung $U(x_0) \subseteq (a, b)$ gibt, in der $f(x) > 0$ für alle $x \in U(x_0)$ gilt.

© Der/die Autor(en), exklusiv lizenziert durch Springer-Verlag GmbH, DE,
ein Teil von Springer Nature 2022
N. Hebestreit, *Übungsbuch Analysis I*,
https://doi.org/10.1007/978-3-662-64569-7_25

Aufgabe 5 (2 + 3 Punkte).

(a) Sei $f : (a, b) \to \mathbb{R}$ eine Funktion. Geben Sie an, wie die Differenzierbarkeit von f im Punkt $x_0 \in (a, b)$ definiert ist.

(b) Zeigen Sie mit der Definition aus Teil (a), dass die Funktion $f : \mathbb{R} \to \mathbb{R}$ mit $f(x) = (1 + x^2)^{-1}$ in jedem Punkt $x_0 \in \mathbb{R}$ differenzierbar ist.

Aufgabe 6 (6 Punkte). Untersuchen Sie, in welchen Punkten die Funktion $f : \mathbb{R} \to \mathbb{R}$ mit

$$f(x) = \begin{cases} xe^{-\frac{1}{2}x^2}, & x \in \mathbb{R} \setminus \{0\} \\ 0, & x = 0 \end{cases}$$

stetig beziehungsweise differenzierbar ist.

Aufgabe 7 (4 + 3 Punkte). Bestimmen Sie die folgenden Integrale:

(a) $\displaystyle\int x \arctan(x)\, \mathrm{d}x,$ (b) $\displaystyle\int \frac{3x^2 + 3}{2x^3 + 6x + 1}\, \mathrm{d}x.$

Aufgabe 8 (Zusatz, 2 Punkte). Zeigen Sie, dass die Menge $A = [-1, 1] \setminus \{0\}$ nicht kompakt ist.

25.2 Musterlösung

Lösung Aufgabe 1 Wir zeigen zunächst den Induktionsanfang für $n = 1$. Es gilt

$$\sum_{k=1}^{1} k(k+1)(k+2) = 1 \cdot 2 \cdot 3 = 6 = \frac{1}{4} \cdot 1 \cdot 2 \cdot 3 \cdot 4,$$

also ist der Induktionsanfang erfüllt (**2 Punkte**). Die Induktionsvoraussetzung (IV) lautet: Es gibt eine natürliche Zahl $n \in \mathbb{N}$ mit

$$\sum_{k=1}^{n} k(k+1)(k+2) = \frac{1}{4}n(n+1)(n+2)(n+3)$$

(**2 Punkte**). Wir zeigen nun den Induktionsschritt von n nach $n + 1$. Es gilt

$$\begin{aligned}
\sum_{k=1}^{n+1} k(k+1)(k+2) &= (n+1)(n+2)(n+3) + \sum_{k=1}^{n} k(k+1)(k+2) \\
&\overset{\text{IV}}{=} (n+1)(n+2)(n+3) + \frac{1}{4}n(n+1)(n+2)(n+3) \\
&= \left(1 + \frac{1}{4}n\right)(n+1)(n+2)(n+3) \\
&= \frac{1}{4}n(n+1)(n+2)(n+3)(n+4)
\end{aligned}$$

(**3 Punkte**), wobei wir im letzten Schritt $(1 + 1/4n) = 1/4(n+4)$ für $n \in \mathbb{N}$ verwendet haben.

Lösung Aufgabe 2

(a) Die Aussage ist falsch (**1 Punkt**), was wir mit dem folgenden Gegenbeispiel zeigen: Wir wählen $a_n = (-1)^n$ für $n \in \mathbb{N}$. Dann gilt $|a_n| = 1$ für alle $n \in \mathbb{N}$, das heißt, die konstante Folge $(|a_n|)_n$ konvergiert. $(a_n)_n$ konvergiert aber bekanntlich nicht (**1 Punkt**).

(b) Auch diese Aussage ist falsch (**1 Punkt**). Setzen wir $a_j = (-1)^j/j$ für $j \in \mathbb{N}$, dann konvergiert die Reihe $\sum_{j=1}^{+\infty} a_j$ gemäß dem Leibniz-Kriterium. Wegen $|a_j| = 1/j$ für $j \in \mathbb{N}$ ist die Reihe $\sum_{j=1}^{+\infty} |a_j|$ jedoch bekanntlich divergent (**1 Punkt**).

Lösung Aufgabe 3

(a) Die Reihe ist gemäß dem Minorantenkriterium (**1 Punkt**) divergent. Für alle $n \in \mathbb{N}$ mit $n \geq 2$ gilt (**1 Punkt**) die Abschätzung

$$\frac{n^3 - 1}{n^4 + 1} > \frac{n^3}{n^4 + n^4} = \frac{1}{2n}$$

und somit

$$\sum_{n=2}^{+\infty} \frac{n^3 - 1}{n^4 + 1} > \frac{1}{2} \sum_{n=2}^{+\infty} \frac{1}{n}.$$

Die Reihe auf der rechten Seite ist aber bekanntlich divergent (**1 Punkt**), womit auch $\sum_{n=1}^{+\infty} (n^3 - 1)/(n^4 + 1)$ divergiert.

(b) Die Reihe ist gemäß dem Quotientenkriterium (**1 Punkt**) konvergent. Wir setzen zunächst $x_n = (n + 1)!/n^n$ für $n \in \mathbb{N}$. Dann gilt (**1 Punkt**)

$$\lim_{n \to +\infty} \frac{x_{n+1}}{x_n} = \lim_{n \to +\infty} \frac{n^n (n + 2)!}{(n + 1)^{n+1}(n + 1)!} = \lim_{n \to +\infty} \frac{n + 2}{n + 1} \left(\frac{n}{n + 1} \right)^n = \frac{1}{e},$$

wobei wir im letzten Schritt die bekannten Grenzwerte (**1 Punkt**)

$$\lim_{n \to +\infty} \frac{n + 2}{n + 1} = 1, \quad \lim_{n \to +\infty} \left(\frac{n}{n + 1} \right)^n = \lim_{n \to +\infty} \left(1 - \frac{1}{n + 1} \right)^n = \frac{1}{e}$$

genutzt haben. Wegen $1/e < 1$, ist die Reihe somit gemäß dem Quotientenkriterium (absolut) konvergent.

Lösung Aufgabe 4 Da die Funktion $f : (a, b) \to \mathbb{R}$ insbesondere im Punkt $x_0 \in (a, b)$ stetig ist, gibt es zu $\varepsilon = f(x_0)/2 > 0$ eine Zahl $\delta > 0$ so, dass für alle $x \in (a, b)$ mit $|x - x_0| < \delta$ gerade $|f(x) - f(x_0)| < f(x_0)/2$ folgt (**2 Punkte**). Insbesondere folgt dann mit der Definition des Betrags $-(f(x) - f(x_0)) < f(x_0)/2$, also $f(x_0)/2 < f(x)$ für alle $x \in (a, b)$ mit $|x - x_0| < \delta$ (**2 Punkte**). Setzen wir schließlich $U(x_0) = \{x \in (a, b) \mid |x - x_0| < \delta\} = (x_0 - \delta, x_0 + \delta)$, dann haben wir gezeigt, dass f in $U(x_0)$ strikt positiv ist (**1 Punkt**).

Lösung Aufgabe 5

(a) Eine Funktion $f : (a, b) \to \mathbb{R}$ heißt im Punkt $x_0 \in (a, b)$ differenzierbar, falls der Grenzwert

$$f'(x_0) = \lim_{x \to x_0} \frac{f(x) - f(x_0)}{x - x_0}$$

existiert (**2 Punkte**).

(b) Sei $x_0 \in \mathbb{R}$ beliebig. Dann gilt für jedes $x \in \mathbb{R}$ mit $x \neq x_0$ mit einer kleinen Rechnung

$$\frac{f(x) - f(x_0)}{x - x_0} = \frac{(1 + x^2)^{-1} - (1 + x_0^2)^{-1}}{x - x_0} = \frac{x_0^2 - x^2}{(x - x_0)(1 + x^2)(1 + x_0^2)}$$

(**1 Punkt**). Wegen $x_0^2 - x^2 = -(x - x_0)(x + x_0)$ folgt somit

$$f'(x_0) = \lim_{x \to x_0} \frac{x_0^2 - x^2}{(x - x_0)(1 + x^2)(1 + x_0^2)} = -\lim_{x \to x_0} \frac{x + x_0}{(1 + x^2)(1 + x_0^2)}$$
$$= -\frac{2x_0}{(1 + x_0^2)^2},$$

das heißt, die Funktion f ist im Punkt x_0 differenzierbar mit Ableitung $f'(x_0) = -2x_0/(1 + x_0^2)^2$ (**2 Punkte**). Da $x_0 \in \mathbb{R}$ beliebig war, ist f in ganz $\mathbb{R}$ differenzierbar.

Lösung Aufgabe 6 Die Funktion f ist für $x \in \mathbb{R} \setminus \{0\}$ als Komposition differenzierbarer Funktionen selbst differenzierbar und somit insbesondere stetig (**2 Punkte**). Wir untersuchen nun die Differenzierbarkeit von f im Nullpunkt. Es gilt (**2 Punkte**)

$$f'(0) = \lim_{x \to 0} \frac{f(x) - f(0)}{x - 0} = \lim_{x \to 0} \frac{x e^{-\frac{1}{2}x^2} - 0}{x - 0} = \lim_{x \to 0} e^{-\frac{1}{2}x^2}.$$

Da aber $x \mapsto e^{-\frac{1}{2}x^2}$ als Komposition stetiger Funktionen in ganz $\mathbb{R}$ stetig ist (**1 Punkt**), erhalten wir schließlich

$$\lim_{x \to 0} e^{-\frac{1}{2}x^2} = \exp\left(-\frac{1}{2}\lim_{x \to 0} x^2\right) = e^0 = 1$$

und somit $f'(0) = 1$ (**1 Punkt**). Damit ist die Funktion f in ganz $\mathbb{R}$ differenzierbar und insbesondere stetig.

Lösung Aufgabe 7 Sei immer $c \in \mathbb{R}$ eine beliebige Integrationskonstante.

(a) Wegen $\arctan'(x) = 1/(1+x^2)$ für $x \in \mathbb{R}$ folgt mit partieller Integration (**2 Punkte**)

$$\int x \arctan(x)\,dx = \frac{1}{2}x^2 \arctan(x) - \frac{1}{2}\int \frac{x^2}{1+x^2}\,dx.$$

Weiter gilt (**2 Punkte**)

$$\int \frac{x^2}{1+x^2}\,dx = \int \frac{1+x^2}{1+x^2}\,dx - \int \frac{1}{1+x^2}\,dx = x - \arctan(x) + c$$

und somit insgesamt

$$\int x \arctan(x)\,dx = \frac{1}{2}x^2 \arctan(x) - \frac{1}{2}(x - \arctan(x))$$

$$= \frac{1}{2}\left((x^2+1)\arctan(x) - x\right) + c.$$

(b) Mit der Substitution $y(x) = 2x^3 + 6x + 1$ für $x \in \mathbb{R}$ und $dy = 6x^2 + 6\,dx$ folgt (**3 Punkte**)

$$\int \frac{3x^2+3}{2x^3+6x+1}\,dx = \frac{1}{2}\int \frac{6x^2+6}{2x^3+6x+1}\,dx$$

$$= \frac{1}{2}\int \frac{1}{y}\,dy$$

$$= \frac{1}{2}\ln(|y|) + c$$

$$= \frac{1}{2}\ln\left(|2x^3+6x+1|\right) + c.$$

Lösung Aufgabe 8 Nach dem Satz von Heine-Borel ist eine Menge $A \subseteq \mathbb{R}$ genau dann kompakt, wenn sie beschränkt und abgeschlossen ist. Insbesondere kann damit eine nicht abgeschlossene Menge auch nicht kompakt sein (**1 Punkt**). Wir untersuchen die Folge $(a_n)_n$ mit $a_n = 1/n$. Offensichtlich gelten $(a_n)_n \subseteq A$ und $\lim_n a_n = 0$. Da aber $0 \notin A$ gilt, ist A nicht abgeschlossen und somit auch nicht kompakt (**1 Punkt**).

26.1 Übungsklausur

Die Bearbeitungszeit für die Klausur beträgt **120** Minuten. Es sind **keine** Hilfsmittel, das heißt, keine (programmierbaren) Taschenrechner, Computer, Aufzeichnungen der Vorlesung etc. erlaubt. Insgesamt können **56** Punkte erreicht werden.

Aufgabe 1 (3 + 3 Punkte). Untersuchen Sie die Folgen $(a_n)_n$ und $(b_n)_n$ mit

$$a_n = n^3 - n \quad \text{und} \quad b_n = \frac{2n^7 + n^5 + 10n}{3n^7 + 3n^4 + 2}$$

auf Konvergenz beziehungsweise Divergenz.

Aufgabe 2 (10 Punkte). Beweisen Sie mittels vollständiger Induktion

$$\sum_{j=1}^{n-1} j \ln\left(\frac{j+1}{j}\right) = n \ln(n) - \ln(n!)$$

für alle $n \in \mathbb{N}$ mit $n \geq 2$.

Aufgabe 3 (3 + 2 + 3 + 3 Punkte). Gegeben sei die Funktion $f : \mathbb{R} \setminus \{0\} \to \mathbb{R}$ mit

$$f(x) = \arctan\left(\frac{1}{x}\right).$$

(a) Untersuchen Sie, ob die Grenzwerte $\lim_{x \to 0} f(x)$, $\lim_{x \to 0^-} f(x)$ und $\lim_{x \to +\infty} f(x)$ existieren.

© Der/die Autor(en), exklusiv lizenziert durch Springer-Verlag GmbH, DE, ein Teil von Springer Nature 2022
N. Hebestreit, *Übungsbuch Analysis I*,
https://doi.org/10.1007/978-3-662-64569-7_26

(b) Begründen Sie, dass f differenzierbar ist und bestimmen Sie $f'(x)$ für $x \in \mathbb{R} \setminus \{0\}$.

(c) Zeigen Sie mit dem Mittelwertsatz der Differentialrechnung, dass die Funktion f in $(0, +\infty)$ gleichmäßig stetig ist.

(d) Untersuchen Sie die gleichmäßige Stetigkeit von f in $\mathbb{R} \setminus \{0\}$.

Aufgabe 4 (3 + 3 Punkte). Gegeben sei die Funktionenfolge $(f_n)_n$ mit $f_n : [0, 1] \to \mathbb{R}$ und $f_n(x) = nx/(1 + n^2 x^2)$. Bestimmen Sie die (punktweise) Grenzfunktion $f : [0, 1] \to \mathbb{R}$ und entscheiden Sie ob $(f_n)_n$ auf dem Intervall $[0, 1]$ gleichmäßig gegen f konvergiert.

Aufgabe 5 (3 + 5 Punkte).

(a) Formulieren Sie den Hauptsatz der Differential- und Integralrechnung.

(b) Seien $a, b : \mathbb{R} \to \mathbb{R}$ differenzierbare Funktionen und $f : \mathbb{R} \to \mathbb{R}$ stetig. Bestimmen Sie die Ableitung der Funktion $g : \mathbb{R} \to \mathbb{R}$ mit

$$g(x) = \int_{a(x)}^{\cos(b(x))} \sin(x) f(t) \, dt.$$

Aufgabe 6 (5 Punkte). Zeigen Sie

$$\lim_{x \to 0^+} x^x = 1.$$

Aufgabe 7 (5 + 5 Punkte). Bestimmen Sie die Integrale

(a) $\displaystyle \int \frac{1}{x^2 + 4} \, dx,$ (b) $\displaystyle \int \frac{1}{x^2 - 4} \, dx.$

26.2 Musterlösung

Lösung Aufgabe 1 Die Folge $(a_n)_n$ ist unbeschränkt (**1 Punkt**), was wir wegen

$$a_n = n^3 - n = n(n^2 - 1) \geq n$$

für $n \in \mathbb{N}$ sehen (**1 Punkt**). Da unbeschränkte Folgen divergent sind (**1 Punkt**), ist somit $(a_n)_n$ divergent. Die Folge $(b_n)_n$ konvergiert gegen 2/3, denn (**3 Punkte**) es gilt

$$\lim_{n \to +\infty} b_n = \lim_{n \to +\infty} \frac{2n^7 + n^5 + 10n}{3n^7 + 3n^4 + 2} = \lim_{n \to +\infty} \frac{2n^7}{3n^7} \cdot \frac{1 + \frac{1}{2}n^{-2} + 5n^{-6}}{1 + n^{-3} + \frac{2}{3}n^{-7}} = \frac{2}{3}.$$

Lösung Aufgabe 2 Der Induktionsanfang für $n = 2$ sieht wie folgt (**3 Punkte**) aus:

$$\sum_{j=1}^{1} j \ln\left(\frac{j+1}{j}\right) = \ln\left(\frac{1+1}{1}\right) = \ln(2) = 2\ln(2) - \ln(2!).$$

Wir formulieren nun die Induktionsvoraussetzung (IV): Es gibt eine natürliche Zahl $n \in \mathbb{N}$, $n \geq 2$, mit (**2 Punkte**)

$$\sum_{j=1}^{n-1} j \ln\left(\frac{j+1}{j}\right) = n \ln(n) - \ln(n!).$$

Der Induktionsschritt von n nach $n + 1$ ist dann

$$\begin{aligned}
\sum_{j=1}^{n} j \ln\left(\frac{j+1}{j}\right) &= n \ln\left(\frac{n+1}{n}\right) + \sum_{j=1}^{n-1} j \ln\left(\frac{j+1}{j}\right) \\
&\overset{\text{IV}}{=} n \ln\left(\frac{n+1}{n}\right) + n \ln(n) - \ln(n!) \\
&= n(\ln(n+1) - \ln(n)) + n \ln(n) - \ln(n!) \\
&= n \ln(n+1) - \ln(n!) \\
&= n \ln(n+1) + \ln(n+1) - \left(\ln(n!) + \ln(n+1)\right) \\
&= (n+1) \ln(n+1) - \ln((n+1)!),
\end{aligned}$$

wobei wir mehrfach die Logarithmusgesetze genutzt haben (**5 Punkte**).

Lösung Aufgabe 3

(a) Da der Arkustangens stetig ist, gilt (**1 Punkt**)

$$\lim_{x \to +\infty} \arctan\left(\frac{1}{x}\right) = \lim_{x \to 0^+} \arctan(x)$$

$$= \arctan\left(\lim_{x \to 0^+} x\right) = \arctan(0) = 0.$$

Weiter gelten (**1 Punkt**)

$$\lim_{x \to 0^+} \arctan\left(\frac{1}{x}\right) = \lim_{x \to +\infty} \arctan(x) = \frac{\pi}{2}$$

$$\lim_{x \to 0^-} \arctan\left(\frac{1}{x}\right) = \lim_{x \to -\infty} \arctan(x) = -\frac{\pi}{2},$$

womit $\lim_{x \to 0} \arctan(1/x)$ nicht existieren kann, da der links- und rechtsseitige Grenzwert in Null verschieden ist (**1 Punkt**).

(b) Die Funktion $f : \mathbb{R} \backslash \{0\} \to \mathbb{R}$ mit $f(x) = \arctan(1/x)$ ist als Komposition differenzierbarer Funktionen differenzierbar (**1 Punkt**). Mit der Kettenregel können wir die Ableitung der Funktion f für jedes $x \in \mathbb{R} \setminus \{0\}$ wie folgt (**1 Punkt**) bestimmen:

$$f'(x) = -\frac{1}{x^2} \cdot \frac{1}{1 + \left(\frac{1}{x}\right)^2} = -\frac{1}{1 + x^2}.$$

(c) Seien nun $x, y \in (0, +\infty)$ beliebig gewählt. Mit dem Mittelwertsatz der Differentialrechnung existiert dann eine Stelle $\xi \in (x, y)$ mit (**1 Punkt**)

$$\left| \arctan\left(\frac{1}{x}\right) - \arctan\left(\frac{1}{y}\right) \right| \leq \frac{1}{1 + \xi^2} |x - y| \leq |x - y|,$$

das heißt, die Funktion f ist Lipschitz-stetig mit Lipschitz-Konstante $L = 1$ (**1 Punkt**). Insbesondere ist f damit auch in $(0, +\infty)$ gleichmäßig stetig (**1 Punkt**).

(d) Die Funktion f ist nicht gleichmäßig stetig in $\mathbb{R} \backslash \{0\}$ (**1 Punkt**). Seien dazu $(x_n)_n$ und $(y_n)_n$ Folgen mit $x_n = 1/n$ und $y_n = -1/n$. Dann gilt $\lim_n (x_n - y_n) = 0$, aber (**2 Punkte**)

$$\lim_{n \to +\infty} |f(x_n) - f(y_n)| = \lim_{n \to +\infty} |\arctan(n) - \arctan(-n)|$$

$$= 2 \lim_{n \to +\infty} \arctan(n) = \pi,$$

also $\lim_n |f(x_n) - f(y_n)| > 0$. Damit kann die Funktion f nicht gleichmäßig stetig sein.

Lösung Aufgabe 4 Wir bestimmen zuerst den punktweisen Grenzwert der Funktionenfolge. Für $x = 0$ folgt $f_n(0) = 0$ für jedes $n \in \mathbb{N}$ und somit $\lim_n f_n(0) = 0$ **(1 Punkt)**. Im Fall $x \in (0, 1]$ erhalten wir wegen $\lim_n 1/(nx) = 0$ und $\lim_n 1/(1 + 1/(nx)^2) = 1$ gerade

$$\lim_{n \to +\infty} f_n(x) = \lim_{n \to +\infty} \frac{nx}{1 + n^2 x^2} = \lim_{n \to +\infty} \frac{1}{nx} \frac{1}{1 + \frac{1}{(nx)^2}} = 0$$

(1 Punkt). Dies zeigt, dass die Funktionenfolge $(f_n)_n$ punktweise gegen die Nullfunktion $f : [0, 1] \to \mathbb{R}$ mit $f(x) = 0$ konvergiert **(1 Punkt)**. Wir zeigen nun weiter, dass die Konvergenz nicht gleichmäßig ist. Dazu bemerken wir zuerst, dass $f_n(1/n) = 1/2$ für jedes $n \in \mathbb{N}$ gilt **(1 Punkt)**. Damit folgt

$$\| f_n - f \|_\infty = \sup_{x \in [0,1]} |f_n(x) - f(x)| = \sup_{x \in [0,1]} |f_n(x)| \geq \frac{1}{2}$$

für alle $n \in \mathbb{N}$ **(2 Punkte)** und somit $\lim_n \| f_n - f \|_\infty > 0$. Die Funktionenfolge $(f_n)_n$ kann daher nicht gleichmäßig gegen die Nullfunktion f konvergieren.

Lösung Aufgabe 5

(a) Der Hauptsatz der Differential- und Integralrechnung lautet wie folgt: Ist $f : [a, b] \to \mathbb{R}$ eine stetige Funktion und $x_0 \in [a, b]$, dann ist $F : [a, b] \to \mathbb{R}$ mit $F(x) = \int_{x_0}^{x} f(t)\, dt$ differenzierbar und eine Stammfunktion von f, das heißt, es gilt $F'(x) = f(x)$ für alle $x \in [a, b]$ **(3 Punkte)**.

(b) Wir bemerken zunächst, dass wir die Funktion $g : \mathbb{R} \to \mathbb{R}$ für $x \in \mathbb{R}$ schreiben können **(2 Punkte)** als

$$g(x) = \sin(x) \left(\int_0^{\cos(b(x))} f(t)\, dt - \int_0^{a(x)} f(t)\, dt \right).$$

Mit dem Hauptsatz der Differential- und Integralrechnung sowie der Kettenregel folgen dann **(2 Punkte)**

$$\left(\int_0^{\cos(b(x))} f(t)\, dt \right)' = -f(\cos(b(x))) \sin(b(x)) b'(x),$$

$$\left(\int_0^{a(x)} f(t)\, dt \right)' = f(a(x)) a'(x)$$

für alle $x \in \mathbb{R}$. Mit der Produktregel folgt schließlich für jedes $x \in \mathbb{R}$ **(1 Punkt)**

$$g'(x) = \sin(x) \big(f(a(x)) a'(x) - f(\cos(b(x))) \sin(b(x)) b'(x) \big)$$
$$+ \cos(x) \int_{a(x)}^{\cos(b(x))} f(t)\, dt.$$

Lösung Aufgabe 6 Wir nutzen zunächst die nützliche Identität $x^x = \exp(\ln(x^x)) = \exp(x \ln(x))$ für $x > 0$ **(1 Punkt)** und untersuchen dann den Grenzwert $\lim_{x \to 0^+} x \ln(x)$. Mit dem Satz von l'Hospital folgt **(2 Punkte)**

$$\lim_{x \to 0^+} x \ln(x) = \lim_{x \to 0^+} \frac{\ln(x)}{\frac{1}{x}} \overset{\text{l' Hosp.}}{=} \lim_{x \to 0^+} -\frac{\frac{1}{x}}{\frac{1}{x^2}} = -\lim_{x \to 0^+} x = 0.$$

Da die Exponentialfunktion stetig ist **(1 Punkt)**, folgt somit wie gewünscht **(1 Punkt)**

$$\lim_{x \to 0^+} x^x = \exp\left(\lim_{x \to 0^+} x \ln(x) \right) = \exp(0) = 1.$$

Lösung Aufgabe 7 Sei stets $c \in \mathbb{R}$ eine beliebige Integrationskonstante.

(a) Mit der Substitution $y(x) = x/2$ für $x \in \mathbb{R}$ und $dy = 1/2\, dx$ folgt **(5 Punkte)**

$$\int \frac{1}{x^2 + 4}\, dx = \frac{1}{4} \int \frac{1}{\left(\frac{x}{2}\right)^2 + 1}\, dx = \frac{1}{2} \int \frac{1}{y^2 + 1}\, dy$$
$$= \frac{1}{2} \arctan(y) + c = \frac{1}{2} \arctan\left(\frac{x}{2}\right) + c.$$

(b) Die reellen Nullstellen des Nennerpolynoms $x \mapsto x^2 - 4$ sind -2 und 2, wobei die Nullstellen jeweils nur einfach auftreten. Wir machen daher den folgenden Ansatz **(2 Punkte)**, wobei $A, B \in \mathbb{R}$ zu ermitteln sind:

$$\frac{1}{x^2 - 4} = \frac{A}{x - 2} + \frac{B}{x + 2} = \frac{A(x + 2) + B(x - 2)}{x^2 - 4}$$
$$= \frac{(A + B)x + 2A - 2B}{x^2 - 4}.$$

Ein Koeffizientenvergleich liefert somit das folgende lineare Gleichungssystem:

$$0 = A + B$$
$$1 = 2A - 2B.$$

Das Gleichungssystem hat offensichtlich folgende Lösung: $A = 1/4$ und $B = -1/4$ **(1 Punkt)**. Damit folgt **(2 Punkte)**

$$\int \frac{1}{x^2 - 4}\, dx = \int \frac{\frac{1}{4}}{x - 2}\, dx - \int \frac{\frac{1}{4}}{x + 2}\, dx$$
$$= \frac{1}{4}\Big(\ln(|x - 2|) - \ln(|x + 2|) \Big) + c.$$

Übungsklausur Analysis I (C)

27.1 Übungsklausur

Die Bearbeitungszeit für die Klausur beträgt **120** Minuten. Es sind **keine** Hilfsmittel, das heißt, keine (programmierbaren) Taschenrechner, Computer, Aufzeichnungen der Vorlesung etc. erlaubt. Insgesamt können **55** Punkte erreicht werden.

Aufgabe 1 (8 Punkte). Beweisen Sie mittels vollständiger Induktion für alle $n \in \mathbb{N}$ und $x \in \mathbb{R} \setminus \{0\}$ die folgende Identität:

$$\sum_{\nu=0}^{n} \nu x^{\nu-1} = \frac{1 - x^{n+1}}{(1-x)^2} - \frac{(n+1)x^n}{1-x}.$$

Aufgabe 2 (3+3 Punkte). Bestimmen Sie alle Lösungen der folgenden Ungleichungen:

$$x \in \mathbb{R}: \quad |x+2| < \big||x| - x\big| \quad \text{und} \quad z \in \mathbb{C}: \quad \left|\frac{z-1}{z+1}\right| \leq 1.$$

Aufgabe 3 (7 Punkte). Die Folge $(a_n)_n$ sei rekursiv definiert durch

$$a_1 = 1 \quad \text{und} \quad a_{n+1} = \sqrt{2a_n} \quad \text{für } n \in \mathbb{N}.$$

Zeigen Sie, dass $(a_n)_n$ konvergiert und ermitteln Sie den Grenzwert der Folge.

© Der/die Autor(en), exklusiv lizenziert durch Springer-Verlag GmbH, DE, ein Teil von Springer Nature 2022
N. Hebestreit, *Übungsbuch Analysis I*,
https://doi.org/10.1007/978-3-662-64569-7_27

Aufgabe 4 (7 Punkte). Zeigen Sie, dass die Gleichung

$$x \in \mathbb{R}: \quad \sin(x) = e^{-x}$$

im Intervall $[0, \pi/2]$ eine Lösung besitzt.

Aufgabe 5 (7 Punkte). Zeigen Sie, dass die Funktion $f : [1, +\infty) \to [e, +\infty)$ mit $f(x) = xe^x$ eine Umkehrfunktion besitzt. Bestimmen Sie die Ableitung der Umkehrfunktion an der Stelle $x = e$.

Aufgabe 6 (4+4 Punkte). Untersuchen Sie die folgenden Reihen auf Konvergenz:

(a) $\displaystyle\sum_{n=0}^{+\infty} \frac{2^n}{n!}$,

(b) $\displaystyle\sum_{n=2}^{+\infty} 2^n 3^{-n}$.

Berechnen Sie im Fall der Konvergenz den Reihenwert.

Aufgabe 7 (7 Punkte). Seien $f : [a, b] \to \mathbb{R}$ integrierbar sowie $F, G : [a, b] \to \mathbb{R}$ zwei Stammfunktionen von f. Zeigen Sie, dass es eine Konstante $c \in \mathbb{R}$ mit $F(x) = G(x) + c$ für alle $x \in [a, b]$ gibt. Geben Sie eine weitere Stammfunktion von f an.

Aufgabe 8 (7 Punkte). Bestimmen Sie alle Stammfunktionen der Funktion $f : (1, +\infty) \to \mathbb{R}$ mit $f(x) = x \ln(x - 1)$.

Aufgabe 9 (Zusatz, 2+2 Punkte). Gegeben sei die Funktionenfolge $(f_n)_n$ mit $f_n : \mathbb{R} \to \mathbb{R}$ und

$$f_n(x) = \frac{nx}{1 + n|x|}.$$

(a) Bestimmen Sie $f(x) = \displaystyle\lim_{n \to +\infty} f_n(x)$ für alle $x \in \mathbb{R}$.

(b) Konvergiert $(f_n)_n$ gleichmäßig gegen f?

27.2 Musterlösung

Lösung Aufgabe 1 Sei stets $x \in \mathbb{R} \setminus \{0\}$. Für $n = 1$ ergibt sich der Induktionsanfang **(2 Punkte)** wie folgt:

$$\sum_{\nu=0}^{1} \nu x^{\nu-1} = 0 \cdot x^{-1} + 1 \cdot x^0 = 1 = \frac{1-x^2}{(1-x)^2} - \frac{2x(1-x)}{(1-x)^2} = \frac{1-x^2}{(1-x)^2} - \frac{2x}{1-x}.$$

Die Induktionsvoraussetzung (IV) lautet **(2 Punkte)**: Es gibt eine natürliche Zahl $n \in \mathbb{N}$ derart, dass

$$\sum_{\nu=0}^{n} \nu x^{\nu-1} = \frac{1-x^{n+1}}{(1-x)^2} - \frac{(n+1)x^n}{1-x}$$

gilt. Wir zeigen nun den Induktionsschritt **(4 Punkte)** von n nach $n+1$:

$$\sum_{\nu=0}^{n+1} \nu x^{\nu-1} = (n+1)x^n + \sum_{\nu=0}^{n} \nu x^{\nu-1}$$

$$\overset{\text{IV}}{=} (n+1)x^n + \frac{1-x^{n+1}}{(1-x)^2} - \frac{(n+1)x^n}{1-x}$$

$$= \frac{1 + (n+1)x^{n+2} - (n+2)x^{n+1}}{(1-x)^2}$$

$$= \frac{1-x^{n+2}}{(1-x)^2} - \frac{(n+2)\left(x^{n+1} - x^{n+2}\right)}{(1-x)^2}$$

$$= \frac{1-x^{n+2}}{(1-x)^2} - \frac{(n+2)x^{n+1}}{1-x}$$

Dabei haben wir im letzten Schritt $(1-x)x^{n+1} = x^{n+1} - x^{n+2}$ genutzt.

Lösung Aufgabe 2

(a) Zunächst gilt $x \leq |x|$ für alle $x \in \mathbb{R}$, womit wir die Gleichung wie folgt schreiben können: $x \in \mathbb{R} : |x+2| < |x| - x$. Wir unterscheiden drei Fälle: (a) $x < -2$. Dann wird die Ungleichung zu $-(x+2) < -x - x$, das heißt, $x < 2$ **(1 Punkt)**. (b) $-2 \leq x < 0$. Die Ungleichung wird zu $x + 2 < -x - x$, also $x < -2/3$ **(1 Punkt)**. (c) $x \geq 0$. Damit vereinfacht sich die Ungleichung zu $x + 2 < x - x$, also $x < -2$, was nicht möglich ist, da wir $x \geq 0$ angenommen haben. Somit lautet die Lösungsmenge der Betragsungleichung **(1 Punkt)**

$$L = \left\{ x \in \mathbb{R} \mid x < 2, \, x > -\frac{2}{3} \right\} = \left\{ x \in \mathbb{R} \mid x > -\frac{2}{3} \right\} = \left(-\frac{2}{3}, +\infty \right).$$

(b) Die Ungleichung ist äquivalent (**1 Punkt**) zu $z \in \mathbb{C} \setminus \{-1\}$: $|z-1|^2 \leq |z+1|^2$. Wir schreiben $z = x + iy$ mit $x, y \in \mathbb{R}$. Dann folgen $|z-1|^2 = (x-1)^2 + y^2$ und $|z+1|^2 = (x+1)^2 + y^2$ (**1 Punkt**). Einsetzen in die Ungleichung liefert dann $-2x \leq 2x$, das heißt, $x \geq 0$ (**1 Punkt**). Somit lösen alle komplexen Zahlen mit positivem Realteil die Ungleichung.

Lösung Aufgabe 3 Wir werden zeigen, dass $(a_n)_n$ monoton fallend und nach unten beschränkt ist. Offensichtlich ist die Folge nach unten durch 0 beschränkt, da die Wurzelfunktion $x \mapsto \sqrt{x}$ positiv ist (**1 Punkt**). Wir überlegen uns noch mit vollständiger Induktion, dass $a_n \leq 2$ für alle $n \in \mathbb{N}$ gilt. Der Induktionsanfang für $n = 1$ ist klar. Gelte nun $a_n \leq 2$ für ein $n \in \mathbb{N}$ (Induktionsvoraussetzung). Dann folgt auch $a_{n+1} = \sqrt{2a_n} \leq \sqrt{2 \cdot 2} = 2$ (**2 Punkte**), da die Wurzelfunktion monoton wachsend ist. Weiter folgt

$$a_n - a_{n+1} = a_n - \sqrt{2a_n} = \sqrt{a_n}(\sqrt{a_n} - \sqrt{2}) \leq 0,$$

was zeigt, dass die Folge $(a_n)_n$ monoton fallend ist (**2 Punkte**). Wir haben insgesamt nachgewiesen, dass die Folge sowohl monoton fallend als auch nach unten beschränkt ist. Damit ist sie insbesondere konvergent (**1 Punkt**) und wir können in der rekursiven Darstellung $a_{n+1} = \sqrt{2a_n}$ für $n \in \mathbb{N}$ zum Grenzwert übergehen. Der Grenzwert $a \in \mathbb{R}$ der Folge erfüllt somit $a = \sqrt{2a}$, also entweder $a = 0$ oder $a = 2$. Dabei ist $a = 2$ nicht möglich, da $(a_n)_n$ monoton fallend ist und $a_1 = 1$ gilt (**1 Punkt**). Somit folgt also $\lim_n a_n = 0$.

Lösung Aufgabe 4 Wir definieren die Funktion $f : [0, \pi/2] \to \mathbb{R}$ mit $f(x) = e^{-x} - \sin(x)$ (**1 Punkt**). Offensichtlich ist f als Differenz stetiger Funktionen stetig (**1 Punkt**) und jede Nullstelle von f ist eine Lösung der Gleichung (und umgekehrt) (**1 Punkt**). Weiter gelten $f(\pi/2) = e^{-\pi/2} - \sin(\pi/2) = e^{-\pi/2} - 1 \leq 0$ und $f(0) = e^0 - \sin(0) = 1 - 0 \geq 0$ (**2 Punkte**). Mit dem Zwischenwertsatz (**2 Punkte**) (beziehungsweise mit dem Nullstellensatz von Bolzano) folgt somit wie gewünscht die Existenz einer Nullstelle $\xi \in [0, \pi/2]$ mit $f(\xi) = 0$.

Lösung Aufgabe 5 Die Funktion $f : [1, +\infty) \to [e, +\infty)$ mit $f(x) = xe^x$ ist als Produkt stetiger und differenzierbarer Funktionen in $[1, +\infty)$ stetig und im offenen Intervall $(1, +\infty)$ differenzierbar (**1 Punkt**). Wegen $f'(x) = (1 + x)e^x > 0$ für alle $x \in (1, +\infty)$ (**1 Punkt**) ist f streng monoton wachsend und somit injektiv (**1 Punkt**). Wegen $\lim_{x \to +\infty} f(x) = +\infty$ ist f aber auch surjektiv und damit bijektiv (**1 Punkt**). Mit dem Satz über die Differenzierbarkeit der Umkehrabbildung (**1 Punkt**) können wir nun die Ableitung der Umkehrabbildung $f^{-1} : [e, +\infty) \to [1, +\infty)$ an der Stelle $f(1) = e$ wie folgt (**2 Punkte**) bestimmen:

$$(f^{-1})'(e) = \frac{1}{f'(f^{-1}(e))} = \frac{1}{f'(1)} = \frac{1}{2e}.$$

Lösung Aufgabe 6

(a) Die Reihe konvergiert gemäß dem Quotientenkriterium (**1 Punkt**). Wir setzen zunächst $a_n = 2^n/n!$ für $n \in \mathbb{N}_0$. Dann folgt

$$\lim_{n \to +\infty} \frac{a_{n+1}}{a_n} = \lim_{n \to +\infty} \frac{2^{n+1} n!}{2^n (n+1)!} = \lim_{n \to +\infty} \frac{2}{n+1} = 0,$$

was zeigt, dass die Reihe (absolut) konvergiert (**1 Punkt**). Weiter erhalten wir gemäß der Definition der Exponentialreihe (**2 Punkte**)

$$e^2 = \sum_{n=0}^{+\infty} \frac{2^n}{n!}.$$

(b) Bei der Reihe handelt es sich um eine geometrische Reihe, die gemäß dem Wurzelkriterium (absolut) konvergent ist (**1 Punkt**). Wir setzen dazu $a_n = 2^n 3^{-n}$ für $n \in \mathbb{N}, n \geq 2$. Offensichtlich gilt dann (**1 Punkt**)

$$\lim_{n \to +\infty} \sqrt[n]{|a_n|} = \lim_{n \to +\infty} \frac{2}{3} = \frac{2}{3}.$$

Wir bestimmen noch den Reihenwert. Es gilt mit der Formel für den Reihenwert einer geometrischen Reihe (**1 Punkt**)

$$1 + \frac{2}{3} + \sum_{n=2}^{+\infty} 2^n 3^{-n} = \sum_{n=0}^{+\infty} 2^n 3^{-n} = \frac{1}{1 - \frac{2}{3}} = 3$$

und somit $\sum_{n=2}^{+\infty} 2^n 3^{-n} = 3 - 2/3 - 1 = 4/3$ (**1 Punkt**).

Lösung Aufgabe 7

(a) Seien $F, G : [a, b] \to \mathbb{R}$ Stammfunktionen von $f : [a, b] \to \mathbb{R}$, das heißt, F und G sind differenzierbar und es gilt $F'(x) = f(x)$ sowie $G'(x) = f(x)$ für alle $x \in [a, b]$ (**1 Punkt**). Wir definieren die Funktion $h : [a, b] \to \mathbb{R}$ mit $h(x) = F(x) - G(x)$. Dann ist auch h differenzierbar mit $h'(x) = F'(x) - G'(x) = f(x) - f(x) = 0$ (**1 Punkt**). Aus dem Mittelwertsatz (**2 Punkte**) (oder äquivalent aus dem Konstanzkriterium) folgt, dass h konstant ist. Es gibt also $c \in \mathbb{R}$ mit $h(x) = F(x) - G(x) = c$ für alle $x \in [a, b]$. Das bedeutet aber gerade, dass sich F und G nur um die Konstante c unterscheiden (**1 Punkt**).

(b) Sei $x_0 \in [a, b]$ beliebig gewählt. Da f integrierbar ist, folgt aus dem Hauptsatz der Differential- und Integralrechnung, dass $F : [a, b] \to \mathbb{R}$ mit $F(x) = \int_{x_0}^{x} f(t)\,dt$ eine Stammfunktion von f ist (**2 Punkte**).

Lösung Aufgabe 8 Wir integrieren zunächst partiell. Es gilt **(3 Punkte)**

$$\int x \ln(x-1)\, dx = \frac{1}{2}x^2 \ln(x-1) - \frac{1}{2} \int \frac{x^2}{x-1}\, dx.$$

Das Integral auf der rechten Seite können wir wegen $x^2 - 1 = (x-1)(x+1)$ und $x^2 = (x^2 - 1) + 1$ für $x \in \mathbb{R}$ schreiben als **(3 Punkte)**

$$\int \frac{x^2}{x-1}\, dx = \int \frac{x^2-1}{x-1}\, dx + \int \frac{1}{x-1}\, dx$$

$$= \int x + 1\, dx + \int \frac{1}{x-1}\, dx$$

$$= \frac{1}{2}x^2 + x + \ln(|x-1|) + c.$$

Damit erhalten wir insgesamt **(1 Punkt)**

$$\int x \ln(x-1)\, dx = \frac{1}{2}x^2 \ln(x-1) - \frac{1}{2}\left(\frac{1}{2}x^2 + x + \ln(|x-1|)\right) + c.$$

Lösung Aufgabe 9

(a) Für alle $n \in \mathbb{N}$ gilt $f_n(0) = 0$, womit insbesondere $\lim_n f_n(0) = 0$ folgt. Sei nun $x \in \mathbb{R} \setminus \{0\}$ beliebig. Dann gilt **(1 Punkt)**

$$\lim_{n \to +\infty} f_n(x) = \lim_{n \to +\infty} \frac{nx}{1 + n|x|} = \lim_{n \to +\infty} \frac{x}{\frac{1}{n} + |x|} = \frac{x}{|x|}.$$

Die obigen Rechnungen zeigen, dass die Funktionenfolge punktweise gegen die Funktion $f : \mathbb{R} \to \mathbb{R}$ mit

$$f(x) = \begin{cases} -1, & x < 0 \\ 0, & x = 0 \\ 1, & x > 0 \end{cases}$$

(1 Punkt) konvergiert.

(b) Da die Grenzfunktion f offensichtlich unstetig **(1 Punkt)** ist und alle f_n stetig sind, konvergiert $(f_n)_n$ nicht gleichmäßig gegen die Grenzfunktion f **(1 Punkt)**.

28.1 Übungsklausur

Die Bearbeitungszeit für die Klausur beträgt **70** Minuten. Es sind **keine** Hilfsmittel, das heißt, keine (programmierbaren) Taschenrechner, Computer, Aufzeichnungen der Vorlesung etc. erlaubt. Insgesamt können **28** Punkte erreicht werden.

Aufgabe 1 $(6 + 2 + 2$ Punkte). Entscheiden Sie, ob die folgenden Aussagen richtig oder falsch sind. Sie erhalten 1 Punkt für eine korrekte Antwort. Bei einer falschen Antwort gibt es keinen Punktabzug. Begründen Sie dabei nur die Antworten der Teilaufgaben (a) und (f).

(a) Die Dezimalbruchentwicklung von $\sqrt{2}$ ist periodisch.
   Antwort: richtig: ○   falsch: ○

(b) Der Mittelwertsatz der Differentialrechnung besagt: Ist $f : [a, b] \to \mathbb{R}$ eine Funktion, die in (a, b) differenzierbar ist, dann gibt es mindestens eine Stelle $\xi \in (a, b)$ mit

$$f'(\xi) = \frac{f(b) - f(a)}{b - a}.$$

   Antwort: richtig: ○   falsch: ○

(c) Es gilt

$$\lim_{n \to +\infty} \sqrt[n]{n} \left(1 + \frac{1}{n}\right)^n = e.$$

   Antwort: richtig: ○   falsch: ○

(d) Sind $(a_n)_n$ und $(b_n)_n$ beschränkte Folgen, dann gilt

$$\limsup_{n \to +\infty}(a_n + b_n) = \limsup_{n \to +\infty} a_n + \limsup_{n \to +\infty} b_n.$$

Antwort: richtig: ◯   falsch: ◯

(e) Eine Riemann-integrierbare Funktion $f : [a, b] \to \mathbb{R}$ ist notwendigerweise stetig.

Antwort: richtig: ◯   falsch: ◯

(f) Die Funktion $f : \mathbb{R} \to \mathbb{R}$ mit $f(x) = x|x|$ ist im Punkt $x_0 = 0$ differenzierbar.

Antwort: richtig: ◯   falsch: ◯

Aufgabe 2 (3 Punkte). Sei $d : \mathbb{C} \times \mathbb{C} \to \mathbb{R}$ gegeben durch $d(z, w) = |z + w|$. Untersuchen Sie, ob d eine Metrik auf $\mathbb{C}$ ist.

Aufgabe 3 (2+2 Punkte). Bestimmen Sie die erste Ableitung der Funktionen $f : (3, +\infty) \to \mathbb{R}$ und $g : \mathbb{R} \to \mathbb{R}$ mit

$$f(x) = \ln(\ln(x)) \quad \text{und} \quad g(x) = \frac{1}{1 + \arctan(x^2)}.$$

Aufgabe 4 (3+3 Punkte). Bestimmen Sie die Konvergenzradien der folgenden Potenzreihen:

(a) $\displaystyle\sum_{n=0}^{+\infty} \frac{n^n}{(n+1)!} z^n,$
(b) $\displaystyle\sum_{n=2}^{+\infty} 2^n 3^{-n} z^n.$

Aufgabe 5 (5 Punkte). Sei $f : [a, b] \to [a, b]$ eine stetige Funktion. Zeigen Sie, dass es einen Fixpunkt $\xi \in [a, b]$ mit $f(\xi) = \xi$ gibt.

28.2 Musterlösung

Lösung Aufgabe 1

(a) Falsch (**1 Punkt**). Wäre $\sqrt{2}$ periodisch, dann würde es Zahlen $n \in \mathbb{N}$ und $q_0, \ldots, q_n \in \{0, \ldots, 9\}$ so geben, dass wir $\sqrt{2}$ wie folgt in einen periodischen Dezimalbruch (**1 Punkt**) entwickeln können:

$$\sqrt{2} = \sum_{j=0}^{n-1} \frac{q_j}{10^j} + \sum_{j=n}^{+\infty} \frac{q_n}{10^j}.$$

Bei der Reihe auf der rechen Seite handelt es sich um eine geometrische Reihe, deren (endlichen) Reihenwert wir wie folgt bestimmen können:

$$\sum_{j=n}^{+\infty} \frac{q_n}{10^j} = q_n \sum_{j=n}^{+\infty} \left(\frac{1}{10}\right)^j = q_n \sum_{j=0}^{+\infty} \left(\frac{1}{10}\right)^{j+n}$$

$$= \frac{q_n}{10^n} \sum_{j=0}^{+\infty} \left(\frac{1}{10}\right)^j = \frac{q_n}{10^n} \frac{1}{1 - \frac{1}{10}}.$$

Da aber $\sum_{j=0}^{n-1} q_j / 10^j \in \mathbb{Q}$ und $q_n / 10^n (1 - 1/10)^{-1} \in \mathbb{Q}$ gelten, folgt aus der periodischen Dezimalbruchentwicklung $\sqrt{2} \in \mathbb{Q}$. Das ist aber nicht möglich (**1 Punkt**), denn wir wissen, dass $\sqrt{2} \in \mathbb{R} \setminus \mathbb{Q}$ gilt. Die Dezimalbruchentwicklung von $\sqrt{2}$ kann also nicht periodisch sein.

(b) Falsch (**1 Punkt**). Die Funktion f muss zusätzlich in ganz $[a, b]$ stetig sein. Die Funktion $f : [a, b] \to \mathbb{R}$ mit $f(a) = 1$ und $f(x) = 0$ für $x \in (a, b]$ zeigt, dass die Stetigkeit von f in den Randpunkten zwingend notwendig ist.

(c) Richtig (**1 Punkt**). Wegen $\lim_n \sqrt[n]{n} = 1$ und $\lim_n (1 + 1/n)^n = e$ folgt aus den Rechenregeln für konvergente Folgen

$$\lim_{n \to +\infty} \sqrt[n]{n} \left(1 + \frac{1}{n}\right)^n = \left(\lim_{n \to +\infty} \sqrt[n]{n}\right) \left(\lim_{n \to +\infty} \left(1 + \frac{1}{n}\right)^n\right) = 1 \cdot e = e.$$

(d) Falsch (**1 Punkt**). Die Gleichheit gilt im Allgemeinen nicht. Es gilt aber immer $\lim\sup_n (a_n + b_n) \leq \lim\sup_n a_n + \lim\sup_n b_n$ für beschränkte Folgen $(a_n)_n$ und $(b_n)_n$.

(e) Falsch (**1 Punkt**). Treppenfunktionen sind Riemann-integrierbar aber unstetig.

(f) Richtig (**1 Punkt**). Die Funktion ist in ganz $\mathbb{R}$, also insbesondere auch in $x_0 = 0$, differenzierbar. Wir können $f : \mathbb{R} \to \mathbb{R}$ zunächst äquivalent schreiben als

$$f(x) = \begin{cases} x^2, & x \geq 0 \\ -x^2, & x < 0. \end{cases}$$

Es gilt (**1 Punkt**)

$$f'_-(0) = \lim_{x \to 0^-} \frac{f(x) - f(0)}{x - 0} = -\lim_{x \to 0^-} \frac{x^2}{x} = 0$$

sowie

$$f'_+(0) = \lim_{x \to 0^+} \frac{f(x) - f(0)}{x - 0} = \lim_{x \to 0^+} \frac{x^2}{x} = 0.$$

Da der links- und rechtsseitige Grenzwert im Nullpunkt übereinstimmt und gleich Null ist, folgt somit

$$f'(0) = \lim_{x \to 0} \frac{f(x) - f(0)}{x - 0} = 0,$$

das heißt, die Funktion f ist im Nullpunkt differenzierbar mit Ableitung $f'(0) = 0$ (**1 Punkt**).

Lösung Aufgabe 2 Die Funktion $d : \mathbb{C} \times \mathbb{C} \to \mathbb{R}$ ist keine (**1 Punkt**) Metrik, da sie nicht positiv definit (**1 Punkt**) ist. Sind nämlich $z, w \in \mathbb{C}$ komplexe Zahlen, dann folgt aus $d(z, w) = |z + w| = 0$ gerade $z = -w$ und nicht wie gefordert $z = w$ (**1 Punkt**).

Lösung Aufgabe 3 Wir berechnen die Ableitung der Funktion mit der Kettenregel. Für $x > 3$ gilt wegen $\ln'(x) = 1/x$ gerade (**2 Punkte**)

$$f'(x) = \ln'(\ln(x)) \cdot \ln'(x) = \frac{1}{\ln(x)} \cdot \frac{1}{x} = \frac{1}{x \ln(x)}.$$

Mit der Quotienten- und Kettenregel folgt wegen $\mathrm{d}/\mathrm{d}x \arctan(x^2) = 2x/(1 + x^4)$ für $x \in \mathbb{R}$ gerade (**2 Punkte**)

$$g'(x) = -\frac{\frac{2x}{1+x^4}}{(1 + \arctan(x^2))^2} = -\frac{2x}{(1 + x^4)(1 + \arctan(x^2))^2}.$$

Lösung Aufgabe 4

(a) Wir betrachten die Koeffizientenfolge $(a_n)_n$ mit $a_n = n^n/(n+1)!$. Zunächst gilt (**1 Punkt**)

$$r = \lim_{n \to +\infty} \left| \frac{a_n}{a_{n+1}} \right| = \lim_{n \to +\infty} \frac{n^n (n+2)!}{(n+1)^{n+1}(n+1)!} = \lim_{n \to +\infty} \frac{n^n (n+2)}{(n+1)^n (n+1)}.$$

Wegen (**1 Punkt**)

$$\lim_{n \to +\infty} \frac{n^n}{(n+1)^n} = \lim_{n \to +\infty} \left(1 - \frac{1}{n+1}\right)^n = \frac{1}{e}$$

und $\lim_n (n+2)/(n+1) = 1$ folgt somit insgesamt (**1 Punkt**)

$$r = \lim_{n \to +\infty} \frac{n^n(n+2)}{(n+1)^n(n+1)} = \left(\lim_{n \to +\infty} \frac{n^n}{(n+1)^n}\right)\left(\lim_{n \to +\infty} \frac{n+2}{n+1}\right) = \frac{1}{e}.$$

Somit konvergiert die Potenzreihe für jedes $|z| < 1/e$.

(b) Wir berechnen den Konvergenzradius der Potenzreihe mit der Formel von Cauchy-Hadamard. Dazu untersuchen wir die Koeffizientenfolge $(a_n)_n$ mit $a_n = 2^n 3^{-n}$. Dann folgt (**3 Punkte**)

$$\frac{1}{r} = \limsup_{n \to +\infty} \sqrt[n]{|a_n|} = \limsup_{n \to +\infty} \sqrt[n]{2^n 3^{-n}} = \limsup_{n \to +\infty} \frac{2}{3} = \frac{2}{3},$$

das heißt, die Potenzreihe konvergiert in $(-3/2, 3/2)$ absolut. Man kann den Konvergenzradius aber auch alternativ mittels

$$r = \lim_{n \to +\infty} \left|\frac{a_n}{a_{n+1}}\right| = \lim_{n \to +\infty} \left|\frac{2^n 3^{-n}}{2^{n+1} 3^{-n-1}}\right| = \lim_{n \to +\infty} \frac{3}{2} = \frac{3}{2}$$

bestimmen.

Lösung Aufgabe 5 Wir definieren die Funktion $g : [a, b] \to \mathbb{R}$ mit $g(x) = f(x) - x$. Dann ist g als Differenz der stetigen Funktionen $x \mapsto f(x)$ und $x \mapsto x$ stetig (**1 Punkt**). Wegen $g(a) = f(a) - a \geq 0$ und $g(b) = f(b) - b \leq 0$ (**1 Punkt**) existiert gemäß dem Nullstellensatz von Bolzano (beziehungsweise gemäß dem Zwischenwertsatz) eine Stelle $\xi \in [a, b]$ mit $g(\xi) = 0$ (**2 Punkte**). Das bedeutet aber gerade $f(\xi) = \xi$ (**1 Punkt**).

29.1 Übungsklausur

Die Bearbeitungszeit für die Klausur beträgt **60** Minuten. Es sind **keine** Hilfsmittel, das heißt, keine (programmierbaren) Taschenrechner, Computer, Aufzeichnungen der Vorlesung etc. erlaubt. Insgesamt können **38** Punkte erreicht werden.

Aufgabe 1 (7 Punkte). Sei $(a_n)_n$ eine Folge mit $a_1 = 1$ und $a_{n+1} = a_n/2 + 1$ für $n \in \mathbb{N}$. Beweisen Sie

$$\lim_{n \to +\infty} a_n = 2.$$

Aufgabe 2 (4+4 Punkte). Bestimmen Sie, sofern existent, Infimum, Supremum, Minimum und Maximum folgender Teilmengen von $\mathbb{R}$:

(a) $M_1 = \left\{ x^2 - 2x \mid x \in (-2, 2] \right\}$, (b) $M_2 = \left\{ \dfrac{mn}{m^2 + n^2} \mid m, n \in \mathbb{N} \right\}$.

Aufgabe 3 (4+4 Punkte). Untersuchen Sie die folgenden Reihen auf Konvergenz:

(a) $\displaystyle\sum_{n=2}^{+\infty} \frac{\cos^2(n)}{n^2}$, (b) $\displaystyle\sum_{n=1}^{+\infty} \sqrt[n]{n}$.

Aufgabe 4 (4+4 Punkte). Bestimmen Sie die Grenzwerte

(a) $\displaystyle\lim_{x \to 0^+} x \ln(x)$, (b) $\displaystyle\lim_{x \to 0} \left(\frac{1}{\sin(x)} - \frac{1}{x} \right)$.

Aufgabe 5 (7 Punkte). Bestimmen Sie das Integral

$$\int \frac{x^2 + 2}{(x+1)^2(x-2)}\, dx$$

mit einer geeigneten Integrationsmethode.

29.2 Musterlösung

Lösung Aufgabe 1 Wir zeigen zunächst mit vollständiger Induktion $|a_n - 2| = 1/2^{n-1}$ für $n \in \mathbb{N}$. Der Induktionsanfang für $n = 1$ ist wegen $a_1 = 1$ trivialer Weise erfüllt (**1 Punkt**). Wir nehmen nun an, dass es eine natürliche Zahl $n \in \mathbb{N}$ mit $|a_n - 2| = 1/2^{n-1}$ gibt (Induktionsvoraussetzung) (**1 Punkt**). Den Induktionsschritt von n nach $n + 1$ sehen wir dann wie (**3 Punkte**) folgt:

$$|a_{n+1} - 2| = \left| \frac{1}{2} a_n + 1 - 2 \right| = \frac{1}{2} |a_n - 2| \overset{IV}{=} \frac{1}{2^n}.$$

Da aber $\lim_n 1/2^{n-1} = 0$ gilt, folgt somit auch

$$\lim_{n \to +\infty} |a_n - 2| = \lim_{n \to +\infty} \frac{1}{2^{n-1}} = 0,$$

das heißt, es gilt wie gewünscht $\lim_n a_n = 2$ (**2 Punkte**).

Lösung Aufgabe 2

(a) Die Funktion $f : (-2, 2] \to \mathbb{R}$ mit $f(x) = x^2 - 2x$ besitzt in $x_m = 1$ ein Minimum mit Funktionswert $f(x_m) = -1$. Da x_m in $(-2, 2]$ liegt, folgt somit (**2 Punkte**)

$$\min(M_1) = \inf(M_1) = -1.$$

Des Weiteren ist die Funktion f in $(-2, 1)$ monoton fallend. Damit sehen wir $\sup(M_1) = f(-2) = 8$ (**1 Punkt**). Da aber -2 nicht im halboffenen Intervall $(-2, 2]$ liegt, besitzt M_1 kein Maximum (**1 Punkt**).

(b) Wir bemerken zunächst, dass $2mn \leq m^2 + n^2$ für alle $m, n \in \mathbb{N}$ gilt. Damit folgt

$$0 < \frac{mn}{m^2 + n^2} \leq \frac{1}{2}$$

für $m, n \in \mathbb{N}$ und insbesondere $\inf(M_2) = 0$ und $\sup(M_2) = 1/2$ (**2 Punkte**). Wir sehen, dass $\min(M_2)$ nicht angenommen wird, da es keine natürlichen Zahlen m und n mit $mn/(m^2 + n^2) = 0$ gibt (**1 Punkt**). Hingegen folgt aber für $m = n$ gerade

$$\frac{mn}{m^2 + n^2} = \frac{n^2}{n^2 + n^2} = \frac{1}{2},$$

was $\max(M_2) = 1/2$ zeigt (**1 Punkt**).

Lösung Aufgabe 3

(a) Wegen $\cos^2(n) \leq 1$ für alle $n \in \mathbb{N}$ **(1 Punkt)** ist $\sum_{n=2}^{+\infty} 1/n^2$ eine konvergente Majorante für $\sum_{n=2}^{+\infty} \cos^2(n)/n^2$ **(2 Punkte)**. Die Reihe $\sum_{n=2}^{+\infty} \cos^2(n)/n^2$ ist damit gemäß dem Majorantenkriterium (absolut) konvergent **(1 Punkt)**.

(b) Es gilt bekanntlich $\lim_n \sqrt[n]{n} = 1$ **(2 Punkte)**. Damit ist die Reihe divergent **(1 Punkt)**, da das notwendige Konvergenzkriterium (Trivialkriterium) verletzt ist **(1 Punkt)**.

Lösung Aufgabe 4

(a) Wegen $\lim_{x \to 0^+} \ln(x) = -\infty$ und $\lim_{x \to 0^+} 1/x = +\infty$ folgt mit dem Satz von l'Hospital **(4 Punkte)**

$$\lim_{x \to 0^+} x \ln(x) = \lim_{x \to 0^+} \frac{\ln(x)}{\frac{1}{x}} \overset{\text{l'Hosp.}}{=} \lim_{x \to 0^+} -\frac{\frac{1}{x}}{\frac{1}{x^2}} = -\lim_{x \to 0^+} x = 0.$$

(b) Zweifache Anwendung des Satzes von l'Hospital liefert **(4 Punkte)**

$$\lim_{x \to 0} \left(\frac{1}{\sin(x)} - \frac{1}{x} \right) = \lim_{x \to 0} \frac{x - \sin(x)}{x \sin(x)}$$

$$\overset{\text{l'Hosp.}}{=} \lim_{x \to 0} \frac{1 - \cos(x)}{\sin(x) + x \cos(x)}$$

$$\overset{\text{l'Hosp.}}{=} \lim_{x \to 0} \frac{\sin(x)}{2 \cos(x) - x \sin(x)}$$

$$= 0,$$

wobei wir im letzten Schritt $\sin(0) = 0$ und $\cos(0) = 1$ verwendet haben.

Lösung Aufgabe 5 Wir bestimmen das Integral mittels Partialbruchzerlegung. Da das Nennerpolynom $x \mapsto (x + 1)^2(x - 2)$ die doppelte Nullstelle -1 und die einfache Nullstelle 2 besitzt, machen wir den folgenden Ansatz **(2 Punkte)**, wobei $A, B, C \in \mathbb{R}$ zu bestimmen sind:

$$\frac{x^2 + 2}{(x + 1)^2(x - 2)} = \frac{A}{x + 1} + \frac{B}{(x + 1)^2} + \frac{C}{x - 2}$$

$$= \frac{A(x + 1)(x - 2)}{(x + 1)^2(x - 2)} + \frac{B(x - 2)}{(x + 1)^2(x - 2)} + \frac{C(x + 1)^2}{(x + 1)^2(x - 2)}$$

$$= \frac{(A + C)x^2 + (-A + B + 2C)x - 2A - 2B + C}{(x + 1)^2(x - 2)}.$$

Ein Koeffizientenvergleich der Zähler liefert somit das folgende lineare Gleichungssystem:

$$1 = A + C$$
$$0 = -A + B + 2C$$
$$2 = -2A - 2B + C.$$

Das Gleichungssystem hat die folgende Lösung: $A = 1/3$, $B = -1$ und $C = 2/3$ (**2 Punkte**). Wir erhalten somit (**3 Punkte**)

$$\int \frac{x^2 + 2}{(x + 1)^2 (x - 2)}\, dx = \frac{1}{3} \int \frac{1}{x + 1}\, dx - \int \frac{1}{(x + 1)^2}\, dx + \frac{2}{3} \int \frac{1}{x - 2}\, dx$$
$$= \frac{1}{3} \ln(|x + 1|) + \frac{1}{x + 1} + \frac{2}{3} \ln(|x - 2|) + c,$$

wobei $c \in \mathbb{R}$ eine beliebige Integrationskonstante ist.

Stichwortverzeichnis

© Der/die Herausgeber bzw. der/die Autor(en), exklusiv lizenziert durch Springer-Verlag GmbH, DE, ein Teil von Springer Nature 2022 N. Hebestreit, *Übungsbuch Analysis I,* https://doi.org/10.1007/978-3-662-64569-7